焼畑を活かす
土地利用の地理学

京都大学東南アジア
地域研究研究所
地域研究叢書
47

ラオス山村の70年

中辻 享 著

京都大学
学術出版会

目　次

まえがき ── 1

第1章　序論 ── 7
第1節　焼畑の減退はなぜ問題か ── 10
1. 東南アジアにおける焼畑の減退 ── 10
2. 焼畑減退の要因 ── 15
3. 焼畑の減退がもたらした問題 ── 21
第2節　ラオスの焼畑・焼畑民に対する国家政策 ── 23
1. ラオスの焼畑と焼畑民の概要 ── 23
2. 焼畑・焼畑民に対する国家政策 ── 26
第3節　家畜飼養をめぐる土地利用 ── 36
第4節　土地利用・土地被覆の長期的変化の分析 ── 41
1. 航空写真・米軍偵察衛星写真の利用 ── 41
2. 既往研究とその問題点 ── 44
第5節　本書の課題 ── 48

第2章　対象地域の概況 ── 57
第1節　対象地域の位置と人口 ── 58
第2節　自然環境と土地利用 ── 64

第1部　国家政策の影響とラオス焼畑民の対応

第3章　焼畑抑制政策の実施と換金作物の普及 ── 69
第1節　調査方法 ── 70
第2節　調査対象村の概況 ── 71
第3節　ブーシップ村における土地森林分配事業の実施過程 ── 74
1. 土地森林分配事業実施以前の概況 ── 74
2. 土地森林分配事業の実施過程 ── 76
第4節　ハトムギ栽培と焼畑稲作の共存 ── 78

1. 2003年の土地利用 ──── 78
　　2. 共存状態の形成過程 ──── 78
　第5節　焼畑稲作の実施状況 ──── 82
　　1. 従事世帯 ──── 82
　　2. 土地森林分配事業で定められた規則との関係 ──── 84
　　3. 事業実施後の焼畑耕作域の変化 ──── 86
　　4. 耕作・休閑のサイクル ──── 87
　　5. 経済的階層と焼畑 ──── 89
　第6節　ハトムギ栽培の実施状況 ──── 92
　　1. ハトムギ栽培の普及 ──── 92
　　2. 集落近辺での栽培 ──── 94
　　3. 経済的階層とハトムギ栽培 ──── 97
　第7節　カジノキ栽培の実施状況 ──── 99
　　1. カジノキ栽培の普及 ──── 99
　　2. カジノキ栽培の利点と問題点 ──── 100
　　3. カジノキ栽培の土地利用 ──── 103
　　4. 経済的階層とカジノキ栽培 ──── 106
　第8節　考察 ──── 107

第4章　生計活動の世帯差 ──── 111
　第1節　調査方法 ──── 114
　第2節　調査対象村の概況 ──── 116
　第3節　コメの生産と分配に関する世帯差 ──── 119
　　1. 焼畑規模の検討 ──── 119
　　2. コメ収支の検討 ──── 123
　第4節　現金収入源に関する世帯差 ──── 130
　　1. ブーシップ村世帯の現金収入源 ──── 130
　　2. 旧ナムジャン村世帯の現金収入源 ──── 139
　第5節　生計活動の世帯差が生じる要因 ──── 140

第5章　低地偏重の農村開発政策 ──── 145
　第1節　調査方法 ──── 147
　第2節　調査対象村の概況 ──── 148
　　1. 人口動態と住民構成 ──── 148

2. 自然環境の差異　　　　　　　　　　　　　　　　　── 153
　　3. 土地森林分配事業の影響　　　　　　　　　　　　　── 154
　第3節　コメの生産と収支の比較　　　　　　　　　　　　── 155
　第4節　稲作以外の生計活動　　　　　　　　　　　　　　── 163
　第5節　農村開発政策の問題点　　　　　　　　　　　　　── 171

第6章　焼畑実施の村落差　　　　　　　　　　　　　　　　── 177
　第1節　対象地域での土地森林分配事業と村境画定　　　　── 181
　　1. 対象地域での土地森林分配事業　　　　　　　　　　── 181
　　2. 集落移転にともなう村境再編　　　　　　　　　　　── 182
　第2節　調査方法　　　　　　　　　　　　　　　　　　　── 187
　第3節　焼畑実施の村落差　　　　　　　　　　　　　　　── 189
　　1. 村の領域と人口との関係　　　　　　　　　　　　　── 189
　　2. 他の仕事と比べての相対的重要性　　　　　　　　　── 194
　　3. 焼畑の将来　　　　　　　　　　　　　　　　　　　── 197
　第4節　村境の画定と領域意識の強まり　　　　　　　　　── 199
　　1. ファイカン村とファイペーン村の越境耕作をめぐる争論 ── 199
　　2. 焼畑地を求めてのパクトー村からファイコーン村への移住 ── 200
　第5節　村境と焼畑　　　　　　　　　　　　　　　　　　── 202

　　　　　　　　第2部　焼畑民による家畜飼養

第7章　出作り集落での家畜飼養
　　　　―ルアンパバーン県シェンヌン郡カン川周辺の事例―　── 207
　第1節　調査方法　　　　　　　　　　　　　　　　　　　── 209
　第2節　対象地域におけるサナムの分布と概況　　　　　　── 209
　第3節　ファイペーン村のサナム　　　　　　　　　　　　── 214
　　1. 村の概況　　　　　　　　　　　　　　　　　　　　── 214
　　2. 家畜とその飼養場所　　　　　　　　　　　　　　　── 216
　　3. 家畜伝染病への対応　　　　　　　　　　　　　　　── 217
　　4. 放し飼いへのこだわり　　　　　　　　　　　　　　── 221
　　5. トウモロコシ畑への近接　　　　　　　　　　　　　── 224
　　6. 放牧牛の見張り場　　　　　　　　　　　　　　　　── 227
　　7. 狩猟の前線基地　　　　　　　　　　　　　　　　　── 228

8. サナム設営の効果　　　　　　　　　　　　　　── 228
　　　9. サナム設営の条件　　　　　　　　　　　　　　── 230
　第4節　サナムの3類型　　　　　　　　　　　　　　　── 232
　　　1. 石灰岩地帯のサナム　　　　　　　　　　　　　── 233
　　　2. 高地帯のサナム　　　　　　　　　　　　　　　── 235
　　　3. 低地帯のサナム　　　　　　　　　　　　　　　── 238
　第5節　サナムの役割と問題点　　　　　　　　　　　　── 240

第8章　出作り集落での家畜飼養
　　　　──ルアンパバーン県ウィエンカム郡サムトン村の事例──　── 245
　第1節　サムトン村の概況　　　　　　　　　　　　　　── 247
　　　1. 村の概況　　　　　　　　　　　　　　　　　── 247
　　　2. サナムの立地と景観的特徴　　　　　　　　　　── 250
　第2節　家畜飼養拠点としてのサナム　　　　　　　　　── 254
　　　1. サナム設営の目的　　　　　　　　　　　　　── 254
　　　2. 飼料としてのキャッサバ　　　　　　　　　　── 257
　　　3. サナムでの家畜の世話　　　　　　　　　　　── 260
　第3節　焼畑拠点としてのサナム　　　　　　　　　　　── 261
　第4節　サナムの役割と将来性　　　　　　　　　　　　── 263

第9章　ウシ・スイギュウ飼養をめぐる土地利用　　　　　　── 267
　第1節　調査方法　　　　　　　　　　　　　　　　　　── 270
　第2節　放牧の場としての高地　　　　　　　　　　　　── 271
　第3節　移動する放牧地──ファイコーン村の事例　　　── 279
　　　1. 家畜飼養の概況　　　　　　　　　　　　　　── 279
　　　2. 放牧地の設定　　　　　　　　　　　　　　　── 281
　　　3. ウシ飼養の抱える困難　　　　　　　　　　　── 284
　第4節　固定的な放牧地──ファイペーン村の事例　　　── 285
　　　1. 家畜飼養の概況　　　　　　　　　　　　　　── 285
　　　2. 放牧地の設定とウシ管理　　　　　　　　　　── 287
　　　3. 焼畑と放牧との関係　　　　　　　　　　　　── 289
　　　4. 放牧と土地利用権　　　　　　　　　　　　　── 291
　第5節　考察　　　　　　　　　　　　　　　　　　　　── 292
　　　1. ウシ・スイギュウ飼養と土地所有・土地利用　　── 292

2. ウシ・スイギュウ飼養の問題点　　　　　　　　　　　　── 294

第3部　長期的な土地利用・土地被覆の変化

第 10 章　第 2 次インドシナ戦争の影響　　　　　　　　　　　── 301
　第 1 節　第 2 次インドシナ戦争がラオスの森林に与えた影響　── 302
　第 2 節　調査方法　　　　　　　　　　　　　　　　　　　　── 307
　第 3 節　対象地域の概況　　　　　　　　　　　　　　　　　── 311
　第 4 節　結果　　　　　　　　　　　　　　　　　　　　　　── 312
　　1. 人口と土地利用の変化　　　　　　　　　　　　　　　　── 312
　　2. モン族の土地利用　　　　　　　　　　　　　　　　　　── 319
　　3. 植生への影響　　　　　　　　　　　　　　　　　　　　── 322
　第 5 節　戦中期の土地利用・土地被覆の変化の特徴　　　　　── 326

第 11 章　焼畑と森林の 70 年間の動態　　　　　　　　　　　── 329
　第 1 節　調査方法　　　　　　　　　　　　　　　　　　　　── 332
　第 2 節　各時期における土地利用・土地被覆の変化の実態とその要因　── 335
　　1. 戦前期（1945〜1959 年）　　　　　　　　　　　　　　── 336
　　2. 戦中期（1960〜1975 年）　　　　　　　　　　　　　　── 340
　　3. 戦後期（1976〜1995 年）　　　　　　　　　　　　　　── 349
　　4. 市場参入期（1996〜2013 年）　　　　　　　　　　　　── 356
　　5. 場所ごとの土地利用頻度の差異　　　　　　　　　　　　── 362
　第 3 節　考察　　　　　　　　　　　　　　　　　　　　　　── 365

第 12 章　焼畑を活かす土地利用　　　　　　　　　　　　　　── 371
　第 1 節　低地と高地双方の活用　　　　　　　　　　　　　　── 372
　第 2 節　セーフティーネットとしての高地　　　　　　　　　── 374
　第 3 節　貧富の差の拡大要因　　　　　　　　　　　　　　　── 376
　第 4 節　家畜飼養の発展策　　　　　　　　　　　　　　　　── 378
　第 5 節　第 2 次インドシナ戦争が土地利用・土地被覆に与えた影響　── 381
　第 6 節　焼畑・焼畑民は森林破壊の原因か　　　　　　　　　── 382
　第 7 節　1960 年代以前の航空写真・衛星写真の活用　　　　── 383

引用文献	── 385
初出一覧	── 399
あとがき	── 401
索　引	── 405

まえがき

　なぜ，ラオスをフィールドにしたのかという質問はよく聞かれる。考えてみると，それは焼畑がまだ盛んになされていると聞いたことと，自分も全く知らない国であったことが大きい。大学一年生の時に授業で焼畑のことを聞いて以来，筆者はこの農業に強い魅力を感じていた。山が好きな筆者にとって，山の中に多くの人が暮らし，その斜面を使って農業をしていること自体が魅力的であった。焼畑だけでなくとも，山を使った人々の暮らしぶりについて研究してみたいと考えていた。

　また，ラオスは筆者にとって全く未知の国であった。国名は聞いたことはあったと思うが，意識したことがなかった。調べてみると，多くの山岳民族がおり，それぞれ独特な文化を持っていること，モチ米を主食としていることなどを知った。自然が豊かであり，仏教信仰のあつい国でもある。興味深い国だと思った。

　ラオスという国を意識し始めてから，実際に行くまではほとんど時間を要しなかった。2001年9月に知り合いの先生に連れていってもらう機会があった。この時はタイ北部とラオス北部をまわったのだが，両国の開発の度合いが全く違うことに驚いた。飛行機から見ても，タイの東北部は道路網が張り巡らされていたが，ラオスの道路はメコン川沿いに数えるくらいしかなかった。当時のラオスでは国道でさえ，舗装されていないものが多く，農村部はほとんど電気が来ず，夜は真っ暗で星がよく見えた。ラオスの農村部の人々は明らかに自然の中で暮らしている感じがした。

　ラオスはたしかに焼畑が多かった。首都ヴィエンチャンから車で北に走ると，初めは水田が広がるが，2時間ほどすれば山の中に入り，焼畑がパラパラ見られるようになる。これより北はどこにいっても焼畑が見られた。どこまでも山が連なり，その中にパッチ状に焼畑が広がっていた。水田の多い村も山裾で焼畑をしていた。

　一つの村に立ち寄った。この村は山一面を焼畑にしていた。その様は遠目に見ると，まるで緑のじゅうたんであった。焼畑の中の細い道をいくと，ちょうど娘さんたちが早生稲の収穫をしていた。その方法が変わっていて，稲の穂を手でつかんで，そこから籾を直接しごき取る方法だったので驚いた（後掲写真

写真 0-1　焼畑の周囲に設けられた罠
(2003 年 12 月　ブーシップ村)
焼畑の中にネズミが入ろうとして竹ひごを踏むと挟まれる仕掛けとなっている。

1-7)。あとは籾のない穂軸が残る。陸稲以外にも，ハトムギ，ゴマ，モロコシ，キャッサバ，バナナなども混作していた。ちょうど，畑の中でアマランサスの仲間が赤い花を咲かせていた。村人に何のために植えているのかと聞くと，面白いことに「美しいから植える」という返事が返ってきた。収穫の際の祭りに使うそうである。畑地の中には，柵をめぐらすことで，ネズミなどの小動物を数カ所ある入り口に誘導し，そこに挟み罠を仕掛けたものもあった(写真 0-1)。ネズミは私たちの想像するドブネズミではなく，森林の中に住む種類で食用にする。

　それから 3 ヶ月も経たないうちにもう一度ラオスに行き，修士論文作成のために 1 年間ほど滞在することにした。筆者の立てたテーマは焼畑民が換金作物を植えるようになって以降，彼らの生計や土地利用がどう変わったかというものであった。このテーマに合う調査地として，ルアンパバーン県シェンヌン郡ブーシップ村を対象村に選んだ。この村ではカジノキやハトムギといった換金作物の導入が進んでいたためである。特に，カジノキに焦点を当てたのだが，

集落で話を聞いていても，周辺のカジノキ畑にいっても今ひとつ楽しくない。本当に楽しかったのは，山を登って焼畑が広がる場所まで行った時である。本書で述べる通り，当地域で焼畑は標高600m以上の比較的高い場所（本書では「高地」と呼ぶ）で栽培されることが多い。ここまで来ると視界が開け，村を見下ろせるし，向こうに山並みの展望も望める。そよ風も涼しい。村人もこの辺りを「涼しい土地」と呼んでいた。一方，集落周辺の低い場所は「暑い土地」と呼ぶのである。

遠くから見ると，焼畑にはコメだけが植えられているように見えるが，実は，雑穀，イモ類，マメ類，野菜など，いろんな作物が混作されている。運よく畑の主が居合わせれば，収穫したばかりの野菜を摘んで，スープを作って食べさせてくれることもある。持参したモチ米や干し肉などと一緒にこれを食べるととてもおいしい。甘いクズイモ（*Pachyrrhizus erosus*）やマクワウリ（*Cucumis melo*）は疲れた時の間食になる。たくさんあるから大丈夫ということで，同行してくれた村人は他人の焼畑のものであっても採集して食べさせてくれた。

食事をする場所は各世帯が眺めの良い場所を選んで建てた小屋であり，眺望を楽しみながら食事ができる（写真0-2）。小屋の中は日差しが遮られ，涼しい風が吹き込み，周りは稲穂が波打つのどかな景観なので，昼寝にちょうどよい。小屋のそばには，精霊を祀る祠があり，村人は農作業の節目にニワトリや酒を供え，豊作を祈る（写真0-3）。焼畑は彼らの精霊信仰（アニミズム）とも結びついてなされている。一方，換金作物の畑に祠はなく，そこでの作業は信仰とは無関係に進められる。

「サナム（ສະໜາມ）」という場所にも連れて行ってもらった。これは焼畑地よりもさらに奥にある標高700mの山あいの場所である。小川沿いの開けたところであり，ウシが放牧されていた。以前はここに各世帯が出作り小屋を建て，より奥地で焼畑をしていたという。本書でたびたび登場する出作り集落である。

そこからさらに徒歩1時間以上の奥地にある石灰岩地帯にも連れて行ってもらった。ここには急傾斜の石灰岩峰がそびえたっている。まさに屏風岩といったさまで，この地域の最高所を形成している。石灰岩峰の斜面には多くの洞窟があり，村人は懐中電灯を持って，その中をよく探検するという。1960年代の第2次インドシナ戦争の時には，そのうちの一つにベトナム兵が隠れ住んでいたとも聞いた。のちに対象村としたファイペーン村では，石灰岩地帯は家畜の飼養場所として重要で，その餌とするトウモロコシが栽培されていた。

写真 0-2　焼畑の中に設けられた畑小屋
各世帯の焼畑にはこうした小屋が建てられる。この小屋は一部壁がついているが，壁のないオープンエアの小屋の場合も多い。(2006年9月　ブーシップ村)

　このように，村人に村内をくまなく案内してもらう中で，彼らにとっての高標高地の重要性に気づかされることになった。外部からこの村を訪ねる人の多くは集落以外には立ち入らない。集落から見えるのは換金作物の畑だけなので，多くの人はこの村は換金作物だけで生計を立てていると誤解するかもしれない。しかし，その奥にある高地や石灰岩地帯も彼らの生計場所として重要であり，そこでは焼畑，家畜飼養，狩猟・採集など，彼らの伝統的とも言える生計活動が営まれている。筆者はこうした村人の土地利用の全体を地図化して，わかりやすく整理しようと考えた。ちょうど2000年からGPSの精度が上がり，GPSを携えて畑地の境界を歩くことで，その形状や面積をある程度正確に捉えることができるようになっていた。こうして作成した土地利用図が本書第1部の根幹的なデータとなっている。
　GPSによる焼畑測量は筆者にとって楽しく，ためになる経験であった。まず，これにより必然的に村内の土地をくまなく歩くことになるので，場所によ

写真 0-3　焼畑に設けられた祠
(2009 年 8 月　ファイベーン村)

る環境や土地利用，栽培作物の違いを自然と知ることになる。上に，低地，高地，石灰岩地帯について記したが，こうした微環境による土地利用の違いも実際に観察することで実感を持って知ることができた。

　さらに，同行してもらった村人にいろんなことを教わった。焼畑の周囲を歩きながら，そこに植えられた作物について，あるいは稲の品種について，実地で話を聞けた。その他，休憩中，あるいは畑小屋での食事のあとも，いろんな話ができた。ここで村人に聞いた話がその後の重要な研究テーマにもなっている。例えば，ある村人に「コメが不足するのは，収穫量が低いからではなくて，その多くを返済に当てるからだ。」と聞かされたことが，本書第 4 章で収穫したコメの流出量に関する調査を行なったきっかけとなった。また，「戦争中に逃げてきてブーシップ村にたどり着いた」とか，「昔ここに集落があったが戦争が始まると住民は逃げていった」という戦時中の話もよく聞いた。それが本書第 3 部で，戦時中の人口移動や土地利用変化に注目するきっかけとなった。

　このように，GPS を持って歩いたり，村人に話を聞いたりすることで，2000 年以降の焼畑村落での土地利用の仕組みを全般的に明らかにしたのが本書第 1

まえがき　5

部である。続く第2部は，その中でも家畜飼養に関する土地利用に焦点を当てている。これに対し，第3部（第10章，第11章）は，1940年代以降の土地利用・土地被覆の変化を明らかにしており，基本的には過去が調査対象になっている。ここでは研究手法として，村人に過去のことを聞くことだけでなく，航空写真や衛星写真の画像解析も重要となる。そこで，これらの写真をいかに入手したかについても説明しておこう。

筆者は人文地理学を専攻していたこともあり，ラオスで調査を始めた当初から，対象地域の地図や航空写真を入手していた。ラオス国立地図局では，1982年と1998年の航空写真が入手できた。移動する焼畑は地図には記載されないが，航空写真には撮影当時の焼畑が明瞭に写っている。1982年の航空写真には，村人から「当時このあたりに建てた」と聞いた出作り集落が確かに写っている。当時の場所ごとの森林の状態もはっきりわかる。自分がくまなく歩いてよく知っている土地の様子を明瞭にとらえていた。これを見て，心が躍った。

航空写真を利用する研究を明確に意識し始めたのは，2012年に，アメリカ国立公文書記録管理局（National Archives and Records Administration: NARA）で，さらに古い時期の航空写真を大量に発見してからである。ラオス国立地図局では，1960年代にアメリカ合衆国が作成した縮尺5万分の1の地形図が販売されていた。この地形図の作成に使われた航空写真があるはずだと思って，ワシントンD.C.所在のNARAを訪ねたところ，確かにあったのである。それが1950年代末にラオスの大部分で撮影された航空写真であり，解像度が高く，鮮明な画像であった。さらに，対象地域の1940年代の航空写真も見つけることができた。加えて，解像度は航空写真に比べるとやや劣るが，1960年代～70年代に米軍が打ち上げた偵察衛星（Corona衛星など）から撮影された写真も入手できた。このように，ラオスの対象地域は意外にも，20世紀に何度も，空から（あるいは宇宙から）撮影されていたのである。第3部の研究は，こうした筆者の長年にわたる写真探索の結果，可能となったものである。

聞き取り調査は全てラオスの公用語であるラオ語で実施した。本書でも必要と感じられた語句については，ラオ語の表記を括弧で示している。

以上のように，本書はラオス山村の土地利用の仕組みを全体的に，あるいは家畜飼養に焦点を当てて分析するとともに，それが1940年代以降どのように変遷し，森林被覆にどう影響してきたかを考察するものである。本書が読者にとって役立つところがあれば，うれしく思う次第である。

第1章
序論

焼畑の火入れ

(2009年3月　フアイペーン村)
　これはカバー写真や写真1-2 (11頁) と同じ場所で撮ったものである。写真中央部で男性が点火している。8年の休閑林を伐採し，1か月ほど乾燥させてから火入れをした。男性の立っている森林と伐採地の境界は枝葉などがのけられ，掃き清められた道のようになっている。これは「防火線」といい，延焼を防ぐための工夫である。カバー写真のように，反対側からも火が入れられ，ここにも点火する人がいた。二人は声を掛け合い，点火しながら，防火線に沿って下り，最下部で合流した。写真1-2のように，火は猛烈な音を立てて燃えたが，30分ほどで自然に消えた。延焼は起こらなかった。
　村人にとっても森林は狩猟・採集の場として，あるいは近い将来の焼畑地として重要である。そのため，火入れの際には，無駄に焼いてしまわないように，細心の注意が払われる。

東南アジアでは，どの国でも焼畑は森林破壊と貧困の元凶とされ，それを抑制する政策が実施されてきた。その効果もあって，焼畑は急速に減少している。しかし，それに伴って，後述するように，経済，環境，社会，文化の多方面にわたる問題が起こっているのである。むしろ，いま必要なのは，焼畑を活かす土地利用の方策を考えることである。そのためには焼畑民のこれまでの土地利用の実態を明らかにし，そこから学ぶ必要がある。本書ではこれをまず行う。

　さらに，焼畑民の土地利用が森林被覆にどう影響してきたかを長期的なスパンで考察する。そうすることで，焼畑および焼畑民が森林破壊の元凶か否かを明白な形で実証できると考える。

　この目的のために本書で用いた方法論は大きく，二つに分けることができる。一つは現在（2000年代以降）の焼畑民の土地利用を同時代の現地調査から明らかにするというもので，第1部「国家政策の影響とラオス焼畑民の対応」（第3章～第6章）と第2部「焼畑民による家畜飼養」（第7章～第9章）がこれに基づきなされた調査の結果である。そのうち，第1部は，市場開放政策，焼畑抑制政策，農村開発政策といったラオス政府の政策が焼畑民の生計と土地利用にどう影響したか，それに対し，焼畑民がどのように対応しているかを明らかにするものである。一方，第2部は焼畑民が古くから従事してきた重要な生計活動でありながら，その実態が十分に解明されてこなかった家畜飼養に焦点を当て，主に土地利用の面から検討したものである。

　これに対し，第3部「長期的な土地利用・土地被覆の変化」（第10章，第11章）は過去から現在までの焼畑民の土地利用の変遷とそれが森林に与えた影響を，1945年以降に撮影された航空写真を用いて解明している。聞き取りを含めた現地調査も行なっているが，それは基本的には過去の状況を知るためである。その意味で第1部，第2部とは方法論が大きく異なる。

　本論に入る前に焼畑について明確に定義しておく必要がある。東南アジアの各国政府は焼畑を森林破壊の元凶とみなしてきた。しかし，研究者のコミュニティにおいては，焼畑はむしろ森林環境にうまく適応した持続可能な農業形態であるという評価が一般的となってきている。こうした相反する見解が生じる理由の一つは，焼畑の定義をせずに，この言葉が使用されてきたためである。各国政府が焼畑を環境破壊的であるという時，それは，東南アジアで伝統的になされてきた焼畑と，近年の火入れを伴う換金作物の集約的栽培を区別せずに述べていることが多い。これに対し，研究者の多くは前者のみを焼畑と考えて

いる。

　本書で言う焼畑も伝統的な焼畑を指す。その具体的な定義は，以前から多くの研究者によりなされてきた。近年では，Mertz et al. (2009b) によるものがよく知られている。それは，「自然の休閑あるいは改良型の休閑を採用する土地利用システムであり，休閑期間が一年生作物の耕作期間よりも長く，木本植物が優占するほどの長さであるもの。また，耕地に整える際に火入れを伴うもの」というものである。本書でもこの定義を採用する。これによれば，本書の対象地域で焼畑に該当するのは，陸稲を主作物として，主に自給向けに栽培する畑地くらいである。伝統的になされてきたこの形態のみが，耕作期間よりも長い休閑期間をともなうためである[1]。対象地域では山地斜面で換金作物栽培もなされており，それはしばしば火入れや休閑をともなう。しかし，換金作物栽培では，一般的に連作期間が長く，休閑期間が短いため，上の定義を満たしていない場合がほとんどである。

　さらに，本書の重要な論点である土地の所有に関する用語についてもここに付言しておく。社会主義国であるラオスにおいては，土地は国家コミュニティ (national community) のものとされ，国家が代表して所有し，管理すると定められている (Government of the Lao PDR 2019)。国民が有することができるのは土地所有権ではなく，土地利用権のみである。従って，本書の事例研究においては，村人が「土地を所有する」という表現を避け，「土地の利用権を有する」，「土地を占有する」，「土地を保有する」という表現を用いている[2]。ただし，あくまで一般的な表現として，「土地所有」という言葉を用いる場合もある。

　以下では，まず第1節で東南アジアでの急速な焼畑の減退の要因とそれに伴って生じた経済・環境・社会・文化の多方面にわたる問題について説明する。これにより，今なぜ，焼畑に注目する必要があるのかが理解されるであろう。それに続く，第2節から第4節では，第1部から第3部のそれぞれの論点を，既往研究をもとに説明する。つまり，「ラオスの焼畑・焼畑民に対する国

---

1) 福井 (1983: 238) も「栽培期間よりも少なくとも長い休閑期間を持つ」ことを「焼畑の最も重要な点」であると述べている。
2) ただし，「水田を所有する」，「畑地を所有する」という表現は使っている。土地は所有していなくても，その土地に形成された水田や畑地については，各世帯が（一時的であれ）所有していると考えられるためである。

家政策」，「家畜飼養をめぐる土地利用」，「土地利用・土地被覆の長期的変化の分析」のそれぞれについて，既往研究で明らかにされていることをまとめて説明する。その上で，第5節で，本書の課題を具体的に述べることにする。

第1節　焼畑の減退はなぜ問題か

1. 東南アジアにおける焼畑の減退

　焼畑は森林を伐採・焼却したのち，1年～数年間作物を栽培し，その後の休閑により再び植生を回復させ，再度利用する循環的な農耕である。栽培作物は，東南アジアの場合，主食である陸稲が卓越し，そこに雑穀，イモ類，豆類，蔬菜など，多様な作物が混作される（写真1-1～1-7）。およそ1万年前に誕生した最も古い農耕といわれ（Ellen 2012），歴史的にはヨーロッパや日本も含め，世界の多くの地域で主要な食料生産手段となってきた。Heinimann et al.(2017)の推計によると，2010年ごろでも，アフリカ，アメリカ，アジアの熱帯地域で2億8000万ヘクタールの焼畑（耕地と休閑地の合計）が営まれていた。アジアに限れば，その面積は7000万ヘクタールであり（Heinimann et al. 2017），東南アジアでは1400万～3400万人もの人々が現在も焼畑に従事しているという（Mertz et al. 2009a）。

　しかし，現在は焼畑が急減する時代である。衛星画像の分析による世界の焼畑地域の特定と，各地域の焼畑研究の専門家へのアンケート調査に基づくHeinmann et al. (2017) の推定によると，2010年から2030年までの焼畑減少率として，中央・南アメリカでは10～30%，アフリカでは0～20%，アジアでは30～50%が見込まれ，2090年までに全世界でほぼ消滅するという。すでに急速な経済発展が進行中のアジアでは，アフリカやアメリカよりも減少が早く，2060年までの消滅が見込まれている。もちろん，これは一つの推定にすぎない。しかし，比較的焼畑が広く営まれていたラオス，カンボジア，ミャンマーで2000年以降，その面積が急減しているところを見ると（Heinmann et al. 2017），一定の説得力はある。

　それでは，減少した焼畑に変わって，どんな土地利用が現在見られるのだろ

写真 1-1　焼畑の伐採作業
4 年の休閑林を伐採
(2006 年 2 月　ファイペーン村)

写真 1-2　焼畑の火入れ
(2009 年 3 月　ファイペーン村)

写真 1-3　播種
突き棒により穴をあけ，種籾を入れる
（2005 年 6 月　ブーシップ村）

写真 1-4　陸稲の発芽
（2005 年 6 月　ブーシップ村）

写真 1-5　焼畑の除草
(2005 年 6 月　ブーシップ村)

写真 1-6　収穫前の陸稲
(2002 年 10 月　ブーシップ村)

写真 1-7　陸稲の収穫
穂から籾を直接とる方法
（2002 年 10 月　ブーシップ村）

うか。1993 年から 2015 年に刊行された 93 論文のレビューにより，東南アジアの長期休閑焼畑（休閑期間が 5 年以上）の変化の事例を展望した Dressler et al. (2017) によると，このうち 33 論文（36%）は焼畑からオイルパームやゴムなどの多年生の換金作物への転換を報じ，31 論文（33%）は焼畑が維持されているものの休閑期間が 4 年以下に短縮したことを報じ，28 論文（30%）は焼畑からトウモロコシなどの一年生の換金作物への転換を報じている[3]。このように，休閑期間の短縮のみならず，焼畑から換金作物栽培への転換は確実に生じている。

---

[3]　同様に 1990 年代から 2000 年代に刊行された 67 論文の扱う 151 事例から，東南アジアの焼畑の変化を展望した Schmidt-Vogt et al. (2009) によると，このうち 50 事例（33%）で焼畑から植林地（ゴム，果樹，オイルパーム，用材樹種など）への転換が報じられ，29 事例（19%）で別の耕種農業（トウモロコシ・ワタ・ラッカセイ・飼料作物の常畑，水田稲作，蔬菜栽培，温室での花卉生産など）への転換が報じられている。一方，55 事例（36%）は焼畑の継続を報じるが，そのうち 40 事例では休閑期間が短縮したという。休閑期間が以前から変わっていない事例は 15 事例しかなかった。

2. 焼畑減退の要因

　それでは，なぜ，東南アジアで焼畑面積が急減しているのだろうか。その主要因としてまず挙げられるのが，国家の焼畑抑制政策である。もともと焼畑は国家と非親和的な農耕である。焼畑も，それを営む焼畑民も頻繁に移動するため，国家が税収や賦役を課すことが難しいためである。平地に基盤を置く国家にとって，山地の焼畑民は見えにくい存在であり，国家の潜在的な脅威ですらあった。そのため，東南アジアの歴史的な諸王朝は，たびたび焼畑民の集落を平野に移転させ，水田稲作に従事させ，彼らの統制をはかろうとした（Dove 1985; スコット 2013）。19 世紀後半に東南アジアのほとんどの地域が植民地化されると，ヨーロッパ人は焼畑を原始的かつ非合理で，経済的に貴重な森林を破壊しているとして，禁止しようとした（Ellen 2012）。しかし，王朝時代にしろ，植民地時代にしろ，国家が焼畑民に与えた影響はまだ小さかった。国家の統制能力はそれほど大きくなかったし，いざとなれば焼畑民は山地の奥深くに逃げることによって，そうした統制から逃れることができたためである（スコット 2013）。

　焼畑民に対する国家の影響が強まったのは，第二次世界大戦後，東南アジアの諸国家が近代的な国民国家として独立して以降である。各国の中央政府は明確な国境線で区切られた行政範囲を管理する能力を徐々に強めていき，辺境に住む焼畑民も次第にその影響を受けるようになった。ここで重要なのは，各国の中央政府がしばしば多数派の低地民によって構成されており，その政策は必然的に低地民的な発想に基づくものが多かったことである。東南アジアの低地民は水田稲作を主要な生計手段としており，彼らも植民地政府と同じく，焼畑を非合理で環境破壊的な農業と考える傾向が強かった。そのため，植民地政府の焼畑抑制政策を引き継ぎ，焼畑から水田稲作や常畑への転換を促そうとした（Fox et al. 2009）。

　そもそも，各国政府の政策の根底には，農地と森林は別物だという認識があり，その点からしても焼畑は受け入れ難いものであった。農村の土地利用は農地か森林のいずれかに分類されるべきであり，それぞれ別の部署（例えば，農業省と林業省）が管轄するものとされた。一方，焼畑民にとっては，焼畑は当年の耕地のみならず，様々な遷移段階にある休閑林から構成され，この二つは

切り分けられないものである (Roth 2009)。彼らは耕地で年間の食料の多くを生産するほか，様々な段階の休閑林からも食用，薬用，飼料用，建築用などの有用資源を得ている。彼らの生計は耕地と休閑林のいずれをも活用することで成り立っている。焼畑は農業と林業が合わさったアグロフォレストリーシステムなのである。ところが，東南アジアのほとんどの国家では，休閑林は森林のカテゴリーに入れられ，保護の対象とされるか，木材生産や農業開発の対象とされてきた（Fox et al. 2009; Ellen 2012; Fox et al. 2014）。

では，東南アジア諸国家で焼畑の減少を引き起こした実際の政策にはどんなものがあるだろうか。ここでは，焼畑の減少に直接・間接につながった政策を特に取り上げる。これらの政策は複数の国で実施され，特に影響力が大きかった政策である。

(1) 森林保護政策

まず，農地と森林を分断する発想が最もよく表れたものとして，農地・森林区分政策が挙げられる。ベトナムとラオスでは，1990年代から村単位で境界内の土地を「農地」と「森林」に分け，耕作を「農地」のみに制限する政策が採られてきた。そうすることで焼畑を抑制し，政府の奨励する換金作物栽培への転換をはかろうとするものである。のちに詳述するラオスの土地森林分配事業はその典型的なものである。ベトナムの場合は，農地・森林区分政策と同時に行われた農業集約化プログラムにより，焼畑から水田稲作や換金作物栽培への転換がうまく進んだ。そのため，多くの地域で焼畑が消滅した（Jakobsen et al. 2007; Nguyen et al. 2009; Mertz and Bruun 2017）。

以上の村単位での森林区分よりも大規模に，焼畑民の利用してきた土地を森林に分類し，その利用を規制した政策として，国有林や自然保護区の設置が挙げられる。第二次世界大戦後，木材需要が国際的に高まり，独立まもない東南アジア諸国にとって，自国の豊富な森林は貴重な外貨獲得手段となった。そのため，各国政府は自国の森林の多くを国家管轄の森林に指定した。現在，フィリピンでは国土の55％，タイでは40％，インドネシアでは70％の土地が国家の林業関係部署の管轄下にある。その大部分は焼畑民の生活圏であった。これらの森林では，その後，商業的木材伐採や農業開発に利用された結果，大規模な森林破壊が起こった。問題は，その原因が国家の主導する森林開発にあったにもかかわらず，そこに居住を続ける焼畑民にその濡れ衣が着せられてきたこ

とである (Fox et al. 2009)。

　1980年代に入ると，国家による森林の囲い込みを正当化する新たな理由が加わった。環境保護である。環境保護運動は北側先進諸国で始まり，さまざまな外国援助機関が地球環境上，重要な熱帯林を保全しようと南側諸国に資金を投じた。その結果，東南アジア諸国も自然保護区の設置など，さまざまな環境保護政策を繰り出すようになった。タイの場合を例に取ると，先進諸国由来の環境保護運動は，タイ国内の環境問題とリンクする中で展開した。1988年にチャオプラヤ川下流域で大洪水が起こった。こうした洪水の原因として，上流の北部山地で山地民が営んできた焼畑が槍玉に上がった。翌年には森林伐採が禁止され，山地には森林保護区，国立公園，水源保護区などが数多く設置された。保護区の設置に伴い，山地民がその外に移住させられた場合もあった(Fox et al. 2009; Mertz and Bruun 2017)。中国雲南省西双版納では，2003年から始められた退耕還林政策により，焼畑は実質的に不可能となった。これは勾配が25％以上の土地での植林を進めようとするもので，そうすることで山地の森林被覆を増加させ，水土保全機能を向上させることをねらっていた。ちょうどこの頃にゴムの価格が上昇し，中国政府がゴム林を森林と認めたため，農民は競ってゴムを栽培した。そのため，現在，山地斜面はゴムばかりとなり，焼畑は見られなくなった (Fox et al. 2009; Fox et al. 2014; Mertz and Bruun 2017)。

　近年，焼畑は森林破壊に止まらず，二酸化炭素放出の面からも問題視されている。熱帯諸国では，気候変動による地球温暖化への対処法として，REDDプラス[4]に関する議論がさかんになっている。熱帯を中心とする途上国では，世界の中でも森林減少の特に多い地域である。REDDプラスはこうした途上国での森林減少や森林劣化を抑制する対策を行い，森林からの二酸化炭素の排出量をできるだけ削減しようとする試みである（百村 2021）。この取り組みにおいて，焼畑は炭素蓄積の観点からは問題のある農業であり，ゴム農園など，

---

4) REDDプラスは Reducing emissions from deforestation and forest degradation and the role of conservation, sustainable management of forests and enhancement of forest carbon stocks in developing countries の略である。国連気候変動枠組条約（UNFCCC）第19回締約国会議（COP 19）において基本的な枠組みが決定された。REDDプラスにおいては，森林を保全し，二酸化炭素の排出を抑制すれば，排出削減量に応じてクレジットが得られる。REDDプラスの実施者（国家または準国）はこのクレジットの売却により収益を得ることができる。このようにして，森林保全のインセンティブを途上国に与えようとするねらいがある（百村 2021; 生方・百村 2021; 国際協力機構）。

他の土地利用に置き換えるべきであるとする議論がある。その意味でREDDプラスは今後，さらに焼畑を抑制する事業となっていく可能性がある（Fox et al. 2014）。

(2) 移住政策

さらに，移住政策も焼畑民の生計や彼らの焼畑実施に大きな影響を与えた。これを大きく分けると，人口密集地から焼畑民の住む人口希薄地への移住を勧める政策と，焼畑民を山地から平野に移住させる政策がある。前者の代表例としては，インドネシアで1960年代から進められたトランシミグラシ政策，ベトナムで1970年代後半から進められた中央高原へのキン族の計画移住がその代表的なものである。移住先はしばしば焼畑民の居住地域であったが，この政策では，低地農耕民を焼畑民の地域に送り込むことで，後者が前者から水田稲作や常畑での換金作物栽培など，定住農業の方法を学ぶことが期待されていた。しかし，実際には，焼畑民は入植者の多くに土地を奪われ，土地や森林資源をめぐり，焼畑民と入植者，あるいは焼畑民自身の間でも争いが頻発するようになった。入植者の開墾は多くの場合，焼畑よりも急速で深刻な環境破壊を引き起こした（Cramb et al. 2009; Fox et al. 2009; Ellen 2012）。

一方，先述したように，東南アジアでは，焼畑民を山地から平野に移住させる政策も古くから行われてきた。特に，ラオスでは現在もこの政策が国家規模で実施されており，焼畑民の生計と生活に大きな影響を与えている。その具体的な内容は次節で詳述する。

(3) 大規模農業開発を進める政策

さらに，大規模農業開発も焼畑を大きく減少させた要因である。各国政府は私企業によるプランテーション開発を積極的に後押ししてきたし，政府自体も開発公社を設立してそれを行ってきた。その用地としてしばしば焼畑民が利用してきた土地が使用された。政府側の論理からすれば，これは休閑林が大部分である「遊んでいる」土地の有効活用につながるし，プランテーションでの雇用は住民の貧困削減に貢献するとされた。島嶼部ではオイルパーム（市川 2008; 祖田 2008; 金沢 2012: 87-100），大陸部ではゴム（Fox et al. 2014; Srikham 2017）のプランテーションが主に開発されている。マレーシアのサラワク州におけるオイルパームプランテーションの場合は，数千〜数万ヘクタールの規模が普通

であり，その中には多くの焼畑民の村が含まれる。プランテーション開発によって，明らかに焼畑民の利用できる土地が少なくなり，焼畑の縮小や森林利用の減少につながっている。一方，プランテーションでの賃金はマレーシアの水準からすれば安すぎるため，住民の雇用にはつながっていない。その労働はインドネシアからの出稼ぎ労働者によってまかなわれている（祖田 2008; 金沢 2012）。

(4) 市場向け活動の展開

　以上のような国家の政策は焼畑を減少させた大きな要因である。しかし，Mertz and Bruun (2017) も指摘するように，国家がいくら焼畑を規制しても，それを代替する生計手段がなければ，農民は焼畑をやめないであろう。上記の中国西双版納タイ族自治州の事例で言えば，ゴム植林の経済的インセンティブが大きかったからこそ，退耕還林政策が成功し，焼畑が減少したのである。つまり，焼畑に代わる現金収入獲得手段の創出とその前提条件としての農山村への市場経済の浸透が必要である。

　現在は東南アジアの山村においても，市場経済がかなり浸透している。それを可能にしたのはインフラの整備である。例えば，タイ北部の場合，治安維持や共産主義の拡大を阻止する目的で，1960 年代から山地の開発事業が実施されてきた。その結果，1990 年代には山地でも電気や道路などのインフラがかなり整えられた。都市へのアクセスが向上すると，山村でもキャベツ，ニンジン，ショウガ，ネギなどの蔬菜や生花，コーヒーなどが市場向けにさかんに栽培されるようになった。また，道路ができた結果，観光客も山村に訪れるようになり，民族衣装を着た山地民自体が観光の対象となった（速水 2009）。さらに，バンコクを中心とする都市への出稼ぎは 1980 年代には頻繁になされるようになっていた（田崎 2008）。このように，多様な市場向け活動が生計に取り込まれる中で，1990 年代後半には，チャオプラヤー川の上流域では焼畑がほとんどなされなくなっていた（速水 2009）。こうした傾向は，市場開放の遅れたベトナム，カンボジア，ラオス，ミャンマーではやや遅れるが，東南アジアのいずれの国でも生じている。

　各国政府も焼畑の減少と貧困の削減を目的として，農民が市場向け活動に従事することを積極的に後押ししてきた。特に，換金作物栽培は，焼畑を代替する生計手段として常套的に奨励されるものである。

　しかし，市場向け活動が展開すれば，必ず焼畑が消滅するわけではなく，両

者が共存する可能性もある。焼畑民は古くから狩猟・採集や家畜飼養など，焼畑以外の多様な活動にも従事し，生計を立ててきた。彼らの市場向け活動への従事も近年になって始まったものではない。古くから国際的な輸出品の採取と交易に従事してきたのである。古くは中国，インド，アラブの商人が，16世紀にはヨーロッパの商人が，香木，薬物，獣皮，染料などの森林産物を求めて，東南アジアの港市に盛んに来航したことはよく知られている[5]（弘末 2004）。焼畑民はこの森林産物を採集し，港市に供給する重要な担い手であった。17世紀にはコショウが，18世紀後半からはラテックス（森林の自生木から採取したゴム）がヨーロッパへの主要輸出品となり，焼畑民はその生産の担い手となった（Dove 1994, 1997）。Dove (1994) はこのような以前からの焼畑民にとっての市場向け活動の重要性を指摘し，自給向けの焼畑と（国際）市場向けの商品生産の結合という点こそが焼畑社会の特徴であると述べている。

　焼畑と換金作物栽培が結びついたとき，この結合の強みが最もよく発揮されたといえる。焼畑は労働生産性が高い（Dove 1985: 7-8）ため，焼畑作業のピーク時以外は余剰労働力を換金作物に振り向けやすいのである。実際，インドネシアではゴム，ラタン，タバコ，コーヒーなどの輸出向け作物のほとんどは大資本によるプランテーションではなく，焼畑民を中心とする小農により栽培されてきた[6]（Dove 1985: 7; 田中 1990）。

　この結合はリスク回避の点でも優れている。つまり，焼畑により飯米がある程度確保されているために，不作や価格変動など，換金作物にともなうリスクを最小限にとどめることができるのである。Dove (1993a) が指摘するように，政治経済的に弱者である焼畑民が市場に振り回されることなく，それに参入することを可能にしているといえよう。以上のように，焼畑民は焼畑を中心とする自給向け活動に市場向け活動をうまく組み合わせる能力を持っているのである。

---

5)　記録上では5世紀のインドネシア西部と中国の交易までさかのぼる（Dove 1994: 384)。
6)　これに対し，灌漑稲作は機械化が進んでいない場合，土地生産性は高いものの，労働生産性は焼畑よりもはるかに劣る。灌漑稲作地帯は人口密度が高く，余剰の土地も少ない。そのため，焼畑民ほどには換金作物栽培に従事しにくいという（Dove 1985: 8)。

3. 焼畑の減退がもたらした問題

　いずれにせよ，現在の東南アジアでは国家政策と市場経済の影響で，焼畑の減退が顕著となっている。そして，焼畑の休閑期間の短縮や換金作物栽培への転換が確実に起こっている。それでは，こうした土地利用の変化は人々の暮らしをどれほど豊かなものにしたのだろうか。先に引用した Dressler et al.(2017) は 93 論文の内容分析からこの点についても分析している。彼らの結論は，焼畑の減退と換金作物の集約的栽培への土地利用転換は住民の生計を脆弱にし，地域環境を悪化させたというものである。

　なぜ焼畑の減退・消滅が人々の生計を脆弱にしたのかというと，それは焼畑が貧しい農民にとってのセーフティーネットの役割を果たしてきたためである（Cramb et al. 2009; Peng et al. 2014; Dressler et al. 2017）。換金作物栽培への転換はたしかに現金収入の増加をもたらすが，多くの場合，住民間で貧富の格差を生む。この場合，特に貧しい世帯の生計が脆弱化する。なぜなら，換金作物栽培には不作や価格変動のリスクが伴うためである。上述したように，焼畑の維持はこうした世帯が市場のリスクに左右されずに生計を営むことを可能にする（Dove 1993a）。さらに，焼畑の参入障壁の低さも貧しい世帯には魅力的である。労働生産性の高さは焼畑のメリットとしてたびたび指摘されてきた（福井 1983; Dove 1985; 佐藤 1995）。これは少ない労働力でも必要収穫量を上げられることを意味する。実際，焼畑は 1 世帯〜数世帯でも行うことができる。初期投資も最低限ですむ。同じ山地斜面に棚田を造成するための資本・労力と比べれば，格段に少なくてすむのである（Ellen 2012）。

　セーフティーネットとなってきたのは焼畑のみではない。その休閑林も人々の生計維持に不可欠であることは多くの研究で指摘されてきた（Yamada et al. 2004; 落合・横山 2008; Rerkasem et al. 2009; Mai and Tran 2009）。草原（grassland），叢林（bush），疎開林（open-canopy forest），閉鎖林（closed-canopy forest）など，植生遷移の様々な段階にある休閑林は，食用，薬用，飼料用，建築用など，多様な有用資源を有している。成熟した森林よりも休閑林から，はるかに多くの有用資源が採取されていることを指摘する報告は多い（Kunstadter 1978; Cramb et al. 2009）。本書でも言及するラオスのカジノキやヤダケガヤのように，住民の貴重な現金収入源となっているものも多い。こうした販売可能な工芸作物や

果樹を休閑林に植え付け，その価値を意図的に高めようとする事例も東南アジアでは広く見られる（de Jong 1997; 竹田 2001b; Rerkasem et al. 2009）。このように，政治家や役人には劣化した無価値な森林と見なされがちな休閑林も住民にとっては欠かせないものである。焼畑と様々な段階の休閑林からなる景観モザイク（landscape mosaic）は，その全体が住民の生計を成り立たせているのである（Fox et al. 2014）。

　悪化したのは住民の生計だけではない。Dressler et al.（2017）は焼畑から換金作物の集約的栽培への転換により，多くの地域で環境も悪化したと述べている。実際，近年の研究によると，焼畑と休閑林の景観モザイクを全体としてとらえた時，それは換金作物の集約栽培地に比べ，生物多様性，水土保全，炭素蓄積のいずれの点でも優れている。まず，生物多様性に目を向けると，焼畑に栽培される穀物，イモ類，豆類，蔬菜などの栽培作物の多様性に関しては早くから研究者の関心を集めてきた（例えば，Conclin 1957）。コメのみを取り上げても一つの村の地方品種はヴァラエティに富んでおり，焼畑は多様な作物の遺伝資源を創出し，維持し，保護するのに重要な役割を果たしてきたといえる。また，休閑林については，6～7年の休閑であっても高い樹木の多様性が確認されており，それは休閑年数を経ることでさらに高まる。さらに，休閑林は鳥類や小型哺乳類の重要な生息地にもなっている（Rerkasem 2009; Zeigler et al. 2011）。これに対し，換金作物栽培の導入により，従来の焼畑と休閑林の景観モザイクが一面の農地や植林地に転換され，森林が大きく減少したケースが多数報告されている（Fox et al. 2014; Vongvisouk et al. 2016; Zeng et al. 2018）。

　次に，水土保全については，焼畑から換金作物の常畑への転換は，土壌浸食や地滑りのリスクを高め，水源涵養能力の低下をもたらすことが指摘されている。また，換金作物栽培では肥料や農薬が使用される場合が多いため，流水の水質が悪化することや，灌漑のために流水や地下水を汲み出すことで，渓谷が涸れ谷と化してしまうことも指摘されている（Ziegler et al. 2009; Ziegler et al. 2011）。さらに，常畑への転換は土壌の質の低下を招きやすいこともわかっている。特に，一年生の換金作物栽培のための化学肥料の連年使用が土質の低下を招くことはよく知られている（Brunn et al. 2009）。

　また，近年，焼畑が炭素蓄積の観点からも問題視されており，REDDプラスでも，焼畑をゴムなどの植林地に転換すべきという議論があることはすでに述べた。しかし，焼畑は火入れの際に，確かに二酸化炭素を放出するが，この

損失は休閑期間に蓄積される炭素により，ある程度相殺されるはずである。また，長期休閑焼畑の休閑期間が短縮された場合や，それが換金作物栽培に転換された場合，ほとんどのケースで地上炭素量と土壌有機炭素量が減少したことが確認されている（Bruun et al. 2009; Ziegler et al. 2011; Fox et al. 2014）。

　焼畑の減退・消滅と換金作物の集約的栽培への移行は，農民の脆弱性や地域環境のリスクを高めるだけではない。社会・文化的な影響も無視できない。たびたび指摘されてきたのが貧富の差の拡大である。焼畑村落はもともと貧富の差が小さい社会である。環境の不確実性の高い熱帯林においては，篤農家であっても焼畑の収量は年ごとに大きく異なる。そのため，豊作世帯と不作世帯が毎年変動するのが普通で，貧富の差が固定化しにくい（Dove 1993b）。この場合，例えば Dove（1988）の事例のように，不作世帯は豊作世帯の畑で除草などの労働を行うかわりに彼らの余剰米を得，不足したコメを補う。こうして集団内部での自給が保たれる。豊作世帯といえども，次年度以降の不作のリスクを常に背負っており，こうしたコメと労働力の交換関係を重視する。このように，焼畑村落では，不作のリスクを回避するための互助システムがもともと備わっている。一方，換金作物栽培など，市場向け活動に傾斜した村落での貧富の差の拡大は多数報告されている。しかし，それがどんなプロセスで進行するかについてはよくわかっていない。

　また，市場向け活動への傾斜とともに，共有林など，共有資源の維持管理能力が弱体化した村落の例も報告されている（Chun-Lin et al. 1999; Dressler et al. 2017）。さらに，焼畑民の信仰は伐採，播種，収穫などの作業に応じて行われる儀礼と深く結びついたものであるが，焼畑がなされなくなれば，儀礼や信仰も喪失してしまう可能性がある。それは彼らのアイデンティティの喪失にもつながる（Fox et al. 2009; Ellen 2012; Ziegler et al. 2011）。

第2節　ラオスの焼畑・焼畑民に対する国家政策

1. ラオスの焼畑と焼畑民の概要

　ラオスは東南アジアの内陸国であり，国土の8割は山地である。ただし，そ

表 1-1　東南アジア各国における焼畑依存人口の割合と人口密度

国・地域	推定焼畑依存人口（百万人）	2007年の人口（百万人）	人口に占める焼畑依存人口の割合（%）	各国，地域の人口密度（人/km^2）
ミャンマー	2-10	48.8	4-20	82
タイ	0.7-1	63.8	1-2	136
カンボジア	—	14.5	—	92
ラオス	0.8-1	5.9	14-17	31
ベトナム	2-5	85.1	2-6	308
中国雲南省	—	42.9	—	120
マレーシア	1-2	26.6	4-8	96
インドネシア	5-10	225.6	2-4	148
フィリピン	3-5	87.9	3-6	358

注1）焼畑依存人口と2007年の人口に関しては，Mertz et al.（2009a: Table 2）より引用。
注2）人口に占める焼畑依存人口の割合については，推定焼畑依存人口を2007年の人口で除して求めた。
注3）中国雲南省の人口密度は2010年の人口センサスに基づく。他の国の人口密度はwww.worldbank.org（2019年9月12日閲覧）に基づく。
注4）「—」はデータのないことを示す。
（注1・3に示した出典に基づき作成。）

　の最高点は2817mであり，決して高山ばかりというわけではない。広い平野は主に国土の西側を南北に流れるメコン川とその支流沿いに分布する。
　こうした土地柄もあり，ラオスは東南アジアにおいて，今も最もよく焼畑が営まれる国の一つである[7]。Messerli et al.（2009）によると，ラオスの焼畑景観（焼畑と休閑地の合計）は国土面積の28.2%に当たる650万 haを占めており，農業従事者の2割に当たる80万〜100万人が今も焼畑に従事している。表1-1は国ごとに焼畑依存人口[8]とその全人口に占める割合をみたものであるが，ラオスの焼畑依存人口の割合は他国と比べてかなり高い。また，同表に示したように，ラオスは人口密度が他国より格段に低い。Heinimann et al.（2017）は，焼畑存続の条件として，人口密度が低く，農業発展や代替的な生計活動の選択肢が限られている点を指摘している。輸送や輸出に不便な山がちの内陸国であり，人口密度も低いラオスは，まさにこの条件によく当てはまる国であると言えよう。

7）Schmidt-Vogt et al.（2009）は，焼畑とその休閑地が国土面積に占める割合はラオスが東南アジアで最も高いとしている。これに対し，Ellen（2012）は東チモールに関するデータがあれば，この国の方がより高いだろうと述べている。
8）焼畑依存人口とは，焼畑に従事し，それにより，生存維持に不可欠なものを実際に得ているか，あるいはそのように認識している世帯に属する人口のことをいう（Mertz et al. 2009a: 282）。

ラオスは東南アジアにおいても最も民族多様性の高い国の一つであり，人類学者によると（Chazée 2002），その数は100以上とされる。一方，ラオス政府による2015年の国勢調査では，国民は49民族に分類されている(Lao Statistics Bureau 2016)。その中で，焼畑に主に従事する民族はモン（Mon）・クメール語派，チベット・ビルマ語派，モン（Hmong）・ミエン語派に属する諸民族である。このうち，モン・クメール語派の諸民族はラオスの先住民族であり，主に山地中腹に住むことから，ラオ・トゥン（ລາວເທິງ，中腹に住むラオス人の意）と呼ばれてきた。カム族（2015年国勢調査によると，ラオスの全人口の11.0%を占める）などが含まれる。一方，チベット・ビルマ語派，モン・ミエン語派の諸民族は中国西南部やチベットから18世紀以降移住し，ラオ・トゥンの諸民族よりもさらに高い標高域に住み着いた。このことから彼らはラオ・スーン（ລາວສູງ，山頂に住むラオス人の意）と呼ばれる。彼らは焼畑による陸稲栽培を行うほか，20世紀初頭からは植民地政府に納める税金として，あるいは換金作物として，ケシ栽培を行ってきたことでも名高い。チベット・ビルマ語派にはアカ族（2015年国勢調査によると，ラオスの全人口の1.8%を占める）などが，モン・ミエン語派には，モン（Hmong）族（同9.2%）とイウミエン族（同0.5%）が含まれる（安井 2003; Lao Statistics Bureau 2016）。

　これらの焼畑民に対し，ラオスの人口の6割以上を占めるタイ語派の諸民族（以下，タイ系民族と呼ぶ）の多くはメコン川の本支流沿いの平野に居住し，水田稲作を営み，焼畑は必要に応じて行う[9]。彼らは中国西南部から移住し，モン・クメール語派の諸民族を征服しつつ，盆地や平野に住み着いた諸民族であり，ラオ・ルム（ລາວລຸ່ມ，低地に住むラオス人の意）と呼ばれる。なかでも，ラオ族は14世紀に現在のラオスの前身となるランサーン王国を建国した民族であり，2015年国勢調査によれば，全人口の53.2%を占めるラオス最大の民族である（安井 2003; Lao Statistics Bureau 2016）[10]。

---

9)　もちろん，タイ系民族でも水田開発が難しい山地に住む場合は，焼畑稲作を主体的に行う場合もある。また，1930年代後半にラオス北西部で調査を行ったIzikowitz（1979: 27）はラオス北部のラオ族は農民というよりも商人であり，手工芸人であると述べている。織物，陶器，装飾品，鉄製品などを作って，山地民族の村々を巡り歩き，コメや森林産物と交換するのが彼らの重要な生計手段であった。Izikowitz（1979: 27）はさらに，ラオス南部に住むラオ族は水田稲作に従事するが，北部に住むラオ族は焼畑稲作に従事すると述べている。

2. 焼畑・焼畑民に対する国家政策

　1950年代まで，ラオスの焼畑民に対する国家や国際社会の影響は総じて小さかった。ラオ族の建てたランサーン王国のもとで，モン・クメール語派の諸民族は賦役や生産物の貢納を行う必要があったが，これは間断的なものでしかなかった（Evanz 1995: 31）。ただし，当時から彼らはタイ系の低地民から奴隷を意味する「カー」という呼称で呼ばれ，明らかに蔑視されていた。
　1893年にラオスはフランスの植民地となったが，フランスの支配はこのような民族間の上下関係を制度化するものであった。また，植民地政府は，木材産業のために森林を保護する必要性があるとして，焼畑を禁じた。1953年にフランスからの独立を果たしたラオス王国の政府も焼畑民を差別する政策を引き継いでいた。しかし，実際には植民地時代にしろ，王国政府の時代にしろ，焼畑民に対する政治的介入は限られていた（Izikowitz 1979: 28, 346; Evanz 1995: 27-43; 中田 2004: 16-21; Ducourtieux 2017）。
　王国政府時代の後半には，アメリカ合衆国の支援する王国政府と北ベトナムの支援する共産主義勢力の間で戦争があった。この第2次インドシナ戦争（1960-75年）については第10章で詳述するが，焼畑村落のほとんどが戦争に巻き込まれ，焼畑民の生計・生活に大きな影響を与えた。しかし，これは戦争の影響であり，焼畑や焼畑民に対する国家政策がこの時期にあったわけではない[11]。
　1975年の社会主義政権の樹立後も，1980年代までは，焼畑村落に対する国家の政治的介入は少なかった。ラオス政府は当初，厳格な社会主義化を目指し，農村部で農業の集団化や協同組合の導入を進めようとした。しかし，集団化が実行されたのは水田稲作についてであり，焼畑に対しては実行されなかった。そのため，焼畑村落の多くにとって集団化の影響はほとんどなかった。むしろ，

---

10) ラオスでは，一般にモチ米が主食であり，陸稲にしろ，水稲にしろ，モチ米の栽培がほとんどである（Roder et al. 1996）。ただし，高地ラオには，ウルチ米を主食とする民族もいる。本書の対象地域であるカン川周辺の地域の場合，タイ系民族やカム族はモチ米を主食とするが，モン（Hmong）族はウルチ米を主食とする。

11) 後述するように，第2次インドシナ戦争期には，ラオス王国政府による焼畑村落の集落移転がよく行われた。しかし，これは山地を拠点とする共産主義勢力，パテートラオに焼畑民が与するのを防ぐために行われたものであり，焼畑民に対する政策ではない。

厳格な社会主義路線は，私的な商業活動や移動を制限したという点で焼畑村落に影響したといえる。これにより，村落の自給的・自律的傾向がさらに強められたためである（Evans 1995: 65-89; Ireson 1992）。

　こうした焼畑村落の自給的・自律的傾向は，1990年代には打破されることになった。その第一の要因はラオス政府の政策転換にある。1986年にラオス政府は「チンタナカーン・マイ（新思考）」を打ち出し，それまでの社会主義路線を改め，市場経済原理を大幅に導入して，経済的な停滞状況を打破しようとした。経済・流通の自由化が進む中で，都市部だけでなく，農村部でも国内外の商品が流通し始め，商業活動が活発化した。これは農民による現金収入の追求を促し，1990年代以降，徐々に農村部で現金収入の重要性が増加していった。その結果，換金作物栽培（Ducourtieux et al. 2006），森林産物採集（竹田 2001b; Yamada et al. 2004; Yokoyama 2004），家畜飼養（Chapman et al. 1998），チーク林経営（Roder et al. 1995b），農外活動（横山 2001）などの市場向け活動が活発に営まれるようになった。

　1990年代に焼畑村落の自給的・自律的傾向が破られた今一つの要因として，ラオス政府がこの時期から焼畑・焼畑民に対する政策的介入を強力に推し進めたことがある。市場開放路線を進める中で，外国援助機関の資金的・技術的援助が大きく増加したこともこれを後押しした。以下では国家の政策的介入の具体的内容について説明する。

　ラオス政府は1990年代以降，山地部における貧困と森林破壊を国家の重要課題ととらえ，貧困削減と森林保護に注力するようになった。この中で，焼畑は貧困と森林破壊のいずれの原因でもあると考えられた[12]。そのため，焼畑を消滅させ，水田稲作や換金作物栽培など，集約的かつ現金収入が見込める農業を普及させることが目指されてきた。それにより，焼畑民の貧困問題と森林破壊が同時に解決できると考えられたのである。さらに，山地部でインフラ整備などを行う農村開発プロジェクトを実施することで彼らの生活水準の向上をは

---

12) 例えば，ルアンパバーン県農林局の文書には焼畑に関して以下のような記述がされている。「焼畑は定義によれば，伝統的で最も初歩的な農業生産のなされる土地であり，伐採，火入れ，二度焼きという方法によって，あらゆる種類の森林に侵入してそれを破壊し，主にコメ，そして他のさまざまな穀類を栽培し，自然の中での暮らしを送ろうとするものである。しかし，焼畑ではたいがい十分に食べることができず，そのために焼畑民は日に日に貧しくなっていく。なぜなら，焼畑の生産技術は遅れたものであり，整地や灌漑を全く伴わないものだからである。」（ルアンパバーン県農林業の2000-2001年期の総括と2001-2002年期の計画に関する文書より）

かることが必要とされた。

前節では，東南アジアで焼畑を減少させた3つの代表的な国家政策を紹介した。これらの政策はいずれもラオスで実施されてきた。まず，国有林・自然保護区の設置としては，1990年代から国立の保護林，保安林，生産林が指定された。これらは全てを合計すると国土面積の約69%を占めるほど広大なものであり，指定されたのみで管理の実態がともなわない場合が多い（百村2021）。しかし，保護林の中には国際環境保護団体の支援を受け，2000年ごろから管理が厳格化しているものもある（Broegaard et al. 2017）。

また，大規模農業開発に関しては，「土地を資本に変えよう（Turning land into capital）」というラオス政府のスローガンのもとで，ゴムやバナナなどのプランテーションが2000年以降，ラオスの土地を蚕食している。大規模土地取得の件数は2000〜2009年の間に50倍に増え，その合計面積は国土の5%を占めていた（Schönweger et al. 2012）。その半分以上は中国，タイ，ベトナムの投資によるものである。それまで村人が利用していた土地について，彼らに無断でプランテーション企業の利用が認可されるケースもあり，社会的な問題を生んでいる（Broegaard et al. 2017; Srikham 2017）。また，大規模なモノカルチャー栽培は環境面でも問題が大きい（Fox et al. 2014）。

以上の国有林・自然保護区の設置や大規模農業開発は2000年以降，焼畑民の暮らしに大きな影響を与え，焼畑減少の主要因になっている。これに対し，以下では，1990年代から実施されてきた政策であり，本書の内容にも直接的に関わる二つの政策に注目する。それが，農地・森林区分政策の「土地森林分配事業（Land and Forest Allocation or Land Use Planning and Land Allocation）」であり，移住政策としての集落移転事業である。

(1) 土地森林分配事業

土地森林分配事業は焼畑抑制を目的として，1990年代初めからラオス全土で実施されてきた。この事業は各村の境界画定，土地利用区分，農地分配の三段階からなる。つまり，それまで曖昧であった各行政村の村境を画定したのち，村境内の土地を「森林」，「農地」，「宅地」に区分する。さらに，「農地」に区分された部分から各世帯に数区画の土地が分配され，各世帯の農業はこの分配地に限定される。一方，「森林」は保護林，保安林，生産林，再生林，衰退林など，用途別に区分され[13]，いずれにおいても農業は禁止される。このように

耕作地を限定することで焼畑の実施を難しくし，それにより，焼畑の抑制と森林保護を達成することがねらいである。さらに，分配地での換金作物栽培を奨励し，自給向けの焼畑から市場向け農業への転換を促すことも意図されている。加えて，分配地の位置と面積を明らかにすることで，土地利用税の徴収を円滑にすることも目的であった（大矢 1998; Namura and Inoue 1998; Soulvanh et al. 2004; 名村 2008; 東 2010; 百村 2021）。

　この事業は多くの外国援助機関の技術的・資金的援助を受けて実施された。援助機関は土地や森林の利用権を村落住民に委譲するとした点を特に評価し，それがこの事業を支援する主要な動機となっていた。また，約 40％ のラオスの森林被覆率[14]は東南アジア諸国の中でも高く，熱帯林保護の観点からもこの事業に対して高い関心が集められた（大矢 1998; Broegaard et al. 2017; 百村 2021）。

　しかし，この事業について既往研究の多くは，かえって住民の貧困化を招いたとして批判的である（Soulvanh et al. 2004; Ducourtieux 2005; Ducourtieux et al. 2005; Lestrelin and Giordano 2007）。1995〜2004 年の間に，土地森林分配事業が行われた村の土地の 86％ がさまざまなタイプの「森林」に組み入れられ，そこでの農業が禁止された（Broegaard et al. 2017）。このように，住民の焼畑を実質的に不可能にしたにもかかわらず，多くの場合，それを完全に代替できるような仕事はもたらされなかった。そもそも，この事業は各村で平均 5 日間と，非常に短期で実施され（Soulvanh et al. 2004），村の生計や土地利用の実態をほとんど調査せずに土地利用計画を策定していた。そのため，その内容は住民の意向にほとんど添わない，非現実的なものが多かったのである。そこで，2009 年には，こうしたトップダウン型を改め，住民参加型を目指した，「参加型土地森林分配事業（Participatory Land Use Planning and Land Allocation）」に改められた。しかし，この新たな事業においても，住民の農業用地がさらに縮小されるなど，住民の意向に沿わない事業実施の例が報告されている（Broegaard

---

13） 保護林は生物多様性や希少動植物種の保護，保安林は水源涵養，土壌流出防止，生産林は木材など森林資源の利用，再生林は森林の再生・維持を目的とした森林である。また，衰退林は荒廃や大きなダメージを受けた森林である。これ以外にも住民が利用する利用林や宗教的な意味のある精霊の森（村を守る精霊の棲む森），埋葬林（亡くなった人を埋葬する森）に分けられることが多かった（百村 2021）。

14） これは樹幹密度が 20％ 以上の森林の被覆率である。樹幹密度を 10％ 以上にした場合は，その値は 70％（2005 年の場合）となり，これは東・南アジアの 23 カ国中トップである（河野 2008）。

et al. 2017; Suhardiman et al. 2019)。

　一方，2000年代後半以降は，事業実施の効果がほとんどなくなっていることを示唆する研究が増えている。つまり，住民が分配された農地以外の土地を利用したり，保護林や保安林に区分された土地で焼畑をしたりする例が数多く報告されている。住民の側もこうした非現実的な土地利用規則を遵守しなくなっているのである（Soulvanh et al. 2004: 42; 横山・落合 2008: 377; 東 2010: 77; Hyakumura 2010; Lestrelin et al. 2011; Kameda and Nawata 2015; Broegaard et al. 2017; Suhardiman et al. 2019)。郡の役人も，規則が守られているかをモニタリングすることはほとんどない。また，仮に規則違反を見つけても，そうしなければ生計が成り立たないという村人の事情をよく知っているので，これを見過ごすことが多い（Hyakumura 2010; Lestrelin et al. 2011)。

　しかし，Broegaard et al. (2017) が指摘するように，こうした規則違反がいつまで許されるかは不確かである。事業の実施により，政府は住民の森林利用を規制することができる法的根拠を得たわけであり，その権力の行使はいつでも実行可能である。

　さらに，彼らの土地や森林の利用権が事業実施によって保障されたとはいえない。先に述べた通り，この事業が外国援助機関に受け入れられたのは，利用権を住民に委譲する点が評価されたためであった。しかし，多くの場合，実際にはそうなっていない（Broegaard et al. 2017)。まず，分配された農地についてであるが，ラオス北部では，土地証書はおろか，暫定土地証書さえ住民に交付されていない事例が多々ある。さらに，事業により村の土地の多くが保護林と保安林に組み入れられるが，住民はこの二つのタイプの森林の経営に関する決定権を有していない。それを最終的に決定できるのは，郡レベル以上の政府の農林業部門である。その一方で，住民には，これらの森林を保全する義務が課せられる。

　また，事業による取り決め自体が行政側により簡単に覆されてしまう事例も多数報告されている（名村 2008; Broegaard et al. 2017)。例えば，Broegaard et al. (2017) は中国企業のプランテーション用地を県知事が認可するにあたって，当該地域ですでに実施された土地森林分配事業での取り決めを全く参照しなかったという事例を報告している。さらに，事業により，ある村の村域に定められた土地が，近隣の国立の保護林の拡張にあたって，そこに組み入れられてしまった例も報告している。ラオスには土地森林分配事業だけでなく，さまざ

まな土地利用に関する政策や法律が存在し，それらが互いに矛盾した内容を持っている。こうした別の政策や法律の論理を持ち出して，事業での取り決めが無視されてしまう事例は少なくない。

　ラオス国民の土地利用権はそもそも不安定なものである。ラオスの土地法では全ての土地の所有者は国民の代表である国家とされ，国民にはその利用権が与えられるのみである（Broegaard et al. 2017）。この利用権は必要が生じれば，国家は取り戻すことができると定められているのである（Government of the Lao PDR 2019）。

　以上のように，事業の実施により，住民の自由に利用できる土地は大幅に縮小し，彼らの土地利用権も不安定なままである。しかも，別の政策や法律の論理により，村の土地自体が国家に収用される可能性さえある。この事業は焼畑民を土地所有の面で脆弱化させ，彼らの土地に対する国家の支配を強める政策であったといえよう。

　一方で，この事業について唯一指摘される利点として，村境の明確化がある。これにより隣村同士の土地をめぐる争いが解決されたという報告がなされている（Hyakumura 2010; Broegaard et al. 2017）。村境の画定は土地利用区分の前提としてなされたものであり，必ずしも事業のメインポイントではなかった。しかし，土地利用区分が住民に遵守されない事例が多い一方で，村境については住民の土地利用の境界線として明確に意識されていることがうかがわれる。

(2) 集落移転事業
　ラオスには公式の集落移転政策はない。集落移転は政府の戦略を実現するための手段としてなされてきた。1990年代以降，それは「農村開発重点地区戦略（Focal Site Strategy）」という政府の農村開発政策と密接に絡んで実施されてきた。

　農村開発重点地区戦略は山地において，特に盆地や河川沿いなどを中心に農村開発の重点地区（Focal Site）を指定し，この地区を中心にインフラ整備，農業技術普及，教育，医療など，総合的な農村開発プロジェクトを実施しようとするものである。この地区に周辺の高地村落住民を集住させ，既存の低地村落の住民とともに，開発の対象とすることが目指されている。このように，ラオス政府の農村開発政策は低地中心であり，高地に開発をもたらすのではなく，高地の住民を開発の場に近づけることで，その効果を彼らに行き渡らせようと

第1章　序論　31

するものである。1998年の時点において，政府は2002年までに87の重点地区を指定し，そこに1200カ村，450,000人（国内総人口の12%）を集住させる方針であった。この人口のうち，半分は高地からの集落移転によりもたらされる予定であった[15]（Government of the Lao PDR 1998; Goudineau 1997c; Aubertin 2001）。

　この政策の実施もさまざまな国際機関や二国間援助機関，国際NGOの支援によって成り立っている。1998-2002年の5カ年計画における重点地区への公共投資額，1億6000万USドルのうち，83%は外国の援助資金でまかなうことになっていた（Government of the Lao PDR 1998: 32; Evard and Goudineau 2004; Chazée 2017a）。政府が高地に開発をもたらすような農村開発を実施できないのは，こうした資金面での限界があることも事実である（Goudineau 1997c: 17）。

　また，この政策は焼畑やケシ栽培の消滅をも視野に入れたものである。すなわち，焼畑民を重点地区に移住させることで，高地での焼畑やケシ栽培を放棄させ，高地の森林を保護することが意図されている。一方，重点地区では水田稲作や常畑での換金作物栽培への転換を奨励する。そのために，重点地区で土地森林分配事業を優先的に実施し，焼畑抑制をはかってきた。

　ケシ栽培に関しては，政府は焼畑以上に厳しく取り締まってきた。ラオスの高標高地はケシ栽培に適しており，モン族（モン・ミエン語派）などの焼畑民は20世紀初頭からその栽培に携わってきた。しかし，1996年にラオス政府はケシ栽培を禁止する法律を初めて制定し，それ以降，国連薬物・犯罪事務所（United Nations Office on Drugs and Crime）の支援を受けつつ，ケシ根絶政策を厳格に実行してきた。その結果，2005年には1998年の7%に当たる1800haにまで栽培面積が低下したとされる（Cohen 2017: 581-582; Ducourtieux et al. 2017: 603-604）。このケシ栽培の急速な減退は集落移転事業ともよく関わっていた。なぜなら，ケシ栽培をしていた村の多くは強制的に移転させられたためである。

　以上の低地中心の農村開発政策と集落移転事業の結果，農村部での高地から低地への移住は，1990年代以降のラオスにおける最も重要な人口移動の一つ

---

15) 2000年代中ごろに農村開発地区重点戦略は「村落合併と開発村落クラスター（Village Consolidation and Development Village Clusters）」という政策に引き継がれた（SOGES 2011: 11-13）。これは基本的に農村開発地区重点戦略の内容を発展させた政策である。SOGES（2011: 29）は，集落移転は引き続き，政府の農村開発戦略の要となるだろうと述べている。

となった。政府の事業によるものだけに限っても，1990年代半ばから2000年代半ばまでの間に何万人もの人が移住した[16]（Baird and Shoemaker 2007: 885; SOGES 2011: 29）。

ところで，こうした移住がどれほど焼畑民の自由意志によるものであるかについては議論がある。政府の強制力が強く働いた移住の事例[17]がある一方で，道路や電気のある生活や学校・病院へのアクセスを求めて，焼畑民自身が自主的に決断したとみられる移住も多い（High 2008）。しかし，ここで注意したいのは，自主的な移住とみなされるものであっても，それは以上のような農村開発政策に強く規定されたものであるということである。開発の場を低地に置き，焼畑を規制する政策の中にあって，多くの焼畑民は移住の決断に追い込まれているのであり，それが自発的であるか，強制的であるかを問うことはあまり意味をなさない（Vandergeest 2003; Alton and Rattanavong 2004: 50–51; Baird and Shoemaker 2007; SOGES 2011）。

それでは低地への移住により，焼畑民は以前よりも豊かな生活が営めるようになったのだろうか。既往研究の多くによると，彼らが移住によって得た恩恵は少なく，むしろ深刻な問題を抱えるようになったケースが多いという（Goudineau 1997a, 1997b; Evrard and Goudineau 2004; Alton and Rattanavong 2004; Baird and Shoemaker 2007; SOGES 2011）。そのような問題として，高地には存在しなかった疾病の流行による死亡率の上昇[18]，低賃金労働者化や負債の蓄積，少数民族文化の衰退などが挙げられる。さらに，ラオス山間の低地は多くの場合すでに水田開発の余地がなく，換金作物栽培などの現金収入源もまだ限られるため，政府の意に反して，移住者の多くは焼畑を継続せざるを得ない。ところが，移住による人口集中のために土地不足が起こり，焼畑の非持続化やコメ不足世帯の増加が低地で生じている（Vandergeest 2003: 53）。

また，移住が焼畑民の低地社会への経済的な従属を強めてしまうことも危惧される。モン・クメール語派に属するラメット族の1930年代後半の暮らしを

---

16) 信頼できる国レベルのデータがないため，政府の事業により移住した人口の総数を，正確に把握することは不可能である。
17) こうした例としては，モン族の反政府活動が活発であったシェンクワン県で，彼らの住む高地の集落を監視のしやすい低地の幹線道路沿いに移転させた例が挙げられる（Le Hegarat 1997）。また，先述の通り，ケシ栽培村も強制的に移転させられたものが多い。
18) マラリアや赤痢が主な疾病である（Goudineau 1997c: 27–29）。主にマラリアにより，低地に移転してから2年間で80人が死亡した村落の例も報告されている（Cohen 2000）。

描いた Izikowitz（1979: 27, 212, 308-315）を見ても，彼らとタイ系低地民との交易に経済的な支配―従属関係は見られない。彼らは定期的に高地の村にやってくるラオ族の行商人からコメとの交換により鉄製農具を得ていた。これは焼畑稲作を得意とするラメット族と手工芸品生産を得意とするラオ族が，それぞれが不足するものを補い合うために行う交易であり，対等な関係でなされる交易である。

ところが，焼畑民の高地から低地への移住はタイ系低地民の支配的な領域への移住であり，水田稲作，市場経済，ラオ語など，タイ系民族の生活様式への多面にわたる変革が求められる。しかし，新たな環境への新規参入者ゆえに，焼畑民が経済面でタイ系民族に肩を並べることは難しい。そのため，移住した焼畑民がタイ系民族から借金や借米を重ねたり，彼らの安価な雇用労働力と化してしまったりする例が報告されている（Cohen 2000）[19]。

このように，集落移転がその目的とは裏腹に住民の生活を悪化させているのをみて，そこには隠れた動機があるのではないかと考える研究者も多い（Cohen 2000; Lestrelin 2011）。例えば，Lestrelin（2011: 313）は，集落移転事業と土地森林分配事業は，持続的な農村開発を促進するというよりも，焼畑民と彼らの居住域の自然資源を支配するための道具になっていると指摘する。そして，集落移転や焼畑抑制を正当化するために，焼畑や焼畑民について，「遅れている」とか，「環境破壊」という言説が使用されてきたという。

たしかに，集落移転は焼畑民に対する国家の支配を強めるための手段となってきた。実は，山地集落の低地への移転は，第2次インドシナ戦争が終了して現政権が樹立した1975年から10年ほどの間にもよく実施された（Le Hegarat 1997; Baird 2009; Chazée 2017b）。これは戦争期にラオス王国政府やアメリカ合

19）　集落移転が焼畑民の貧困問題の解決にならないことを統計と地理的条件から明らかにした研究として Messeri et al.（2015）も挙げておくべきである。これはラオス全土を対象に，タイ系民族（低地ラオ）とその他の少数民族（山腹ラオおよび高地ラオ）の村について，郡の中心地からの距離と貧困率の関係性について調べたものである。その結果として，中心地からの距離に関わらず，タイ系民族の村は少数民族の村よりも常に貧困率が低いこと，タイ系民族の村については，中心地に近づくほど貧困率が減少する傾向があるのに対し，少数民族の村については，中心地に近づいても貧困率がほとんど減少しないことが明らかになった。このことは，少数民族については，アクセスの良さが豊かさに結びつかないことをよく示しており，集落移転が彼らの貧困問題の解決にならないことを示唆する。Messeli et al.（2015）も指摘する通り，地理的・物理的距離よりも，国家と少数民族の間の社会的距離が彼らの発展を阻んでいるのである。

衆国に味方していたとされるモン族などの村について行われた。要は潜在的な敵対勢力を監視するために，政府の目の届きやすい場所に移転させたのである。このことは現在の集落移転においても秘めた動機になっていると考えられる。戦争期は山地が反動勢力の拠点となった。そうしたことを考えれば，集落移転により未然にそうした勢力の芽を摘むことは，現体制の維持のためには必要なことである。

　また，集落移転は，土地森林分配事業と同じく，たしかに農村の土地や自然資源に対する国家の支配力を高めるための手段ともなっている。Cohen（2000）も指摘するように，政府が集落移転事業により，高地の森林を保全しようとするのは，それが木材と電気という国家の主要な輸出品であり（World Bank 2006: 18），政府の重要な財源となっているものに深く関わるためである。しかし，実態としては，多くの研究者が指摘するように，政府の認可する商業的木材伐採や政府主導のダム開発こそが多くの森林を破壊してきたのである（Mounier 1997; Thapa 1998; Jerndal and Rigg 1999; Vandergeest 2003; Alton and Rattanavong 2004: 91-92; Ducourtieux et al. 2005）。

　以上のように，土地森林分配事業にしろ，集落移転事業にしろ，焼畑民および彼らの土地に対する国家の支配力を強めるための手段となっている。また，これらの事業により，焼畑民の多くが貧困化したことも指摘されている。こうした問題点については，ラオス政府だけでなく，これらの事業を無批判に支援してきた外国援助機関にも責任がある。外国援助機関の資金的・技術的支援がなければ，これらの事業がこれほど大規模に実施されることはなかったと考えられるためである（Baird and Shoemaker 2007; Broegaard 2017）。

　一方，2000年代後半から，焼畑民がこうした政策に対し，どのように対応しているかを明らかにしようとする研究が出ている。これらの研究は村落や世帯といったマイクロレベルに対象をしぼり，焼畑民を困難な状況を改善しようと努めるアクターとして描いている。例えば，Petit（2008）は低地村落に移住した三人の焼畑民のライフストーリーを分析し，親族ネットワークやソーシャルキャピタルを活用する彼らの生計戦略を明らかにしている。また，Lestrelin（2011）やKusakabe et al.（2015）は，土地森林分配事業で保護すべき森林と定められた場所で焼畑を行ったり，以前住んでいた高地の領域を移住後も利用し続けたりしながら，生計を維持しようとする住民の戦略を描いている。これらの研究は，焼畑民を単に国家政策の被害者と見るのではなく，彼らがこうし

た政策に抵抗しつつもそれを利用し，自らの生計を組み立てていく様を描いている。これは事業により単に貧困化するにとどまらない，焼畑民の別の一面をとらえたものであり，評価できる。

第3節　家畜飼養をめぐる土地利用

　焼畑との関連性が深いにもかかわらず，これまでその点が十分に考察されてこなかったのが，家畜飼養である。

　東南アジア大陸山地部の焼畑民は古くから，焼畑，狩猟，採集の他に小規模ながら家畜飼養に従事してきた[20]。ウシ，スイギュウ，ブタ，家禽などの家畜は肉食のためというよりも，彼らの精霊信仰における供犠獣として重要であった[21]。また，結婚の際，花婿側の両親が花嫁側の両親に送る婚資としても利用された。1930年代後半にラオス北西部の山村を調査したIzikowitz（1979: 304-305）が詳述している通り，祭祀や冠婚葬祭の場でスイギュウをさばいて皆に振る舞うことは村での名声を高める手段であった。このように，家畜は単なる食料ではなく，さまざまな精神的，社会的意味合いのもとで消費されてきたのである。

　ラオスでは近年，家畜は重要な現金収入源にもなっている（Phimphachanhvongsod et al. 2005）。ラオス国内のみならず，タイ，中国，ベトナムといった周辺国での需要が急増しており，これらの国にも輸出されるためである（Stür et al. 2002; Nampanya et al. 2013）。実際，ラオスの焼畑村落の多くで，家畜が最重要の現金収入源となっている（Roder 1997）。

　家畜飼養はラオスの山村の現金収入源として，以下の点で優れている。まず，

20）　ラオスの場合，小規模な家畜飼養は焼畑民のみならず，農民全般が従事していた。ラオスでは，2000年代まで企業的な畜産経営が発達せず，畜産品の大部分は農民の副業的な経営により生産されていた。例えば，ウシやスイギュウの生産の94％は5頭以下の飼養規模の農民によってなされていたし（Wilson 2007），ブタも88％は農民により生産されていた（Conlan et al. 2008b）。しかし，高井（2019）が報告するように，ブタに関しては，2012年以降，ヴィエンチャン県の養豚場で生産されたタイのアグリビジネス（CP，ベーターグロー）の改良品種がラオス北部に大量に流通するようになった。

21）　これに対し，東南アジア島嶼部では家畜飼養の重要性は大陸部よりも低いとされる（Rambo and Cuc 1998）。

家畜はいつでも需要があり，換金作物などのような値段の変動がなく，しかも一頭あたりが高価格で売れる。また，山地は人口密度が低いため，低地に比べるとウシやスイギュウを放牧できる土地が広大にある。さらに，特にウシやスイギュウは歩かせることが可能で，アクセスの悪い山地であっても運搬面の問題が少ない。このような家畜飼養の利点についてはラオス政府や国際機関もよく認識しており，現在ラオスの山地部ではその振興を目的としたさまざまなプロジェクトが実施されている（Chapman et al. 1998; Stür et al. 2002）。

こうしたプロジェクトの指導者はオーストラリアを中心とする獣医学の研究者であり，彼らによりラオスの畜産研究は大きく進展してきた（Blacksell et al. 2004; Conlan et al. 2008a; Nampanya et al. 2010; Millar 2011; Nampanya et al. 2013; Nampanya et al. 2014a; Nampanya et al. 2014b）。彼らによれば，ラオスの家畜飼養振興の第一の障害は伝染病であり，第二のそれは季節的な飼料不足である。ラオスでは現在，国内のいたる地域で家畜伝染病の流行がみられる。その主なものとして，口蹄疫（ウシ，スイギュウ，ヤギ，ブタに感染），ウイルス性出血性敗血症（ウシ，スイギュウ），豚コレラ（ブタ），家禽コレラ（ニワトリ，アヒル），ニューカッスル病（ニワトリ，アヒル）が挙げられる。このうち，口蹄疫以外は家畜の大量死を引き起こす病気であり，農民に与える損害は大きい。それゆえ，多くの農民が流行とともに，家畜飼養への意欲を失ってしまうのである（Conlan et al. 2008b）。

このことから，各プロジェクトは家畜へのワクチン接種の普及につとめている。伝染病の多くはワクチン接種により予防することができる。しかし，実際には普及率はいまだかなり低い。例えば，農民の飼養するブタのうち，豚コレラのワクチン接種がなされているのは10％以下だという（Conlan et al. 2008b）。

家畜飼養振興の第二の障害である飼料不足は，特にウシやスイギュウの問題である。植生の乏しい乾季にこれらの家畜の食する草本が著しく減少するのである。この問題を解決するために，各プロジェクトは乾季でも飼料となりうる外来牧草の普及に努めてきた（Nampanya et al. 2014b）。

こうした獣医学の研究はラオスの家畜飼養の発展に大きく貢献するものといえる。しかし，これらの研究に大きく欠けている視点がある。それは農民が実際にどのように家畜を飼養しているかという視点である。これらの研究では農民の家畜飼養に関する記載は少なく，しかも大雑把である。これは研究の前提に，後進的な段階の畜産を近代化しなければならないという考え方があるため

だろう。しかし，ラオスの農民も古くから家畜飼養を続けてきた人々である。彼らの実践には現地の事情にあった有益なものも含まれているかもしれない。

また，獣医学の研究では，分野の性格上当然のことかもしれないが，他の仕事との関わりの中で家畜飼養をとらえるという視点が欠落している。多くの場合，農民は副業の一つとして家畜飼養に従事している。農民にとってはそれは稲作をはじめとするさまざまな生計活動の一つでしかないのである。また，家畜飼養は他の仕事と時間的にも，空間的にも重なり合いつつなされている。この事実は，その振興をはかる上でも考慮する必要があろう。ラオスの農民は複合的な生計を好む傾向にあり，一つの仕事に特化しようとする者は少ない。

そこで，以下では，獣医学以外の研究をもとに，焼畑民の家畜飼養方法とその他の仕事の関わりについて，わかっていることをまとめてみる。

Izikowitz（1979: 201）のモノグラフで描かれるウシやスイギュウの飼養方法は森林での自由な放牧である。これらの家畜の食害を防ぐため，播種の前後の時期に焼畑には柵囲いがなされる。それ以外の場所については，家畜は自由にうろつくことができた。他村の近隣にまでやってくることもしばしばであったという。1960年代後半にタイ北西部の山村を調査したKunstadter（1978: 84）も同様の飼養方法を記述している。

ウシやスイギュウの飼養に関しては，焼畑との関わりが指摘されている。それによると，これらの家畜の最も重要な放牧地は焼畑の休閑地である。休閑期間の初期にはさまざまな草本やタケ類が生育するが，それがウシの重要な飼料となるのである（Kunstadter 1978: 100–105; Takai and Sibounheuang 2010; 高井 2008）。

休閑地でのウシやスイギュウの放牧はその後そこで行なわれる焼畑にもメリットをもたらす場合がある。例えば，Momose（2002）は中国雲南省の事例をもとに，休閑地でのスイギュウの放牧がチガヤ（*Imperata Cylindrica*）を減らす手段となっていることを示した（Hansen 1998も参照）。チガヤはウシやスイギュウの好むイネ科草本であるが，焼畑にとっては除草しにくい雑草の一つである。スイギュウの摂食により，チガヤが減少するとヒマワリヒヨドリ（*Chromolaena odorata*）が優占するようになる。ヒマワリヒヨドリの草原で焼畑をするとコメの出来はよいという（Roder et al. 1995a）。このように，ウシやスイギュウの放牧が，植生をより焼畑のしやすいものに改変する役割を果たすこともある。家畜放牧は東南アジアの山地部において，住民の主生業である焼畑にうま

く組み込まれる形でなされてきたのである。

　しかし，近年，放牧の形態が変化している。かつてのような自由な放牧が難しくなっているのである。ラオス山村でスイギュウを事例にこの点を詳しく検討した高井（Takai and Sibounheuang 2010; 高井 2008）によると，この理由として換金作物の拡大とラオス政府による土地利用政策があげられるという。ラオス山村では近年，パラゴムノキなどの換金作物がさかんに栽培されるようになった。これは従来の放牧地を減少させたほか，家畜の侵入による換金作物の被害を頻発させた。放牧者と耕作者の利害対立が深まることとなったのである。そこで，ラオス政府は，2000年前後から放牧地と農業用地を分離する政策を進め，2005年ごろからこれを大々的に実施している。これにより，各村では集落や耕作地から遠く離れた山中に放牧地が設定された。放牧地は家畜の侵出防止のため，そこで家畜を放牧する世帯により柵囲いがなされる。先述した通り，かつては自由に放牧される家畜の侵入を防止するため，耕作世帯は耕作地の周囲を柵囲いしなければならなかった（Izikowitz 1979: 201）。放牧地が設定されたおかげで，彼らはこの作業をする必要がなくなったのである。

　それでは，この放牧地限定政策は，各村でのウシ・スイギュウ飼養にどのような影響を与えたのだろうか。高井（Takai and Sibounheuang 2010; 高井 2008）によれば，多くの村でスイギュウ飼養が困難になったという。村内に放牧地の適地がなかったため，スイギュウ飼養の継続が不可能となった村が出ている。ちょうど，ラオス山村では2000年代半ばにトラクターが普及し，水田耕起の作業でスイギュウが不必要になった。こうした理由が重なり，同時期に多数のスイギュウが販売されたという。また，高井は請負飼養の増加についても報告している。これは放牧が可能な他村の世帯に母ウシの飼養を委託し，その代価として生まれた子ウシの半分を請負世帯に譲るというものである[22]。放牧地限定政策の影響で自身の村で放牧ができなくなった世帯は，こうした方法でスイギュウ飼養を継続している。

　ブタやニワトリについてはどうだろうか。Izikowitz（2001: 202-204）によれば，彼の調査時には，村の全世帯がブタとニワトリを飼っていたという。その世話は主に年配の女性により担われていた。いずれも野生種に近い在来種で，

22）ウシの換金作物栽培地への侵入問題や請負飼養の実態については，増野（2005）もタイ北東部のイウミエン族の村の事例を報告している。

日中は完全な放し飼いであった。ブタについては，日の出直後と日の入り直前に米糠と研ぎ汁が与えられるが，日中は集落内やそのごく近辺で食べ物を探す。ときどき，野生バナナの枝条が与えられる。1世帯あたり成獣が2〜3頭程度の飼養規模で，仲買人に売ったり，市場で販売したりすることもあった。

　ニワトリについてはほとんど餌が与えられず，日中の時間に自分で餌を探さないといけない。時々，調理したコメの残りと米糠が与えられる程度であった。犠牲獣として頻繁に利用されるので，売られることはなかった (Stür et al. 2002: 11-12 も参照)。

　これらの家畜の飼養方法も2000年代以降，変化がみられる。現在のブタ飼養の実態に関しては，Phengsavanh et al. (2011) の興味深い報告がある。彼によれば，ラオス北部でのブタの飼い方には，「年間を通しての放し飼い」，「季節的な放し飼い」，「年間を通しての舎飼い」の3パターンがあるという。「年間を通しての放し飼い」は Izikowitz (2001: 202-203) の描写したような焼畑民の伝統的なブタの飼い方である。つまり，夜は集落内の畜舎に入れる場合もあるが，少なくとも昼間は一年中放し飼いにし，集落内や周辺の森林で自己採餌させるという飼い方である。ただし，所有者による給餌もなされ，米糠，キャッサバ，トウモロコシ，森林や焼畑で採集された植物資源などが与えられる。

　これに対し，「季節的な放し飼い」は乾季の作物収穫後のみ自由な放し飼いを行なう方法である。農作期の雨季は食害防止のため畜舎で飼われ，飼料が与えられる。

　「年間を通しての舎飼い」は文字どおり，放し飼いを行わず，舎飼いのみで育てる方法である。飼料はもっぱら飼い主の給餌による。この方法では，在来品種ではなく，導入品種や交配品種が飼われることもあり，その場合は配合飼料が給餌されることもある。病気予防のためのワクチン接種率も高い。このように，より集約的で先進的な飼養技術が導入されやすい飼い方ということができる。

　こうした飼養方法には，空間的・民族的な差異が明瞭に認められる。つまり，郡の中心地から車で3時間以上かかるような奥地の村では，「年間を通しての」あるいは「季節的な」放し飼いを行う世帯が多い。彼らはモン・ミエン系，チベット・ビルマ系，モン・クメール系の焼畑民である。これに対し，郡の中心地から近いタイ系民族の村では舎飼いがほとんどであり，彼らの中には，導入品種と配合飼料を利用した集約的・先進的な飼養を実践する者が多い。近年は

焼畑民の村でも，特に中心地に近い村で，舎飼いが増えている。しかし，これは，食害防止や村の衛生環境改善の目的で，ブタを柵囲いに入れているに過ぎない場合が多いという (Phengsavanh et al. 2011)。

　Phengsavanh et al. (2011) はさらに，2000年代の後半の5年間で，ラオス北部の多くの世帯が飼養方法を「年間を通しての放し飼い」から季節的，あるいは年間を通しての舎飼いに移行させたことを報告している。その理由として，換金作物の導入にともない畑作の集約化と拡大が起こり，ブタの飼い主は以前よりも食害防止に努めなければならなくなったこと，近年の交通事情の改善により，ラオスの山村でも家畜伝染病が以前よりも頻繁に流行するようになったことを挙げている。

　以上のように，家畜飼養は焼畑と分かち難く結びついてなされてきたと言える。つまり，大型家畜については焼畑の休閑地が放牧地として利用されてきたし，小型家畜については，焼畑作物であるコメやトウモロコシが飼料となってきた。しかし，近年の換金作物栽培の拡大に伴い，家畜による食害がクローズアップされた結果，その飼養場所が放牧地や畜舎に限定されるようになってきているのである。

第4節　土地利用・土地被覆の長期的変化の分析

1. 航空写真・米軍偵察衛星写真の利用

　本書では，焼畑村落の土地利用・土地被覆の長期的変動を明らかにするために，航空写真や米軍偵察衛星写真を用いる。これまでの土地利用・土地被覆変化に関する研究の主体は，衛星画像を用いた広域的研究であった。ラオスの焼畑に関するものを例に挙げると，井上 (2011) は，北部の350km^{2}のエリアを対象とし，1973〜2008年の多数の衛星画像を用いて，焼畑面積の経年変化を明らかにした。また，Castella et al. (2013) は北部の676km^{2}のエリアを対象とし，1973〜2009年の5時点の衛星画像を用いて，もともと焼畑と休閑林のパッチワークが主体であった土地利用・土地被覆が，国家政策の影響を受けてどのように変化したかを明らかにした。これらの研究のように，衛星画像を用

いれば，広域の変化を全体的につかむことが可能となる。

　これに対し，航空写真や米軍偵察写真を用いることのメリットはどこにあるのか。第一に衛星画像よりも古い時期の土地利用・土地被覆を明らかにできることである。衛星画像で土地利用・土地被覆をたどることができるのは，ランドサットによる撮影が始まった1972年までである。これに対し，東南アジアについては，植民地宗主国であったイギリス，フランスやアメリカ合衆国により1940年代から航空写真が撮影されている。もちろん，場所により撮影開始時期や撮影頻度は異なるが，本書の対象とするラオスの場合，1940年代～1960年代にはアメリカ合衆国により，1980年代初頭にはソビエト連邦により，1990年代末には日本のJICAにより，国土の多くをカバーする航空写真が撮影されている。さらに，冷戦期の1960年代～70年代には，東南アジアについても，米軍偵察衛星（Corona衛星など）により，かなりの写真が撮影された。ラオスを撮影した偵察衛星写真も多く，これを併せ用いれば，地域によっては，1940年代以降の土地利用・土地被覆を数年～十数年の間隔ごとに明らかにすることができる。

　それでは，1940年代までさかのぼることで，何が明らかにできるか。一つは，東西冷戦が東南アジア大陸部の土地利用・土地被覆に与えた影響を明らかにできる。東西冷戦の中で，1950年代～1980年代には，東南アジアの多くの地域が戦場となり，インドシナ三国（ベトナム，ラオス，カンボジア）のように，壊滅的な戦争に至った場合もある。戦争は大規模な移住を引き起こした。爆撃や銃撃を避けての避難，政府や軍による住民の強制的な移住がたびたび実施されたためである。人々は移住先で，新たな集落や農地を形成し，それはしばしば大規模な森林減少を引き起こした。地域によっては，それまでの土地利用・土地被覆を塗り替えるような変化が起こったのである。それは平野だけでなく，山地でもたびたび起こった。たとえば，片岡（2020）によれば，タイ北部チェンライ県の山地では，冷戦期に，ある民族集団の移動が別の集団の移動を玉突きのように引き起こす特徴的な人口移動が見られたという。結果的に，この時期に「住民の総入れ替え」がなされ，現在の複雑な民族構成につながった。また，倉島（2020）によれば，1970年代以降，国軍などタイ治安当局は，東北タイの森林を拠点に活動するタイ国共産党を封じ込めるために，農民の国有林での居住・開墾を黙認し，時には支援さえしたという。このことがこの地域での1970年代の大規模な森林破壊を引き起こしたのである。このように，インド

シナ三国と比べ、戦争が「低強度」であったとされるタイでも、戦争をきっかけとして、山地や森林地帯で激しい人口移動が起こり、それは森林破壊にもつながっていた。インドシナ三国でも同レベルかそれ以上の現象が起こっていたことであろう。いずれにしろ、1940年代以降の航空写真・米軍偵察衛星写真の検討により、戦争前後で土地利用・土地被覆がどう変化したかを明確に把握することができるのである。

上に挙げた「住民の総入れ替え」現象や森林破壊も航空写真を用いればより実証的に明らかにできる可能性がある[23]。片岡・倉島の論考を含む書籍（瀬戸・河野 2020）は、東南アジア大陸部の冷戦時代の戦争を地域住民の視点から、彼らのオーラルヒストリーに基づき、描き出したものである。こうした研究は近年になって初めてなされるようになった貴重なものである。しかし、オーラルヒストリーを空間に位置づける試みがもっとなされるべきである。そうすることで、航空写真から読み取れる過去の土地利用・土地被覆を住民の語りから生き生きと再現することができる。

1940年代までさかのぼるメリットはもう一つある。人間活動による環境への影響を長期的な観点から評価できる点である。先に述べた、冷戦が間接的に引き起こした森林破壊についても、航空写真を使って、当該植生の状態を長期的にモニタリングすることで、戦争が森林に与えた影響がどの程度であったのかを判断することができる。また、焼畑が森林破壊の原因か否かについては、これまで議論が繰り返されてきた。この点に関しても、航空写真を用いて、焼畑と森林の長期間の動態を分析することで、客観的に解明できる。

この点に関して、ラオスでは、「昔は森林が多かったが、焼畑によって減少した」という考え方が一般的になっているように思われる。例えば、ラオス政府の文書でも1940年には国土の70%を占めていた森林が1992年には47.2%に減り、2002年には41.5%にまで減ったとされている[24]。こうした森林減少の原因として、焼畑は筆頭に挙げられ（Government of the Lao PDR 2005: 13; Tong 2009: 7-8; Singh 2012: 103-104, 139-144）、これを根拠にさまざまな焼畑抑制政策が実施されてきた。しかし、1940年に国土の7割を森林が占めていたということについては根拠が示されていない。1940年代の航空写真を分析す

---

23) ただし、これは、対象地域を撮影した適切な時期の航空写真がなければ不可能である。
24) この文書で森林は「樹冠密度が20%以上の自然林または植林で、最低面積が0.5haで、平均樹高が5m以上」と定義されている（Government of the Lao PDR 2005: 2; Tong 2009: 8）。

れば，こうした統計の妥当性についても判断できるようになる。

　航空写真や米軍偵察衛星写真の解像度の高さもこれらの写真を利用するメリットとして挙げることができる。1982～1998年までのランドサット衛星画像の解像度は30mであり，撮影が開始された1972年には79mでしかなかった（Fekete 2020）。これに対し，航空写真の解像度は0.5～3m，偵察衛星写真のそれは3～9mである。1940年代～50年代に関しても，航空写真からは微細な土地利用・土地被覆が把握できるのである。こうした性質ゆえに，航空写真はマイクロレベルの土地利用・土地被覆の把握に適している。

　航空写真がマイクロレベルの分析に適するのは，そのデメリットといえる今一つの理由がある。オルソ補正や目視判読といった作業に時間がかかるため，衛星画像のように広域の分析を行うことが難しいのである。オルソ補正とは，写真を地図と同様の正射投影画像に変換し，座標系に位置付ける作業である。また，目視判読とは，オルソ補正済みの写真から土地利用・土地被覆を目視で判読し，その境界を作成する作業である。こうした作業に時間がかかるために，後述するように，これまで多くの研究で対象地域が1村落～数村落のレベルに限られていた。

　しかし，村落レベルの研究にも意義がある。村落は最小レベルの土地・森林管理主体である。その内部において，土地利用や森林被覆がどのように変化してきたのかを知ることは，今後の土地・森林の管理のあり方を探るためにも必要なことである。また，村落レベルの調査では，住民への聞き取り調査により，土地利用・土地被覆の要因やプロセス，結果などを把握しやすいこともメリットである。

2．既往研究とその問題点

　それでは，航空写真や米軍偵察衛星写真を用いて，焼畑村落の長期的な土地利用・土地被覆の変動を明らかにした研究にはどんなものがあるだろうか。表1-2はこうした研究のうち，東南アジア大陸山地部を事例とした論文を示したものである[25]。1980年代末以降に関しては衛星画像を併用している論文もある。12本の論文は全て1990年代から2000年代にかけて刊行されたものである。その多くは2～3時点の写真や画像を用いており，1950年代か60年代を調査の起点とし，1990年代を終点としている。対象面積は多くの場合，100km^{2}以

表1-2 東南アジア大陸山地部において，航空写真，米軍偵察衛星写真を用いて土地利用・土地被覆の変化を明らかにした既往研究

出典	対象地域が属する国	対象地域の面積(ha)	使用した写真・画像の撮影年(年)	総時点数	対象期間(年)
Fox et al.（2000）	ベトナム	740	1952 1995	2	43
Leisz et al.（2009）	ベトナム	740	1952 1995 1998 2000 2003	5	51
Thongmanivong et al.（2005）	ラオス	2687	1952 1981 1998 2000	4	48
Sandewall et al.（2001）	ラオス	9200	1953 1967 1982 1989 1996	5	43
Fox（2002）	カンボジア	18500	1953 1996	2	43
Kono et al.（1994）	タイ	8000	1954 1975 1988 1989	4	35
Fox et al.（1995）	タイ	9500	1954 1976 1983	3	29
Tan-Kim-Yong et al.（2004）	タイ	10000	1954 1995	2	41
Chun-Lin et al.（1999）	中国	8800	1965 1981 1992	3	27
Jianchu et al.（1999）	中国	10000	1965 1993	2	28
Jianchu et al.（2005）	中国	10825	1965 1992	2	27
Saphanthong and Kono（2009）	ラオス	8832	1973 1982 1999	3	26

注1）「使用した写真・画像の撮影年」では，下線なしは航空写真，一重下線は衛星画像，二重下線は米軍偵察衛星写真であることを示している。
注2）古い写真・画像を使用している研究から順に並べている。

下であり，先述した理由から1村落～数村落を対象としたものが多い。

　それでは，これらの研究では，どのような土地利用・土地被覆の変化が明らかにされたのだろうか。まず，その多くでは，対象期間における森林の減少が報告されている。その原因として多く挙げられるのが，人口の自然増加および社会増加であり，その結果として焼畑面積が拡大し，森林が減少したというものである（Fox et al. 1995; Sandewall et al. 2001; Thongmanivong et al. 2005）。また，換金作物栽培の拡大も森林減少の主要因である。中国雲南省の西双版納の事例では，ゴム植林の拡大による森林の大幅な減少が報告されている（Jianchu et al. 2005）。Kono et al.（1994）も東北タイを事例に，キャッサバの山地での拡大が森林減少を生んだ事例を報告している。

---

25) ここに示した既往研究は焼畑を主要な生計手段とする村落を対象にした研究である。同様に航空写真や衛星写真・衛星画像を利用し，土地利用・土地被覆を明らかにした研究であっても，足立ほか（2010）のように，対象期間中に焼畑があまりなされなかった村落を対象とした研究は含んでいない。

さらに，Saphanthong and Kono (2009) よると，第2次インドシナ戦争 (1960〜1975年) という長期間の戦争を経験したラオスでは，戦争が終了し，社会主義政権が誕生した直後の1970年代後半から80年代初頭の時期に森林が大きく減少したという。これは，戦争期に伝統的なコミュニティの資源管理機能が崩壊した一方，新政権の統治機構もまだ十分に機能しない中で，村人や外部者の「早い者勝ち」の論理による焼畑や木材伐採が無秩序になされた結果であるという。この事例のように，政治の転換期に森林減少が起こりやすいと，彼らは主張する。第2次インドシナ戦争後のラオスにおける村人や外部者による資源収奪的な木材伐採は Thongmanivong et al. (2005) も報告している。

　一方，少数ながら森林増加の事例も報告されている。中国西双版納のチノ族の村では，村の45%が国有林と自然保護区に編入され，1980年代以降に村人の利用が規制された結果，森林の大幅な増加が見られた (Chun-Lin et al. 1999)。また，タイの事例では，森林が増加したわけではないが，1970年代以降のケシ撲滅運動や森林局の森林保護活動の影響で，それまでと比べて森林減少の速度が弱まったという (Fox et al. 1995)。さらに，カンボジアでは，1970年代のクメール・ルージュによる山地住民の水田地帯への強制移住の結果，山地で森林が増加したという (Fox 2002)。このように，森林の増加には，政府の森林保護政策や戦争が関係している。

　以上，既往研究を森林増加と森林減少の事例に分けて検討した。ここで注意したいのは，森林増加が必ずしも地域の環境と人々の生活を豊かにしたとは言えず，森林減少が必ずしもそれを悪化させたわけではないことである。上のチノ族の事例では，村域の半分近くが国家に取り上げられたと言ってよい。そのために，村人の焼畑に利用できる土地は大きく減少し，その休閑期間を短縮せざるを得なくなった。村人は急速に換金作物栽培の収入に依存するようになり，結果的に貧富の差が拡大した。また，村内には彼らの精霊信仰ともからんで，様々な森林が維持されてきたが，各世帯がそれぞれの利益を追求する結果，そうした共有資源を管理する村の機能も弱まっているという (Chun-Lin et al. 1999)。

　一方，焼畑の拡大により，森林が減少する事例が多数報告されているが，それが必ずしも環境の悪化や住民の貧困化を引き起こすわけではない。Jefferson Fox が主導した多くの研究で明らかにされたように，焼畑が継続的になされると，地域の植生景観が，同質の森林が一面に広がる景観から，草原・叢林・竹

林・疎開林・閉鎖林といった多様な二次植生がパッチワークを織りなす景観に変化する。つまり，森林がさまざまな遷移段階の植生に断片化 (fragmentation) されるわけである（Jianchu et al. 1999; Fox et al. 2000; Fox 2002）。このように断片化された植生における生物種の多様性は原生林と比べれば低いことが多い。しかし，先述したとおり，焼畑に変わるべき土地利用として，東南アジアの各国で奨励される換金作物の常畑やゴム・アブラヤシなどの植林地に比べると，はるかに多様な生物を育んでいる（Jianchu et al. 1999; Fox et al. 2000; Rerkasem et al. 2009）。また，土砂流出や地滑りの防止，水源涵養の面でも（Ziegler et al. 2009），さらに，炭素蓄積や土質の維持の観点からも（Bruun et al. 2009），焼畑とその二次植生のパッチワークは，より高い能力を発揮する。

　さらに，これも先述したとおり，外部者からは経済的に価値がないとみなされがちな二次植生は，草原にしろ，叢林にしろ，村人にとっては様々な有用資源を採取する場である。焼畑の二次植生は貧困世帯のセーフティーネットとして機能してきた。

　このことは，航空写真の分析ではないが，Castella et al. (2013) が1973年から2009年のランドサット衛星画像の分析から極めて明瞭に示している。彼らの対象地域の景観は，36年間で，焼畑とさまざまな段階の二次植生が複雑に入り組んだ景観から，農地と森林が明確にそれぞれの領域に区分された景観に変化した。この変化は土地森林分配事業，高地集落の移転事業，国立保護区の設置といった，政府の森林保護政策，焼畑抑制政策，農業の集約化・市場化政策が押し進められた結果，生じたものである。村人にとっては，森林は集落から離れた国立保護区周辺にまとまって存在するものに変化し，その利用も制限されるようになってしまった。つまり，焼畑の二次植生にしろ，原生林にしろ，森林にアクセスすることが難しくなった。このことは，貧困世帯のセーフティーネットであった森林産物採取の場が失われたことを意味する。彼らの脆弱性が高められる結果となったのである。このように，焼畑の織りなす農地と多様な二次植生のパッチワークは地域の環境だけでなく，人々の生計をも支えてきた。この意義を認めずに，焼畑を禁じ，農地と森林を切り分けようとする政策を推し進めれば，貧困世帯がさらに周辺化されてしまう。

　ここまで述べてきたとおり，東南アジアの焼畑社会の長期的な土地利用・土地被覆の変化について，既往研究ですでにさまざまな洞察が得られている。しかし，そこには問題点もある。第一に，既往研究の多くが2〜3時点の写真や

画像しか用いていないことである。長期的な変化を捉える際，これだけでは，変化の詳細や要因は捉え難い。例えば，先述したとおり，Fox（2002）では対象地域における1953～1996年の森林増加の原因として，1970年代の住民の強制移住を挙げている。しかし，1953年と1996年の航空写真の比較だけではこれは実証できないだろう。1970年代により近い時期の写真をさらに加えて判断する必要がある。

　第二に，冷戦期，特に1970年代以前の土地利用・土地被覆の変化とその要因に関しては，ほとんど明らかにし得ていない点である。これは対象時点数が少ないという第一の問題点とも深く関わっている。戦争による変化をとらえるためには，戦前期，戦中期，戦後期の3時点の画像がそろっていることが望ましいが，時点数が少ない場合はこの条件を満たすことが難しい。また，多くの研究では，調査時点に近い1980年代～90年代以降の変化に関心が集中しており，1950年代～70年代の土地利用・土地被覆は変化が起こる前の状態を示すものとしてのみ用いられている感がある。しかし，先述したように，冷戦期の東南アジア大陸山地部の土地利用・土地被覆の変化は大きかった。その変化について各地で考察を深めることは，現在の集落分布，土地利用，森林被覆の歴史的経緯を理解するためにも必要なことである。

　問題点の第三は，対象地域内の微細な環境の違いをほとんど考慮せずに分析していることである。山地の村落では，地形，標高，傾斜，集落からの距離などにより，土地条件が多様であり，村人はそれぞれの土地の特性を活かしつつ，土地利用の戦略をたてている。たとえば，標高の高低，集落への近接性により土地利用・土地被覆の変化がどのように異なるかという観点からの研究がない。対象地域を一括りにした分析に終始しているのである。これでは，村人の土地利用戦略の時代ごとの違いが見えてこない。各時代の状況に応じて，村人が重点的に利用する場所を変えることも十分ありうることである。

第5節　本書の課題

　本書の目的は，村落レベルの70年間の土地利用・土地被覆の実態分析に基づき，焼畑民がどのように生計を営み，土地利用を実践してきたか，それは森林にどう影響してきたかを明らかにすることである。ここでは，第2節から第

4節で説明した既往研究での議論を受け，本書がより具体的に何を明らかにするのかという点について整理しておく。

(1) 微環境に基づく土地利用の違い

これは本書の全般に通じる課題である。本書では村落レベルの土地利用をその内部の微環境の違いをも考慮しながら明らかにする。山地の村落では，地形，標高，傾斜，集落からの距離などにより土地条件が多様であり，村人はそれぞれの土地の特性を活かしつつ，土地利用の戦略を立てている。ところが，既往研究では，対象地域を一括りにした分析が多く，例えば，標高の高低，集落への近接性により，土地利用・土地被覆がどのように異なるかという観点からの研究が十分になされていない。

東南アジア大陸山地部における，標高に伴う民族と土地利用の違いに関しては，当地域の焼畑の古典的研究である Kunstadter and Chapman (1978: 6-12) による標高帯分類がよく知られている。彼らの調査したタイ北部では，標高300〜600mの河岸段丘や山麓の丘陵地帯では主に北タイ人によって短期耕作—短期休閑の焼畑が，標高500〜1000mの山地中腹では主にカレン族やラワ族によって短期耕作—長期休閑の焼畑が，標高1000m以上の高標高帯ではモン族などにより長期耕作—超長期休閑の焼畑がなされるという。最後の長期耕作—超長期休閑の焼畑とは，具体的にはケシとトウモロコシの輪作であり，それを行う土地として石灰岩土壌が好まれるという[26]。また，ラオスでも，先述したとおり，ラオ・ルム（低地ラオ），ラオ・トゥン（山腹ラオ），ラオ・スーン（高地ラオ）という3つの標高帯による民族分類が存在し，それぞれ土地利用が異なることが指摘されてきた。

しかし，これらの分類はあまりに静態的すぎる。今日の焼畑民の分布や土地利用をこうした分類でとらえることはもはや時代遅れである。Kunstader and Chapman (1978) の分類にしろ，ラオスの民族分類にしろ，それぞれの民族の活動領域が1つの標高帯におさまることが想定されている。しかし，本書で具体的に見ていくとおり，現在のラオスでは，村落の領域が2つから3つの標高帯で構成されることも稀ではない。また，集落移転事業などにより多くの焼畑

---

[26] Kunstatder and Chapman (1978) と本書では焼畑の定義が異なることに注意したい。特に，彼のいう長期耕作—超長期休閑の焼畑は，本書では焼畑ではなく，常畑とすべきものである。

民が低地に移住しているため，こうした分類がそもそも通用しなくなっているのである。

　そこで，本書では焼畑村落における標高と土地利用の関係をあらためて問い直すとともに，集落からの近接性に基づく土地利用の違いという点にも着目する。これは 70 年間の土地利用・土地被覆の変化を明らかにした第 3 部に関しても当てはまる。村内の微環境の差異に着目することで，土地利用戦略の時代ごとの違いを明確にできる可能性がある。

(2) 国家政策の影響と人々の対応

　現在のラオスの焼畑村落は土地森林分配事業や集落移転事業などの国家政策の影響を大きく受けている。こうした政策が多くの焼畑民を貧困化したことは事実である。しかし，本書の第 1 部および第 2 部ではこうした負の側面を述べるにとどまらず，国家政策がもたらしたものに対し，焼畑民がどのように対応し，新たな土地利用戦略を練り上げているかという側面に注目する。なぜなら，こうした焼畑民の新たな試みの中に，今後の土地利用政策のあり方を考えるためのヒントがあると考えられるためである。

　すでに述べた通り，焼畑民がこうした政策にどのように対応しているかという視点からの研究は 2000 年代後半から出てきている（Petit 2008; Lestrelin 2011; Kusakabe et al. 2015）。しかし，これらの研究においても，焼畑民の土地利用の実態は不十分にしか捉えられていない。これらの研究で描かれる焼畑民の生計戦略が土地利用に深く関わるものであるにもかかわらず，その実態が詳細に把握されていない。このことは，土地森林分配事業や集落移転事業に関する既往研究に関して全般的に言えることである。両事業が基本的に土地利用に関わる政策であるにもかかわらず，両事業により，村落内のそれまでの土地利用がどう変化したかが明確に捉えられてこなかった。この一因は，住民の土地利用の全体像を把握せずに，聞き取り調査や一部の場所の観察のみに基づいて結論が出されていることにある。

　国家政策は耕種農業だけではなく，家畜飼養にも影響を与えている。先述の通り，ウシ・スイギュウに関しては一定範囲の放牧地での飼養が，ブタに関しては，舎飼いが政府により奨励されている。こうした政策に人々はどのように対応しているのだろうか。また，Izikowitz (2001: 201-204) の記述したように，かつて家畜飼養は集落を拠点に行われていた。それでは，集落移転により低地

に移転した人々はどのように家畜飼養を続けているのだろうか。こうした問いに答えることも本書の重要な課題である。

(3) 生計と土地利用の世帯差

　焼畑民の生計とそれが反映された土地利用は決して焼畑村落で一様ではない。さまざまな市場向け活動の選択肢が存在する現在，世帯によってとりうる生計，土地利用は多様である。焼畑についてもそれを続ける世帯もあれば，やめる世帯もある。また，今日の焼畑村落では，世帯間の経済格差が大きく，民族や出自の異なる集団が集住している場合も多い。こうした世帯の属性の違いが生計と土地利用の多様性に影響している可能性がある。

　土地利用の世帯差を明らかにするためには，単に村落内の畑地や水田の分布と面積を示すだけでは不十分である。その耕作者を特定し，分布や面積を耕作者の属性とリンクさせつつ分析することが必要になってくる。ここまで踏み込んだ分析を行った研究は実は少ない。そうした少数の研究例の中でも，竹田ほか（2007）や鈴木ほか（2007）は，ミャンマー・バゴー山地のカレン族の村で，GPSを用いて毎年，焼畑の測量を行い，その動態を明らかにするという画期的なものであった。彼らは伐採作業の担い手である男性の人員数の違いが，世帯間の焼畑面積の違いを生む要因であると指摘している。また，Kameda and Nawata（2015）も同じくGPS測量により，村落内の焼畑の分布と面積を明らかにすることで，集落から離れるにつれて焼畑の休閑年数が長くなること，世帯により同一面積あたりの除草への労働投入量が大きく異なること，同一村落でも民族により焼畑面積が異なることなどを明らかにした。以上の研究では，世帯間の畑地面積の違いとその要因に関する考察がなされてはいるが，貧富の差による土地利用の違いについては，目が向けられていない。

　しかし，貧富の差に目を向けることは非常に重要である。市場向け活動の展開が進んだ焼畑村落において，顕著な貧富の差がみられることは，先述した通り，多くの研究で指摘されている。しかし，具体的にそれがどんなプロセスで進行するかという点についてはわかっていない。各世帯の土地利用を分析し，貧富の差による焼畑継続や換金作物導入の違いを分析すれば，この点を明らかにする糸筋が見えてくる可能性がある。

　また，各世帯の土地利用は何らかの土地所有制度を前提になされているわけであるが，この点にも既往研究は注意を払ってこなかった。ラオスの焼畑村落

では，地域により多様な土地所有制度が存在したとされる（Ducourtieux et al. 2005）。土地森林分配事業はこれに代わって，国家が策定した一元的な土地所有制度を各村落に押し付けようとするものであった。これを受けて村落の土地所有制度がどのように変化したのであろうか。また，その中で各世帯が実際にどのように土地を利用しているのだろうか。こうした視点からの考察が，各世帯の土地利用戦略をより深く理解するためには必要である。

本課題は，第1部第3章および第4章で重点的に論じる。

(4) 焼畑と他の生計活動との土地利用上の関わり

本書ではさらに，市場向け活動が重要となる中で，それが焼畑といかに共存しうるかという点に着目する。焼畑が地域の経済，環境，社会，文化の多面にわたって果たす役割を考えたとき，両者が共存できるような土地利用の仕組みを考えることは大切なことである。そもそも，先述した通り，自給向けの焼畑と市場向け活動の結合は東南アジアの焼畑社会で古くからみられたものであり，その特徴とも言うべきものである。ただし，現在の市場経済の影響力は過去とは質・量ともに異なるため，その共存の可能性についてはあらためて検討する必要がある。

この点について，Tran et al. (2009) は，ベトナム北部の一村落を事例に，焼畑と水田を中核に，家畜飼養，森林産物採集，養魚，家庭菜園経営，植林などの生計活動を組み合わせた複合焼畑（composite swiddening）を，それぞれの関係性も考慮しつつ，全体的に捉えようとした優れたモノグラフである。しかし，彼らのいう複合焼畑村落は，住民のほとんどが焼畑と水田の双方を営む村落である。実際，彼らの調査村では，9割の世帯がそうした世帯であった。こうした焼畑村落は，東南アジアでは必ずしも一般的ではない[27]。また，この村の民族はタイ系の民族であり，東南アジアの焼畑民の主体ではない。さらに，彼らの焼畑はコメの単作であり，混作があまりなされない点も東南アジアの焼畑の一般例とは異なる。

本書では，焼畑により基盤をおいた村落を事例に，焼畑と換金作物および家畜飼養との土地利用上の関わりを論じ，その共存の可能性を検討する。特に家

---

27) 実際，本書の対象とする14村では，焼畑実施世帯割合が多い村では総じて水田実施世帯が少ない（表6-2）。

畜飼養は，先述した通り，焼畑との関連性が非常に深い。しかし，その関連性が十分に解明されているとは言えない。そこで，本書の第2部ではこの点に焦点を当てる。

(5) 家畜飼養の実態解明

　焼畑民の生計と土地利用の実態を明らかにするためには，耕種農業に目を向けるだけでは不十分である。先述の通り，東南アジア大陸山地部の焼畑民は古くから家畜飼養を営んでおり，近年，それは現金収入源として重要性を増している。しかし，その実態に関してはほとんど解明されていない。本書第2部ではラオス焼畑民による家畜飼養の実態を明らかにする。特に以下の点を解明する。

　まず，家畜飼養にまつわる問題に対し，農民がいかに対処しているかという点である。先述した通り，ラオスの家畜飼養の発展を阻む障害の第一は家畜伝染病であり，第二は乾季の飼料不足であるとされる。また，近年の換金作物栽培の拡大に伴い，家畜による食害が以前よりも問題視されるようになったことが指摘されている。家畜伝染病についてはワクチン接種が，飼料不足については外来牧草の導入が，食害については放牧地の限定やブタの舎飼いがそれぞれ政策的に奨励されている。では，農民はどのような実践をしているのか。

　第二に，家畜飼養が村内の土地をどのように利用してなされているかという点である。先述の通り，ウシ・スイギュウについては村内の一定範囲に放牧地が限定され，ブタについては舎飼い化が進んでいるという。しかし，既往研究は集落内での聞き取り調査だけによっているものが多く，その実態が詳らかではない。実際には，家畜飼養は村内のさまざまな土地でなされており，その実態を明らかにするには，村内をくまなく歩く必要がある。また，そうした土地の所有はどうなっているかという点にも留意する必要がある。

　第三に，家畜の世話として人々はどんなことを行い，それにどれだけ時間を割いているかという点である。東南アジア大陸山地部のモノグラフに描かれる家畜の飼養方法は，ウシ・スイギュウの林間放牧にしろ，ブタ・ニワトリの放し飼いにしろ，一見すると粗放的で手間がかからず，労働生産性が高いように見受けられる。しかし，実際にはどうだろうか。例えば，ウシやスイギュウに関しては，近年，放牧地が村内の奥地の一定範囲に限定された場合が多く，家畜の見回りに時間がかかっている可能性がある。こうした点を検討する必要が

第1章　序論　53

ある。

(6) 村落間の差異

　土地利用の世帯差とともに，村落差も重要である。現在のラオスでは，隣接する村落同士でも生計戦略や土地利用が全く異なることがある。ベトナムのソンラ県を事例とした Chi et al.(2013)は，こうした村落差が生じる要因として，民族の違い，幹線道路との近接性の違い，利用可能な土地の違いを挙げている。本書では，前二者にも注目するとともに，後者に関係するものとして，特に村境に着目する。先述のとおり，既往研究では，土地森林分配事業の唯一の功績として，村境の明確化が指摘されている。村境が住民の利用可能地を区切るものとして明確に意識されているのであれば，それが村内の土地利用のありようを規定する大きな要因となっている可能性がある。しかし，この点について既往研究では論じられていない。つまり，村境の画定がどのように行われ，それが実際に村人の土地利用にどう影響したのか，それが各村の焼畑の実施にどう関係しているかということはわかっていない。本書では，第6章を中心にこの点を論じる。

　また，家畜飼養の重要性やそれに関する土地利用が村落間で異なることも十分予想される。これについても第2部で論じる。

(7) 焼畑・焼畑民が森林に与えた影響

　これは特に第3部に関わる課題である。第3部では，1945年以降に撮影された多時点の航空写真や衛星写真を利用して，焼畑村落の土地利用・土地被覆の長期的な変化を明らかにすることを目的とする。これにより，焼畑の実施が森林被覆に与えた影響を長期的に観察することができる。これまで述べた通り，東南アジア諸国で，焼畑は環境破壊をもたらす遅れた農耕とされ，その抑制がはかられてきた。一方で，多くの研究で，焼畑が必ずしも環境破壊を起こさないことが示されてきた。航空写真や衛星写真を用いて，焼畑と森林の動態を長期的に観察することで，この議論に対する一つの実証的な答えを導けるものと考える。

　また，焼畑民の森林への影響として，焼畑民自身が森林を保護してきたこともこれまでによく指摘されてきた。こうした森林の変遷に関しても写真から明示することができよう。例えば，Chun-Lin et al. (1999) は，村人が水源や道

沿い，山頂などに，彼らの精霊信仰に関わる森林を維持していることを報告している。しかし，航空写真からその位置を明示したり，地図化したりはしていない。一方，東北タイの農村を事例とした Kono et al. (1994) は，各村の共有林（communal forest）において，換金作物のブーム期には森林の畑地への転用が進み，それが終わると畑地が減少し，森林が回復する例を示している。こうした時期には，森林保護のための委員会を設置したり，厳しい保護規制を推進したりする村も出てくる。しかし，換金作物のブーム期になると，こうした保護規制が効かなくなるという。社会経済的状況の違いにより，各時期で共有林管理の度合いが異なるわけである。Kono et al. (1994) は水田稲作に重点を置いた村落の事例であるが，焼畑村落でも同様の現象が見られるか検討が必要である。本書では第11章でこれを行なう。

(8) 現代史の政治的変動の影響

　これも第3部に関わる。本書では，多時点の航空写真を用い，現代史の出来事が焼畑民にどんな影響を与えたかを土地利用・土地被覆の面から考察する。当然ながら，焼畑民も歴史を背負った存在である。ラオスに関して言えば，その近現代史は植民地化，第1次インドシナ戦争，独立，第2次インドシナ戦争，社会主義化，市場経済化というように，目まぐるしい変動が起こった。中でも，先述の通り，1960年代～70年代の第2次インドシナ戦争が東南アジア大陸部の山地に住む焼畑民にも大きな影響を与えたことはこれまでも指摘されてきた（Hickey 1993; 瀬戸 2020; 片岡 2020）。しかし，この戦争が土地利用・土地被覆に具体的にどんな影響を与えたのかについては，ほとんど実証されていない。本書では特にこの点を解明する。

　ポリティカル・エコロジーの多くの研究が示すように，現代の人と環境との関わり方は，そこに住む人の意思というよりも，大きな政治経済のコンテキストの中で起こっていると考えることができる。ラオスの焼畑村落での森林の減少や増加もこうしたコンテキストの中で引き起こされた可能性がある。その意味でも現代の政治的変動の影響に目を向けることは重要である。

第 2 章

対象地域の概況

モチ米を蒸す

(2006年1月　ルアンナムター県ナーモー郡フアイラック村)

　ラオスの多くの民族はモチ米を主食とする。モチ米を蒸しておこわにし，手で丸めて，チェーウ (ແຈ່ວ) というペースト状のタレ (さまざまな食材を調味料とともに搗きつぶし，混ぜ合わせたもので，多くの種類がある) につけて食べる。日本人のように，餅をついて食べる例は見かけない。対象地域の焼畑や水田に栽培されるコメもモチ種がほとんどである。ウルチ米は体調を崩した時のために (モチ米に比べると消化しやすいため)，あるいは菓子作りのために少量が栽培されるのみである。

　写真はルアンナムター県のカム族の村で撮影したもので，チーク製の甑 (こしき) (蒸し器) を使って，コメを蒸しあげていた。

本章では，まず，対象地域の人口の変遷や自然環境と土地利用の関係など，第3章以降の議論の前提となる基本的事項について説明する。

第1節　対象地域の位置と人口

　本書の対象地域はラオス北部のルアンパバーン県シェンヌン郡カン川周辺の地域である（図2-1，図2-2）。ここは行政や経済の中心地である県庁や郡庁の所在地からそう遠くは離れていない。県庁で，ラオス北部最大の町であるルアンパバーン市街からアスファルトで舗装された道を車で30分程度走れば，シェンヌン郡の郡庁が所在するシェンヌン村につく。ここから南西に伸びる国道4号線に沿って対象地域が広がる。

　ここは必ずしもラオスにおける焼畑の核心地域ではない。衛星画像の解析により，ラオス北部の焼畑景観（焼畑とその休閑地）の分布を明らかにした Hurni et al.（2013）によれば，焼畑の核心地域は，ルアンパバーン県からポンサリ県南部にかけての一帯と，ルアンナムター県・ボケオ県・ウドムサイ県の県境地帯である（図2-1）。一方，ルアンパバーン県やウドムサイ県，ポンサリ県の県庁所在地周辺では，2000年代に焼畑が減少したという。こうした地域は政治や経済の中心地に近いことから，国家政策や市場経済が浸透しやすく，焼畑が減退しやすかったと考えられる。カン川周辺地域も状況は同じであろう[1]。国家政策と市場経済の影響を考察しようとする本書の対象地域には相応しいと言える。

　対象地域は14の行政村[2]からなる。その地形は南西から北東に流れるカン川

---

[1] Hurni et al.（2013）の Fig. 6によれば，カン川周辺地域の多くで2006～2009年の間に焼畑景観が消滅したことになっている。しかし，第6章で明らかにする通り，実際には対象地域の多くの村で焼畑は2009年においても最重要の仕事とされており，筆者も現地踏査で多くの焼畑を確認した。Hurni et al.（2013: 30）も認めている通り，この地図は県レベルでの焼畑景観の大まかな分布を示すものであり，村落レベルの解像度では誤差が多いと考えられる。

[2] 行政村はラオスの地方行政の最小単位をなす。第2次インドシナ戦争時の軍による指導や社会主義政権樹立後の政策的指導により，合併を経ている場合も多く，必ずしも自然発生的な村落とは限らない。そこで，本書では，一般的な焼畑村落を指す場合は「村落」という語を用い，対象地域の行政村を指す場合は「村」という語を用いることにする。また，対象地域の高地に集落が位置する行政村は「高地村」，低地に集落が位置する行政村を「低地村」と呼ぶことにする。

図 2-1 対象地域の位置

(ບ້ານຊັນ) を標高 1000m 以上の山が両側から挟む格好となっている。カン川沿いの低地には国道 4 号線が走っており，それに沿って 12 の村の集落が連なっている。一方，カン川左岸の標高 800m 付近にはフアイペーン村とノンクワイ村があり，両村には林道が通じている（図 2-2）。

この地域の民族の主体はモン・クメール系のカム族とモン・ミエン系のモン族であり，いずれも焼畑を主生業とする。ただし，カン川下流域のナーカー村，フアイコート村，ポンサワン村には，水田を主生業とするラオ族やユアン族などのタイ系民族が多く住む（図 2-3）。このうち，ナーカー村とフアイコート村はユアン族の村であり，古くからあったとされる。しかし，この 2 村よりも上流のカン川沿いには，1960 年代まで人があまり住んでいなかった。当時，カム族やモン族の村落は，カン川の両岸にそびえる山地に多かったのである[3]。

カン川沿いの低地にカム族の村が多数成立するきっかけとなったのは第 2 次

第 2 章　対象地域の概況　59

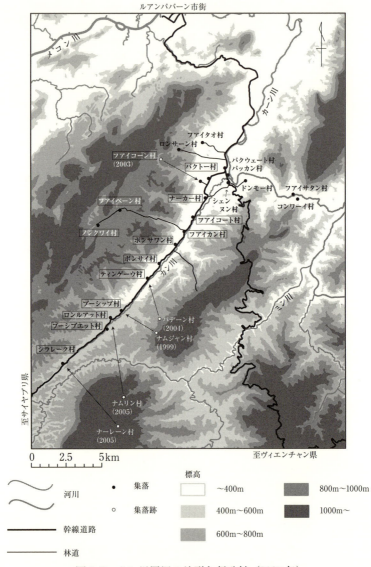

図2-2　カン川周辺の地形と行政村（2005年）

注1) この地図の範囲内にはさらに多くの村が存在するが，ここではシェンヌン郡テートサバーン地区（ເຊດເຫດຣະບານ）とジュムカム地区（ເຊດຈຸມຄຳ）に属する村のみを示した。そのうち，本書の対象地域であるカン川周辺の14ヵ村の名称を四角で囲んで示した。

注2) 矢印の起点は1995年以降に移転した村の集落跡を示し，括弧内の数字は移転した年を示す。終点はその村の人口の主な移住先を示す。

(ラオス国立地図局で入手した10万分の1数値地図，シェンヌン郡行政局資料，対象地域での聞き取りにより作成。)

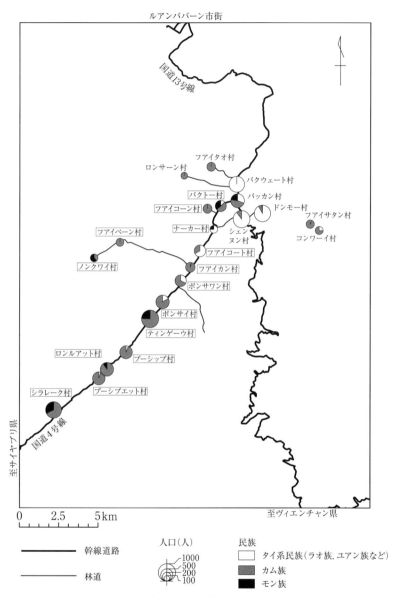

図 2-3　各行政村の民族別人口（2005 年）

注）この地図の範囲内にはさらに多くの村が存在するが，ここではシェンヌン郡テートサバーン地区とジュムカム地区に属する村のみを示した。そのうち，本書の対象地域であるカン川周辺の 14 ヵ村の名称を四角で囲んで示した。
（ラオス国立地図局で入手した 10 万分の 1 数値地図，シェンヌン郡行政局資料，対象地域での聞き取りにより作成。）

第 2 章　対象地域の概況　61

インドシナ戦争（1960～1975年）である。戦時中の1969年に，ラオス王国政府はアメリカの支援で国道4号線を造成した（Sandewall et al. 1998: 32）。その上で，当時戦闘の激しかった南方のキウカジャム（Kiukacham）地区やプークーン（Phūkhūn）郡，東方のカーン川（ນ້ຳຄານ）上流で生じたカム族などの国内避難民をこの道路沿いに集住させ，食料などを支援した。現在，フアイコート村より上流のカン川沿いに位置する村，すなわち，フアイカン村，ポンサワン村，ポンサイ村，ティンゲーウ村，ブーシップ村，ブーシプエット村，シラレーク村はこのとき成立したのである。このうち，ブーシップ村，ブーシプエット村はそれぞれ，「10番目の村」，「11番目の村」という意味である。また，ポンサワン村，ポンサイ村，ティンゲーウ村は，それぞれ，ブーサーム村（「3番目の村」の意），ブーホック村（「6番目の村」），ブーチェット村（「7番目の村」）と呼ばれることも多い。これは当時，支援拠点があったシェンヌン村から近い順に，避難民の集落を番号で名付けたなごりである[4]。今もこれらの村では当時の避難民が人口の主体となっている。

人口分布が低地中心となるのをさらに決定づけたのは，1990年代以降の農村開発である。ラオス政府の農村開発政策に沿った形で，カン川沿いの低地でも，道路の拡幅，医療施設や共同水道の建設，小中学校の新築と改築，電気の配電など様々な開発事業が国際機関の支援により実施された。さらに，郡農林局や国際機関の奨励もあって，換金作物の栽培も進み，低地村では現金収入の重要性が増大した。このような開発を行うと同時に，政府は周辺の高地村に低地への移転を働きかけ，その多くが実現された[5]。そのため，1995年から2004年の9年間にカン川沿いの低地村に住む人口の合計は1.5倍に増加した[6]。表2-

---

3) このことは，この地域を撮影した1959年の航空写真や1967年の米軍偵察衛星写真から確認された。また，山地に今も存在するフアイベーン村の古老は，周辺のカム族やモン族の廃村として21の村落を記憶していた。航空写真・衛星写真の分析と村人への聞き取りから，こうした山地の焼畑民の村で定着していたものは少なく，その多くは短距離の移動を繰り返していたことがわかっている。

4) 1972年12月に発表されたアメリカ合衆国大使館の報告書にも，この国内避難民の移住事業についての記載がある。これによれば，1969～1972年にシェンヌン村～ムアンナーン（現在のシェンヌン郡の西隣に位置するナーン郡の中心地）にかけての土地に3700人の避難民が移住し，18の村が形成され，1000軒の家が建てられた。また，60kmの道路が造成され，20ヶ所の学校と2ヶ所の医療施設が建てられた。また，彼らには食料品や家の建材，生活必需品が配給された（Embassy of the USA 1972: 6）。筆者も住民への聞き取り調査で，コメや缶詰などの食料，建材，衣服，農具などの援助物資が2～3年間支給されたことを確認している。

表2-1　カン川沿いの低地村12村における民族別の人口変動

	1995年の人口	2004年の人口	人口増加率（％）
ラオ・ルム（タイ系民族）	857	833	－3
ラオ・トゥン（主にカム族）	3,062	4,655	52
ラオ・スーン（主にモン族）	175	783	347
合計	4,094	6,271	53

注）統計上，ラオスの各民族はラオ・ルム，ラオ・トゥン，ラオ・スーンに分けられる（25頁を参照）。このうちラオ・ルムはラオやユアンなどのタイ系民族を指し，カン川周辺地域の場合，ラオ・トゥンはほとんどカム族，ラオ・スーンはほとんどモン族と考えて差し支えない。
（国立統計局およびシェンヌン郡行政局で得た資料により作成。）

1に明らかなように，この増加はカム族とモン族の増加であり，周辺の高地からこれらの民族が移住したことが大きい。このように1960年代以降，戦争や開発といった地域外部からの要因の影響で，この地域の人口分布は山地に散在するパターンから低地に集中するパターンに変化してきたのである。ただし，フアイペーン村とノンクワイ村については，高地での存続が政府によって許可され，2005年には国道から両村に通じる林道が造成された[7]。

当地域のインフラについて付言しておく。低地村には2003年に電気が通じ，それ以降，夜間の照明器具のほか，テレビ，冷蔵庫，ステレオ，扇風機などを所有する世帯が増加していった。電気が通じたことで，村人の生活様式は大きく変わった。特に，テレビで日常的に国内外の情報を視覚的に得ることができたことで，村人の知識の幅が広まった。一方，フアイペーン村やノンクワイ村への配電は2012年まで待たなければならなかった。

国道4号線の舗装は2014年にやっと実現した。それまでは雨季になると一部がぬかるみ，乾季には車が通るたびに土ぼこりが舞い上がる悪路であった。それでも，ルアンパバーン市街とタイを結ぶ最短ルートであったことから，交

5）カン川周辺地域の高地村の多くは近年までケシ栽培を行っていた。また，その一部では反政府ゲリラとの関わりが危惧されていた。この地域で高地村の移転が強力に推進されたのはこれらの要因も大きい。

6）1995年以前にカン川沿いに移転した高地村もある。そのため，1990年頃を起点とすれば，人口増加率はさらに急激なものとなると考えられる。

7）この2村の移転が免除されたのは，シェンヌン郡政府の観光開発の目論見が関係していた。この2村はカルスト地形の屹立とした岩山と多数の鍾乳洞，美しい沼地を抱えることから，政府はここを観光地化しようとしたのであった。しかし，現在のところこの構想は実現していない。

通量は決して少なくなかった。

第2節　自然環境と土地利用

　対象地域の土地利用は自然環境に大きく規定されている。そこで，ここでは両者の関係を大まかに説明しておく。図2-4にカン川左岸の地形の典型例として，フアイカン村集落とフアイペーン村集落を結ぶ線の標高断面図を示した。この図に示されるとおり，カン川左岸の地形をこの地区の住民は3つに分類している。一つはカン川沿い（ວ່ອງບ້ານລ່ມ）とか，低地（ເຂດລຸ່ມ）と呼ばれる土地であり，カン川沿いの集落と水田，さらにその周辺の山腹斜面が含まれる。国道が通じ，出荷に便利なことから，山腹斜面にはハトムギや販売向けのトウモロコシ，カジノキなどの換金作物が栽培され，チークやパラゴムノキが植林されている[8]。

　標高600m付近を超えるとそれまであまり見られなかった陸稲の焼畑が卓越するようになる。これ以上の標高帯は高地（ເຂດເທິງ）と呼ばれる。陸稲の栽培地として低地よりも高地を好む理由を，住民は低地斜面の土は「暑い土（ດິນຮ້ອນ）」であるのに対し，高地の土は「涼しい土（ດິນເຢັນ）」だからと説明する。この二つの土を区別する指標として，ある住民は「雨の降らない乾季でもミミズがいるかどうか」だと話してくれた。暑い土だとミミズはいないが，涼しい土にはいる。その程度に湿り気があるという。陸稲栽培に関しては，暑い土では雨の少ない年には籾が秕（しいな）（殻の中に実がない籾）となり，収量がほとんど見込めないのに対し，涼しい土では不作が少なく，しかも味のよいコメがとれるというのである[9]。これは陸稲と混作するキュウリ，トウガラシ，エゴマなどの作物についてもいえることであり，低地斜面ではこれらの作物の出来も悪い。焼畑の卓越するのは標高1000mくらいまでなので，高地の上限もこのあたりまでと考えられる。先述のとおり，高地にはかつてカム族やモン族の

---

[8]　対象地域におけるハトムギ，カジノキ，トウモロコシなどの換金作物に関しては，第3章や第5章で詳しく論じる。また，当地区でチークは1990年代初頭から，パラゴムノキは2008年から本格的に植林された。

[9]　これは当地区のモン族以外の住民の主食であるモチ米に関していえることであり，ウルチ米に関しては当てはまらない。低地村では販売向けのウルチ米を低地斜面でよく栽培している。

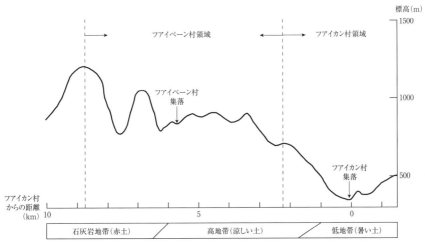

図 2-4　ファイペーン村とファイカン村の両集落を結ぶ線の標高断面図
注 1) ファイカン村からの距離はファイカン村集落の最低点であるカン川を起点としている。
注 2) US Army Map Service が 1966 年に作成した 50000 分の 1 地形図をもとに作成した。
（5 万分の 1 地形図と住民への聞き取りに基づき作成。）

集落がいくつかあったが，その多くは 1990 年代〜2000 年代に移転した。

カン川沿いから水平距離にして 5〜6km 山中を歩くと，急斜面の山塊が連なる土地に出る（図 2-4，写真 2-1）。これは石灰岩峰であり，ラオ語では「パー（ພາ）」と呼ばれ，普通の山を表す「プー（ພູ）」とは区別される。石灰岩峰はこのあたりで最も高く，標高 1300m 以上にまで達する。ただし，山塊に挟まれた谷間は標高 800m 以下まで高度を下げる。このような石灰岩地帯では，洞窟，ドリーネ，吸い込み穴などのカルスト的な地形要素がよく見られる[10]。

この地帯には「赤土（ດິນແດງ）」と呼ばれる土が卓越する。赤土は陸稲の栽培には向かないが，その他の作物，特にトウモロコシ，トウガラシ，ラッカセイなどの作物の栽培には最適だという。ファイペーン村やノンクワイ村の石灰岩峰斜面には，ブタの飼料とするトウモロコシの在来品種が広く栽培される。かつては一部の石灰岩峰の頂部でアヘンを生産するためのケシが栽培されていた。

---

10)　この石灰岩地帯をカルストに関する専門家の Kiernan（2009）はプーパーサーンノイ山塊（Phou Phaxang Noy Massif）と名付け，紹介している。ルアンパバーン市街地の南方 3km の地点から南西に 30km 延び，最高峰が標高 1341m の山塊である。ラオスの石灰岩地帯の大まかな位置については，Kiernan（2012: 226）も参照されたい。

写真 2-1　石灰岩峰
ファイペーン村のパーデーン（ພາເຂົາງ）と呼ばれる山。急斜面では，岩肌が露出している。頂部が比較的平坦な台地となっており，この台地面が図 10-4 の対象範囲である。
（2015 年 2 月　ファイペーン村）

　こうした地形・土壌と土地利用との関連はカン川の左岸だけでなく，右岸についても当てはまる。

第1部
国家政策の影響とラオス焼畑民の対応

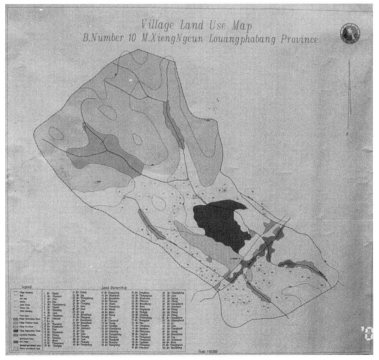

ブーシップ村の土地利用区分図
(2002年2月 シェンヌン郡農林局にて)
土地森林分配事業に際して作成された。保護林・保安林・利用林・再生林が区画されている。各世帯に分配された測量地も描かれ、それぞれの保有者の名前も記載されている。ブーシップ村はこの事業のモデル村に指定されたため、特別に英語表記の美しい図が作成された。図3-1 (73頁) はこの図をもとに作成した。

第3章
焼畑抑制政策の実施と換金作物の普及

ハトムギを満載にして運ぶ仲買人の車

(2005年12月 国道4号線)
ハトムギの収穫期は11〜12月であり，収穫後すぐに道路沿いに運び出し，仲買人に販売する必要がある。道路までの運搬が楽なこともハトムギが低地で好んで栽培される理由である。陸稲は基本的に自給向けなので，収穫後もしばらく焼畑に設けた米蔵（畑小屋が収穫期に米蔵に改造される）に収納しておき，必要な時に必要な量を集落まで運べばよい。このように，運搬作業がマイペースでできるから，陸稲は高地で栽培しても問題ない。

はじめに

　第1部では，国家政策と市場経済の影響が強まる中で，ラオスの焼畑民がどのように生計を営み，土地利用を行っているかを明らかにする。まず本章では，土地森林分配事業と換金作物栽培が彼らの生計と土地利用に与えた影響について論じる。その際に，本章では貧富の差に着目する。換金作物栽培の導入が住民間の貧富の差の拡大につながることはしばしば指摘されるが，それは具体的にどんなプロセスで進行するのであろうか。また，土地森林分配事業の実施はそこにどう影響したのだろうか。こうした点を住民の土地所有と土地利用の実態を地図により示しつつ，世帯への聞き取りにより明らかにする。

　以下では，対象地域について説明したのち，土地森林分配事業前後での住民の土地所有・土地利用の変化について概観し，住民の焼畑稲作と換金作物栽培の実施状況について，貧富の差による違いを考慮しつつ分析を行う。

第1節　調査方法

　現地調査は，主に 2002 年 8～10 月と 2003 年 12 月～2004 年 3 月にブーシップ村で実施した。

　2003 年 12 月から 2004 年 3 月にかけて，GPS[1]で位置情報（経緯度および高度）を記録しながら，畑地の周囲を忠実に歩くことにより，ブーシップ村領域内の 2003 年の焼畑およびハトムギ畑[2]181 枚をすべて測量した。さらに同じ方法で村内の水田も測量した[3]。GPS で得た位置情報は GIS に取り込み，それをもとに焼畑の分布地図を作成した（後掲図 3-2）。また，各焼畑および水田の平面積，

---

[1]　GPS は Garmin 製 GPSMAP76S を使用した。平面座標に関する位置情報の誤差はほとんどの場合で，7m から 15m であった。また，気圧高度計を内蔵するため，高度についても高い精度が得られた。

[2]　ブーシップ村を含むカン川周辺でのハトムギ栽培は，現存植生の伐採，火入れ，休閑をともなう点で，焼畑に似てはいる。しかし，一般に連作期間が長く，休閑期間が短いため，9頁で挙げた焼畑の定義を満たしていない。そこで，本書では，伝統的な陸稲の焼畑とは区別し，「ハトムギ畑」と呼ぶことにする。

[3]　近隣の村の住民がブーシップ村領域で焼畑や水田を経営している例もあったが，それらも全て測量した。

傾斜角を算出した。

　一方，ブーシップ村の全64世帯に対し，測量した畑地について栽培作物，耕作期間，耕作前の休閑期間などについて聞き取りを行った。また，焼畑での陸稲の播種量とハトムギ畑でのハトムギの播種量の1998年からの変遷，各世帯の所有物（住居，家畜，家財）についても聞き取りをした。

　また，2002年9～10月にかけて，ブーシップ村領域内のカジノキの栽培箇所，56箇所をすべてGPS[4]で位置測定した。その位置情報をGISに取り込み，カジノキ栽培箇所の分布を明らかにした（後掲図3-8）。また，カジノキ栽培世帯に対し，栽培箇所での土地利用の変遷について聞き取りを行った。

　本章の目的の一つは，貧富の差による土地所有・土地利用の違いを把握することにある。そこで，ブーシップ村世帯を3つの階層に区分した。各世帯の貧富の度合いをはかる尺度として，各世帯の所有する住居（竹造り，木板造り，ブロック造り），家畜（スイギュウ，ウシ，ブタなど），家財（オートバイ，テレビ，自転車など）をそれぞれ金銭価値に換算し，それを合計した。そして，合計額が1,040,000kip[5]（100US＄）未満の世帯を貧困層，1,040,000kip以上10,400,000kip（1000US＄）未満の世帯を中間層，10,400,000kip以上の世帯を富裕層とした。その結果，貧困層には31世帯，中間層には16世帯，富裕層には17世帯が該当した。

第2節　調査対象村の概況

　対象村落はブーシップ村（ບ້ານບູຊີບ10）である（写真3-1）。国道4号線沿いの村であり，ルアンパバーンの南方25km，シェンヌン村の南西14kmに位置する（図2-2）。当村では土地森林分配事業を1996年に実施し，その後，換金作物であるハトムギとカジノキの栽培がなされている。事業の実施から調査時期までにすでに7年が経過しており，この事業の土地利用への影響を考察するのに適している。

　ブーシップ村が成立したのは1966年である。59頁で述べたとおり，カン川

---

[4]　GPSはGarmin製GPSⅢ Plusを使用した。位置情報の誤差は平面座標に関してほとんど15m以内におさまった。

[5]　調査期間におけるラオスの通貨kipの換算レートは1USドル当たり約10,400kipであった。

写真 3-1　ブーシップ村集落
右端にナムジャン村出身住民の家屋が集まっている
（2004年1月　ブーシップ村）

上流の川沿いには1960年代までは村が少なく，そのことはブーシップ村付近でも同じであった。カン川上流部では川沿いよりもむしろ，山腹や山頂部に，カム族やモン族などの焼畑民の村が散在していた。ロンルアット村，フアイジョン村，ナムジャン村，パデーン村などはそのような焼畑民の古村である（図3-1）。このうち，フアイジョン村の住民の中に，1966年に現在のブーシップ村付近で水田を開発する人が現れた[6]。

　このように，もともと人口が希薄であったブーシップ村周辺に1970年代以降主に二つの要因で人口が集中するようになった。一つは第2次インドシナ戦争の国内避難民の集住である。これらの避難民は1970年代初頭に南方のミン川流域から流入したのであり，すべてカム族である。もう一つは1990年代にシェンヌン郡政府の呼びかけで実施された高地集落の移転事業である。これにより，ロンルアット村とフアイジョン村がブーシップ村付近の国道4号線沿いに移転し，ナムジャン村がブーシップ村に合流した[7]（図3-1）。ブーシップ村

6）ブーシップ村での古老への聞き取りによる。

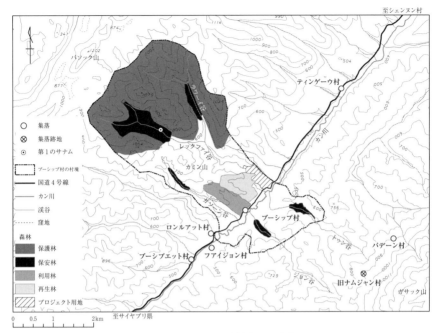

図 3-1 ブーシップ村とその周辺

注）ブーシップ村領域内の白抜きの部分は土地森林分配事業で農地（測量地，予備地）とされた部分である。
（5万分の1地形図，10万分の1地形図，NOFIP (National Office for Forest Inventory and Planning) 作成のブーシップ村の土地利用区分図，2003年12月─2004年3月実施GPS調査により作成。）

にはこれ以外にも，道路沿いの利便性を求めて周辺の高地村落から自主的に移住してくる世帯が多い[8]。一方，集落移転にともない，高地の人口は希薄化した。

　村の多くの世帯にとって焼畑は最も重要な生計手段となってきた。集落の標高は410mでその南側のカン川に沿って水田が少し拓かれている。しかし，その両側は標高1000m以上の山に挟まれている（図3-1）。この山腹斜面で住民は焼畑に従事してきた。2004年時点で，水田は18世帯が11.8haを所有するに過ぎない[9]。

　当村の人口は2004年3月の時点で86世帯540人であり，その半分以上の

---

7) 各村の村長への聞き取りによる。また，ナムジャン村では乾季における谷水の不足が住民の移住決断の内部的要因になっていた。なお，ファイジョン村は2004年にロンルアット村に併合された。これは行政上の処理にとどまり，集落の移転をともなうものではなかった。
8) これらの世帯は婚姻や親戚関係を通じ，ブーシップ村に移住した。

315 人が 20 歳未満であることから，近年の高い人口増加率が察せられる。主な民族はカム族（81 世帯）であり，その他ラオ族やユアン族などのタイ系民族の世帯が 5 世帯ある。

　本章の対象地域は，1996 年の土地森林分配事業で公式に画定されたブーシップ村の旧領域である。先述のとおり，1999 年には当村にナムジャン村（ບ້ານນ້ຳຈັນ）出身の住民が合流した。それにともない，彼らの旧村領域がブーシップ村に併合された。ところが，旧ナムジャン村領域に関しては，土地森林分配事業は行われていない[10]。また，旧ナムジャン村領域では，この村出身の住民により焼畑稲作が続けられており，換金作物栽培はほとんどなされていない。二つの領域の土地利用には，大きな違いが見られることが予想される。そこで，本章ではひとまず，ブーシップ村の旧領域のみを対象とした。

　対象世帯に関しても，2004 年時点のブーシップ村の全 86 世帯のうち，ナムジャン村出身の 22 世帯を除いた 64 世帯を主な対象とした。ナムジャン村出身世帯もブーシップ村の旧領域でハトムギ栽培をしているものの，彼らの主な耕作域は今なお旧村領域である。したがって，彼らを他の 64 世帯と同様に，ブーシップ村の旧領域の土地利用主体とみなすのは不適当である。本章の記述では，「ブーシップ村世帯」，「ブーシップ村住民」というときは上の 64 世帯を指し，「ブーシップ村領域」というときはブーシップ村の旧領域を指すものとする。ナムジャン村出身住民の生計と土地利用については，第 4 章でブーシップ村住民と対比しつつ考察する。

第 3 節　ブーシップ村における土地森林分配事業の実施過程

1. 土地森林分配事業実施以前の概況

　土地森林分配事業実施以前は，焼畑稲作のみが住民の土地利用の主体であっ

---

9) 加えて村外住民 6 世帯がブーシップ村内に 3.6ha の水田を所有していた。なお，水田のほとんどで，雨季作のほか，谷川の水を利用した乾季作がおこなわれている。
10) ナムジャン村に関しては，シェンヌン郡農林局によって村境の画定のみが行われた。次章の図 4-1 では，その際に作成された領域図をもとに旧ナムジャン村の境界を描いた。

た。住民によると，1980年代～1990年代前半には，焼畑はカミン山からパソック山[11]にかけての範囲で行っていた（図3-1）。この範囲の土地は標高が高く，「涼しい土地（ເຊດດິນເຢັນ）」であり，焼畑での陸稲栽培にむいているためである。特に，「第1のサナム」からパソック山にかけてのレックファイ谷上流域（図3-1）は当時の主要耕作地であった。「サナム」というのは出作り集落のことであり，住民は第1のサナムを皮切りに，レックファイ谷の上流に複数のサナムを建て，焼畑繁忙期の宿泊地としていた[12]。小川沿いの平たいひらけた土地がその適地であった。

　一方，当時は，集落近辺の標高の低い土地に関しては，あまり利用されなかった。「暑い土地（ເຊດດິນຮ້ອນ）」であるため，焼畑をしても，陸稲が未熟粒となりやすかったのである。むしろ，集落近辺には住居建築材の伐採やタケノコなどの自給用森林産物の採集地としての森林が必要であった。そこで，集落北側のレックファイ谷とガソーン谷の間には，このような利用に供するための村落共有林が残されてきた。この森林は住民によって「保全林（ປ່າະຫງວນ）」と呼ばれ，ここでは畑地の開墾をしてはいけないという不文律がある。それゆえ，一部焼畑が侵食した部分もあったが，おおむね森林として維持されてきた。タケと樹木が混じった森林である。加えて，ガソーン谷左岸の国道4号線付近には埋葬林（ປ່າຊ້າ）があり，この森林では伐採はおろか，埋葬の際以外は住民の立ち入りさえ禁忌とされている。周囲で大きな声や物音を立ててもいけない。このように，陸稲栽培の不適性と共有林や埋葬林の必要性が集落近辺に高樹齢森林を残存させてきた。

　土地所有に関していえば，当時から各世帯はいくつかの占有地を保有していた。当村では，最初に焼畑をした者が，以後，その土地で焼畑をする優先的な権利を得るという不文律がある。占有地とはこうした土地のことであり，各世帯は以前焼畑をした土地のうち，好条件の土地をいくつか保有していた。それ以外は誰もが利用できる無主地であり，それは集落から離れた他村との境界付近に多かった。

---

11) パソック山の「パ」は正しくは「パー（ພາ）」であり，65頁で説明した通り，石灰岩峰を指す。このあたりは石灰岩地帯である。
12) 本章のための調査を行った2002年8～10月および2003年12月～2004年3月には，サナムの小屋に住み込む世帯はなかった。しかし，後述するように，2004年には十数世帯が第1のサナムの周辺で焼畑を行い，ここに小屋を建て，サナムを復活させた。

2. 土地森林分配事業の実施過程

ブーシップ村の属するシェンヌン郡の政府は 2005 年までに郡内の焼畑を消滅させ，換金作物の集約的栽培に転換させることを目標としている。郡政府にとって，土地森林分配事業はこうした目的を実現するための手段である。事業により，耕作地を限定することで，耕作地の固定化と集約的農業への転換を促すことがねらいである。

ブーシップ村での土地森林分配事業は，スウェーデン国際開発庁[13]（Sida: The Swedish International Development Cooperation Agency）の支援のもと，1996年に実施された[14]。当村は郡政府により，この事業のモデル村に指定されたため，郡・県の役人の他，ヴィエンチャンの役人やオーストラリアの専門家も加わって実施された。

事業ではまず，それまであいまいであった村の境界が隣村との合意のもとで画定された。次に，その境界内で「農地」と「森林」が区分された。「森林」はさらに，野生の動植物を保護するための保護林，水源を保全するための保安林，住民の薪炭や森林産物の日常的な需要に供するための利用林，焼畑の二次林を森林として復旧するための再生林に区分され，保護林と保安林はレックファイ谷上流域を含む北西部の高標高地に，利用林と再生林は集落北側の住民自身が維持してきた共有林を含む地域に当てられた（図3-1）。「森林」として区分された土地は村の領域面積の 56％ に及んだが，「森林」内での焼畑は禁止された。また，レックファイ谷下流左岸の尾根部については，事業の実施後，Sida のプロジェクトの栽培試験地として，シェンヌン郡農林局の役人らによ

---

13) スウェーデン外務省所管の独立行政庁であり，二国間援助を主に担当する。カン川沿いの諸村では，1996～2000 年に「ラオス・スウェーデン森林プロジェクト（Lao-Swedish Forestry Programme）」を実施した。このプロジェクトの目的は森林保護と焼畑抑制，さらに焼畑に代わる農業技術の開発と普及にあり，土地森林分配事業もこの目的から実施された。SIDA はこの他にも焼畑の代替技術として，アレイクロッピングを模範的農家に実践させたり，村内に銀行システムを作り，農家の農業改善に役立てようとした。しかし，アレイクロッピングは現在住民にほとんど採用されておらず，ハトムギの単一栽培に切り替えられたところが多い。また，村銀行もプロジェクト終了後は機能不全に陥ってしまった。

14) 以下の説明は住民や郡政府への聞き取り，ブーシップ村での土地森林分配事業に関する資料（郡農林局および SIDA 作成）を参照した。

りチークや果樹が栽培され，住民の焼畑利用が禁じられた[15]。

　さらに，「農地」のなかから108区画の土地が測量され，各世帯にその人口に応じて1～4区画が分配された。これが「測量地（ດິນວັດແບກ）」と呼ばれる土地であり，各世帯は測量地以外での耕作が禁じられた。「農地」内には測量地以外に広大な予備地が残された[16]。これは分家や移住により村内に生じた新たな世帯に分配されるほかは，自己の測量地をすべて常畑として利用し尽くした世帯が換金作物栽培のためにのみ利用できるとされた。測量地の面積は傾斜面積で一世帯あたり平均3.6haに過ぎない。「森林」と「農地」の区分，さらには測量地の設定によって，各世帯の耕作地は事業実施前と比べて格段に制限されたのである。

　ただし，測量地の分配は既存の村内の土地所有制度と無関係になされたわけではなかった。先述したように，各世帯はすでに占有地を持っており，測量地はその中から数枚が選定されるのがふつうであった。事業では換金作物栽培が奨励されたから，各世帯は集落に近い土地を選定することが多かった。

　シェンヌン郡農林局は事業実施後も集会などを通じて各村で換金作物栽培の奨励を行ってきた。特に，ブーシップ村の属するカン川沿いの村では外国援助機関の支援もあって，換金作物の導入には力が入れられた[17]。当村でも事業実施後，さまざまな換金作物の栽培が奨励されてきた。しかし，多くの住民に受容されるに至ったのはハトムギとカジノキのみである。

　一方，事業が規制した焼畑稲作はというと，事業実施後も続けられ，現在も住民の最重要の生計手段であり続けている。それでは，焼畑は現在どのように継続されているのか。焼畑とハトムギやカジノキの栽培はどのように共存しているのか。貧富の差により，焼畑や換金作物栽培の実施状況はどのように異なるか。次節以降は，この点について論じる。

---

15) そのため，この地は住民により，「プーコンガン（ພູໂຄງການ）」（「プロジェクトの山」の意）と呼ばれている。

16) ブーシップ村で「農地」に区分されたのは，541.5haであったが，そのうち187.23ha（35%）が各世帯に分配された。残りの354.27haのうち，水田などを除外した，326.09ha（「農地」の60%）が予備地として残された。ブーシップ村での土地森林分配事業の成果を報告するポスター（SIDA作成）による。

17) SIDAは果樹とカジノキの栽培を，国際NGOのワールド・ビジョンはカジノキの栽培を，それぞれ苗木代等の農民への貸付により，普及させようとした。

第4節　ハトムギ栽培と焼畑稲作の共存

1. 2003年の土地利用

まず，GPS測量の結果からブーシップ村における2003年の土地利用を概観しておく（図3-2）。その特徴は一言で言えば，ハトムギ栽培と焼畑稲作の共存にある。

この年，ハトムギ畑は，ブーシップ村領域で81世帯（ブーシップ村世帯53世帯，ナムジャン村出身世帯22世帯，他村の世帯6世帯）により，110枚，合計50.3haが営まれていた。ブーシップ村の53世帯に限れば，その平均規模は0.80haであった。その分布は，集落から半径1km以内（平均0.8km），標高400～500m（平均480m）の範囲に集中していた。また，その傾斜角は平均18.9度であった。

一方，焼畑稲作は63世帯（ブーシップ村世帯56世帯，ナムジャン村出身世帯5世帯，他村の世帯2世帯）により，71枚，合計66.4haが営まれていた。ブーシップ村の56世帯に限れば，その平均経営規模は1.13haであった。その集落からの距離を見ると，ほとんどが1kmから3kmの範囲（平均1.7km）に分布し，標高では420mから940m（平均630m）と広い範囲に分布していた。また，その傾斜角は平均24.6度であった。

このように，当村ではハトムギ栽培が焼畑稲作を代替する事態は起こっておらず，焼畑はいまだ最重要の土地利用であり続けている。また，両者の分布には明瞭な違いがある。すなわち，陸稲はハトムギと比べると集落から遠距離で，標高が高く，傾斜の急な土地で栽培されている。集落から離れた標高の高い「涼しい土地」を選んで陸稲を栽培するという土地利用方式は現在も継続されている。

2. 共存状態の形成過程

それでは，このように両者が共存する状況はどのように形成されたのであろうか。これを明らかにするため，住民への聞き取り調査結果をもとに，土地森林分配事業が実施された1996年以降の土地利用変化をみておこう。

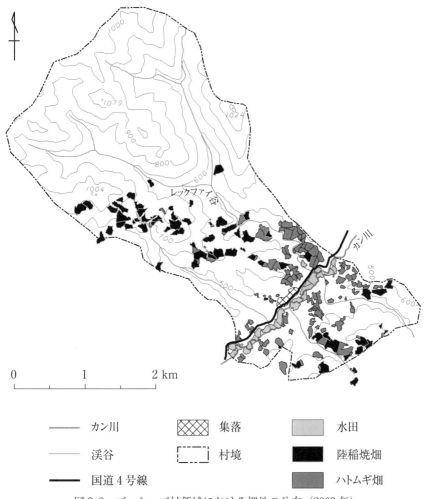

図 3-2 ブーシップ村領域における畑地の分布（2003 年）

注）畑地 181 枚（陸稲焼畑 71 枚，ハトムギ畑 110 枚）を示す。ブーシップ村住民の畑地 4 枚は境界外に存在するが，ブーシップ村領域に近接するため，これも示した。
（2003 年 12 月—2004 年 3 月実施 GPS 調査，5 万分の 1 地形図，村の土地利用区分図（NOFIP 作成）により作成。）

土地森林分配事業が実施されて最初の1～2年は，シェンヌン郡農林局は住民の農業を測量地のみに限定し，そこに換金作物を栽培させる政策を徹底しようとした。換金作物としては，ゴマ，トウモロコシ，バナナ，パイナップルなどの栽培が奨励され，チークやメリナ（*Gmelina arborea*）といった用材樹種の植林も奨励された。

　しかし，これはうまくいかなかった。政府の指示に従って，陸稲の栽培をひかえ，換金作物を栽培した世帯の多くが極度のコメ不足に陥ることになったためである。換金作物の多くが実際にはあまり収入にならず，彼らは年間に必要なコメのほとんどが購入できなかった。住民によると，当時は他人の畑のキャッサバを盗まなければならないほど困窮した者もいたという。

　これに対し，1998年から当村で栽培が開始されたハトムギは明らかに「カネになる」作物であった。それゆえにこそ，その後長らく多くの世帯が栽培し続けることになった。ハトムギの栽培開始以降の土地利用変化をみるために，図3-3を作成した。ハトムギの価格の変遷を示す図3-4と併せてみることで，以下の点が指摘できる。

　それは，ハトムギの価格の変化にあわせて焼畑とハトムギ畑の面積が変動していることである。ハトムギは1998年には，6世帯が3haほどを栽培したに過ぎなかったが，価格が高く[18]，栽培世帯は多くの収入を得た。この高価格を受けて1999年には仲買人や政府がルアンパバーン県中でその栽培を奨励したため，県内の多くの郡で栽培面積が増加した。ブーシップ村でも多くの世帯が大面積のハトムギ栽培を行い，焼畑稲作の面積は減らされた。ところが，この年には0.07米ドルまで価格が落ち込み（図3-4），焼畑の面積を減らした世帯は翌年コメ不足に悩まされたという。ハトムギの価格は2002年にも暴落している。

　この経験以降，住民はハトムギの価格に対し警戒心を抱くようになった。多くの世帯はハトムギのみを栽培するのは危険であり，焼畑や水田での稲作により飯米を確保することがまず重要で，その上で余裕があればハトムギ栽培をす

---

[18]　1998年にハトムギを栽培した世帯への聞き取りによると，この年の価格はキログラムあたり3500kipだったという。この年の，ハトムギの収穫期に近い12月31日の米ドルのラオスの通貨kipへの換算レートは1USD=4190kipであったから（United States Department of the Treasury 1998），米ドルでキログラムあたり0.83ドルもの収入を得たことになる。これが事実とすると，図3-4に示されたどの年よりも格段に価格が良かったことになる。

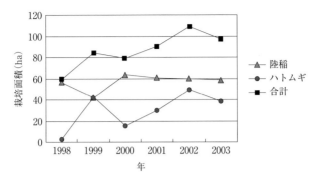

図 3-3　ブーシップ村住民の焼畑とハトムギ畑の面積の変遷

注）陸稲とハトムギの播種量（単位：ガロン，1 ガロンは約 20 リットル）を各世帯への聞き取りから明らかにした。播種量を面積に換算するため，2003 年の各世帯の畑地の傾斜面積測量結果から，1ha あたりの播種量（陸稲焼畑 3.8 ガロン，ハトムギ畑 2.7 ガロン）を算出した。
（ブーシップ村住民 64 世帯のうち，有効な回答を得た 59 世帯からの聞き取り結果による。）

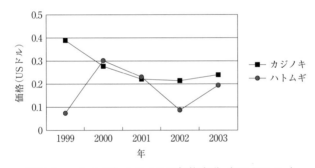

図 3-4　ハトムギとカジノキの価格変動（US ドル/kg）

注 1) この間，ラオスの通貨 kip の為替レートが変動したため，ここでは US ドルに換算して示した。
注 2) ハトムギの価格および 2001 年のカジノキの価格はルアンパバーン県農林局の資料による。
注 3) 1999～2000 年のカジノキの価格は Forsén, M. et al（2001）の調査結果を参照した。
注 4) 2002～2003 年のカジノキの価格はブーシップ村住民への聞き取りによる。
注 5) ハトムギについては，ルアンパバーン県各郡の中心地における 12 月の買取価格の平均値を示した。
（注 2 から注 4 に記載の資料をもとに作成。）

ればよいと考えるようになった。この考えはその後の焼畑とハトムギ畑の面積の変遷にも表れている。価格が暴落した翌年の2000年にはハトムギの栽培面積は減らされたが，2001年以降再び広く栽培されるようになった。しかし，それに伴って焼畑面積が減少することはなく，2000年以降はほとんど変化がみられない。

以上のように，ブーシップ村では，土地森林分配事業の実施以降，焼畑から換金作物栽培への転換がはかられてきた。しかし，最も収益性の高いハトムギでさえ，住民の生計を安定的に支えるものとはなり得ていない。その中で焼畑はいまだ各世帯の主要生計手段として維持されている。

次節以降では，この二つの生計活動の重要性や土地利用の詳細について，さらに分析を進める。

第5節　焼畑稲作の実施状況

1. 従事世帯

本章では貧富の差により住民を3つの階層に区分した。焼畑に関する諸特徴も階層により明瞭な違いがみられる。そこで，ここではまず，3つの階層に属する世帯の特徴を概観しておく。表3-1はそれをまとめたものである。この表では土地森林分配事業が実施された1996年を基準とし，それ以降に分家や移住により新たに生じた世帯を新規世帯としている。

表3-1　各階層に属する世帯の特徴について

	世帯数	1世帯あたりの人数	最年長者の平均年齢	拡大家族 世帯数	割合	1996年以降の新規世帯 分家世帯	移住世帯	割合
富裕層	17	7.2	55.3	11	65%	1	1	12%
中間層	16	7.1	48.1	6	38%	0	2	13%
貧困層	31	5.4	43.1	9	29%	10	4	45%
全体	64	6.3	47.6	26	41%	11	7	27%

（各世帯への聞き取りにより作成。）

表3-2 ブーシップ村住民の耕種農業の概観（2003年）

階層	総世帯数	水田実施世帯			焼畑実施世帯				ハトムギ栽培世帯		
		世帯数	%	1世帯あたり面積(ha)	世帯数	%	1世帯あたり面積(ha)	1人あたり面積(ha)	世帯数	%	1世帯あたり面積(ha)
富裕層	17	10	59	0.78	11	65	1.48	0.21	16	94	1.25
中間層	16	3	19	0.68	14	88	1.39	0.22	14	88	0.91
貧困層	31	5	16	0.53	31	100	0.89	0.17	23	74	0.42
全体	64	18	28	0.69	56	88	1.13	0.19	53	83	0.80

（各世帯への聞き取りと2003年12月～2004年3月実施GPS測量により作成。）

　この表から，貧困層の1世帯あたりの人数がより上位の階層の世帯に比べ，明らかに少ないことがわかる。最年長者の平均年齢や拡大家族世帯の割合に関しても，貧困層は顕著に低い。これは他の階層に比べて，貧困層には若い夫婦とその子供からなる世帯が多いことを示している。実際，この階層の31世帯のうち，10世帯（32%）は1996年以降に分家した世帯であり，世帯主は2004年時点でも20～30代と若かった。さらに，この階層には1996年以降の移住世帯も比較的多く，両者を合わせた新規世帯は14世帯（45%）と半分近くを占めている。一方，上位二階層では1世帯あたりの人数が7人程度と多く，特に，富裕層は拡大家族が大半である。また，いずれも新規世帯はわずかである。

　それでは，各階層で，どれほどの世帯が，どれほどの規模で焼畑を実施しているのであろうか。各階層の2003年における水田，焼畑，ハトムギ栽培の実施状況をまとめた表3-2からこれをみてみる。まず，焼畑実施世帯数をみると，貧困層では全ての世帯が実施したのに対し，中間層では88%，富裕層では65%と，階層が上がるに従い，実施世帯の割合は低くなっている。焼畑を実施しなかった世帯は，富裕層で6世帯，中間層で2世帯であった。この合計8世帯のうち，5世帯は比較的大規模な水田稲作を実施した世帯であり[19]，それで飯米が確保できるために，焼畑を実施しなかったと考えられる。残りの3世帯は郡政府より派遣された駐在警察官，あるいは仲買，小売業など主に非農業部門を生計の中心とする世帯であった。これらの世帯は現金収入により，収穫期に年間に必要なコメを全て購入していた。このように，焼畑を行わない世帯は，

---

[19] 5世帯の平均水田経営面積は0.91haであった。これはブーシップ村の18世帯の水田経営世帯のうち，測量を成し得た17世帯の平均経営面積0.69haよりも高い。また，この5世帯は仲買や小売業などの現金収入源にも従事しており，コメが不足する場合は，購入も可能である。

他の手段で十分なコメが得られる少数の富裕世帯のみである。むしろ，当村の88％の世帯がいまだ焼畑を続けている点に注目すべきである。

　水田を行う世帯の多くが焼畑を実施していることも注目に値する。2003年に水田稲作を実施した18世帯のうち，上の5世帯を除く13世帯が焼畑をも実施していた。その経営規模は世帯により差があるものの，平均1.11haであり，水田を行わない43世帯の平均規模，1.13haとほとんど変わらない。これは水田と焼畑の双方を経営することにより，十分な量の飯米を確保できるほか，焼畑で生産される陸稲が水田の水稲よりも味覚的に支持されていることによる。そのため，収穫後，水稲は販売し，陸稲は飯米に回す世帯も多い。郡政府は水田経営者に対しては，焼畑をしなくてもある程度の飯米を確保できることから，率先して焼畑をやめ換金作物栽培に切り替えるよう呼びかけてきた。にもかかわらず，当村の水田経営者の多くが焼畑を続けている。この点に，焼畑が当村でいまだ重要であることがよく示されている。

　表3-2では，貧困層の世帯の焼畑経営規模が上位二階層に比べて顕著に低いことも示されている。これはかなりの程度まで，表3-1に示した世帯人員数の違いに起因するものであるが，1人あたり面積で比較しても，貧困層の経営規模はやや小さい。この理由に関しては第4章で検討する。

2. 土地森林分配事業で定められた規則との関係

　ブーシップ村では先述の通り，1996年に土地森林分配事業が実施された。焼畑の抑制と森林保護を目指したこの事業の目的はどれほど達成されたのだろうか。2003年の焼畑稲作地の分布と事業で定められた各種「森林」との位置関係を示した図3-5により，この点を検討する。

　まず，この図から「森林」域での焼畑が少ないことが確認できる。再生林などに若干の焼畑が見られるが，かつての住民の耕作域であったレックファイ谷上流域など，保護林や保安林に指定された北西部の高標高地にはほぼ焼畑がない。これらの「森林」の保護については，住民にかなり遵守されているように見える。

　この図は各焼畑稲作地に関する土地保有形態をも示している。これをみると，各世帯は必ずしも測量地のみで焼畑をしているわけではないことがわかる。ここに示した71枚の焼畑のうち，聞き取りにより土地保有形態を確認できたの

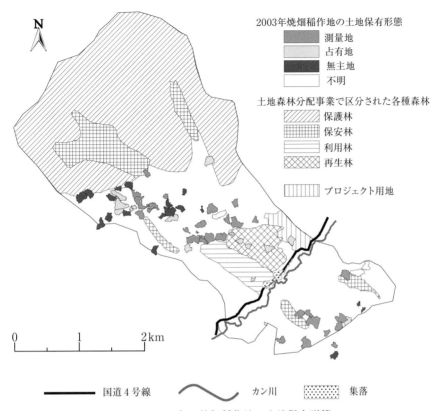

図 3-5　2003 年の焼畑稲作地の土地保有形態

注）耕地のうち焼畑稲作地のみ示し，水田とハトムギ畑は省略した。
(2003 年 12 月～2004 年 3 月実施 GPS 測量，村の土地利用区分図（NOFIP 作成），各世帯への聞き取りにより作成。)

は 67 枚であるが，そのうち測量地は半分以下の 33 枚しかなかった。多くの世帯は測量地以外の予備地として残された部分で焼畑稲作を行っている。前述のように，予備地は分家世帯や移住世帯に分配されるほか，測量地を常畑として利用し尽くした世帯が換金作物栽培のためにのみ利用できる土地である。ところが，分家世帯でも移住世帯でもない世帯が焼畑稲作のために予備地を利用している例は 67 枚のうち，29 枚に達する。

　住民は予備地を，彼らの意識上においては，占有地，あるいは無主地として利用している。占有地は先述の通り，各世帯が事業実施前に利用権を有していた土地である。本来なら，そのうち測量地として選定した土地以外は，事業後

第 3 章　焼畑抑制政策の実施と換金作物の普及　85

に利用権が放棄され，予備地となったはずであった。しかし，実際には，各世帯は事業実施後も従来の占有地を保持している。

図3-5は住民が占有地の中から，集落に近い土地を測量地として選んだという事実もよく示している。占有地は集落の近隣にも存在するが，これは後述するハトムギ栽培の場合と同様に，事業実施以降に集落近辺の「森林」を横領的に伐採し，占有したものである。こうした近年形成された例を除くと，占有地はおおむね測量地よりも遠隔の高標高地に分布している。

占有地よりもさらに遠隔で標高の高い土地に分布するのが無主地由来の焼畑である。カミン山（図3-1）の山頂部やガソーン谷（図3-1）源頭部，隣村との境界付近などに多い。

3. 事業実施後の焼畑耕作域の変化

以上のように，2003年の焼畑耕作域を見る限り，土地森林分配事業の森林保護に関する規制はおおむね遵守されているようである。それでは，1996年に事業が実施されてから住民はずっと「農地」の範囲で焼畑を続け，「森林」では全く焼畑をしてこなかったのか。ここでは，この点を住民への聞き取り調査をもとに明らかにする。

先述した通り，事業が実施されて最初の1～2年は，シェンヌン郡農林局は耕作地を測量地のみに限定し，そこに換金作物を植えさせようと努めた。しかし，換金作物の多くはお金にならず，住民は困窮した。その中でもハトムギは高い収益をもたらしたが，価格が不安定であり，特に1999年の価格暴落は住民にはショッキングな出来事であった。2000年には多くの世帯が焼畑面積を増やし，飯米確保に努めようとした。

この際，多くの世帯が試みたのがレックファイ谷上流域での焼畑の復活である。ここは土地森林分配事業で保護林・保安林に指定されたため，住民は利用を控えていた。しばらく利用しなかった分，特に奥地においては，高樹齢の森林が多くなっていた。そこで，2000年には，十数世帯がレックファイ谷の源頭部で焼畑を実施した。彼らは2001年も同じ土地で連作を行った。

これは農林局の役人の知るところとなり，彼らによる締め付けの強化につながった。役人は当村にやってきて集会を開き，住民に以降，「森林」域で焼畑を行った者には高額の罰金を課すことを明言した[20]。そのため，住民は2002

年以降は再び、「農地」の範囲のみで焼畑を行うことにしたのである。2003年に「森林」域でほぼ焼畑がなされていないのはこのためである。しかし、測量地のみで焼畑を実施するのはさすがに難しいため、多くの世帯が予備地（彼らのいう占有地や無主地）をも利用している。

4. 耕作・休閑のサイクル

　では、これらの焼畑はどれほど持続的な形で営まれているのだろうか。その重要な指標となる休閑年数と耕作年数をみておく。まず、休閑年数についてみると、ブーシップ村領域内における2003年の焼畑71枚のうち、聞き取りによって休閑年数を確認しえたのは68枚であった。そのうち1～2年、3～5年、6年以上の休閑植生を伐採したものが、それぞれ11枚（16%）、45枚（66%）、12枚（18%）であり、全体の約3分の2が3～5年の休閑植生を伐採したものであった。住民によると、望ましいのは6年以上の長期休閑植生である。とはいえ、当村の高標高地では、連作をしなければ、休閑期間は3～5年でも構わないという。実際、レックファイ谷上流域で焼畑をしていた1980年代～90年代前半はその程度が普通であった。このことから休閑期間はやや短いとはいえ、以前と比べて大きな変化はなさそうである。長年焼畑が営まれてきたカミン山やレックファイ谷上流域にはヒマワリヒヨドリ[21]などの雑草やマイサーン[22]（ໝ້າງ）、マイボン[23]（ໝູບົງ）などのタケ類が優先する「若い森（ປ່າອ່ອນ）」が多い。この地帯での焼畑が本格化した1980年代以降は、こうした森林を伐採して焼畑をおこなってきたと考えられる[24]。

---

20) 具体的には、農林局の役人は、村長の許しを得ずに「森林」域の古い森（長期休閑林）を伐採した場合、1haにつき4,000,000kip、若い森（短期休閑林）を伐採した場合、1haにつき50,000～60,000kipの罰金を取ると述べた（kipの調査期間における米ドルへの換算レートは注5を参照）。しかし、これを聞いた住民の一人は筆者に「どうしても古い森を伐採して焼畑をしたい場合は、家畜をさばいて役人にご馳走を振る舞えば許してくれるだろう」と話した。このことからわかるように、住民は、役人は話せばわかる人々であり、レックファイ谷上流域での焼畑が全く不可能になったわけではないと考えていた。実際、後述するように2004年も多くの世帯がそこで焼畑を行ったし、第11章で詳述するように、それは以降も続けられていく。
21) 学名は *Eupatorium odoratum*。本書では、植物の学名についてはCallaghan（2003）およびVidal（1962）を参照している。
22) 学名は *Dendrocalamus membranaceus*。
23) 学名は *Bambusa tulda*。

次に，耕作年数についてみてみると，2003年の焼畑68枚のうち，同年に休閑林の伐採を行った耕作年数一年の畑が36枚（53%）であったが，二年以上の連作がなされた畑も32枚（47%）と多い。この傾向は2004年も同じで，同年2～3月時点に聞き取りによって確認しえたブーシップ村住民の焼畑予定地58枚のうち，半分の29枚で連作が行われる予定であった。住民によると，以前も高樹齢林を伐採しての焼畑の場合は，連作をよく行った。しかし，短期の休閑林を伐採しての焼畑の場合は，一年の耕作で放棄し，連作を避けたという。なぜなら，栽培期間にカッコウアザミ[25]などの雑草が繁殖しやすく，休閑期の森林回復も遅れてしまうためである。

　以上のように，ブーシップ村の焼畑は休閑期間に大きな変化はないが，連作が増加している。これは明らかに土地森林分配事業の影響であろう。事業実施により耕作域はかつての半分以下に縮小された。各世帯は測量地のほか，占有地や無主地を利用して何とか焼畑を維持している。しかし，図3-5から推測されるように，「農地」の多くは各世帯がすでに耕作権を有する測量地や占有地で占められている。各世帯が新たに保有できる無主地は最遠隔地か高標高地に残るのみである。こうした状況下で各世帯は土地不足に陥っており，それぞれの利用可能地で何とか焼畑を維持するためには，連作をせざるを得ないのである[26]。

　しかし，当村のように休閑期間が短い焼畑での連作の増加は雑草増加の問題を深刻にしている。現在，当村の焼畑における除草回数は一枚の焼畑につき3～5回であり，後述するハトムギと比較した際の作業の面倒さが住民にたびたび指摘された[27]。

---

24) 一方，高樹齢の「古い森（ປ່າແກ່）」は急傾斜地にしか残っていない。「古い森」の中でも，マイゴー（ໄມ້ກໍ່）と呼ばれるブナ科コナラ属・クリ属の木や，マイヒア（ໄມ້ເຮັຍ）と呼ばれるタケの優占する森林は焼畑稲作に最適とされるが，このような森林はすでにブーシップ村領域にはないという。また，ラワーィ谷上流（図3-1参照）にも近年まで「古い森」が多かったが，ブーシップ村以上に土地不足に悩むといわれるティンゲーウ村住民が境界を越えて，勝手にこの土地で焼畑をおこなったため，現在は短期休閑林しか残っていない。

25) 学名は *Ageratum conyzoides*。この雑草が繁殖すると陸稲の収量が減ることが住民から指摘された。このことは，Roder et al. (1998) でも実証されている。

26) 実際，ある住民は「焼畑稲作で連作をするようになったのは，土地森林分配事業を行ってからだ。」と話した。

表3-3 階層別にみた2003年の焼畑稲作地の耕作年数

	富裕層（17世帯）		中間層（16世帯）		貧困層（31世帯）	
	枚数	割合	枚数	割合	枚数	割合
1年目	4	31%	5	31%	24	71%
2-4年目	9	69%	11	69%	10	29%
合計	13	100%	16	100%	34	100%

注）2003年のブーシップ村住民の陸稲焼畑64枚のうち、耕作年数を把握した63枚について作成した。
（各世帯への聞き取りをもとに作成。）

5. 経済的階層と焼畑

上述した連作の増加はあくまでもブーシップ村の全体的傾向であり、全ての住民の焼畑に当てはまるわけではない。焼畑の実施方法には、経済的階層により違いがみられる。最後にこの点について検討する。

表3-3は2003年の焼畑の耕作年数を階層ごとにみたものである。これによれば、初年目の焼畑33枚のうち24枚（73%）は貧困層のものである。また、貧困層は初年焼畑の割合が7割であり、連作焼畑が7割を占める他の階層とは異なる特徴を持つ。また、この33枚のうち2004年に休閑させる土地は、貧困層では24枚中9枚（38%）、中間層では5枚中1枚（20%）、富裕層では4枚中1枚（25%）であり、貧困層では連作を避けて1年の耕作で休閑させる世帯が多いことがうかがえる。

次に、階層ごとに焼畑を行う場所がどのように異なるかをみてみる。それを示した表3-4によると、貧困な世帯ほど、遠隔の高標高地で焼畑を実施していることが明らかである。先に、ブーシップ村の焼畑耕作地は集落から遠く、標高が高くなるに従い、測量地、占有地、無主地の順に推移していくことを指摘した。これに従うと、貧困層は無主地で焼畑をする世帯が多いことが予想される。それを検証したのが表3-5である。これによれば、どの階層とも測量地の利用割合が最も高いが、貧困層はやはり無主地の利用割合も高い。

27) ブーシップ村の属するシェンヌン郡で焼畑稲作の労働生産性を調査したRoder et al.(1997)によると、除草の労働投下量は年間146人日に及び、それは焼畑の全過程の40～50%を占めている。

表 3-4 階層別にみた 2003 年焼畑稲作地の位置

階層	世帯数	焼畑枚数	焼畑の集落からの平均距離 (km)	平均標高 (m)
富裕層	17	14	1.3	590
中間層	16	16	1.7	620
貧困層	31	34	1.9	660

注) ブーシップ村住民の 2003 年の焼畑全 64 枚について作成した。
(2003 年 12 月—2004 年 3 月実施 GPS 調査により作成。)

表 3-5 階層別にみた 2003 年の焼畑稲作地の土地種別

	富裕層 (17 世帯)		中間層 (16 世帯)		貧困層 (31 世帯)	
	枚数	割合	枚数	割合	枚数	割合
測量地	7	54%	9	60%	15	44%
占有地	4	31%	4	27%	7	21%
無主地	2	15%	2	13%	12	35%
合計	13	100%	15	100%	34	100%

注) ブーシップ村住民の 2003 年の焼畑 64 枚のうち，土地種別を知り得た 62 枚について作成した。
(各世帯への聞き取りをもとに作成。)

なぜ，貧困層では無主地の利用割合が高くなるのであろうか。それは第一に，彼らの多くが利用可能地をほとんど持たない世帯で構成されているためである。先に述べたように，貧困層の半分近くは土地森林分配事業の実施後に，分家・移住した世帯である。彼らにも村から分配地が付与されるが，狭小な土地が 1 区画のみということが多く，毎年焼畑を行うには不十分である。それゆえ，遠隔地に残された無主地の利用が必然的となるわけである。実際，表 3-5 のとおり，2003 年に貧困層の世帯が利用した無主地は 12 枚であったが，そのうち 7 枚（58%）はこうした新規世帯の利用によるものであった。

　第二に，無主地の利用ができる限り持続的な焼畑を維持したいという貧困層の要求と合致していることも挙げられよう。無主地はアクセスが悪いだけに，耕作が避けられる傾向にある土地であり，それゆえに一般に長期の休閑がなされている。表 3-6 は 2003 年の焼畑の休閑年数の平均を土地保有形態別にみたものであるが，無主地の休閑年数は他と比べて明らかに長くなっている。貧困層が連作を避ける傾向にあることは上述したとおりである。こうした安定的な焼畑を維持しようとする傾向は，休閑期間に関してもみられると言ってよいで

表3-6　土地保有形態別にみた焼畑の休閑年数

土地保有形態	枚数	休閑年数（年）		
		平均値	最低値	最高値
測量地	33	3.3	1	7
占有地	16	4.3	2	10
無主地	18	5.3	2	12

注1）2003年の焼畑について，その造成時に伐採した休閑林の休閑年数を各畑地の経営世帯に聞き取った。
注2）2003年のブーシップ村領域内の焼畑71枚のうち，土地保有形態を知り得た67枚（うち5枚はナムジャン村出身世帯の焼畑）について作成した。
（各世帯への聞き取りをもとに作成。）

あろう。貧困層の中には，できるだけ休閑期間を長くとり，耕作は1年で済ませようとする世帯が多くいることがうかがえる[28]。彼らは伝統的で持続的な焼畑への志向性が強いといえる。

　この理由は彼らの生計に占める焼畑の重要性が高いことにあるだろう。後述するように，彼らの換金作物栽培による収入は一般的に低く，第4章で詳述するように，森林産物採集や雇用・製材といったその他の生計活動による収入も高くはない。それゆえに彼らにとっては焼畑による飯米確保が重要になる。一方，富裕世帯はハトムギ栽培により高収入を得るものが多く，中には商業・サービス活動により高収入を得る世帯もいる。彼らにとって焼畑の重要性は相対的に小さい。また，ハトムギ栽培を含めた彼らの生計活動の多くが集落とその近辺の低標高地を主体とするため，焼畑もできる限り集落から近い方が都合がよい。そうした場所で焼畑を行う場合は，土地が限られるため，必然的に連作を行わざるを得なくなるわけである。

　しかし，現在，貧困世帯が自由に使える無主地は集落から遠く離れた場所でも少なくなっている。それゆえ，彼らも安定的な焼畑を維持することが難しくなっている。先述したように，2003年に彼らが初年焼畑を行った24枚の畑地うち，9枚で2004年には休閑がなされる予定であった。これは逆に言えば，残りの15枚（63％）で連作がなされる予定であったことを意味している。彼らの中にも連作を選択するものが多くなっているのが現状である。

28）実際，貧困層が無主地で実施した2003年の焼畑12枚の平均休閑期間は4.8年であり，同年のブーシップ村の焼畑64枚のうち，休閑年数を知り得た63枚の平均値（3.8年）よりも明らかに長い。

一方，こうした状況を打開しようとする世帯も存在する。彼らが考える方策はレックファイ谷上流域での焼畑の再開である。実際，2004年には貧困層の世帯を中心とする十数世帯がそこで焼畑を行った。彼らは「第1のサナム」を復活させ，そこに出作り小屋を建て，その周辺で焼畑を行った。その一部は明らかに保護林や保安林を侵食していた。しかし，彼らの望む焼畑の形を維持するためには，これより方法がなかったのである。

第6節　ハトムギ栽培の実施状況

1. ハトムギ栽培の普及

　ハトムギは東南アジアで栽培化されたとされるイネ科穀類の一種であり，食用，醸造用，薬用として東南アジア・東アジアで古くから利用されてきた（写真3-2）。ラオスでも，間食用，あるいは酒の原料として，少量が焼畑で陸稲と混作されてきた。ところが，1996年ごろから北部のサイヤブリ県とルアンパバーン県を中心にハトムギの市場向け栽培が見られるようになった。これは山地斜面一面にハトムギを栽培するもので，現在ではこれまでの陸稲の焼畑に加え，ハトムギ畑がラオス北部の景観を構成する重要な要素となっている。収穫物はタイに輸出され，ビール生産に使われるほか，タイ経由で台湾や日本にも輸出されると考えられている[29]。
　ブーシップ村住民も伝統的に陸稲の焼畑にハトムギを少量混作してきた。現在の市場向け栽培もこの在来品種を利用している。市場向け栽培は1998年から始まり，住民の土地利用に大きな影響を与えている。2003年の場合，ブーシップ村住民64世帯のうちハトムギ栽培世帯は53世帯（83％）に及び一世帯あたり平均0.80haの栽培を行っていた。
　このようにハトムギ栽培が多くの世帯に受容されるにいたった要因としては，第一にその収益性の高さが上げられよう。2003年の場合，ブーシップ村

---

[29]　落合（2002）はラオス産のハトムギがタイ経由で日本に輸出され，健康食品に加工されている可能性が高いとみている。

写真 3-2　ハトムギ
(2002 年 9 月　ブーシップ村)

住民のうち，ハトムギ栽培世帯がその販売によって得た収益は 1 世帯当たり 2,070,000kip であった[30]。彼らの同年の 1 世帯あたり総収入額は 5,280,000kip であったから，ハトムギによる収入はその 39% を占めていたことになる。住民によると，このように高い収入が得られる換金作物や森林産物はこれまでなかったという。

　また，ハトムギ栽培が焼畑稲作と比べて労働投下量が少なくてすむことも多くの住民がこれを受けいれた理由として挙げられる。先述した通り，ブーシップ村の焼畑では 3〜5 回の除草が必要である。ところが，2m 近くの高さまで成長するハトムギの畑ではおのずと雑草が抑制されるため，その除草回数は 2 回でよい。しかも，陸稲は植栽間隔 20cm 程度に密植するため，除草は小型の除草具 (ccωɔŋ) で注意深く行う必要があるが，ハトムギの場合は 70cm から 1m と広い間隔で植栽するため，除草時には大きめの鎌を使って，短時間で容

---

30)　ここでいうハトムギ販売収益は各世帯のハトムギ販売額から各世帯が雇用労働に費やした経費を差し引いた値である。また，kip の換算レートは注 5 を参照。

易に行うことができる。「陸稲焼畑とハトムギ畑の除草作業は仕事のはかどり方がぜんぜん違う」と住民も語る。

さらに，収穫期が陸稲と重ならないことも利点である。播種期は陸稲と同じく 5～6 月であるものの，収穫期は陸稲より遅い 11～12 月である。

2. 集落近辺での栽培

ハトムギ畑のほとんどが集落近辺の標高 400～500m の土地で栽培されていることはすでに述べた。住民によれば，これはハトムギが陸稲とは対照的に「暑い土地」での栽培に適するためだという。実際，2002 年に標高 600m 以上のカミン山で栽培を行った世帯もあったが，出来がよくなかったことが指摘された。また，売り出しの時期に収穫物を村まで運搬しやすいことも，集落近辺での栽培が好まれる理由である。

図 3-6 は 2003 年にハトムギ栽培がなされた土地の保有形態を示したものである。ハトムギ栽培が測量地でなされる割合は焼畑稲作よりもさらに少ない。ここに示した 110 枚の畑のうち，保有形態を知り得たのは 100 枚についてであるが，そのうち測量地に該当するものは 28 枚（28%）に過ぎなかった。それ以外の 72 枚のうち，15 枚（15%）は無主地であり，その多くはトゥン谷右岸に開かれたナムジャン村出身世帯の畑地である。ここは隣村のティンゲーウ村との境界付近ゆえに無主地となっていたが，2002 年に彼らに分与された[31]。残りの 57 枚（57%）は占有地である。このうち 16 枚（16%）はカン川南岸の水田に沿って展開する畑地であり，これは水田所有者がその近辺の土地を占有したものである。こうした旧来の占有地に増して多いのは，土地森林分配事業で指定された「森林」（利用林・再生林）やプロジェクト用地を近年になって占有した土地である。こうした土地は 37 枚（37%）に及ぶ。前述した通り，利用林や再生林は住民自身が維持してきた共有林由来の土地であり，畑地の開墾は

---

31) ナムジャン村出身世帯は 2001 年までハトムギを旧村領域で栽培していたが，高標高かつ遠隔地でハトムギ栽培に適さなかった。そのため，ブーシップ村村長に土地を求めたところ，無主地が分与されたのである。これらの土地も現在は彼らの占有地となったと考えることができる。この場合，Suhardimann et al.（2019）の事例のように，旧住民が村内の土地に対する権利を主張し，新住民にそれを有償で貸し付ける場合もある。これに対し，当村では，ナムジャン村出身世帯にも 1 世帯あたり 1 枚の土地が無償で分与された。また，彼らの居住地に関しても無償での分与がなされた。

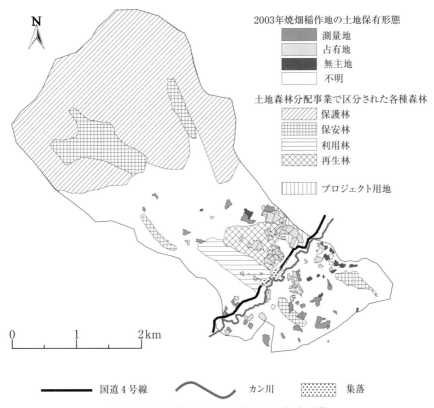

図 3-6 2003 年のハトムギ畑の土地保有形態

注）耕地のうちハトムギ畑のみ示し，水田と焼畑稲作地は省略した。
(2003 年 12 月～2004 年 3 月実施 GPS 測量，村の土地利用区分図（NOFIP 作成），各世帯への聞き取りにより作成。)

長らく禁じられてきた。また，プロジェクト用地には高樹齢の森林があり，チークや果樹が植栽された部分もあった。そのため，住民の中には利用すべきではないと感じる者もいた。

こうした政府だけでなく，住民自身が耕作を禁じてきた土地の開墾が現在進められている理由は，これ以外に集落近辺で新たに開墾できる土地がないためである。ブーシップ村領域でハトムギ栽培を行なっているのは，ブーシップ村住民だけではない。先述した通り，2003 年にはナムジャン村出身の 22 世帯や村外住民 6 世帯もこれを行なっていた[32]。このように多くの世帯がハトムギ栽培に参入したため，集落近辺で土地不足が起こっている。「森林」やプロジェ

クト用地を除けば，全て各世帯の測量地や占有地となっているのである。こうした中，ハトムギ畑を新たに得るためには，伐採が禁じられたこれらの土地を開墾するか，集落から離れた土地を開墾するか，土地を借りるか，購入するかしかない[33]。実際，2003年の新規造成畑17枚のうち，7枚が集落から半径1km圏外に位置し，6枚が集落近辺の共有林やプロジェクト用地に位置していた。

しかし，こうした開墾は，集落近辺に維持されてきた高樹齢の森林を確実に減少させている。共有林は以前から焼畑のなされていた部分もあったが，多くは長年森林として維持され，10年生以上の林分も多い。ところが，ハトムギ畑造成のためにその侵食が年々進んでいる。また，プロジェクト用地についても長年耕作がなされなかったため，10年生以上の森林が存在した。ところが，2001年から一部の住民による伐採が進み，2003年にはそのほとんどがハトムギ畑とされた[34]。以上の高樹齢林の伐採については，ハトムギ畑造成時に伐採された森林の休閑年数を示した図3-7で，10年以上の森林を伐採した例が多いことからも読み取れる。住民によればこれらの森林は村内における数少ない「古い森」であり，これまでその維持に努めてきた。それだけに，このような横領的な伐採を非難する住民もいる。

ハトムギ畑に関する土地不足的状況を反映したもうひとつの現象が，ハトムギの過度の連作である。聞き取りによって確認しえた2003年の101枚のハトムギ畑のうち，実に84枚が2年以上の連作地であり，42枚は3年の連作に及んでいる。なかには5年の連作地もある。

しかし，連作による土地の不毛化が危惧される。住民によるとハトムギは陸稲よりは連作しやすい作物である。しかし，ハトムギは土地収奪性が高く，タイでは過度の連作が不作を招き，栽培地域を変えざるを得なかったという事例が報告されている（落合2002: 39）。ブーシップ村では2001年は収量がよかったが，2002年，2003年と不作が続いている[35]。これも連作が原因である可能性がある。

---

32) 村外住民は，ブーシップ村住民から土地を購入した3世帯と，住民と親戚関係にある3世帯であった。

33) 集落近辺の土地は高額で取引されるようになっている。例えば，集落から徒歩5分の約0.2haの土地が170,000kipで売却されていた。これは集落から徒歩50分の約1haの土地が55,000kipで売却されたのとは対照的である。kipの米ドル換算レートについては注5参照。

34) これに対し，郡政府は特にチークや果樹を植栽した箇所を伐採した世帯に対しては罰金を課した。

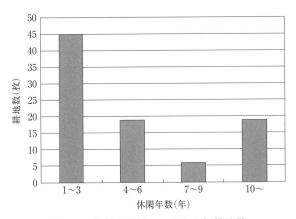

図 3-7　休閑年数別のハトムギ畑耕地数

注1) 2003年のハトムギ畑について，その造成時に伐採した植生の休閑年数を聞き取り，作成した。
注2) 2003年の110枚のハトムギ畑のうち，89枚について有効な回答が得られた。

3. 経済的階層とハトムギ栽培

　ハトムギ栽培の経営規模は貧富の差により明らかに違いがあり，富裕な世帯ほど経営規模が大きい。2003年の場合，ブーシップ村の貧困層，中間層，富裕層の一世帯あたりハトムギ栽培面積は，それぞれ0.42ha，0.91ha，1.25haであり（表3-2），貧困層と富裕層とでは栽培面積に約3倍もの違いがある。このように，富裕な世帯ほど栽培が活発なのはなぜだろうか。

　ひとつは，富裕世帯は雇用により労働力の補充が行えるためである。ハトムギ栽培の必要投下労働量が焼畑稲作よりも低いことは先に述べた。しかし，焼畑や水田の上に広大なハトムギ畑を経営しようとすれば必要労働量が増加するのは必至である。実際，多くの世帯が焼畑のみをしていた以前と比べて，現在はハトムギ栽培もするので，「忙しくなった」と述べている。また，2003年のハトムギ非栽培世帯11世帯のうち，8世帯は世帯内労働人口が2人以下であ

---

35)　ルアンパバーン県農林局統計によるとブーシップ村の属するシェンヌン郡の2001年のハトムギ単位あたり収量は2.8t/haであった。これに対し，筆者が各世帯の収量の聞き取りと畑地の測量により算出したブーシップ村における2003年のハトムギ単位あたり収量は1.4t/haであった。

表 3-7　階層別にみた 2003 年ハトムギ畑の位置

階層	世帯数	ハトムギ畑枚数	1世帯あたり枚数	ハトムギ畑の集落からの平均距離（km）	平均標高（m）
富裕層	17	33	1.9	0.6	470
中間層	16	19	1.2	0.8	480
貧困層	31	25	0.8	0.9	500

注）ブーシップ村住民の 2003 年のハトムギ畑全 77 枚について作成した。
（各世帯への聞き取りと 2003 年 12 月〜2004 年 3 月実施 GPS 測量をもとに作成。）

り，稲作に加えてハトムギ栽培を行うには労働力の有無が重要な条件になっていることがわかる。これに対し，富裕世帯は雇用により必要労働量を追加できる。実際，焼畑とハトムギ畑を合わせて 2.5ha 以上経営する 14 世帯のうち，10 世帯は雇用労働を追加しており，そのうち 5 世帯は富裕層，4 世帯は中間層に属する。労働力を雇用できるからこそ，大面積の畑地経営が可能となるといえよう。

　もうひとつは，富裕世帯は集落近辺の土地を利用しやすいためである。2003 年のハトムギ畑の平均的な位置を示した表 3-7 によれば，富裕な世帯ほど集落に近く，標高の低い土地で栽培していることが明らかである。同表は富裕世帯がしばしば 1 世帯で複数枚のハトムギ畑を有していることも示している。これは水田所有者が多いため水田沿いの土地を多く占有していることや，集落近辺の土地を横領的に開墾する主体が彼らであること[36]，土地の買収ができることが関係している。一方，貧困世帯はこうした条件の土地が得にくい。2003 年のハトムギ非栽培世帯 11 世帯のうち，6 世帯は 2000 年以降の分家世帯である。これも彼らがもともと測量地さえ有しない上に，現在の土地不足状況下にあって，集落近辺に土地を得られなかったためと考えられる。このように土地の有無もハトムギ栽培を行うにあたっての重要な条件である。

　さらに，経済的な基盤が脆弱な貧困世帯は価格変動の激しいハトムギの栽培に手を出しにくいということもある。これに対し，富裕世帯はある程度経済的に余裕があるため，たとえ価格が暴落しても，その影響をあまり受けなくて済

36）ブーシップ村住民が，ハトムギ栽培のために集落近辺の共有林やプロジェクト用地を横領的に開墾した土地，30 枚のうち，15 枚（50%）は富裕層の世帯による開墾であった。これには，彼らが開墾できるだけの資本と労働力を持っていることの他に，村の有力者であることが多いため，他の住民からこうした行為が注意されにくいということも関係しているだろう。

む。そのため，それほど価格を気にせず，毎年投機的にハトムギを栽培できるのである。

　以上のように，ハトムギ栽培の制限因子は，労働力，土地，経済基盤の脆弱性であり，これらの問題をすべて克服できる富裕世帯がそれを活発に栽培している。ハトムギ栽培の導入により，当村での貧富の差は拡大しつつあると言えるだろう。

第7節　カジノキ栽培の実施状況

1. カジノキ栽培の普及

　ブーシップ村で多くの住民に受け入れられた換金作物として，ハトムギのほかにカジノキが挙げられる。ここでは，この作物が住民の生計と土地利用にどう影響したかという点についても考察しておく。

　カジノキは熱帯アジア原産とされる樹木であり，この地域に広く分布し，ラオスでもその北部で生育する。湿った沖積土を好み川沿いに生育するほか，二次林のパイオニア樹種として焼畑休閑地や園地によく自生する。

　この樹木の靭皮繊維は細長く強靭で製紙原料に適する。ラオス北部でカジノキ栽培が盛んになったのも，1980年代にタイでカジノキを利用した製紙業が発達し，90年代半ばからラオス産カジノキを大量に輸入するようになったためである（竹田 2001a: 226）[37]。

　需要に合わせて，ラオスの農民はカジノキの生産方法を変えてきた。タイ側の需要が生じ始めた90年代初めころ，農民は森林に生育するカジノキを採集し，販売するのみであった。ところが，需要が高まるにつれ，焼畑に自生するカジノキをも除草の際に刈り払わないで残し，育てるようになった（写真3-3）。さらに，このような半栽培的行為[38]にとどまらず，90年代半ばからは自生木の

---

[37]　なお，日本もタイ経由でラオス産カジノキ靭皮を輸入している（Forsén et al. 2001: 43-44）。
[38]　半栽培とは有用植物が何らかの形で人為的に保護され，その成長が助長される状態をいう（福井 1983: 258-259）。本章では，特に必要のない限り，自生カジノキを保護する半栽培的行為と移植による栽培行為を区別せず，まとめて「栽培」と表現することにする。

第3章　焼畑抑制政策の実施と換金作物の普及 ｜ 99

写真3-3　陸稲焼畑で育てられるカジノキ
(2002年9月　ブーシップ村)

移植による集約的な栽培もなされるようになった。なかでも，サイヤブリ県とルアンパバーン県でその栽培が盛んである（Fahrney et al. 1997: 6）。

　ブーシップ村でのカジノキ生産も同様の経過で拡大してきた。当村でも90年代初めには，二次林などに自生するカジノキを採集し，販売していた。移植による集約的栽培が広まったのは1996年ごろのことであり，政府や外国援助機関（注17参照）による普及活動の影響が大きい。2004年2～3月時点で，自生のものも，植林のものも含めて，自己の保有地でカジノキの栽培・半栽培を行っている世帯は64世帯のうち47世帯（73％）に達する。

2. カジノキ栽培の利点と問題点

　カジノキ栽培の利点として，栽培の容易さが挙げられる。集約的栽培を行うには自生木の根萌芽（写真3-4）を切断して移植するだけでよく，費用もかからない。その収穫箇所は枝条から得られる靱皮であるが，枝条を切断されても切り株から萌芽枝を生ずるため，6ヶ月から1年後には再度収穫が可能となる。

写真3-4　カジノキの根萌芽
(2002年2月　ルアンパバーン県パクウー郡ハツワ村)

　また，側根を四方にめぐらして生育箇所を拡大し，そこから根萌芽を生ずることにより，繁殖するという性質を持つ。根萌芽も一年以内に収穫可能な枝条へと成長する。このようにカジノキは一度定着した後は農民が手をかけなくても，自力で成長，繁殖，再生してくれるのである。こうした栽培の容易さゆえに，ラオスの農民に広く受け入れられたのである。この点については後に詳しく説明する。
　また，収穫期が2～4月，9～10月と年二回あるのも利点である[39]。さらに，ハトムギと比べて価格が安定していることも利点に挙げられる。カジノキの価格は2000年以降は乾燥靭皮1kgにつき0.2～0.3米ドルと安定しており（図3-4），ブーシップ村の住民の間でもカジノキは価格の信頼できる作物という定評がある。
　一方，問題点は得られる収入がハトムギと比べて格段に低いことである。2003

---

39) 雨季は乾燥させることができないので収穫されない。また，乾季半ばの12～1月ごろは樹皮がくっついて剥ぎ取ることができないので収穫されない。

写真 3-5　ナイフでカジノキの表皮を剥ぎ取り，靱皮を得る
（2002年2月　ブーシップ村）

年の場合，ブーシップ村でカジノキを収穫した56世帯の得た収入はすべて500,000kip以下であり，平均収入はわずか190,000kipに過ぎない[40]。このようにカジノキから大きな収入を得にくい根本的な原因は，その収穫後の作業の困難さにある。カジノキは枝条の収穫後，(1) その樹皮を手で剥ぎ取った後，(2) ナイフで黒い表皮を剥ぎ取り，白い靱皮を得（写真3-5），(3) 得られた靱皮を半日から一日，竿にかけて乾燥させるという加工調製作業を経て，初めて売り出すことができる。しかし，表皮を剥ぎ取る (2) の作業は時間のかかる面倒な作業である。1日中この作業を行っても一人当たり乾燥重量にしてわずか4～5kg，収入にして10,000kip程度の靱皮しか収穫できないといわれる。しかも，住民は焼畑やハトムギ栽培などさまざまな仕事に従事しており，カジノキの収穫作業に十分な時間を費やせない。年二回収穫できるとはいうものの，住民は他の仕事に忙しいため，一回の収穫期間に0.5haのカジノキ畑でさえ全部

---

40) カジノキ収穫世帯（56世帯）が栽培世帯（47世帯）を上回る理由は，自己の保有地以外の森林でカジノキを採集する世帯が存在するためである。また，kipの換算レートは注5を参照。

収穫できないという。

3. カジノキ栽培の土地利用

それでは，カジノキはブーシップ村領域内でどのように栽培されているのだろうか。図3-8は2002年10月時点でカジノキが比較的多く生育していた箇所（56箇所）を示したものである。これは自生のものを管理する半栽培もあれば，移植による栽培もある。この図から，まず，カジノキの多くが谷沿い，水田沿いなど水分条件のよいところで栽培されていることがわかる。これはこのような場所にカジノキがよく自生するためである。尾根上や山腹にも自生するし，住民が移植した例も多い。しかし，このような場所では成長が遅い上に，皮のむきにくい枝条が育ってしまうという。

また，ほとんどのカジノキ栽培箇所は集落から近距離に位置する。集落から

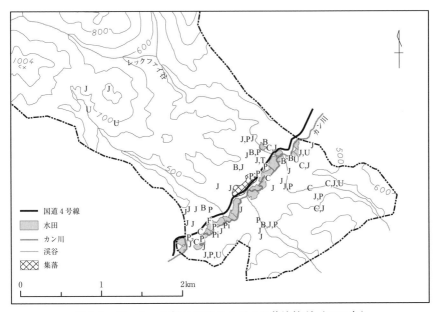

図3-8　ブーシップ村におけるカジノキ栽培箇所（2002年）
注1）カジノキが比較的多く栽培されていた箇所を示した。
注2）Bはバナナ，Cはトウモロコシ，Fは果樹，Jはハトムギ，Piはパイナップル，Tはチーク，Uは陸稲とのそれぞれ混作を示す。ただし，カジノキの単作箇所はPで示した。
注3）同じ耕作者の畑地で，異なる作物とカジノキが混作されている場合は，CJのように併記して示した。
（2002年10月実施GPS調査，5万分の1地形図，村の土地利用区分図（NOFIP作成）により作成。）

離れた土地では，収穫した樹皮の運搬が困難であり，乾季に焼畑跡地に放牧する家畜の食害にもあいやすい[41]。また，他人に勝手に収穫される危険性もある。一方，集落近辺は谷底であるため，カジノキ栽培に適した水分条件のよい場所が多い。

　さらに，カジノキの栽培はほとんど混作によるものである。56箇所のカジノキ栽培地のうち，その単作は14箇所（25%）でしか見られない。しかも，これらはいずれも水田沿いの空き地などでの小規模な栽培にとどまっている。それに対し，ハトムギとの混作は33箇所（59%），バナナとの混作が7箇所（13%），トウモロコシとの混作が7箇所（13%），陸稲との混作が6箇所（11%）で見られる[42]。

　混作による栽培はカジノキの特性を積極的に生かしたものである。カジノキは焼畑的な土地利用での栽培に適しているのである。特に，その半分以上がハトムギとの混作であることが示唆するように，ハトムギ畑での栽培に適する。以下，その理由を分析する。

　まず，物理的にカジノキとハトムギは混作しやすい。このことは焼畑稲作地の場合と比較するとよく理解される。陸稲は植栽間隔20cmと密植し，高さ1m50cmくらいまでしか成長しない。それゆえ，焼畑でカジノキを栽培すると大きな樹幹をもち6ヶ月で3mまで成長するカジノキによって，周囲の陸稲は被陰され，不稔になりがちである。また，焼畑は集落から遠距離に位置するため，カジノキの栽培地として好まれない。これに対し，ハトムギは植栽間隔が60cm～1mと広く，カジノキと同じくらいまで高く成長するためカジノキにあまり被陰されない（図3-9）。しかも，両作物の栽培適地が集落近辺で重なるためによく混作されるのである。2003年におけるブーシップ村領域内の畑地のうち，カジノキが比較的多く混作された畑は，焼畑では71枚中10枚（14%）しかなかったが，ハトムギ畑では110枚中54枚（49%）あった。

　また，ハトムギが連作されることは先述したが，カジノキ栽培は連作サイク

---

41) 住民のスイギュウ，ウシ，ヤギの多くはレックファイ谷上流域に設けられた共同放牧地で放牧しており（360頁参照），陸稲の収穫がすむと各世帯は家畜をそこから出し，焼畑跡地に放牧する。これらの家畜はすべてカジノキの葉を好んで食する。

42) 混作とはいっても，その様態は多様であり，カジノキが畑地の一部を占めるに過ぎないものから，畑地全体にわたって混作されるものまである。また，ここで示した百分率の合計が100%を超えるのは，図3-8に注記した通り，同じ栽培地において，カジノキが複数の作物と混作されたり，混作地と単作地が併存したりするケースがあったためである。

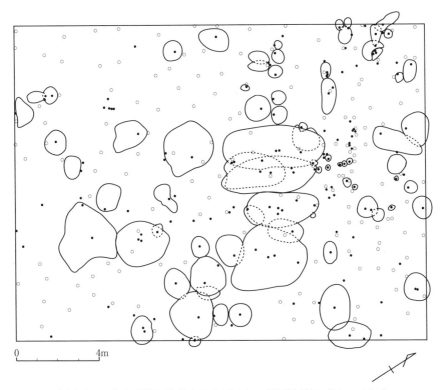

図 3-9 ハトムギ畑に生育するカジノキの樹冠投影図（20m×15m）

注 1) 黒点はカジノキ。白抜きはハトムギ。
注 2) 樹高 80cm 以上のカジノキのみ樹冠を描いた。
注 3) 北緯 19 度 39 分 28.5 秒, 南緯 102 度 6 分 0.3 秒, 標高 450m
注 4) 2002 年 9 月に, 集落近辺の一保有者の土地でカジノキの比較的多い部分を選んで, 20m×15m のコドラートを設置し, 測定した。

ルにも適応できる。これはカジノキが普通 1 年で収穫でき, 伐採されても萌芽枝や根萌芽により再生できるという性質を持つためである。また, 毎年なされる火入れはカジノキの側根から根萌芽（写真 3-4）の発芽を促進し, 火入れ後の根萌芽は非常に成長がよいという。そのサイクルを簡単に描写してみよう。

　ハトムギ畑の中のカジノキの一部は 9〜10 月の収穫期には収穫可能である。その後, 11〜12 月にハトムギを収穫すると, 畑はカジノキのみとなる。そして, 翌年の 2〜4 月の収穫期には多くの枝条が収穫可能である。カジノキの収穫を終えた畑は火入れを行い, 5〜6 月に再びハトムギを播種できる。すべての枝条が収穫できなかった場合も, 残った枝条を避けながら火入れを行う。こ

の火入れによって，カジノキの発芽が促進され，再び旺盛に成長する。しかも，横走する側根により，その栽培箇所は毎年拡大していく。このように，連作サイクルのなかでカジノキはおのずと成長，拡大を続けるのである。

　さらに，カジノキはハトムギ栽培の休閑期間にも収穫できる。ハトムギも数年の連作後は休閑が必要であるが，混作したカジノキはこの休閑林でも生育を続け，毎年収穫を行うことが可能である。このように，カジノキは休閑期間の有効利用にも役立つといえる。一定の休閑期間を経た後は，また，ハトムギを栽培し，混作畑とすることも可能である。

　以上のように，カジノキは一度植林，あるいは自生した後は，栽培者の手をほとんど煩わさずとも，ハトムギ栽培の栽培期間，休閑期間の双方にわたり，「勝手に」成長，拡大を続けていく。これは伐採後も再生可能で，火入れに強いというカジノキの性質が伐採，火入れをともなう焼畑的な農業に適合しているからである。また，短期間で収穫できるゆえに，連作地でも栽培できる。混作作物は陸稲でも，トウモロコシでもかまわないが，先述のように，栽培適地が重なり，物理的にも混作しやすいために，ハトムギとよく混作されているのである。いずれにしろ，焼畑的なサイクルの中で手をかけずともおのずと成長することが，その収益性が低いにもかかわらず，住民がカジノキの収穫を続ける大きな理由となっている。

4. 経済的階層とカジノキ栽培

　カジノキ栽培の従事者も富裕な世帯に多い。各階層における栽培世帯の割合は富裕層，中間層，貧困層でそれぞれ，82％，69％，58％である。カジノキ栽培についても土地と労働力が制約要因となっており，これらの問題を克服できる富裕層が有利となっている。この点を以下に説明しておく。

　まず，労働力である。先述したように，収穫後の加工調製作業は非常に労働生産性が低く，これにどれだけ労働力を割けるかが収入を左右する。実際，カジノキ非栽培世帯17世帯のうち，13世帯は労働人員が1～2人しかない。これに対し，富裕層には皮むきの作業を雇用により行う世帯もある。

　次に土地である。カジノキ栽培適地も集落近辺であり，この範囲に土地を有しない場合，栽培しにくくなる。実際，測量地さえ有しない1996年以降の移住世帯，分家世帯の多くは集落近辺に土地を有さず，カジノキ非栽培世帯17

世帯中，10世帯は彼らが占めている。これに対し，富裕層はすべて集落近辺に土地を有し，また土地を購入することもできる。

第8節　考察

　以上の議論を踏まえ，ブーシップ村における換金作物栽培の導入と土地森林分配事業の実施が住民の土地利用と生計にどう影響したかを考察する。
　当村では，現在，換金作物栽培が焼畑稲作を代替するという状況は生じておらず，両者の共存状態が見られる。1990年代に導入されたハトムギやカジノキはいずれも焼畑を代替しうる収入源とはなっていない。ハトムギは高価格の年にはそれまでにないほどの収益を住民にもたらしたが，価格が安定せず，近年は不作も多い。カジノキは価格は安定しているものの，得られる収入は少ない。そのため，住民の多くは生計を安定させるために，焼畑稲作を続けている。
　陸稲，ハトムギ，カジノキの三者の共存が可能な理由は，土地利用と労働力の面での競合が少ないためである。まず，土地利用については，焼畑と換金作物は栽培域が明確に異なっている。また，カジノキは焼畑的なハトムギの栽培において，混作がしやすい作物である。一方，労働力については，ハトムギは陸稲よりも収穫期が遅いし，カジノキは収穫期に全て収穫しなければならないわけではないため，他の仕事の合間に収穫が行える。つまり，少なくとも収穫に関して三者が競合することはない。
　とはいっても，全ての世帯が換金作物栽培に十分に参入できているわけではない。貧富の差により，その参入の度合いにはかなりの開きがある。その要因についても，土地と労働力の面から説明できる。まず，土地の面については，最も収益性の高いハトムギ栽培に適した集落近辺の土地はすでに不足している。富裕世帯は水田所有世帯が多く，彼らは水田周辺の土地を以前から占有していた。さらに，横領的な開墾や購入等の手段により，集落近辺の土地を集積し，経営規模を拡大している。一方，貧困世帯が新規にハトムギ栽培に適した土地を得たり，その栽培規模を拡大したりすることは難しくなっている。カジノキについても同様に栽培適地が集落近辺のため，そこに土地を有しない貧困世帯にとっては参入が難しい。
　また，労働力の面については，たしかに三者は収穫期における競合は少ない。

しかし，伐採，播種，除草などの時期における競合は避けられないため，労働力の多い世帯や雇用労働を追加できる世帯が大規模な換金作物栽培を実施し得ている。以上のように，土地と労働力の手段を有する富裕世帯が換金作物栽培に十分に参入し得ているのであり，貧困世帯の参入の度合いはかなり低い。

これは次のことを意味する。ブーシップ村の土地利用を全体的に見れば，焼畑と換金作物栽培はたしかに共存しているように見える。また，多くの世帯が双方に従事していることはたしかである。しかし，双方のいずれに重点を置くかは世帯によって異なるのであり，貧富の差がその重要な要因となっている。

富裕世帯は概して換金作物をはじめとする現金収入源への依存度が高い。彼らのハトムギ栽培の経営規模は大きく，中には商業・サービス活動に大きく依存する世帯もいる。また，水田稲作を営む世帯も多い。これらはいずれも集落近辺でなされる生計活動である。彼らにおいても，焼畑稲作を維持する世帯は多く，その面積も決して他階層に引けを取らない。しかし彼らの生計上においてはその重要性は相対的に小さいため，集落から遠く離れたところでそれを行おうとする世帯は少ない。また，土地森林分配事業により，耕作地は集落に近い測量地に限定されてしまった。そのため，彼らは測量地をはじめとするアクセスの良い土地で焼畑を維持しようとする傾向が強い。そこで可能な焼畑は連作をともなう集約的な焼畑であり，実際，彼らはこれにより飯米を得ている。以上のように，彼らは換金作物栽培を最もよく導入し，限定された「農地」の範囲で焼畑の集約化を進めている。その意味では，土地森林分配事業の枠組みに最も適応できた人々であるといえよう。

一方，貧困世帯の多くは焼畑への依存度が高く，粗放的な焼畑を維持しようとする傾向が強い。彼らは概して換金作物の導入の度合いが小さく，第4章で述べるように，その他の生計活動による収入も少ないため，必然的に焼畑への依存度が大きくなる。その中で，彼らの中には，伝統的な短期耕作，長期休閑の焼畑を維持しようと考えるものが多い。なぜなら，こうした焼畑の方が耕作期間の雑草の繁茂が少なく，その分，収量の増加が見込めるためである。こうした焼畑の実施はアクセスの良い土地の利用のみでは不可能であり，集落から遠距離で，比較的高樹齢の森林が残る無主地を利用する必要がある。実際，彼らの中には，無主地を利用する世帯が特に多い。これには，土地をほとんど有しない新規世帯が多いことも関わっている。

しかし，土地森林分配事業によって，可耕地が村域の半分以下に限定された

現在において，ブーシップ村では明らかに焼畑用地の不足が生じている。このことは，安定的な焼畑を続けようとする傾向の強い貧困層においても，連作を選択する世帯が増えていることに顕著に示されている。しかし，陸稲の連作は収量の減少につながる可能性が高く，それは現金収入の少ない貧困層の世帯経済を明らかに圧迫することが予想される。

　以上からすれば，土地森林分配事業は明らかに村内の貧富の差を拡大するものであったといえる。この事業の枠組みに順応できたのは，焼畑依存度の相対的に低い富裕世帯であり，彼らは焼畑の集約化をいち早く進めることができた。一方，この事業の厳格な実施は焼畑依存度の強い貧困世帯をさらに貧困化させてしまう可能性が高い。また，富裕層と貧困層とでは，換金作物栽培への参入度合いやそこから得られる収入にも大きな差があった。つまり，焼畑を抑制し，換金作物栽培を奨励する政策は明らかに村内の経済格差を拡大させている。

　こうした状況下において，貧困世帯が生計維持のために実施しようとしているのが，レックファイ谷上流域での焼畑の再開である。彼らはすでに 2000 年，2001 年にこれを試みており，その結果，農林局の役人から厳しい警告を受けた。にもかかわらず，彼らは 2004 年にもこれを行なった。ここに彼らの強い要求を感じ取ることができる。「焼畑をせずにどうやって食べていけばいいんだ」と彼らはいう。レックファイ谷上流域での焼畑の実施は彼らの生存の維持のために必要なのである。土地森林分配事業で定められた保護林や保安林の区域を彼らのニーズに合わせて設定し直す作業を早急に実施するべきである。

　彼らの実施しようとする短期耕作，長期休閑の焼畑は，22-23 頁や 46-47 頁で述べたように，森林，土壌，水などの環境を破壊するものではない。むしろ，山地の環境に最も適合した土地利用である。ブーシップ村において現在，深刻な環境破壊を引き起こしているのは換金作物栽培である。ハトムギ栽培の普及は，集落近辺に住民自身が維持してきた共有の高樹齢林の大幅な縮小という事態を引き起こしてしまった。この共有林は土地森林分配事業により，利用林や再生林に組み入れられた森林でもある。ここでの換金作物栽培は高樹齢の森林を伐採するのみならず，長期の連作を行うものであり，明らかに環境悪化につながるものである。集落近辺の森林は住民の生活に必要な木材や山菜を供給するのみならず，気温調節や集落環境の保全の役割を果たしてきた。だからこそ，住民はそれを維持してきたのである。換金作物栽培を奨励する政府の政策は，結果的にその破壊を引き起こしてしまっている。

以上のように，土地森林分配事業により焼畑を抑制し，換金作物栽培を奨励する政府の政策は，その意図に反して，貧富の差の拡大と環境破壊を引き起こしている。その早急な見直しが必要である。

　最後に，ラオスの焼畑村落において，焼畑稲作と換金作物栽培が共存しうるか否かという点について検討しておく。現状のブーシップ村のように，土地森林分配事業に基づく規定が厳格に適用された場合，焼畑の継続が難しくなるため，両者の共存も成り立たなくなっていくだろう。一方，住民のニーズに応じて事業の枠組みが見直されたり，住民の「違反」行為が許容されたりするような状況となった場合には，両者の共存が成り立つ可能性はある。ただし，この場合も貧困層が換金作物栽培に参入しにくいという問題点は残るだろう。

おわりに

　本章はラオスの焼畑村落であるブーシップ村を事例とし，換金作物栽培の導入後の村人の生計と土地利用を特に貧富の差が拡大するプロセスに着目して分析した。その結果，富裕世帯は土地の集積と労働力の雇用により，大規模な換金作物栽培が行える一方，貧困世帯は換金作物栽培に十分に参入できないのみならず，土地森林分配事業の厳格な実施により焼畑も満足に実施できない状態にあり，それが貧富の差の拡大に寄与していることが明らかになった。

　このように，焼畑村落での生計と土地利用を明らかにするという本書の目的においては，住民の貧富の差に目を向けることが重要である。貧富の差によって生計と土地利用は明らかに異なる。特に本事例においては，集落近辺にどれほど土地を有するかが換金作物栽培への参入度合いを決定し，それが貧富の差の拡大を招いていた。このように，換金作物栽培の導入が進んだ現在の焼畑村落では土地所有が貧富を決する重要な因子となっている。

　本章は焼畑と換金作物栽培に関する住民の生計と土地利用に焦点を当てたため，家畜飼養や農業雇用など，住民のその他の仕事についてはほとんど言及できなかった。そこで，次章では，住民の生計活動をより包括的に捉えることで，焼畑村落内部における階層構造や生計活動の世帯差をより詳細に論じることにする。

第4章

生計活動の世帯差

ヤダケガヤの販売

（2006年1月　フアイカン村）
ヤダケガヤは焼畑休閑地でとれる森林産物の一つで，ほうきの原料となる。集落まで運ばれ，このように計量され，仲買人にキログラム単位で販売される。

はじめに

　本章は前章と同じくブーシップ村を事例とし，生計活動の世帯差とそれが生じる要因をより広い視野から考察することを目的とする。前章では，焼畑と換金作物栽培以外の生計活動についてはほとんど検討できなかった。しかし，現在のラオスの焼畑村落では他にも家畜飼養や森林産物採集，雇用労働など，多様な仕事が営まれており，ブーシップ村でもそれは同じである。こうした他の仕事に従事する世帯が多いことも勘案すれば，生計活動は世帯ごとに多彩であると予想される。そこで，本章では，ブーシップ村の村人の生計維持のために重要となっている仕事を全て考察の対象に含め，各世帯がそれぞれの仕事にどれほど従事しているかを明らかにする。そうすることで，各世帯の生計活動の違いを明らかにするとともに，そうした違いが生じた要因を分析する。

　この課題に対処するにあたり，本章では特に以下の点に留意する。第一に，世帯による焼畑や換金作物の経営規模の違いを分析する。経営規模を示すことで，各世帯の焼畑や換金作物栽培への従事度の違いを客観的に示すことができるからである。前章では畑地の分布に主眼を置いたため，その面積に関してはほとんど分析できなかった。これに対し，本章では，面積の検討により，各世帯の畑地経営規模の違いを明確にする。

　第二に，各世帯のコメ収支を分析する。生計活動の世帯差とそれが生ずる要因を明らかにするためには，世帯経済の分析が不可欠である。世帯経済は大きく自給部門と現金収入部門に分けることができる。このうち，自給経済に関しては，東南アジアの場合，主食であるコメをどれほど獲得し得ているかにまず着目すべきである。この際，単に，各世帯が焼畑や水田でどれほどのコメを生産したかという点だけでなく，それがどのように分配されたかという点に着目することが必要である。なぜなら，各世帯は生産したコメの全てを消費するとは限らず，販売や負債の返済等に充てることで，その多くを失う可能性があるためである。例えば，Kunstadter (1978) は北タイの焼畑民，ラワ族の一村落において，住民の収穫したコメが生産量としては，村の自給をまかなえる量であるにもかかわらず，その3割が負債の返済等に充てられるため，それを差し引くと，村全体としてコメが欠乏してしまうという事例を報告している。ところが，その後の焼畑村落の研究において，こうした生産物の分配面に着目した研究はほとんどない。また，Kunstadter (1978) も，村全体のコメ収支の分析

にとどまり，世帯によりコメ収支がどのように異なるかという点には答えていない。

　第三に，生計活動の違いが生じる要因として，貧富の差や民族，出自村落の違いについて検討する。第1章で述べたとおり，現代の焼畑村落では貧富の差が拡大している。また，政策による人口移動や自主的な移動が活発化する中で，集住村や民族混住村がよく見られるようになっている。前章では貧富の差による焼畑や換金作物栽培への従事の度合いの違いを明らかにした。本章では，貧富の差による生計活動の世帯差をより深く考察するとともに，民族や出自村落による違いについても考察する。以下に，民族や出自村落に着目する必要性をラオスのコンテキストで説明しておく。

　ラオスでは，民族による生計活動の違いが古くから注目されてきた。例えば，焼畑を中心的な生計手段とするカム族などの焼畑民に対し，ラオ族やルー族，ユアン族などのタイ系民族は水田稲作を営み，焼畑は必要に応じて行うのが一般的とされる。また，タイ系民族は手工芸品の生産やそれを元手にした他民族との交易をも得意としてきた。Izikowitz（1979: 27-29）はラオ族が織物や鉄製農具を製造し，農閑期に山間地を行商して焼畑民とコメなどと交換していたこと，中には河川上流部に移住することにより焼畑民に近接し，彼らを顧客とした商業にその生計を大きく依存していたラオ族集団がいたことを報告している。こうしたタイ系低地民と焼畑民との経済的関係については，33-34頁でも説明したとおり，以前は対等なものであったが，近年は前者の後者に対する経済的な支配が強められている事例が報告されている（Cohen 2000; Evans 2002: 212-214）。民族による生計活動の違いは，こうした経済的な支配─従属関係が関係している可能性がある。ブーシップ村は焼畑民のカム族とタイ系民族が混住する村であるため，この点の検討に適する。

　現在のラオスでは，出自村落の違いも各世帯の生計活動の違いを生む重要な要因である可能性がある。出自村落に着目する理由は31-35頁で述べた高地集落の移転事業が関わっている。この際，移転した集落の住民は，低地に独自に集落を形成する場合もあるが，政府の指導により既存の低地集落に合流し，集住村を形成する場合も多い（Goudineau 1997a, b）。この場合，異なる出自集団が一行政村内に同居することになる。これらの集団はたとえ同一民族であっても，その性格や出身地の違いから，異なる仕事を選択する可能性がある。ブーシップ村は集落移転の結果，形成された集住村でもあることから，この点に関

しても検討可能である。

　以下では，まず，各世帯のコメの生産と収支の分析を行い，飯米確保の度合いに世帯差が生じる理由を考察する。その上で，それが現金収入源への従事状況とどのように関わるかを考察する。

第1節　調査方法

　現地調査は，主に2002年8～10月と2003年12月～2004年3月にブーシップ村で実施した。

　各世帯の2003年の経営耕地規模を把握するため，2003年12月～2004年3月にかけて，GPSを用いてブーシップ村および旧ナムジャン村の各世帯の焼畑，ハトムギ畑，水田を測量し，その分布と面積を明らかにした。

　ラオス農村部では現在もコメ（主にモチ種）が圧倒的に重要なカロリー源である。そこで，各世帯の飯米確保の度合いを知るため，2002年および2003年に収穫された籾米の収支について2004年2～3月に調査した。具体的にはブーシップ村および旧ナムジャン村の全ての世帯に対し，両年の収量，販売や負債の返済による流出量，購入や返済受取による流入量を聞き取り，収量から流出量を差し引き，流入量を加算して得られる各世帯の籾米残量を算出した[1]。また，全世帯に対し，2003年の籾米が尽きた時期を聞き取った。さらに，1人当たりの籾米消費量を25kg/月とし[2]，これに世帯人員数を乗じた値により，各世帯の2003年の収穫米の残量から2004年の播種量を差し引いた値を除することで，各世帯の2004年の籾米が尽きた時期を推定した。

　また，2003年1年間に従事した現金収入源と収入額についても各世帯に聞き取り調査を行った。

---

[1] 収量をできるだけ正確に把握するため，村人の計量単位である籠（一籠は籾米約25kgに相当）や袋（一袋は籾米約30kgに相当）などの単位で答えてもらうように努めた。彼らはこれらの容器を用いて，籾米を焼畑や水田から集落まで運ぶので，それに何杯入ったかで収量を計算していることが多い。

[2] ラオス政府は国民1人当たり籾米消費量を25kg/月，300kg/年としている。また，Yamada et al.（2004: 427）や鈴木・安井（2002: 27），IRRI（1991: 124-125）もこれと大きく変わらない値を算出しているため，本書でもこれを妥当なものと考え，採用することにした。

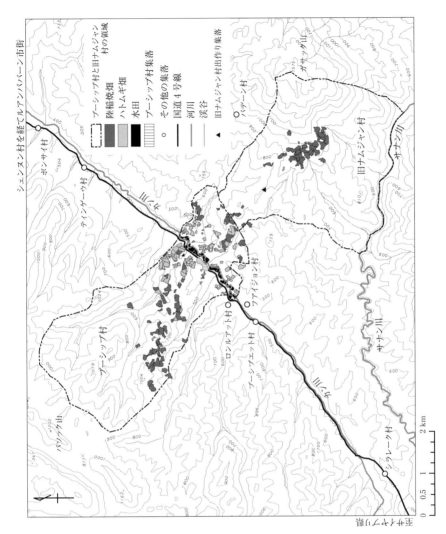

図4-1 ブーシップ村および旧ナムジャン村領域内の耕地分布（2003年）
注）ブーシップ村および旧ナムジャン村領域外にも他村の水田・焼畑・ハトムギ畑が分布するが，ここでは示していない。
（2003年12月～2004年3月実施GPS測量，5万分の1地形図，NOFIP（National Office for Forest Inventory and Planning）作成ブーシップ村土地利用区分図，シェンヌン郡農林局作成ナムジャン村領域図により作成。）

第4章 生計活動の世帯差 | 115

第2節　調査対象村の概況

　ブーシップ村の概況や経歴については前章で説明したので，ここでは，本章に関わりの深い，居住世帯の民族や出自について説明する。前章でも述べたように，2004年3月時点で，ブーシップ村の世帯数は86世帯，人口は540人であった。ただし，このうち24人については，出稼ぎ，兵役等による不在村者であった。彼らは本章の調査年である2003年もほとんど在村せず，当村での生計活動の担い手でも，コメの消費者でもなかった。そこで彼らを除いた在村人口，516人を本章の対象とする[3]。

　この在村人口は生活圏の違いから二つのグループに分けることが適当である。前章でも触れたとおり，ブーシップ村の領域は1996年に初めて公式に画定された。ところが，それより後の1999年に当村集落に移転してきた旧ナムジャン村出身住民は，その後も旧村の領域で焼畑を続けている。また，彼らはブーシップ村集落の東端にまとまって居住し，旧村の領域には「サナム(ສະນາມ)」と呼ばれる出作り集落も形成している[4]（図4-1，図4-2，写真4-1，写真4-2）。このように，彼らはブーシップ村に移転したとはいえ，明らかに他の住民とは生活圏が異なる。そこで，本章では，土地森林分配事業で画定された領域を「ブーシップ村領域」，そこを主な生活圏とする64世帯385人を「ブーシップ村村民」とし，旧ナムジャン村出身の22世帯131人は「旧ナムジャン村村民」として，別個に扱うことにする。また，両村民を合わせた集住村全体を指すときは「集住村ブーシップ村」と呼ぶことにする。

　集住村ブーシップ村の主要民族はカム族で81世帯を占める。これに加えて，ブーシップ村村民にはタイ系の低地民族であるラオ族やユアン族の世帯が5世帯（31人）ある[5]。彼らの出身地はカム族とは異なり，シェンヌン村周辺やルアンパバーン市街周辺の農村であり，タイ系民族の多い地域である。そのうち2世帯は1960年代～1970年代に水田開発のために，1世帯は1980年代に商売

---

3)　ただし，出稼ぎ者の送金については，各世帯の収入に含めている。
4)　サナムは集落（ບ້ານ）とは区別される。ブーシップ村から徒歩1時間の標高700mの尾根上にあり（図4-1），集落と焼畑の中継点の役割を果たすとともに，ニワトリやブタの飼育場ともなっている（図4-2）。さらに，彼らが周辺の森林で，狩猟・採集・漁撈を行う際の拠点ともなっている。家畜を見守る必要もあって，農閑期であってもここに寝泊りする人は多い。サナムについては，特に家畜飼養の場としての役割を中心に，第2部で詳述する。
5)　各世帯主の帰属意識を民族識別の手段とした。

写真 4-1 旧ナムジャン村村民の出作り集落（サナム）
(2005 年 2 月)

写真 4-2 出作り集落での精米作業
出作り集落では精米機がないため，昔ながらの臼と竪杵での籾摺り，精米がなされていた。
(2004 年 2 月)

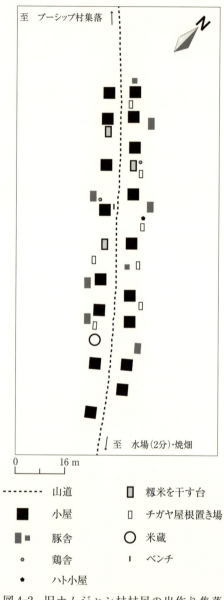

図 4-2　旧ナムジャン村村民の出作り集落
　　　　（サナム）概略図（2006 年 9 月）
（2006 年 9 月 15 日実施の GPS 測量に基づき作成。）

をするために，1世帯は1990年代に駐留警察官として，それぞれブーシップ村に移住した。さらに，1世帯は1999年にできた分家世帯である。彼らのうち，カム語を不自由なく操れるのはブーシップ村で成長した若い世代のみであり，彼らがカム族とやり取りするときは，彼らの母語であり，ラオスの公用語でもあるラオ語でなされるのが普通である。

第3節　コメの生産と分配に関する世帯差

1. 焼畑規模の検討

ここではまず，各世帯の稲作規模とコメ収支を検討する。そうすることで各世帯の稲作への依存度やコメ獲得戦略の差異を明らかにし，そこに世帯差が生じる要因を考える。まず，ブーシップ村および旧ナムジャン村両村民の焼畑規模を検討する。2003年の両村の稲作についてまとめた表4-1より，この年，ブーシップ村では約9割の世帯が，旧ナムジャン村では全世帯が焼畑稲作をしており，焼畑によるコメ生産が現在も村人の重要な仕事であることがわかる。ところが，1人当たり焼畑規模はブーシップ村で0.19ha，旧ナムジャン村で0.25haであり，両村では大きな開きがある（表4-1）。

表4-1　稲作に関するブーシップ村と旧ナムジャン村の比較（2003年）

	焼畑稲作		水田稲作	
	ブーシップ村	旧ナムジャン村	ブーシップ村	旧ナムジャン村
実施世帯数	56	22	18	1
その総世帯数に占める割合（％）	88	100	28	5
総面積（ha）注	60.8	33.4	9.5	0.4
1人当たり面積（ha/人）	0.19	0.25	0.10	0.08
1人当たり籾米収量（kg/人）	232	331	441	80
ヘクタール当たり収量（kg/ha）	1,181	1,299	4,400	951
参考：総世帯数	64	22	64	22

注）ブーシップ村の焼畑稲作の総面積は測量できなかった2世帯を除く54世帯のものについて示した。同村の水田稲作の総面積は測量できなかった1世帯を除く17世帯のものについて示した。
（各世帯への聞き取りと2003年12月～2004年3月実施GPS測量により作成。）

さらに細かくこれを検討してみよう。両村における 2003 年の焼畑の単収は 1.2t/ha である。この場合，1 人当たり年間粳米消費量を 300kg としたとき（注 2 参照），1 人当たり焼畑面積が 0.25ha 以上でなければコメの自給は難しいことになる。ところが，ブーシップ村ではそれが 0.15ha 以下と極端に狭い世帯が 19 世帯，焼畑を行わない世帯も 8 世帯存在する。つまり，全 64 世帯のうち 27 世帯（42%）は焼畑に従事しないか，従事してもその規模が小さい。これに対し，旧ナムジャン村では焼畑を行わない世帯は存在せず，その規模が 0.15ha/人以下の世帯は全 22 世帯のうち 4 世帯（18%）しかない。

　このような焼畑規模の相違は何に基づくのであろうか。第 1 に挙げられるのは，ブーシップ村には水田経営世帯が 18 世帯と比較的多いことである（表 4-1）。後述するように，彼らの多くは水田稲作のみで通常はコメ自給が可能であり，陸稲は全く栽培しないか，あるいは小規模な補完的栽培であってもかまわない。ところが，水田経営世帯を除いても，ブーシップ村には非稲作世帯が 3 世帯，焼畑規模が 0.15ha/人以下の世帯が 13 世帯存在する。つまり，総世帯数の 4 分の 1 にあたる 16 世帯は稲作に従事しない，もしくはそれへの依存度の低い世帯であるといえる。この理由については後ほど考察する。

　両村で焼畑規模が異なるさらなる要因として挙げられるのは，焼畑地の土地条件が旧ナムジャン村のほうがブーシップ村よりも優れていることである。両村の領域はブーシップ村が 1,269ha，旧ナムジャン村が 1,205ha でほぼ等しい[6]。ところが，1 人当たりに換算すると，それぞれ 3.3ha，7.0ha であり[7]，旧ナムジャン村はブーシップ村の 2 倍以上ある。実は，旧ナムジャン村の住民は 1999 年以降，ティンゲーウ村，ブーシップ村，フアイジョン村[8]，パデーン村などに分裂して移住した[9]。現在，旧ナムジャン村領域で焼畑を行う世帯はブーシッ

---

6) 各村の領域面積は NOFIP（National Office for Forest Inventory and Planning）作成のブーシップ村土地利用区分図とシェンヌン郡農林局作成のナムジャン村領域図に基づき算定した。

7) 1 人あたり領域面積はブーシップ村に関しては，領域面積を在村人口の 385 人で除して計算した。一方，旧ナムジャン村に関しては，後述するように，パデーン村に移住した 7 世帯もこの領域で毎年耕作しているため，この 7 世帯の人口（1 世帯あたり 6 人として，42 人）を在村人口 131 人に加え，領域面積を除して計算した。

8) この村は 2004 年に行政上，ロンルアット村（図 4-1）に併合された。

9) 聞き取りによると，1999 年の移住当時の世帯数は 40 世帯であり，ティンゲーウ村に 7 世帯，ブーシップ村に 24 世帯，フアイジョン村に 6 世帯，その他の村に計 3 世帯移住したという。このうち，ブーシップ村に移住した世帯のうち 7 世帯が翌年パデーン村に再移住した。

プ村およびパデーン村に移住した世帯とその分家世帯の合計29世帯であり，ティンゲーウ村やフアイジョン村への移住世帯はそれぞれの移住先で焼畑を行っている。このように，分裂移住によって，旧ナムジャン村領域における人口圧は減じられたといえる。一方，ブーシップ村は旧ナムジャン村村民が合流したのみならず，近年は道路沿いの利便性を求めて，周辺の高地村落から自主的に移住してくる世帯もいる。また，1990年代のロンルアット村の近隣への移住後は，同村に以前の領域の一部を分与しており，領域の縮小を余儀なくされている。このような道路沿いへの人口移動が両村で土地／人口比の大きな差が生ずる要因であると考えられる[10]。

人口圧に加えて，標高も旧ナムジャン村での焼畑を有利にしている。64頁でも述べたが，村人によると，焼畑での陸稲栽培に適するのは「涼しい土地」であり，ブーシップ村領域の多くを占めるカン川沿いの低地は，陸稲の出来がよくないことで昔から有名であったという。一方，領域全域が高地である旧ナムジャン村は，まさに「涼しい土地」が多い（図4-1参照）。そのため，旧ナムジャン村は周辺村からおいしいコメのとれる「米どころ」として知られた[11]。旧村在住時はコメ不足に陥る世帯がほとんどなかったといわれる。

以上のような，水田の有無や焼畑への適性といった土地条件の違いは，両村の焼畑規模の相違を生んだ背景的要因である。しかし，これだけではこの相違を完全に説明できない。より直接的な要因として，長年，幹線道路沿いに位置してきたブーシップ村が旧ナムジャン村よりも，国家の政治経済の影響を受けやすかったことが考えられる。

---

10) また，ブーシップ村領域では旧ナムジャン村村民の全世帯がハトムギ栽培を行うほか，近隣村の住民が焼畑，水田，ハトムギ畑を経営するケースもあり，2003年の場合，このような他村住民（旧ナムジャン村村民も含む）の耕地面積は，ブーシップ村領域の全耕地面積の18％を占める。さらに，ブーシップ村領域に他村住民所有のチーク林が多いことも考慮すれば，当村の1人当たり可耕地面積はさらに減じる可能性がある。これに対し，旧ナムジャン村領域ではパデーン村に移住した旧ナムジャン村村民7世帯を除き，他村住民が焼畑を行ったケースは全耕地面積の4％しかない。これは旧ナムジャン村村民と姻戚関係にあるブーシップ村村民2世帯の耕地であり，集住して一つの行政村となっても，旧ナムジャン村領域での耕作はブーシップ村村民には基本的に許されていないことがうかがわれる。また，同村領域は幹線道路沿いから遠いこともあり，チーク植林も皆無である。

11) ブーシップ村のあるタイ系民族の世帯は，「旧ナムジャン村産のコメが最もおいしい」と言い，自身の水田でとれたコメは全て売り，旧ナムジャン村村民から購入したコメをもっぱら主食としていた。

まず，ブーシップ村では，前章で詳述したとおり，国家の焼畑抑制政策である土地森林分配事業が実施された。この事業により，当村領域の耕作域はかつての半分以下に縮小された。2003 年の焼畑もほぼその範囲内でなされていた。また，事業実施の過程で，住民は焼畑が問題ある農業であり，根絶すべきことを役人や専門家から繰り返し聞かされた。このように，事業実施で焼畑が継続しにくい状況となったため，その面積が縮小したと考えられよう。一方，旧ナムジャン村領域については，その境界は画定されたものの，土地利用区分や農地分配はなされていない。

　もともと人口圧が低い上に，事業による耕作地限定もなされていないため，旧ナムジャン村領域の焼畑はブーシップ村と比べて，休閑期間が長く，耕作年数は低い傾向にある。当村領域の 2003 年の焼畑 41 枚のうち，聞き取りによって知り得た 31 枚の平均休閑年数は 14 年であり[12]，この 31 枚のうち連作地は 11 枚（35%）であった[13]。連作地は全て 2 年目であり，当村領域では 2 年よりも長い連作はなされない。これに対し，ブーシップ村領域の 2003 年の焼畑 71 枚のうち，聞き取りによって知り得た 68 枚の平均休閑年数は 4 年であり，この 68 枚のうち連作地は 32 枚（47%）であった。連作地は 2 年目が多いが，3 年目や 4 年目のものもあった。

　また，ブーシップ村では，現金収入源の普及も進んでいる。前章で述べたとおり，カン川沿いの諸村では，1990 年代以降，外国援助機関の支援もあって，換金作物栽培やチーク植林などが，焼畑を代替する仕事として普及した。また，幹線道路を往来する都市の仲買人との接触も多く，現金収入源に関する情報も得られやすかった。この中で，ブーシップ村では，ラオス政府が市場開放政策を導入して以降，現金収入源が比較的早く普及した。そのため，それに大きく

---

12) この平均休閑年数は明らかに平年よりも例外的に長い。旧ナムジャン村村民は旧村の集落周辺に高樹齢の森林を保全してきた。ところが，ブーシップ村への移住後はこの森林が不要となったため，2003 年にはこれを伐採して造成した焼畑が多かった。そのため，平均休閑年数が長くなっている。しかし，それでも半分以上の焼畑が 1〜3 年の休閑しか経ていないブーシップ村と比べて，旧ナムジャン村は平年でも休閑年数が長いと考えられる。実際，ブーシップ村村民からは土地不足で短い休閑期間で我慢せざるを得ないという不満がしばしば聞かれるのに対し，旧ナムジャン村村民からはそのような不満は聞かれない。

13) この 11 枚の連作地は 8 世帯のものであるが，このうち 5 世帯は別の場所にも焼畑を経営していた。このように複数の焼畑を経営することで，連作による収量低下のリスクを回避しようとしていた。

依存し，その収入でコメを買う世帯が多数出現しており，それが焼畑規模の相対的な小ささとなって表れているのである。

　一方，旧ナムジャン村村民の間で新たな現金収入源が本格的に普及し始めたのは，ブーシップ村に合流した1999年以降である。つまり，この村ではいまだ現金収入源がそれほど重要でなく，耕作領域が陸稲栽培に適することもあって，現在も焼畑でできるだけコメを自給しようとする姿勢を持つ。これが彼らの相対的に大きな焼畑規模となって表れているといえる。このことは次節でさらに詳しく検討する。

2. コメ収支の検討

(1) ブーシップ村世帯のコメ収支

　ここでは各世帯のコメの生産量とその分配について検討する。集住村ブーシップ村では陸稲は9〜11月，水稲雨季作は11月，乾季作は4月に収穫される。また，後述するように，収穫後2〜3ヶ月間に，収穫した籾米の一部を販売・返済により失う世帯もあれば，逆に，購入・返済受取により，籾米を獲得する世帯もある。このようなコメ収支の結果，年間消費分の籾米を確保できる世帯を「コメ余剰世帯」，確保できない世帯を「コメ不足世帯」とし，ここでは余剰や不足の生じる要因について考察する。なお，コメ不足世帯は，不足分を主に村内で精米の形で購入・借入するのが普通である[14]。

　表4-2および表4-3はそれぞれ，2002年および2003年に収穫した籾米について，収穫量，そこから販売や返済によって失った籾米流出量，購入や返済受取によって獲得した籾米流入量，その結果として想定される籾米残量を，翌年収穫期までのコメ不足期間で各世帯を区分し，平均化して示したものである。この表から以下のことが指摘しうる。

　まず，ブーシップ村について検討する。第1に指摘されるのは，水田経営世帯は過度のコメ不足に陥りにくいことである。ブーシップ村領域の水田では雨

---

14) ブーシップ村では1980年代まで，旧ナムジャン村では移住前まで，トウモロコシも多く栽培し，コメ不足時の代替食としていた。ところが，両村とも現在のトウモロコシ栽培面積は概して狭い。また，トウモロコシは主にブタの飼料向けに栽培しており，コメの代替食としての役割はすでに薄れている。現在，コメ不足時には，購入あるいは，借入により精米を得るのが普通となっている。

表4-2 2002年収穫米（籾米）の収支

	2003年コメ不足期間	該当世帯数 (%)注1	水田実施世帯 世帯数 (%)注2	うち、焼畑も実施した世帯 世帯数 (%)注2	焼畑のみ実施世帯 世帯数 (%)注2	2002年収穫高 (kg/人)	流出量 販売 (kg/人) (%)注3	流出量 返済 (kg/人) (%)注3	流入量 精米貸しに伴う獲得 (kg/人) (%)注4	流入量 買取 (kg/人) (%)注4	残量 (kg/人)
ブーシッブ村	0ヶ月	18 (29)	7 (39)	3 (17)	9 (50)	362	25 (7)	2 (1)	95 (20)	40 (9)	470
	1-3ヶ月	19 (31)	8 (42)	4 (21)	11 (58)	382	41 (11)	17 (4)	0 (0)	0 (0)	324
	4-6ヶ月	13 (21)	3 (23)	2 (15)	10 (77)	259	5 (2)	66 (25)	0 (0)	14 (7)	202
	半年以上	12 (19)	2 (17)	1 (8)	10 (83)	102	14 (14)	23 (23)	0 (0)	0 (0)	65
	全世帯	62 (100)	20 (32)	10 (16)	40 (65)	295	23 (8)	24 (8)	28 (10)	14 (5)	290
旧ナムジャン村	0ヶ月	1 (5)	1 (100)	1 (100)	0 (0)	611	0 (0)	0 (0)	0 (0)	0 (0)	611
	1-3ヶ月	14 (64)	0 (0)	0 (0)	14 (100)	274	39 (14)	14 (5)	32 (13)	1 (0)	254
	4-6ヶ月	5 (23)	0 (0)	0 (0)	5 (100)	165	2 (1)	42 (25)	0 (0)	0 (0)	121
	半年以上	2 (9)	0 (0)	0 (0)	2 (100)	151	5 (3)	7 (5)	0 (0)	0 (0)	139
	全世帯	22 (100)	1 (5)	1 (5)	21 (95)	253	25 (10)	19 (8)	20 (9)	1 (0)	230

注1) パーセンテージは全世帯数に占める割合。
注2) パーセンテージはコメ不足期間に該当する世帯に占める割合。
注3) パーセンテージは収穫高に占める割合。
注4) パーセンテージは残量に占める割合。
注5) ブーシッブ村では2002年時点では2世帯がまだ分家していなかったため、62世帯について示した。
注6) 返済量は精米借入にともなう籾米返済のほか、水田耕転料や水田購入料の籾米による返済を含んでいる。（各世帯への聞き取りにより作成。）

表4-3 2003年収穫米（籾米）の収支

	2004年推定コメ不足期間	該当世帯数	(%)[注1]	水田実施世帯 世帯数	(%)[注2]	うち、焼畑も実施した世帯数	(%)[注2]	焼畑のみ実施世帯 世帯数	(%)[注2]	1人当たり焼畑規模 (ha/人)	2003年収穫高 (kg/人)	流出量 販売 (kg/人)	(%)[注3]	流出量 返済 (kg/人)	(%)[注3]	流入量 精米貸付・先物買いによる獲得 (kg/人)	(%)[注4]	流入量 買取 (kg/人)	(%)[注4]	残量 (kg/人)
プーシップ村	0ヶ月	26	(41)	12	(46)	8	(31)	11	(42)	0.29	475	44	(9)	24	(5)	105	(18)	66	(11)	578
	1-3ヶ月	8	(13)	3	(38)	2	(25)	5	(63)	0.29	364	54	(15)	81	(22)	25	(9)	20	(7)	274
	4-6ヶ月	10	(16)	2	(20)	2	(20)	8	(80)	0.22	269	26	(10)	65	(24)	0	(0)	17	(9)	195
	半年以上	20	(31)	1	(5)	1	(5)	19	(95)	0.13	138	16	(12)	48	(35)	0	(0)	6	(8)	80
	全世帯	64	(100)	18	(28)	13	(20)	43	(67)	0.20	323	34	(11)	45	(14)	46	(14)	34	(10)	324
旧ナムジャン村	0ヶ月	8	(36)	1	(13)	1	(13)	7	(88)	0.31	486	26	(5)	0	(0)	18	(3)	38	(7)	516
	1-3ヶ月	6	(27)	0	(0)	0	(0)	6	(100)	0.28	331	7	(2)	66	(20)	0	(0)	3	(1)	261
	4-6ヶ月	3	(14)	0	(0)	0	(0)	3	(100)	0.35	369	61	(17)	107	(29)	0	(0)	0	(0)	201
	半年以上	5	(23)	0	(0)	0	(0)	5	(100)	0.15	170	10	(6)	64	(38)	0	(0)	9	(9)	105
	全世帯	22	(100)	1	(5)	1	(5)	21	(95)	0.25	356	22	(6)	47	(13)	6	(2)	16	(5)	309

注1）パーセンテージは全世帯数に占める割合。
注2）パーセンテージは該当世帯数に占める割合。
注3）パーセンテージは収穫高に占める割合。
注4）パーセンテージは残量に占める割合。
注5）返済量は精米借入にともなう籾米返済のほか、水田耕耘料や水田購入料の籾米による返済を含んでいる。
（各世帯への聞き取りおよび2003年12月～2004年3月実施GPS測量により作成。）

第4章 生計活動の世帯差

季作のほか，カン川からの引水により乾季作も行えるため，その単収は2003年の場合，一年間で 4.4t/ha にのぼり，陸稲の 1.2t/ha と比べてはるかに高い（表4-1）。この収量水準では，1人当たり年間籾米消費量を 300kg としたとき（注2参照），1人当たり水田面積が 0.07ha 以上であればコメが自給できると考えられる。2003年におけるブーシップ村の水田経営世帯18世帯の経営規模は平均 0.10ha/人であり（表4-1），それが 0.07ha/人未満の世帯は3世帯に過ぎない。つまり，ブーシップ村の水田経営世帯の多くは通常は水田のみでコメ自給が可能である。ただし，水田も収量が不安定であり，実際に2002年にはカン川の氾濫と虫害で雨季作が不作であったため，水田経営世帯の多くがコメ不足に陥っている（表4-2）。ところが，2002年の水田経営世帯20世帯のうち，10世帯は補完的に焼畑も行っており，この場合も軽度の不足にとどまった世帯が多い。

一方，水田経営を行わず，焼畑のみで稲作を行う世帯は2002年には全62世帯中40世帯，2003年には全64世帯中43世帯と多数を占める。ところが，彼らの多くは翌年，コメ不足に陥っている。このような世帯のうち，2003年にコメが不足しなかった世帯の割合は40世帯中9世帯（23％），2004年にコメが不足しないと見込まれる世帯の割合は43世帯中11世帯（26％）に過ぎない。これに対し，水田経営世帯の場合は，それぞれ20世帯中7世帯（35％），18世帯中12世帯（67％）に達し，水田と焼畑では飯米確保のしやすさに大きな差異があることがわかる。焼畑のみで十分な飯米を確保するには大規模にそれを行う必要がある。実際，2003年に焼畑のみを行い，2004年のコメ余剰が見込まれる11世帯の平均焼畑規模は 0.29ha/人と大きい。一方，半年以上のコメ不足が見込まれる世帯の焼畑は概して小規模であり，それが彼らの少収量を結果している（表4-3）。この理由については次節で改めて検討することにする。

ブーシップ村の余剰世帯には集住村ブーシップ村や周辺村の住民を相手にした精米貸しや収穫米購入により，大量の籾米を獲得する世帯も存在する。前者はコメ不足期である7〜9月に精米を貸し付け，借り手の収穫後にその返済を利子とともに受け取るものである。その利子率は 200〜250％ と高く，貸し手は大量の籾米の返済を期待できる[15]。また，後者は価格の安い収穫後の11〜2月ごろに大量の籾米を買い占めるものである。これらの手段によって，籾米を獲得した世帯はブーシップ村のコメ余剰世帯の4割程度を毎年占めており，2003年の収穫期の場合，彼らはこれらの手段のみで1人当たり 410kg の籾米

を獲得している。これに加えて，彼らの多くは焼畑や水田により稲作を行い，自給分のコメを確保しようとしている。このことからわかるように，精米貸しや収穫米購入は彼らにとって，単なる飯米確保の手段を超えて，重要な蓄財の手段となっている。つまり，これらの手段によって大量の余剰米を確保し，翌年のコメ不足期に精米し，高い価格で販売したり，あるいは精米貸しを行ったりすることで，利潤の拡大をはかることができるのである。

逆に，精米借入や収穫米の販売はコメ不足世帯が多くの籾米を手放す要因となっている。特に，精米借入を行った世帯はブーシップ村における 2003 年の稲作世帯 61 世帯のうち 30 世帯（49%）を数え，彼らの収穫期の籾米返済量は 1 人当たり平均 69kg にのぼる[16]。これは 3 ヶ月弱の消費量に相当する。また，収穫量が少ない世帯でも，病気の治療費や生活必需品の購入費をまかなうために，収穫物の一部を売る世帯も存在する[17]。このようにして，コメ不足世帯から流出した籾米の量を 1 人当たり量に換算した場合，2004 年の推定コメ不足期間が 1～3 ヶ月の世帯層では収穫量 364kg のうち 135kg（37%），4～6 ヶ月の世帯層では 261kg のうち 91kg（34%），半年以上の世帯層では 138kg のうち，64kg（46%）にのぼる（表 4-3）。このように，収量が少ない上に，そこから流出する量が多いことが，コメ不足世帯が生じる要因といえる。

精米借入はコメ不足世帯が固定化する要因ともなっている。ブーシップ村では 2002 年には 21 世帯が精米借入を行っており，収穫期に 1 人当たり平均 56kg の籾米を返済している[18]。彼らの 2002 年の収穫高は 1 人当たり 248kg であっ

---

15) 焼畑や水稲雨季作の収穫期である 11 月の籾米価格は 1kg 当たり 800～1000kip（調査期間における換算レートは 1US ドル当たり約 10,400kip）であり，コメ不足期である 6～9 月の精米価格は 1kg あたり 2500～3500kip である。200～250% の利子率はこの価格差にあわせたものである。なお，貸し手はあらかじめ借り手の稲の出来具合を自身の観察や第三者の証言により確認し，返済の見込みのない世帯には貸し出さないようにしている。

16) 表 4-3 では，精米借入をしなかった世帯も含めた全世帯の返済量の平均値を示したため，45 kg/人 となっている。なお，精米借入とは別に「コメの先物売」も存在する。これは病気治療費など，緊急に現金が必要になったときに収穫期の 6～7 割の値段でコメを前売りするものである。これは後述する「ハトムギの先物売」の登場後は，それが代わりの役目を果たし，あまりなされなくなった。2002 年，2003 年にも若干のコメの先物売が存在したが，ここではそれも精米借入に伴う返済分に含めて勘定した。

17) これらの借入や販売の相手はシェンヌン村周辺や近隣村の仲買人の場合もあるが，ほとんどはブーシップ村村民である。また，籾米の販売については，水田経営世帯など，余剰の見込める世帯が収穫後に大量に販売するケースもあり，それが表 4-2 および表 4-3 で，コメ余剰世帯や 1～3 ヶ月不足世帯の籾米販売量が多い理由である。

たから，その23％が精米借入の返済に充てられたわけである。その結果，彼らの手元には1人当たり192kgの籾米が残される。ところが，これでは8ヶ月弱の飯米しかまかなえない。そのために，これら21世帯のうち15世帯は2003年にも精米借入を行っている。このように，精米借入が翌年のコメ不足を招き，さらなる精米借入を結果するという悪循環が生じており，同一世帯が毎年コメ不足に陥るという現象を生みやすくしている。

実際，ブーシップ村ではコメ余剰世帯と不足世帯の固定化が顕著である。2003年のコメ余剰世帯18世帯のうち，14世帯が2004年も余剰すると見込まれ，2003年の半年以上不足世帯12世帯のうち9世帯が2004年も半年以上の不足に陥ると見込まれる。水田の有無や焼畑規模の大小によって，収穫量に差があるうえに，精米の貸借や収穫米の売買によって，余剰世帯にコメが集まり，不足世帯がさらなる不足に陥るという構造が作られていることが，両者の固定化を生んでいるのである。

最後に，これを民族別に考察しておこう。ブーシップ村のタイ系民族5世帯は全て毎年コメを余剰する世帯である。彼らのうち焼畑従事世帯は皆無であり，2003年の場合，3世帯は水田稲作に従事し，残る2世帯はもっぱら精米貸しや購入により，収穫期に大量の籾米を確保している。彼らのうち2世帯は水田開発のために移住してきたのであり，村内で比較的広面積の水田を所有している[19]。また，高利の精米貸しはブーシップ村では彼らのうちの2世帯が最初に始めたのであり，これに収穫期の安価な籾米の大量購入とコメ不足期の高価な精米の売り出しをあわせたコメ取引が，彼らが富を蓄積しえた大きな要因といわれる[20]。

これに対し，ブーシップ村で大勢を占めるカム族のコメ獲得手段として，焼

---

18) 表4-2では，精米借入をしなかった世帯も含めた全世帯の返済量の平均値を示したため，24kg/人となっている。
19) 水田所有世帯18世帯のうち，水田の測量を成し得た17世帯の平均所有面積は0.69haであった。これに対し，この2世帯はいずれも1haを超える面積の水田を所有していた。
20) ある村人によると，この2世帯のような村の最富裕層が富を築いた原因はハトムギ販売ではなく，精米貸しにあるという。80頁で述べたように，1996年に土地森林分配事業が実施された直後は，測量地での換金作物栽培が政府により奨励され，それに従ったがゆえに，飯米不足に陥る世帯が多かった。この際に，2世帯が高利の精米貸しを始め，大儲けしたという。これが真実だとすると，土地森林分配事業はコメの生産だけでなく，分配面にも影響し，貧富の差を二重の意味で広げる役割を果たしたことになる。

畑による生産は圧倒的に重要である。2003年の場合，同村のカム族世帯59世帯のうち43世帯は水田経営を行わず，焼畑のみで稲作を行っていた。ところが，この59世帯のうち，2003年，2004年の両年ともコメ余剰が見込まれた世帯はわずか9世帯（15%）に過ぎない。

このように，ほとんどの世帯が焼畑のみで稲作を行い，コメ不足に陥りやすいカム族世帯とは対称的に，タイ系民族世帯は水田稲作とコメ取引により余剰を達成している。同一村落内でも民族間でコメの獲得戦略や獲得量に大きな格差があることに注意すべきである。

(2) 旧ナムジャン村世帯のコメ収支

ブーシップ村と比較したとき，旧ナムジャン村の特徴として挙げられるのは，コメが過度に不足する世帯の少なさである。彼らのうち，2003年に半年以上コメが不足したのは全22世帯中2世帯（9%）に過ぎず，2004年にそれが見込まれるのは5世帯（23%）に過ぎない。これは彼らの多くが広い面積で焼畑を営んでおり，ブーシップ村のように極端に小さな規模でそれを営む世帯が少ないためである。

また，旧ナムジャン村では毎年コメ余剰となる世帯層の形成に乏しい。このことは，この村で2003年のコメ余剰世帯が1世帯しかなかったことからもわかる。これは旧ナムジャン村では水田経営世帯が1世帯しかなく，精米貸しや収穫米購入を通じ，大量のコメを獲得する世帯が1〜2世帯しか存在しないことに示されるように，コメ余剰世帯の固定化を支える要因に乏しいためである。

さらに，旧ナムジャン村のコメ不足世帯も籾米流出量，特に精米借入に伴う返済量が多いことが指摘される。例えば2003年の場合，旧ナムジャン村の稲作世帯22世帯のうち，10世帯が精米借入を行い，その収穫期の籾米返済量は1人当たり平均104kg（4ヵ月分の消費量に相当）に達する。このために，2004年のコメ不足期間が1〜6ヶ月と推定される世帯層は平均的に見て，2003年に広面積の焼畑を行い，自給に十分な収量を上げたにもかかわらず，結果的には不十分な量しか手元に残らなかったのである（表4-3）。精米貸しを行う旧ナムジャン村世帯は毎年1〜2世帯に過ぎず，彼らの精米借入はほとんどブーシップ村のタイ系民族世帯を中心とする余剰世帯から行ったものである。このように，旧ナムジャン村村民の多くもいまや，ブーシップ村の余剰世帯と負債関係を持つ者が多く，これが彼らが大規模の焼畑を行うにもかかわらず，コメ不足

に陥る大きな要因となっている。

第4節　現金収入源に関する世帯差

1. ブーシップ村世帯の現金収入源

(1) コメ収支と現金収入源との関係

　前節では各世帯のコメ収支を，稲作規模と収穫物の分配に注目しながら考察してきた。ここではさらに，それが彼らの携わる現金収入源とどう関係するのかを考察したい。表4-4に見るように，現在集住村ブーシップ村には多様な現金収入源が存在する。これらのほとんどは，ラオス農村部で商業活動が活発化した1990年代以降，現金収入源として重要性を持つようになったものである[21]。ここでは，これらを大きく，「換金作物栽培」，「森林産物採集」，「家畜飼養」，「雇用・製材」，「商業・サービス活動」に分けて考察する[22]。

　まず，ブーシップ村村民について考察する。表4-5は各現金収入源について，2003年コメ不足期間を基準に分類した世帯層ごとに，同年の平均的な収入依存度を示したものである。この表からまず，換金作物栽培がコメ不足期間に関係なく，すべての階層で重要な収入源となっていることがわかる。これはほとんどの世帯がハトムギを栽培するためである。ハトムギは1998年からブーシップ村で栽培されるようになり，2003年にはその83％の世帯が栽培を行い（表4-4)，換金作物栽培収入の8割，総収入の3割を占めるもっとも重要な収入源となっている[23]。ところが，その収入額を見ると，大きな階層差がある。2003年のコメ余剰世帯と半年以上不足世帯を比較すると，その収入には3倍以上の格差がある（表4-6)。

　このような格差が生じる要因の一つは労働力である。ハトムギ栽培により多

---

21) 村人への聞き取りによる。
22) ただし，コメ不足世帯に対してなされる精米販売はコメ余剰世帯の一部にとり，重要な収入源になっている可能性があるが，その収入額については聞き取りしていない。
23) ブーシップ村でハトムギ栽培が活発化した理由やそれに関わる土地利用については第3章を参照。

表 4-4　ブーシップ村および旧ナムジャン村における主な現金収入源（2003 年）

主な現金収入源		ブーシップ村（全64世帯）		旧ナムジャン村（全22世帯）	
		従事世帯数とその割合(%)	従事世帯の年間収入額(kip/人)	従事世帯数とその割合(%)	従事世帯の年間収入額(kip/人)
換金作物栽培	ハトムギ	53　(83)	450,000	22　(100)	380,000
	カジノキ	56　(88)	50,000	19　(86)	40,000
	キュウリ	10　(31)	20,000	20　(91)	40,000
	籾米	15　(23)	120,000	7　(32)	130,000
	計	62　(97)	460,000	22　(100)	500,000
森林産物採集	タケノコ	44　(69)	50,000	12　(55)	40,000
	ヤダケガヤ	39　(61)	20,000	14　(64)	20,000
	サトウヤシ	37　(58)	80,000	10　(45)	50,000
	タケ	33　(52)	30,000	0　(0)	－
	タケ製敷物	17　(27)	20,000	1　(5)	10,000
	薪	11　(17)	20,000	0　(0)	－
	計	56　(88)	150,000	19　(86)	60,000
家畜飼養と販売		32　(50)	480,000	11　(50)	490,000
雇用・製材	村内雇用	32　(50)	80,000	15　(68)	20,000
	出稼ぎ	13　(20)	110,000	4　(18)	40,000
	製材請負	15　(23)	160,000	0　(0)	－
	計	41　(64)	170,000	17　(77)	30,000
商業・サービス業	仲買	13　(20)	680,000	1　(5)	490,000
	公務・軍隊関係	7　(11)	570,000	0　(0)	－
	雑貨店経営	3　(5)	600,000	0　(0)	－
	乗合バス経営	3　(5)	560,000	0　(0)	－
	計	20　(31)	840,000	1　(5)	490,000

注1)「従事世帯」とはそれぞれの現金収入源から収入を得た世帯を意味する。
注2) 現金収入源は両村での従事世帯の合計が多い順に並べている。
注3) 従事世帯の年間収入額（1人当たり）の計算に際しては，15歳未満及び66歳以上の者を0.5人として数えた。
注4) ハトムギと籾米の年間収入額は，雇用労働経費を差し引いた額である。
注5) ブーシップ村のキュウリ販売に関する従事世帯数と年間収入額については，32世帯に対してしか調査していない。旧ナムジャン村については全世帯に調査を行った。
注6) 村内雇用の賃金はコメで支払われることも多いが，貨幣価値に換算した。
注7) 調査期間（2003年12月～2004年3月）の kip の換算レートは1USドルあたり約10,400kipであった。
（現地での観察および聞き取りにより作成。）

表 4-5　コメ不足期間と現金収入源の関係（2003 年）

	2003年コメ不足期間	世帯数	総収入額(kip/人)	換金作物	森林産物	雇用・製材	家畜	商業・サービス活動
ブーシップ村	0ヶ月	18	2,030,000	36%	4%	3%	19%	39%
	1-3ヶ月	19	970,000	48%	14%	5%	25%	8%
	4-6ヶ月	13	1,020,000	34%	16%	15%	28%	7%
	半年以上	14	560,000	27%	27%	41%	3%	2%
	全世帯	64	1,190,000	37%	11%	9%	20%	22%
旧ナムジャン村	0ヶ月	1	360,000	86%	0%	14%	0%	0%
	1-3ヶ月	14	920,000	58%	5%	2%	31%	4%
	4-6ヶ月	5	680,000	65%	12%	3%	20%	0%
	半年以上	2	930,000	55%	1%	0%	43%	0%
	全世帯	22	840,000	59%	6%	2%	29%	3%

注1）1人当たり総収入額の計算に際しては，15歳未満および66歳以上の者を0.5人として数えた。
注2）村内雇用の賃金はコメで支払われることも多いが，貨幣価値に換算した。
注3）調査期間（2003年12月～2004年3月）のkipの換算レートは1USドルあたり約10,400kipであった。
（各世帯への聞き取りにより作成。）

表 4-6　コメ不足期間とハトムギ栽培の関係（2003 年）

	2003年コメ不足期間	栽培世帯数	総世帯数に占める割合	1人当たり栽培面積(ha/人)	1人当たり収量(kg)	先物売の割合	1人当たり収益(kip/人)
ブーシップ村	0ヶ月	16	89%	0.28	338	13%	740,000
	1-3ヶ月	19	100%	0.17	188	28%	370,000
	4-6ヶ月	11	85%	0.11	135	18%	290,000
	半年以上	7	50%	0.11	152	67%	210,000
	全栽培世帯	53	83%	0.18	218	24%	450,000
旧ナムジャン村	0ヶ月	1	100%	0.31	65	0%	160,000
	1-3ヶ月	14	100%	0.13	168	4%	410,000
	4-6ヶ月	5	100%	0.07	145	4%	340,000
	半年以上	2	100%	0.09	211	33%	410,000
	全栽培世帯	22	100%	0.12	162	6%	380,000

注1）1人当たり栽培面積，収量，収益の計算に際しては，15歳未満および66歳以上の者を0.5人として数えた。
注2）収益は売上高から推定雇用経費を差し引いて算出した。
注3）調査期間（2003年12月～2004年3月）のkipの換算レートは1USドルあたり約10,400kipであった。
（各世帯への聞き取りおよび2003年12月～2004年3月実施GPS測量により作成。）

くの利潤を獲得するには，大規模な栽培が必要である。ところが，多くの世帯は焼畑や水田による稲作に従事しており，これに加えてハトムギを大規模に栽培するのは世帯内労働力だけでは難しい。ところが，2003年の場合，コメ余剰世帯の8割は平均78人日の雇用労働を追加しており，それが1人当たり平均0.28haという大規模な栽培を可能にしている。一方，4ヶ月以上コメ不足世帯はほとんど雇用を行わず，その結果，平均栽培規模は余剰世帯の4割程度にとどまっている（表4-6）。

　ハトムギによる収入に格差が生じるもう一つの要因は「先物売」の存在である。これは収穫前に，収穫期の3分の1以下の価格で前売りするものであり，主にコメ不足世帯により，精米購入資金や病気の際の入院費用など，緊急に必要な現金をまかなうためになされる[24]。2003年の場合，収穫量のうち先物売りされたハトムギの割合はコメ余剰世帯では13%に過ぎないのに対し，コメ不足世帯では35%にのぼり，半年以上不足世帯では7割近くに達する（表4-6）。ハトムギがコメ不足世帯を潤す度合いはわれわれの想定以上に低いのである。一方，ハトムギの先物買いを行う世帯は主にシェンヌン村周辺の仲買人か村内のタイ系民族世帯（2003年には5世帯中3世帯が従事）であり，これは彼らにとって重要な仲買収入となっている。いずれにしろ，雇用労働の有無や先物売の存在により，コメの余剰世帯と不足世帯とではハトムギの収入に大きな較差が生じているということができる[25]。

　また，表4-5から，コメ余剰世帯や軽度の不足世帯にとって，商業・サービス活動や家畜飼養も重要な収入源になっていることがわかる。商業・サービス活動は換金作物や森林産物の仲買，村内での雑貨店経営，ルアンパバーンと村を往復する乗合バスの経営，警察や小学校の先生などの公務が主なものである。これに従事する世帯は少ない反面，従事世帯の1人当たり収入額は2003年の場合，840,000kip（換算レートについては注15参照）にのぼり，先の5分類の中では最も収益性の高い仕事である[26]。また，家畜飼養は主に，スイギュウ，ウシ，ヤギ，ブタなどの大型家畜を飼養し，販売するものであり，その1人当たり収入額は480,000kipである。商業・サービス活動にしろ，家畜飼養にしろ，

---

24) 収穫期のハトムギの価格が通常1kg当たり2500〜3000kipであるのに対し，先物売価格は700〜800kipに過ぎない。
25) 前章で明らかにした通り，コメ余剰世帯がほとんどである富裕世帯はハトムギ栽培に適する集落近辺の土地が得やすいこともこれに関係している。

例えば，仲買する商品の購入資金や家畜の購入費用など，ある程度の資本がなければ従事できない。その反面，高収入が得られる仕事であるといえる。

　一方，森林産物採集や雇用・製材はコメが過度に不足する世帯ほど，依存の度合いが高い。森林産物は全て1990年代に商品としてさかんに採集されるようになったものであり，仲買人の需要に応じて，周囲の森林や休閑地から採集される。その収入額は従事世帯1人当たり平均150,000kipに過ぎない。雇用は村内での農業雇用が多く，ハトムギ栽培の普及後，経営耕地面積の過大な世帯が出現するにしたがい，需要が増加した。2003年時点では，ブーシップ村ではまだ出稼ぎは少ない。また，製材は木造家屋を新築する世帯に依頼され，主に村内の森林で建築材の製材を行うものである。これは近年，伝統的なタケ造りの家屋をやめ，木造家屋を新築する世帯が増えたことから活発化した仕事である[27]。雇用・製材はいずれも，村内の富裕世帯の需要に応じてなされるものである。雇用・製材による収入も年間1人当たり170,000kipに過ぎない。コメ不足度の大きい世帯にとって重要なこれらの仕事は世帯内労働力に余裕さえあれば従事できる反面，収入が少ないことを特徴とする。

(2) コメ収支と貧富の差の関係

　以上のように，ブーシップ村では飯米確保の度合いが高い世帯ほど換金作物による収入が多い上に，家畜飼養，商業・サービス活動など，高収入の仕事に従事し，飯米不足度の高い世帯ほど換金作物による収入が少なく，その他従事する仕事も低収入であるという傾向が見られる。このため，2003年ではコメ余剰世帯と半年以上不足世帯とでは4倍近い収入格差があったのである（表4-5）。このように，ブーシップ村ではコメの過不足と現金収入の格差はかなりよく相関しており，明瞭な貧富の差が見られる。つまり，前節で明らかになったコメ余剰世帯と不足世帯の固定化は富裕世帯と貧困世帯の固定化をも意味する。

---

26) 大規模な焼畑を経営する世帯で，商業・サービス活動を主な現金収入源とする世帯はほとんどない。これは，これらの仕事には多くの時間を割くことが必要であり，焼畑もまた必要労働投下量が多いため，両者の間で労働力の競合が避けられないことが一つの要因である。商業・サービス活動に活発に従事する世帯の主なコメ獲得手段は，タイ系民族世帯に典型的なように，水田経営かコメ取引である。

27) 2000年ごろからは村外への販売を目的とした製材も増えており，そのために，製材に適した大木は村内領域ではほとんど枯渇してしまったといわれる。

表4-7 ブーシップ村世帯および旧ナムジャン村世帯の所有する家畜，家屋，耐久消費財について

	ブーシップ村				旧ナムジャン村			
2003年コメ不足期間	0ヶ月	1-3ヶ月	4-6ヶ月	半年以上	0ヶ月	1-3ヶ月	4-6ヶ月	半年以上
世帯数	18	19	13	14	1	14	5	2
家畜飼育頭数（頭／世帯）								
スイギュウ	0.6	0.4	-	-	-	0.4	-	1.5
ウシ	0.7	-	-	-	1.0	0.4	0.6	-
ヤギ	0.5	-	0.2	-	-	-	-	-
ブタ	2.2	1.5	0.7	0.8	1.0	2.0	0.6	1.0
アヒル	4.9	2.4	0.6	-	-	-	-	-
ニワトリ	8.9	8.4	5.9	3.1	2.0	7.1	10.0	3.0
木造家屋・コンクリート製家屋所有世帯の割合	56%	21%	-	-	-	14%	-	50%
耐久消費財所有数(台／世帯)								
バイク	0.3	-	-	-	-	-	-	-
テレビ	0.4	-	-	-	-	0.1	-	-
ビデオCDプレーヤー	0.5	-	-	-	-	0.1	-	-
ラジオ	0.6	0.1	0.5	0.1	-	0.4	0.4	0.5
自転車	1.0	0.3	0.2	0.1	2.0	0.2	0.2	0.5
ミシン	0.3	-	0.1	-	-	-	-	-

注) -は無所有を表す。
(各世帯への聞き取りにより作成)。

　実際，表4-7においても，飯米不足度の低い世帯ほど家畜や耐久消費財を多く所有し，木造家屋やコンクリート製の家屋を建築する世帯の割合が高くなっている。特に，村に8台しかない乗合バスやオートバイのうち6台を所有し，全世帯が木造やコンクリート製の家屋を有するタイ系民族世帯は村の最富裕層を形成している。一方，飯米不足度の高い世帯はほとんど所有物を持たず，家屋はタケ造りである[28]。また，表4-8は前章で分類した3つの階層と本章のコメ収支による分類との対応関係を示したものである。ここにもある程度の相関関係が見られる。つまり，富裕層のほとんどが，例年コメが余剰するか軽微な

---

28) 伝統的なタケ造りの家屋は，タケは村内領域で集め，村の共同作業で建てられるため，あまり経費がかからない。それに対し，木造家屋やブロック製家屋は大工を雇うため，500万kip以上の経費がかかるという。集住村ブーシップ村の富裕世帯には，2000年ごろからこのような家屋を建築する世帯が増えており，それが製材の需要をも生んでいる。

表4-8　経済的階層とコメ収支の関係性

コメ収支	富裕層 世帯数	%	中間層 世帯数	%	貧困層 世帯数	%
0ヶ月	10	59%	3	19%	2	6%
1-3ヶ月	5	29%	4	25%	8	26%
4-6ヶ月	2	12%	4	25%	8	26%
半年以上	0	0%	5	31%	13	42%
合計	17	100%	16	100%	31	100%

注1）コメ収支は各世帯について，2003年コメ不足期間と2004年推定コメ不足期間の平均値を算出し，分類した。
注2）2002年にまだ分家していなかった2世帯に関しては，2004年推定コメ不足期間の値のみを用いて分類した。
（各世帯への聞き取りにより作成。）

不足にとどまる世帯であるのに対し，経済的階層を下るに従って，コメ不足度の高い世帯の割合が高まる傾向が見られる。

　以上の物質的豊かさの検討から，現金収入源の役割にも世帯差があることがわかる。つまり，コメが毎年余剰する富裕世帯はその現金収入の一部を家屋の新築や耐久消費財の購入，家畜の購入に充てている。つまり，彼らにとって，現金収入源は生活水準の向上やさらなる富の蓄積を目的としたものであるといえる。一方，コメが毎年不足する貧困世帯にとって，現金収入源は第1にコメを購入するためのものにほかならず，その他，薬代や生活必需品の購入に向けられる。実際，彼らは飯米が底をつき始めてから，森林産物採集や雇用労働に従事し始める場合が多い。その意味で，これらの仕事は彼らにとって，生存維持のための安全弁的な役割を持っているといえる。

(3) 稲作が不活発な世帯

　多様な現金収入源が存在するブーシップ村には，これらの現金収入源でコメを買うことで生活を維持し，稲作が不活発な世帯が存在する。120頁でも述べたように，2003年には非稲作世帯および稲作依存度の低い世帯が16世帯（総世帯の25％）存在した。ここで，彼らの稲作が不活発な理由を検討しておく。
　これらの世帯は明らかに二分される。一つは毎年コメが不足しない富裕層の4世帯であり，彼らには商業・サービス活動をはじめ，換金作物栽培や家畜飼養により，多額の収入がある。彼らは購入か，あるいは精米貸しに伴う返済受

取により，収穫期に大量の籾米を獲得しており，稲作を行う必要がほとんどない世帯である。実際，この4世帯のうち，3世帯は全く稲作をしていない。このうち2世帯は先述したタイ系民族世帯である。

　残る12世帯は全て毎年コメが不足し，特に，その不足度の著しい世帯である。彼らの2003年および2004年のコメ不足月数の平均は，全て半年以上であり，表4-8で示した中間層の5世帯のうち1世帯，貧困層の13世帯のうち，11世帯を彼らが占める。彼らは全て焼畑を実施するが，その規模が小さい。2003年の焼畑規模は平均0.08ha/人に過ぎなかった。また，彼らのほとんどが森林産物採集や雇用・製材を主要な収入源としていた。

　彼らの2003年の焼畑の規模が小さい第1の要因は過度のコメ不足にある。つまり，コメ不足ゆえに，その購入資金をまかなうための森林産物採集や雇用・製材といった仕事に忙しく，焼畑に十分な労働力を割けなかったのである。特に，伐採や除草の作業は焼畑規模に大きく関わる。焼畑の伐採は1～2月に行われる。ところが，この12世帯のうち，6世帯はすでにこの時期に飯米が底をついており，森林産物採集や雇用・製材に時間を割かれる状態にあった。そのため，伐採作業が十分に行えなかった世帯もあったという。

　一方，除草は6～8月に行われ，ブーシップ村の焼畑において，最も時間のかかる作業である。この12世帯の2003年の焼畑は雑草量が多かったことであろう。12世帯のうち，11世帯の焼畑は，耕作前の休閑期間が3年以下と短かったためである[29]。ところが，12世帯のうち，11世帯はこの時期にはすでに飯米が欠乏しており，他の仕事でコメ購入の資金をまかなう必要があった。そのため，除草作業に時間が割けず，それゆえに収穫可能な面積が小さくなってしまったのである[30]。労働人員が少ない世帯ほど，こうした問題が深刻になる。12世帯中7世帯は労働人員が1～2人と少なかった。

　以上のように，伐採や除草に労力がつぎ込めなかったために，彼らの焼畑は，少なくとも収穫時には小規模となってしまった。その結果，彼らの2003年の

---

29) また，12世帯のうち，4世帯の焼畑は2～4年目の連作焼畑であった。連作焼畑も雑草が繁茂しがちである。

30) これは稲が雑草に覆われて，枯れてしまう部分が多くなるためである（158頁写真5-5参照）。貧困世帯が雇用労働などに忙しくなるあまり，自己の焼畑の管理が疎かになり，その結果不作に見舞われるという事実はDove（1993a: 144-145）もボルネオ島の焼畑民の事例から指摘している。

収量は概して僅少であり，2004年2～3月の時点ですでに，12世帯のうち8世帯でコメ不足が確認された。このことから，過度のコメ不足のため現金収入に強く依存し，そのために焼畑が小規模となってしまうという悪循環を，彼らは毎年のように経験している可能性がある。

　彼らの焼畑規模が小さい第2の要因として挙げられるのは，ブーシップ村における焼畑の困難性である。すでに述べたように，ブーシップ村では人口増加や土地森林分配事業の実施により，休閑期間が短く，耕作期間が長い焼畑が増えている。こうした焼畑では雑草が繁茂しがちであり，村人もたびたび除草作業の厳しさを指摘する。しかも，その収量は毎年不安定である。さらに，土地をほとんど有しない分家後間もない世帯は焼畑の土地探しにも毎年苦労するという[31]。この12世帯の中にも分家後間もない世帯が5世帯ある。このような焼畑の困難性ゆえに，それを厭い，現金収入への依存を高めようとしていることも，彼らの焼畑規模が小さい要因として考えられる。

　前章では，貧困世帯の多くは焼畑への依存度が強く，短期耕作・長期休閑の焼畑を維持する傾向が強いということを述べた。しかし，焼畑面積やその他の生計活動への従事度も視野に入れた本章の分析により，彼らの中にも焼畑への依存度の弱い世帯が存在することが明らかになった。

(4) タイ系民族世帯の生計活動

　最後に，ブーシップ村の最富裕層を形成しているタイ系民族世帯の生計活動について見ておきたい。彼らにとって最も重要な現金収入源は商業・サービス活動である。2003年には5世帯のうち4世帯が仲買，雑貨店経営，乗合バス経営，警察官としての公務などに従事し，彼らの収入額だけでブーシップ村の商業・サービス活動収入総額の半分以上を占めている。また，1世帯は1980年代に商業活動を行う目的でブーシップ村に移住して来たのである。彼らがこの種の仕事を得意とするのは，これらの仕事が全て，タイ系民族が主要人口をなす都市方面との関係性の中で営まれる仕事であることから，カム族と比べて

---

31) 1996年の土地森林分配事業実施後生じた分家世帯には村より分配地が付与されるが，狭小な土地が1区画のみということが多く，毎年焼畑を行うには不十分である。また，前章で述べた通り，ブーシップ村領域内の「農地」の多くは，測量地や占有地で占められているため，遠隔地や急傾斜地を除き，保有者の無い土地は少なくなっている (89-92頁も参照)。そのため，1996年以降の分家世帯が分配地以外に条件のよい耕作地を見つけることも難しい。

彼らのほうが参入しやすいためである。また，彼ら自身が都市周辺地域を出身地としており，すでに都市社会と密なネットワークを有していることも大きい。実際に，5世帯全てがオートバイや乗合バスなどの移動手段を有することもあって，彼らは頻繁にシェンヌン村やルアンパバーン市街に通っている[32]。このように，彼らは都市方面との社会的ネットワークを背景に，カム族を商業活動の顧客とすることで生計を立てており，比較的高収入を得ている。

2．旧ナムジャン村世帯の現金収入源

　旧ナムジャン村世帯にとって重要な現金収入源の種類は限られている。彼らの全世帯で換金作物栽培が重要であり，その収入は彼らの現金収入総額の6割を占める。これに加えて重要な現金収入源といえるのは家畜販売だけである。これらの収入源の重要性は飯米不足度によって大きく変わらない。一方，ブーシップ村のコメ不足世帯にとって重要である森林産物採集や雇用・製材は若干の世帯を除いて重要でなく，ブーシップ村の余剰世帯に高収入をもたらしていた商業・サービス活動は1世帯が仲買に従事するのみに過ぎない（表4-4，表4-5）。このように，現金収入源の幅が狭く，その世帯差も見られないのが彼らの特徴である。

　これは彼らの全てが現在も焼畑を中心とした生計活動を維持していることに深く関係している。120-121頁でも述べたように，彼らの領域は焼畑を行うのに適した環境である。そのため，多くの世帯が大規模に焼畑を行い，年間のコメを自給しようとしている[33]。実際，彼らは過度のコメ不足に陥ることが少なく，一部のブーシップ村村民のように，安全弁的な仕事に大きく依存する必要性も小さい。

　また，彼らが道路沿いに移住してまだ年数が浅いことも現金収入源への依存

---

32) ブーシップ村各世帯の2003年1年間のルアンパバーン訪問日数は，カム族世帯では聞き取りで確認しえた51世帯のうち30世帯で年間4日以下であり，50日以上訪問する世帯は2世帯のみであるのに対し，タイ系民族の5世帯は全て50〜100日に及ぶ。

33) 旧ナムジャン村の焼畑休閑地はほとんど各世帯が慣習的な耕作権を有する「占有地」である。しかし，ティンゲーウ村やファイジョン村など，他村に移住した世帯が保有していた占有地は，彼らの移住後は無主地となっている。また，旧村の広大な共有林も現在不要となったため，焼畑地として利用できる。このため，旧ナムジャン村では近年生じた分家世帯でさえ，土地不足に窮することなく，大規模な焼畑を行っている。

度が低い要因として挙げられる。彼らの主な現金収入源のうち，家畜飼養は以前から従事していた仕事であり，彼らが近年新たに始めたのは換金作物栽培，特にその収入の8割近くを占めるハトムギ栽培のみである。これは前章で触れたように，その収益性の高さと政府の強い奨励により，2002年から全世帯が栽培するようになった。ところが，その他の仕事は彼らにとって新しく，なじみのないものでもあり，敬遠される傾向が強い。

第5節　生計活動の世帯差が生じる要因

　以上の議論をふまえ，ここでは生計活動の世帯差が生じる要因を，貧富，民族，出自村落の違いに基づき，考察する。

　ブーシップ村では現在，貧富の差による明瞭な生計の相違が見られる。富裕世帯は水田と焼畑による生産，精米貸しと収穫米購入による籾米獲得により飯米を確保し，余剰を生じる世帯も多い。また，大規模なハトムギ栽培，商業・サービス活動，家畜飼養に従事することで高収入をあげており，これは彼らの生活水準の向上に寄与している。一方，貧困世帯は焼畑の収穫米の多くを返済・販売により失い，毎年コメが不足する。彼らにとって現金収入は第1に不足するコメを購入するためのものであり，森林産物採集や雇用・製材，小規模なハトムギ栽培など，資本を特に必要としない一方，低収入の仕事に従事している。

　23頁で述べたように，焼畑自体は貧富の差を生みにくい農耕である。ブーシップ村では水田と焼畑の収量格差がもともと水田の所有者と非所有者の間に貧富の差を生んでいたと考えられる。ところが，1990年代以降，新たな仕事が普及するにつれ，コメの貸借と売買，現金収入の格差など，貧富の差を生む新たな要因が生じている。それは水田所有者と非所有者の貧富の差を拡大するのみならず，焼畑のみに従事する非水田所有者の間でも顕著な貧富の差を生んでいる。

　その中でも特に次の二つの要因は既往研究で論じられることが少なく，注目すべきである。一つは過度のコメ不足を抱える世帯が狭小な焼畑しか営めなくなってしまうという現象である。これは現金収入源に大きく依存せざるを得ないために，特に労働力の少ない貧困世帯で焼畑の伐採や除草が満足にできなくなるという現象であり，彼らの狭小な焼畑とコメ不足を常態化させる恐れを有

している。もう一つは，コメ貸借とハトムギの先物売買により，富裕世帯にコメとハトムギが集まり，貧困世帯がその収穫物の多くを失うという構造が作られ，それが富裕世帯と貧困世帯の格差拡大に大きく貢献していることである。

一方，近年道路沿いに移住した旧ナムジャン村村民はその内部で生計活動の相違や現金収入の格差が顕著でなく，ブーシップ村ほど貧富の差が明瞭でない。しかし，彼らの多くも移住以降コメ貸借を通じ，ブーシップ村の貧富の構造に包摂されつつある。

以上のような集住村ブーシップ村に見られる貧富の差の問題はある程度まで民族間の経済格差の問題でもある。ブーシップ村に居住するラオ族やユアン族は水田開発や商売のためにこの村に移住し，都市方面との社会的ネットワークを背景に焼畑民のカム族をコメ貸しや商業活動の顧客とすることで富を築いた。その結果，現在は村の最富裕層を形成するに至っている。山間部への移住により焼畑民に近接し，彼らとの商取引に従事することが，タイ系低地民の生計活動の一形態であることは，113頁でも触れたように，Izikowitz(1979: 27-29)によりすでに明らかにされている。本章の事例からは，このようなタイ系低地民の生計活動が現在も受け継がれていること，それにより，焼畑民が人口の上で支配的な地域においても彼らの経済的優位性が顕著に見られることが明らかになった。この事実はラオスにおける焼畑民の貧困問題を，低地民との関係性の中で考察することの重要性を改めて示唆するものである。

また，ブーシップ村と旧ナムジャン村の生計活動の相違は幹線道路沿いの低地の村とアクセスの悪い高地の村との生計活動の相違を示唆するものである。ブーシップ村では高地集落住民の政策による，あるいは自主的な移住により，人口増加が生じる一方，領域の縮小を余儀なくされており，土地／人口比が低くなっている。また，幹線道路沿いに位置することから国家的，あるいは国際的な政治経済の影響を受けやすかった。土地森林配分事業が実施されたのも，現金収入源が普及したのもこのためである。こうした条件下で焼畑への依存を弱め，現金収入に大きく依存する世帯も多くなっている。これに対し，旧ナムジャン村は分裂移住により，その耕作領域での人口圧を減じた。また，移住により耕作領域へのアクセスは確かに悪化したが，出作り集落の形成により，それを緩和し得ている。さらに，旧ナムジャン村領域のような遠隔地では，土地森林配分事業は未実施のままである。このことから，彼らは現在も陸稲栽培に適した旧村領域で大規模な焼畑を営み，十分な収量を確保しようとする姿勢が

強い。

　現在，高地集落の移転事業はラオス全土でさかんに実施されており，本章のように，低地に人口が集中する一方，高地でそれが希薄化する事例は多くの地域で見られると考えられる。また，焼畑を減退させる政治経済的な要因も一般にアクセスの良い低地でこそよく働く。したがって，ラオスでは焼畑が困難になっているのは主に低地であり，高地では今なお，焼畑の継続が可能な条件が維持されていることが想像されるのである[34]。この点は次章でより詳しく検討する。

おわりに

　本章はラオス焼畑村落における生計活動の世帯差とそれが生じる要因を，集落移転政策によって成立した一集住村を事例として，各世帯の稲作規模やコメ収支，現金収入の分析を通じ，考察した。その結果，市場経済の浸透が進んだブーシップ村では経済格差を生む新たな要因が生じ，貧富の差とそれに伴う生計活動の世帯差が明瞭に見られること，ブーシップ村における貧富の差は民族間の経済格差の問題を含んでおり，焼畑民の貧困問題をこの問題抜きに論じられないこと，幹線道路沿いの低地の領域では，外部の政治経済的影響と土地に対する人口圧の増大により，焼畑の継続が困難になり始めているのに対し，高地の領域では人口圧が低く，焼畑が今なお継続しやすくなっていることを明らかにした。このように，現代の焼畑村落における生計活動と土地利用は多様であり，その背景には貧富の差のほかに，民族・出自村落の違いがある。

　本章からはさらに，焼畑研究において，収穫物の分配に目を向けることの重要性が指摘される。焼畑研究はこれまで，もっぱらその生産面に焦点を当てており，この点を十分に分析した研究がなかった。これに対し，本章は収穫したコメやハトムギの分配面に注目することにより，コメ貸借や先物売が村内の経済格差を拡大する大きな要因になっていることを明らかにできた。

　また，本章では，貧困世帯の中には焼畑を十分に営むことができない世帯が

---

34) Ducourtieux（2005）もポンサリ県ポンサリ郡を事例として，幹線道路沿いでは人口集中と焼畑抑制政策の影響で焼畑の集約化が進み，雑草増加と収量低下が顕著に見られるのに対し，隔絶地では人口希薄で焼畑の休閑期間も長く，収量も多いという事例を報告している。

いることを明らかにした。これも重要な発見である。21頁で説明したとおり，既往研究において，現在の焼畑の存在意義は貧困世帯のセーフティーネットとしての機能にあることがよく指摘されてきた。しかし，実際には，彼らの中でも特に貧困な層は，日々の飯米の購入資金を得るための仕事に従事する必要性から，焼畑への依存を弱めざるを得ない状況にある。また，本章の事例のような人口が増加した幹線道路沿いの村においては，新規の分家世帯や移住世帯が土地を得にくい状況が生じ始めている。彼らは土地利用型農業である焼畑にそもそも従事しにくくなっているのである。つまり，焼畑がセーフティーネットとして機能するのは，村域に余裕がある焼畑村落に当てはまる事実であり，幹線道路沿いの低地村においては土地不足からそもそも貧困世帯が焼畑を営むことが難しくなり始めている。こうした低地村における土地不足問題については，次章および第6章でさらに検討する。

第5章

低地偏重の農村開発政策

フアイペーン村の水田での田植え

(2005年7月)

　本章で取り上げる高地村,フアイペーン村には,標高800メートル以上の谷間に水田が3ヘクタール余り存在した。筆者が調査時に興味深く感じたのは,焼畑に栽培する陸稲品種が水田にも栽培されていたことだ。これに対し,低地のカン川沿いの水田には水稲品種しか栽培されない。栽培方法にも違いが見られた。低地では水苗代で苗を育てるのに対し,フアイペーン村では,陸苗代で育ててから移植する。また,陸稲ゆえに水が多すぎる環境が良くないのか,本田では収穫までに三回も中干しを行っていた。収穫の際も焼畑での場合と同じく,穂から籾を直接とる方法(14頁写真1-7参照)が使われることもあった。本文ではこのことは取り上げていないが,こうした水田稲作の違いも高地と低地の違いとして挙げることができるだろう。

はじめに

　本章では，ラオスの農村開発政策が焼畑民の生計と土地利用にどう影響したかを考察する。ここでいう農村開発政策は，31頁で述べた「農村開発重点地区戦略」である。これは低地を中心に農村開発を行い，周辺の高地村落住民を移転・集住させるという政策であった。また，この政策では，高地住民を低地に移住させることで，焼畑を放棄させることも意図されていた。移住者には焼畑から水田稲作や換金作物栽培などへの転換が奨励される。

　こうしたラオスの農村開発政策について，既往研究の多くは批判的である。焼畑民の多くが低地への移住により豊かになるどころか，むしろ深刻な問題を抱えるようになったためである。そのような問題として，高地には存在しなかった病気の流行による死亡率の上昇，土地不足にともなう焼畑の非持続化とコメ不足，低賃金労働者化と負債の蓄積，タイ系民族への経済的従属，民族文化の衰退などが挙げられることは 33-35 頁でも述べたとおりである。

　本章ではこの政策が焼畑民の生計と土地利用にどう影響したかを考察するにあたって，微環境の差異に基づく生計と土地利用の違いをまず明らかにすることから始める。ここでいう微環境の差異とは具体的には高地と低地の違いである。既往研究では，高地村落での状況が不明確である。つまり，その多くが移住先の低地村落のみを対象とした研究であるため，そこでの生活が移住前の高地での生活と比べ，どう変化したのかということが明瞭な形で示されていない。前章でも指摘したとおり，移住者が増加した低地に比べ，人口希薄な高地では今なお焼畑が持続的な形で営まれている可能性が高い（Ducourtieux 2005）。また，高地では家畜飼養や森林産物採集などの市場向け活動にも従事しやすいことを示唆する報告もある(Jones et al. 2005; Alton and Rattanavong 2004: 69, 147)。このように，生計活動においては，高地が低地よりも優れている面もある。低地移住のメリットとデメリットを考察するに際しても，高地村落のこうした特徴を明らかにしつつ，低地村落との比較を行うことが不可欠であろう。

　そこで，本章では高地村落と低地村落を特に生計と土地利用の面から比較することで，移住のメリットとデメリットを考察する。そのため，対象地域に今なお残る高地村であるフアイペーン村（ບ້ານຫ້ວຍແພງ）とこれに近接する低地村フアイカン（ບ້ານຫ້ວຍຄັງ）村に焦点を当てる。フアイカン村の住民の大半はフアイペーン村から近年移住した世帯である。したがって，フアイペーン村か

らの移住者を中心にしたファイカン村の生計と土地利用を，ファイペーン村のそれと比較することで，低地移住が彼らに何をもたらしたのかを明瞭な形で明らかにすることができよう。

　その上で，本章では，こうした国家政策に対し，焼畑民がどのように対応しているかという点をも考察する。既往研究では，移転による焼畑民の貧困化が強調され，彼らの柔軟な適応能力が無視されてしまっている。これは既往研究の多くが広域的調査であった反面，個々の村落の事例が表面的にしか捉えられていなかったためである。しかし，焼畑民の生計や土地利用を詳細に検討すると，彼らが現状打開のためにさまざまな工夫をしていることが見えてくる。例えば，彼らの多くは高地の利用を継続することで低地移住による貧困化の問題を解決しようとしている。前章では，ブーシップ村に合流した旧ナムジャン村の住民が低地に居を移しつつも，かつての村の領域である高地で広面積の焼畑のほか，家畜飼養や狩猟・採集などの活動を継続していたことを報告した。これらの活動の拠点として，彼らは出作り集落を建設していた。

　これは見方によっては農村開発の現状にうまく適応した生計戦略といえなくもない。開発の進んだ低地に居住することで，ある程度現代的な生活を送りつつも，高地の利用により彼らの得意とする生計活動を継続できる。筆者はこうした高地と低地双方の活用こそが焼畑民が現在求めるものであると考えている[1]。本章では，別事例を検討することで，この点をより明確化する。その上で，こうした焼畑民のニーズに基づいた農村開発政策のあり方を探ることを試みる。

　以下では，前章と同じく，まず稲作について，次に市場向け活動について，両村の生計と土地利用を比較していく。

第1節　調査方法

　現地調査は主に2005年8月～2006年2月にファイペーン村とファイカン村で行なった。

　両村の土地利用と各世帯の経営耕地規模を把握するため，2005年8月～2006年2月にかけて，GPSで両村域内の焼畑，水田，ハトムギ畑，トウモロコシ

---

1) この点に関しては，中辻（2006）でも指摘した。

畑[2]を測量した。

　本章はフアイペーン村(高地村)からフアイカン村(低地村)への移住が生計と土地利用をどう変えたかを明らかにすることを主眼とする。そのため，聞き取り調査ではフアイペーン村については全世帯を対象としたが，フアイカン村に関してはフアイペーン村出身者とその分家の31世帯を対象とした。フアイカン村での居住年数による違いを考察するため，これらの世帯は1990年代の移住者とその分家の11世帯(以下，「90年代移住世帯」と呼ぶ)と2000年以降の移住者の20世帯(以下，「2000年以降移住世帯」と呼ぶ)に分けて考察した。さらに比較のため，フアイカン村に最も長く居住する世帯として，1960年代後半に移住した国内避難民とその分家の7世帯(以下，「開村世帯」と呼ぶ)も聞き取り調査対象に含めた。したがって，当村の対象世帯は38世帯となる。ただし，これらの世帯のうち実際に聞き取りを行い得たのは，90年代移住世帯については9世帯，2000年以降移住世帯は17世帯，開村世帯は6世帯の合計32世帯であった。

　聞き取り調査は2005年10月および2006年1〜2月に各世帯を訪問し，対面アンケート形式で実施した。まず，測量した2005年の焼畑について，耕作・休閑のサイクルや陸稲の栽培品種などに関して聞き取りを行った。さらに，2005年に収穫された籾米の収支と2005年1年間に従事した現金収入源と収入額を聞き取った。

第2節　調査対象村の概況

1. 人口動態と住民構成

　フアイカン村はカン川(ນ້ຳຄັນ)沿いの低地村であり，標高350m，ルアンパ

---

2) トウモロコシは飼料用トウモロコシの畑のみを測量した。つまり，フアイペーン村で栽培の多い在来品種のサリーカーウ(ສາລີຂາວ)とフアイカン村で栽培の多いベトナム産のハイブリッド品種であるサリーパンウィエット(ສາລີພັນວຽດ)の畑のみを測量した。両村では食用トウモロコシも自給向けに栽培されるが，焼畑で陸稲と混作されることが多い。また，独立に栽培される場合もきわめて小規模のため，測量を省いた。

写真 5-1　ファイカン村集落
(2005 年 10 月)

バーンの南方 19km, シェンヌン村の南西 6km に位置する（写真 5-1）。一方，ファイペーン村はファイカン村より北西に徒歩 2 時間の高地村（標高 835m）である（写真 5-2）。対象地域周辺の民族を見ると，カーン川（ບ້ານຄານ）沿いの低地の広がる部分には水田が卓越し，ラオ族やユアン族など，タイ系民族の大規模な村が連なる。カン川沿いでもタイ系民族の多い村がファイコート村（ບ້ານຫ້ວຍໂຄດ）まで連なるが，それより先はカム族が多くなる。ファイカン村はタイ系民族が支配的な地域からカム族が支配的な地域に入るちょうど入り口にあたり，2005 年の人口はタイ系民族 4 世帯，カム族 48 世帯，総人口 312 人となっている。一方，ファイペーン村は 34 世帯 211 人の全てがカム族である（図 2-2，図 2-3）。

　高地村のファイペーン村は 200 年の古村といわれる。一方，低地村のファイカン村は第 2 次インドシナ戦争で生じた国内避難民の集住村であり，1960 年代後半に成立した。当時は避難民を指導するカトリック系のイタリア人神父が住み，教会も備えるキリスト教の村であり，総世帯数は 100 世帯を超えた。ところが，1975 年の社会主義革命以降，キリスト教信仰に対する取り締まりが

第 5 章　低地偏重の農村開発政策 | 149

写真 5-2　ファイペーン村集落
(2005 年 9 月)

厳しくなったため，イタリア人神父は国外に逃れ，住民の多くもサイヤブリ県 (図2-1) に移住し，4, 5世帯が残るのみとなった。

　このように人口が激減したファイカン村に1990年代初期からファイペーン村の住民が移住し始めた。ファイカン村は道路や病院，学校[3]へのアクセスがよい上に，人口減少の結果，土地に余裕があったためである。このように，ファイペーン村からの離村は1990年代から間断的に起こっていたが，2000年以降急増し，2004年には多くの世帯がファイカン村をはじめとする低地村に移住した。その結果，ファイペーン村の世帯数は2000年の71に対し，2005年には34まで減少している。これは当時，換金作物であるハトムギの価格がよかったことや2003年から低地村で配電が可能となり，テレビや冷蔵庫を所有する世帯も出てきたことで，低地へのあこがれが高まったことが大きい。さらに，村内で対立があったことも彼らの移住の引き金となった[4]。この結果2005

---

3) ラオスの小学校は5年制であるが，当時のファイペーン村の小学校は2年生までしかなかった。現在は5年生までであるが，後述するように，中等教育以上は村外でしか受けられない。ただし，当村で中学校に進学する子供はいまだ少数派である。

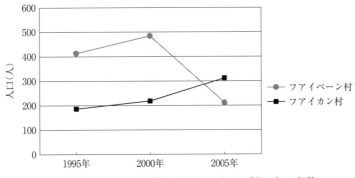

図 5-1　ファイペーン村およびファイカン村の人口変動
（国立統計局資料，シェンヌン郡統計局資料により作成。）

年には，両村の人口は完全に逆転している（図5-1）。

　これに対し，郡行政局はカン川沿いの低地中心の農村開発と周辺の高地集落の移転を推進する中で，当初はファイペーン村にもファイカン村への移転を勧めていた。しかし，その後方針転換し，ファイペーン村，およびそれに隣接するノンクワイ村がそのまま高地にとどまることを認めた上で，2005年3月に両村に通じる車道を造成した（図2-2, 後掲図5-2参照）。これはファイペーン村領域内のクワイ沼（ໜອງຄວາຍ，後掲図5-2, 写真5-3）を観光地化し，両村をその拠点とする開発構想が計画されたためである[5]。さらに，両村とも農業，特に家畜飼養の条件に恵まれていることから，その方面での発展が期待されたことも大きい。しかしながら，この車道は未舗装であり，雨季には路面がしばしば埋設・侵食されるため，徒歩でしか通行できなくなる（写真5-4）。また，2005年10月の時点で，ファイペーン村でオートバイや耕耘機[6]を所有する世帯は少数であり，車道の造成の結果，低地へのアクセスを高め得た世帯は少ない。車道の建設がファイペーン村の生活に与えた影響はまだ大きくはない[7]。

　低地のファイカン村では離村と移住が繰り返された結果，現在は多様な出自

4）村長や村役とその他の世帯の間で，金銭的なトラブルが多かったという。
5）クワイ沼はファイペーン村西部の石灰岩峰に挟まれた窪地にあり，雨季には周辺から湧水が噴出して沼地となり，乾季には徐々に水がひき，ついには完全に干上がってしまう。珍しく，かつ美しい景観であるため，近年，ルアンパバーンの観光会社が外国人観光客向けにトレッキングツアーを企画し，この沼を訪れるようになった。ただし，その頻度は少ない。
6）これはもちろん水田の耕耘に使用されるが，調査時点では，速度は遅いものの車道を走る乗り物としても利用されていた。

第5章　低地偏重の農村開発政策　151

写真 5-3　クワイ沼と周辺の石灰岩峰
（2005 年 10 月　ファイベーン村）

写真 5-4　林道の復旧作業をするノンクワイ村の村人
（2006 年 9 月　ファイカン村）

の世帯が集住する。このうち，ファイペーン村出身世帯とその分家世帯は全52世帯のうち，31世帯と大半を占める。また，戦争の中で1960年代後半に南方のキウカジャム地区から移住し，イタリア人神父とともにファイカン村を建設した避難民世帯とその分家世帯が7世帯ある。さらに，1990年代以降にその他の地域から移住したカム族世帯が5世帯，1990年代前半に軍隊として駐留したカム族世帯が5世帯，1980年代に水田経営や商売のためにファイコート村やドンモー村（ບ້ານດອນໂມ້，図2-2，図2-3）から移住したタイ系民族とその分家世帯4世帯がファイカン村を構成する。集落ではこれらの出自集団による棲み分けが見られる。

これに加え，ファイカン村集落には他村住民の家屋が9棟存在する。そのうち5棟がファイペーン村住民の家屋であり，これは主に家屋の所有世帯の子供がポンサワン村（図2-2）にある中学校やシェンヌン村の高校に通学するための宿泊場所としての役割を果たしている。ノンクワイ村の住民も同じ理由から2棟の家屋を建てている。さらに，ファイコート村のタイ系民族2世帯がファイカン村村域内の所有水田に通う便宜のため，家屋を所有する。

2. 自然環境の差異

ファイペーン村とファイカン村は自然環境が大きく異なる。ファイカン村はカン川沿いの低地とそれに注ぐ侵食谷，さらにその両面の急斜面よりなる。一方，ファイペーン村は南東部の急斜面に囲まれたカン谷（ທ້ວຍຄາງ）を登り切れば，緩傾斜の土地が広がり，さらにその北西部に急峻な石灰岩峰がそびえる（図2-2，後掲図5-2）。石灰岩峰の周辺に洞窟，ドリーネ，吸い込み穴などカルスト景観が卓越することもこの村の地形を特徴づけている。また，ファイカン村の植生はラオスの低地に一般的な落葉季節林であるが，ファイペーン村ではマイゴー（ໄມ້ກໍ່）と呼ばれるブナ科の堅果類を産する樹種[8]が優先する森林が

---

7) ただし，この車道造成費用のほとんどは国際機関の資金でまかなわれたものの，ファイペーン村およびノンクワイ村の住民も1世帯につき1,000,000kip（調査期間における換算レートは1USドル当たり約10,500kip）の出費が課せられ，両村では費用捻出のため家畜やコメを販売しなければならなかった世帯も多い。

8) ファイペーン村ではマイゴーを家の支柱によく用いる。後述するマッゴーはこの樹種の実である。また，マイゴーの森林は焼畑に適するとされる。

多く，山地常緑林の要素が強い。

　さらに，これらの村でも「涼しい土地」と「暑い土地」の区別がある。つまり，ファイペーン村は前者に該当し，涼しく霧がかかりやすいため，湿り気のある保水性のよい土壌が卓越するという。一方，ファイカン村は「暑い土地」であり，土壌が乾燥しがちだという。

　以上の地形，植生，土壌の相違はこの2村だけでなく，64-66頁で述べたとおり，カン川周辺の高地と低地の違いとして，広くみられ，かつ語られるものである。次節以降に見るように，この自然条件の相違は農業条件の相違にも大きく影響している。

3. 土地森林分配事業の影響

　さらに，両村の土地制度についても説明しておく。両村の伝統的な土地所有制度は第3章で述べたブーシップ村の場合と同じである。集落から比較的，通耕しやすい土地は各世帯が慣習的な利用権を有する占有地で占められている。一方，村域内の遠隔地は無主地のまま残されている場合が多い。無主地は村人が狩猟・採集を行なったり，建築用材を採取したり，ウシの放牧をしたりする場所として利用されている。また，通耕に時間がかかるのをいとわなければ，焼畑などの耕作地として利用することも可能である。ただし，低地のファイカン村では，近年の人口増加の中で，かつての無主地がほぼ占有され，今はほとんど残っていない。一方，高地のファイペーン村では集落からの遠隔地に広大な無主地が残されている。

　1990年代から両村で実施された土地森林分配事業も，以上の土地所有制度を大きく変えるものではなかった。両村では1992〜1995年に村境の画定と土地利用区分が実施され，その後，土地分配が1996年にファイカン村で，2004年にファイペーン村で実施された。しかし，いずれの村でも，土地利用区分は調査時点では遵守されていなかった[9]。また，土地分配に関しては，ファイカン村では各世帯に3枚の測量地が分配されたというが，実態として，各世帯は以前からの占有地を利用し続けている[10]。ファイペーン村の場合は，土地が広

---

　9) 後掲の2005年の耕地分布図（図5-2）を，シェンヌン郡農林局作成の両村の土地利用区分図と対照させたところ，事業で定められた「森林」を侵食する耕作地が多く存在した。

大なため，各世帯は土地利用税[11]さえ支払うならば，何枚でも土地の分配を受けることができた[12]。そのため，結果的には，多くの世帯は以前からの占有地を引き続き利用することができている。以上からすれば，土地森林分配事業が両村の土地所有・土地利用に与えた影響は限定的であると考えられる。ただし，後述するように，事業で定められた村境は両村民の耕作域を規定するものとして，大きな意味を持つようになっている。

第3節　コメの生産と収支の比較

　ここではまず，稲作によるコメの生産と収支について，両村を比較する。まず，両村での稲作の重要性を焼畑と水田に分けて比較した表5-1を見よう。両村とも山がちな地形ゆえに，水田よりも焼畑稲作が主体である。水田稲作については，フアイペーン村（高地村）では渓流を利用した灌漑により，雨季作のみを行っている。村内では7世帯が合計3.2haを経営しており，その規模は小さいものの，収量は2.7t/haと焼畑の2倍以上あり，水田のみを経営し，焼畑を行わない世帯も2世帯ある。一方，フアイカン村（低地村）領域には，カン川による灌漑で二期作も可能な水田が6.3haあるものの，村内でこれを所有するのはタイ系民族の1世帯にすぎず，残りのほとんどは隣接するフアイコート村住民の所有・経営となっている。つまり，フアイカン村の大部分を占めるカム族世帯は村内に水田を所有しない。ただし，フアイペーン村からの移住世帯で，現在もフアイペーン村領域内に水田を所有し，通耕する世帯が2世帯ある。

---

10)　ただし，当村には新たに占有が可能な土地がほとんどなかったため，後述するように，その後増加した移住世帯が土地不足に陥ることになった。そのため，彼らへの占有地の売却もかなりなされている。

11)　調査時点での土地利用税の額は，1ha当たりで，焼畑稲作地が25,000kip，園地（植林地，果樹園，換金作物の畑）が12,000kip，休閑地が18,000kipであった。ラオス政府の焼畑を抑制し，換金作物栽培を奨励する政策はこうした税額の違いにもよく表れていた。kipの換算レートは注7を参照。

12)　このため，フアイペーン村での占有地保有枚数は1世帯当たり4.9枚であり，フアイカン村の調査対象世帯のそれ（1世帯当たり3.0枚）よりも多かった。ただし，その幅は1～16枚とかなりある。これは当村でも貧富の差があることを示しており，貧困世帯は税金の額を少なくするために，数枚の土地しか申請しなかったという。しかし，彼らも無主地の利用が可能であるため，土地不足には陥っていない。

表 5-1　稲作に関するフアイペーン村とフアイカン村の比較（2005 年）

	焼畑稲作		水田稲作	
	フアイペーン村	フアイカン村	フアイペーン村	フアイカン村
実施世帯数	32	35	7	3
その総世帯に占める割合（％）	94	67	21	6
総面積（ha）	65.3	37.7	3.2	2.8
1 人当たり面積（ha/人）	0.31	0.18	0.06	0.13
1 人当たり籾米収量（kg/人）	342	179	163	435
ヘクタール当たり収量（kg/ha）	1191	942	2705	4048
参考：総世帯数	34	52	34	52

注 1）フアイカン村の焼畑稲作の 1 人当たり面積については聞き取りを行った 30 世帯のデータから，1 人当たり籾米収量とヘクタール当たり収量については 29 世帯のデータからそれぞれ算出した。
注 2）フアイカン村の水田稲作の 1 人当たり収量とヘクタール当たり収量については 2 世帯のデータから算出した。
注 3）フアイペーン村世帯の水田は全て一期作のみであるのに対し，フアイカン村世帯にはカン川沿いの水田で二期作を行う世帯が含まれる。水田稲作のヘクタール当たり収量が両村で大きく異なるのはこのためである。
（2005 年 8 月～2006 年 2 月実施の GPS 測量および聞き取り調査により作成。）

　次に，両村で生計上より重要な焼畑稲作について比較すると，総世帯数に占める栽培世帯の割合や 1 人当たり栽培面積に大きな相違があり，フアイペーン村の方が圧倒的に焼畑への依存度が大きいことがわかる。焼畑規模の相違は両村の耕地分布を示す図 5-2 にも明瞭である。さらに，1ha 当たり収量でも両村には大きな差があり，フアイペーン村は高い単位当たり収量と広い栽培面積の結果，1 人当たり収量でもフアイカン村に 2 倍近くの差をつける結果となっている。
　このような焼畑への依存度の相違は両村での焼畑のしやすさの違いが大きく影響している。まず，両村では土地に対する人口圧が大きく異なる。フアイペーン村は広大な領域を有し，村人によれば 100 世帯でも居住できるという。そのため，離村世帯が続出する以前でも土地不足が問題となっていなかった。ましてや現在は 34 世帯にまで減少している。それに対し，フアイカン村はもともと領域が狭いにもかかわらず，人口が急上昇した。その結果，住民一人あたりの領域面積はフアイペーン村の 10 分の 1 となっている。当村の焼畑は休閑期間の短縮が進んでおり，領域内の 2005 年の焼畑は平均 3.9 年の休閑植生を伐採したものである。また，その 57％ が 2～4 年目の栽培となっており，焼畑の連作が一般化している。それだけに雑草の繁茂は著しく，焼畑規模が小さいにもかかわらず，畑地内に除草をあきらめ，雑草の繁茂にまかせた部分が少なく

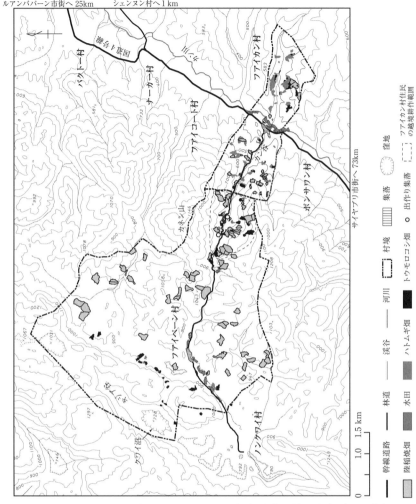

図 5-2　ファイペーン村およびファイカン村領域内の耕地分布（2005 年）

注 1）破線で囲んだ部分はファイカン村住民がファイペーン村で耕作する陸稲焼畑，ハトムギ畑，トウモロコシ畑を示す。ただし，この中にはファイペーン村住民の陸稲焼畑が 1 枚，ハトムギ畑が 2 枚，トウモロコシ畑が 1 枚含まれている。
注 2）ファイペーン村およびファイカン村の領域外にも他村の耕地が存在するが，ここでは示していない。
注 3）トウモロコシ畑は飼料用トウモロコシの畑のみを示した（148 頁注 2 参照）。
（2005 年 8 月～2006 年 2 月実施の GPS 測量，5 万分の 1 地形図，シェンヌン郡作成の両村の土地利用区分図，住民への聞き取りにより作成。）

写真 5-5　雑草に覆われた焼畑連作地
除草が間に合わず,栽培途中に放棄した場所
(2005年12月　フアイカン村)

ない[13]（写真 5-5）。村人も人口増加のため近年特に焼畑がしにくくなったと話す。一方,フアイペーン村領域内の 2005 年の焼畑は平均 5.3 年と比較的長い休閑を経た植生を伐採している。また,栽培 1 年目のものが 95% を占め,連作はほとんどなされない。連作をすれば,除草負担が増し,休閑期間の森林回復を遅らせることを村人もよく認識している。このように,焼畑の休閑期間の長短や連作の有無が,両村での除草負担の差,ひいては労働生産性の差を生んでいることにまず注意すべきである。

　土壌条件の違いも焼畑のしやすさに大きく影響している。前述のように,カン川周辺では,フアイペーン村のような高地の「涼しい土地」とフアイカン村

---

13) こうした焼畑については,雑草に覆われた部分を除いた,コメの収穫が可能な部分のみを測量した。このことも表 5-1 で当村の焼畑面積が小さい理由となっている。つまり,当村の焼畑には,雑草の繁茂により,収穫期の面積が播種時と比べて大幅に低下してしまったものが多かった。

のような低地の「暑い土地」という区分が一般になされる。このうち，モチ米の栽培に適するのは前者である。その要因として村人が挙げるのは晩生品種の適応性である。つまり，「涼しい土地」の湿り気のある土壌では，彼らの栽培するモチ種の陸稲在来品種のうち，収量の多い晩生種が栽培できる。一方，「暑い土地」の乾燥しやすい土壌では収量の劣る中生種か早生種しか栽培できないという。実際，両村での2005年の焼畑実施世帯の栽培品種を見ると，ファイペーン村では晩生種，中生種，早生種の構成比が全体でそれぞれ，51％，44％，5％となり，晩生種の割合が最も高いのに対し，ファイカン村では20％，71％，10％となり，中生種の比率が高くなる[14]。ファイカン村領域で晩生種が栽培しにくいことは強く意識されており，ファイペーン村からの移住者の中には移住後，その栽培をあきらめた者が少なくない。

　さらに，地形もファイペーン村での焼畑を有利にしている。先述のように，ファイペーン村ではその中央部に起伏の比較的緩やかな土地が広がり，住民の多くはここで焼畑を行っている（図5-2）。これに対し，図5-2では示されていないが，ファイカン村ではカン川沿いの緩傾斜地のかなりの部分をチーク林[15]が占めている。そのため，焼畑は多くの場合，侵食谷沿いの急傾斜地でなされる。このような傾斜の差異も土壌侵食の受けやすさ，水持ちのよさ，作業の能率性に大きく影響していると考えられる。

　以上のように，ファイペーン村は焼畑を行うに好条件の土地であり，その隔絶性とあいまって，住民の焼畑への依存度は今でも高い。一方，ファイカン村では近年焼畑の実施が困難になっており，その実施世帯は減少し，その規模も縮小している。

　このような状況の中で，ファイカン村住民の中でもファイペーン村領域での焼畑実施を希望する者は多い。実際，2005年には同村住民で焼畑を実施する35世帯のうち，19世帯がファイペーン村領域でそれを行っていた（図5-2の破線

---

14) ファイペーン村の焼畑実施世帯32世帯と，ファイカン村の焼畑実施世帯35世帯のうち29世帯への聞き取りによる。早生，中生，晩生の区別は住民によるものであり，それぞれ一般的には5月に播種される。収穫は早生が9月，中生が10月，晩生は11月となる。両村で早生が8品種，中生が12品種，晩生が7品種，計27の地方品種が栽培されていた。

15) このチーク林の大半はルアンパバーン在住の商人が住民から買収したものである。他にも村外地主のチーク林が多く，ファイカン村住民でまとまったチーク林を所有するのはタイ系民族や軍隊の世帯である。一方，カム族世帯の多くはチーク林を手放してしまっている。これも彼らのコメ不足のためという。

内部)。しかし，フアイペーン村は自己の領域での他村者の耕作を決して無条件に認めているわけではない。二つの面での条件がある。一つはフアイペーン村住民との関係性が濃いことである。実際，この19世帯のうち，18世帯はフアイペーン村出身世帯である。このうち，16世帯が2000年以降移住世帯であり，彼らの多くはフアイペーン村の親戚世帯から無償で土地の借入をなしえている。ところが，フアイペーン村とのかかわりの薄い世帯や全く関係のない世帯には借地料が課される[16]。さらに，このような越境耕作をしようとする者たちはその許可を得るために，毎年2月頃に共同でブタ一頭と酒を購入し，フアイペーン村の村長や村役に御馳走を振る舞っている。

　もう一つは焼畑を行う場所についてである。フアイカン村住民に耕作が許されるフアイペーン村領域内の土地はカン谷沿いの斜面が主である。ここは急傾斜の悪条件地ゆえに，フアイペーン村住民もあまり利用することがなかった土地である。それだけに，この土地に開かれたフアイカン村住民の焼畑は2004年には出来が良かったものの，2005年にはかなりの不作となっており，収量が不安定である。しかし，越境耕作をしようとするフアイカン村住民の側からしても，集落からの通耕を考えるとこのような悪条件地に甘んじざるを得ないのである。2005年の場合，彼らの焼畑はフアイカン村集落から距離にして平均2.4km，標高にして平均415mも離れていた。そのため，この土地での耕作を開始した2004年には5世帯が，2005年には7世帯が「サナム (ສະໜາມ)」と呼ばれる出作り集落を作り，焼畑繁忙期の宿泊地としている[17] (図5-2)。

　このように，現在両村の境界ははっきりと意識され，村の領有意識が高まっていることがわかる。それでは，この境界はいつ，どのように画定されたのであろうか。村人によると，それは1992年ごろに土地森林分配事業の一環として実施されたという。この事業にあたったシェンヌン郡農林局は各村が慣習的に利用してきた範囲をその領域とした。この場合，フアイペーン村のような古

---

16) 2005年の場合，1990年代移住世帯の2世帯と他村からフアイカン村に移住した1世帯もフアイペーン村領域で焼畑を行っていた。彼らはフアイペーン村の土地保有者に年間の借地料として25,000kip～50,000kipを支払わなければならなかった。しかも，フアイペーン村側はこの借地料を今後は100,000kipまで引き上げようとしている。kipの換算レートは注7を参照。

17) 後述するように，低地ではブタやニワトリが罹病しやすいため，各世帯は出作り集落に家畜小屋を付設し，その飼育をも行っている。なかには乾季でも泊まり込みで家畜の見張りや餌やりを行う世帯もある。こうした出作り集落，「サナム」の家畜飼養拠点としての役割については，第2部で詳述する。

表5-2　2005年収穫米（籾米）の収支

	総世帯数	稲作実施世帯		水田実施世帯				焼畑のみ実施世帯		1人当たり焼畑規模(ha)	2005年収穫高(kg/人)	2006年に予想されるコメ不足期間(月数)
		世帯数	(%)注1	世帯数	(%)注1	うち，焼畑も実施した世帯		世帯数	(%)注1			
						世帯数	(%)注1					
ファイペーン村	34	34	(100)	7	(21)	5	(15)	27	(79)	0.34	377	2
ファイカン村（対象世帯のみ）												
2000年以降移住世帯	19	19	(100)	2	(11)	1	(5)	17	(89)	0.19	165	6
1990年代移住世帯	11	8	(73)	0	(0)	0	(0)	8	(73)	0.16	184	5
開村世帯	7	7	(100)	0	(0)	0	(0)	7	(100)	0.14	126	7

注1）パーセンテージは総世帯数に占める割合である。
注2）ファイカン村の2000年以降移住世帯は20世帯であるが，うち1世帯に関しては2005年にはブーシプエット村（図2-2）に居住し，そこで焼畑を行っていたため，この表の対象から省いている。
注3）ファイカン村における2005年収穫高，2006年に予想されるコメ不足期間に関しては，2000年以降移住世帯は16世帯，90年代移住世帯は9世帯，開村世帯は6世帯への聞き取りによる。
（2005年8月～2006年2月実施のGPS測量および聞き取り調査により作成。）

　村はファイカン村のような新村よりも歴史の古い分，住民が利用してきた土地は当然広範囲にわたることになる。さらに，当時の人口が領域面積の広狭を決定づけた。当時ファイペーン村は60世帯以上が住んでいたのに対し，ファイカン村は10世帯に満たなかった。そのため，前者に比べ，後者の領域が格段に小さく設定されることとなったのである。しかし，両村の人口が逆転した今日，この境界設定はファイカン村住民の焼畑を大きく制限するものとなっている。

　次に，両村で収穫されたコメの収支を検討する。表5-2は2005年10～11月に収穫された籾米の収支状況を2006年1～2月に調査し，まとめたものである。これによると，ファイペーン村は焼畑の規模が大きく，水田経営世帯も比較的多いために，全体として377kg/人と高い収穫高を上げている。これに対し，ファイカン村の対象世帯で水田を経営するのはファイペーン村領域にそれを所有する2世帯のみである。また，ほとんどの世帯が焼畑を経営するもののその規模は小さい。そのため，対象世帯の各グループともかなりの低収となっている[18]。この結果，各世帯の予想する2006年のコメ欠乏期間はファイペーン村では平均2ヶ月であるのに対し，ファイカン村の各グループでは平均5～7ヶ

---

18) ラオスにおける国民1人当たり年間籾米消費量は300kg/年とされ，収穫高がコメ自給を達成できる程度かどうかを判断する目安となる（114頁注2参照）。

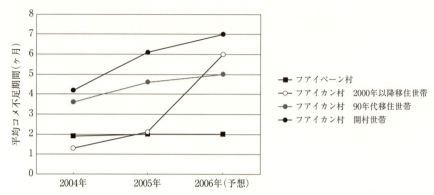

図 5-3　フアイペーン村およびフアイカン村における平均コメ不足期間の変化
注）フアイペーン村は全 34 世帯，フアイカン村は調査対象の 38 世帯のうち，31 世帯に対する聞き取りによる。
（2005 年 10 月および 2006 年 1 月～2 月実施の聞き取り調査により作成。）

月と長期にわたっている。

　この傾向は決して一時的なものではない。図 5-3 により，2004 年および 2005 年のコメ収支をあわせて見ても，フアイペーン村ではコメ欠乏期間は平均 2 ヶ月で変化せず，村全体としてみた場合，焼畑および水田が安定的にコメを供給していることがわかる。これに対し，フアイカン村の開村世帯および 90 年代移住世帯は平均で 3～7 ヶ月と長期のコメ不足が続いている。また，2000 年以降移住世帯に関しては，そのほとんどが 2004 年初頭に移住しており，彼らは 2003 年にはまだフアイペーン村住民として，その領域内の好条件地で焼畑を行っていたため，その収穫米を食した 2004 年にはほとんどの世帯がコメ不足に陥っていない。しかし，移住後は先述のように，悪条件地で焼畑せざるを得ず，その結果，コメ収支も不安定になっている。

　このように，両村のコメ収支には大きな差異が見られる。この中で，フアイペーン村はフアイカン村など，低地村への重要なコメ供給地であり続けてきた。今日，カン川沿いの低地ではフアイカン村のように多数のコメ不足世帯を抱える村が多く，コメ需要は大きい。なかでも陸稲は水稲よりもおいしいとされるため，籾米の市場価格は水稲よりも常に 1kg あたりで 100～200kip 高い[19]。その価格は収穫期には籾米で 1kg あたり 1,000kip（換算レートは注 7 参照）程度

19）　ルアンパバーン県農林局で得た陸稲モチ種と水稲モチ種の 2003 年の年間価格変動に関する資料による。

であるが，6〜9月の欠乏期には精米で1kgあたり2,500〜3,500kipにまで上昇する。したがって，欠乏期まで貯蔵しておくことで高価格での販売も可能となる。さらに，こうした価格の季節変動はあるものの，各季節の価格は年変動が小さく安定している。このように，コメ，特に陸稲が優れた商品ともなる可能性を持っている点は注目すべきである。実際，ファイペーン村では2005年，水田経営世帯や大規模な焼畑を営む世帯を中心に，13世帯（総世帯の38％）が収穫直後やコメ欠乏期に村内および村外に販売を行い，1人あたり平均200,000kipと比較的高い収入をあげている（表5-3）。

第4節　稲作以外の生計活動

次に，両村における稲作以外の現金収入を目的とした仕事に着目し，その特徴や役割について比較する。表5-3は両村の対象世帯の主な現金収入源について，2005年の従事世帯の割合や年間収入額をまとめたものである。この表のように，両村の現金収入源は換金作物栽培，森林産物採集，家畜飼養，製材，雇用労働，自営業の6種類に大別できる。さらに，この6種類の仕事の世帯経済への平均的な貢献度を両村の対象世帯についてまとめたのが表5-4である。以下，各種の仕事について両村の状況を比較する。

換金作物栽培はファイカン村の対象世帯にとって，最重要の現金収入源であり（表5-4），また当村の土地利用においても大きな比重を占めている（図5-2）。先述のように当村での焼畑継続は困難となりつつある。一方，シェンヌン郡農林局も各村に焼畑をやめ，代わりに換金作物の集約的栽培を行うよう奨励してきた。換金作物栽培は一般に焼畑ほど労力を必要としない。しかも，価格が良ければ高収入をあげうる（第3章参照）。また，当村は国道沿いに位置するため，収穫物を出荷しやすい。このため，焼畑をやめ，換金作物栽培により現金収入を得，飯米を購入しようとする世帯も出現している。

ところが，実際は当村において換金作物に依存した生計を立てることは難しい。当村で最も重要な換金作物はハトムギであるが，これは価格が不安定であり，近年は低迷傾向にある。さらに不作が続いており，2005年には収穫皆無の畑地が多く見られた。価格低迷と不作の結果，2005年のハトムギ栽培従事世帯がその販売で得た収入は1人あたり平均100,000kipにすぎなかった（表5-

表5-3 ファイペーン村およびファイカン村における主な現金収入源（2005年）

主な現金収入源		ファイペーン村（全34世帯）		ファイカン村（対象30世帯）	
		従事世帯数とその割合(%)	従事世帯の年間収入額(kip/人)	従事世帯数とその割合(%)	従事世帯の年間収入額(kip/人)
換金作物栽培	カジノキ	27 (79)	60,000	21 (70)	90,000
	蔬菜類	18 (53)	40,000	17 (57)	40,000
	ハトムギ	9 (26)	30,000	25 (83)	100,000
	コメ	13 (38)	200,000	4 (13)	80,000
	飼料用トウモロコシ	0 (0)	0	15 (50)	10,000
	バナナ	0 (0)	0	9 (30)	30,000
	計	27 (79)	120,000	29 (97)	160,000
森林産物採集	ヤダケガヤ	30 (88)	50,000	24 (80)	50,000
	タケツトガの幼虫	19 (56)	40,000	6 (20)	10,000
	マッゴー	12 (35)	10,000	0 (0)	0
	竹細工品	4 (12)	20,000	6 (20)	40,000
	薪	0 (0)	0	7 (23)	40,000
	タケノコ	0 (0)	0	7 (23)	30,000
	計	33 (97)	120,000	26 (87)	160,000
家畜飼養と販売		27 (79)	490,000	5 (17)	160,000
製材		11 (32)	70,000	15 (50)	120,000
雇用労働	村内雇用	2 (6)	30,000	11 (37)	100,000
	村外雇用	2 (6)	130,000	2 (7)	910,000
	計	4 (12)	80,000	12 (40)	250,000
自営業		3 (9)	140,000	5 (17)	90,000

注1) ファイペーン村は全34世帯，ファイカン村は調査対象の38世帯のうち30世帯に対する聞き取りによる。
注2) 「従事世帯」とは各仕事に従事し，収入を得た世帯を意味する。
注3) 現金収入源は両村での従事世帯の合計が多い順に並べている。
注4) 従事世帯の年間収入額（1人当たり）の計算に際しては，15歳未満及び66歳以上の者を0.5人として数えた。
注5) 村内雇用の賃金はコメで支払われることもあるが，貨幣価値に換算した。
注6) 飼料用トウモロコシの年間収入額は，種子購入経費を差し引いた額である。
注7) ファイペーン村の家畜飼養と販売による年間収入額は家畜販売額から家畜購入額を差し引いた値である。ファイカン村は家畜販売額をそのまま家畜収入とした。
注8) 調査時期のkipの換算レートは1USドル当たり約10,500kipであった。
(2006年1月～2月実施の聞き取り調査により作成。)

3)。これで購入できる精米はその価格を2,500kip/kgとしたとき，1人あたりわずか40kgであり，2ヶ月分の消費量にすぎない。先述のように，当村の焼畑は規模が小さく，収量が低いものの，この4倍以上の収穫がある（表5-1）。現在の状況では，ハトムギ栽培が焼畑を代替できる見込みはないといえる。

同じことは2004年から当村で栽培されはじめ，2005年には対象世帯の半分が栽培を行った「サリーパンウィエット」と呼ばれるベトナム産の飼料用トウモロコシについてもいえる（表5-3）。これはハイブリッド品種のため，毎年種子を購入する必要がある。その経費が20,000kip/kgなのに対し，2005年の販売価格は500～700kip/kgでしかなかった。そのため，販売額が種子購入経費を下回り，赤字を計上した世帯も多い。さらに，カジノキも当村の有力な換金作物であるが，やはり焼畑を代替するほどの収入を上げてはいない（表5-3）[20]。このように，当村は国道沿いという出荷に便利な地理的条件を有するにもかかわらず，高収入を安定的にもたらすような換金作物がないのが現状である。

一方，ファイペーン村は国道から離れた遠隔地で出荷が不便なため，換金作物の販売額はファイカン村に劣る。しかし，これは決して当村がその栽培にむ

表5-4　ファイペーン村およびファイカン村対象世帯の現金収入とその内訳

	総世帯数	総収入額 (kip/人)	換金作物 (%)	森林産物 (%)	家畜 (%)	製材 (%)	雇用労働 (%)	自営業 (%)
ファイペーン村	34	620,000	16	19	59	4	1	2
ファイカン村 （対象世帯のみ）								
2000年以降移住世帯	19	360,000	34	29	9	17	10	2
90年代移住世帯	11	470,000	45	33	2	5	14	2
開村世帯	7	860,000	15	25	5	14	35	6

注1) 1人当たり総収入額の計算に際しては，15歳未満および66歳以上の者を0.5人として数えた。
注2) 換金作物収入は販売額から種子代と雇用経費を差し引き算出した。また，ファイペーン村の家畜収入は年間家畜販売額から年間家畜購入額を差し引き算出した。ファイカン村は年間家畜販売額をそのまま家畜収入とした。
注3) ファイカン村の2000年以降移住世帯は20世帯であるが，うち1世帯に関しては2005年にはプーシブエット村（図2-2）に居住し，現金収入源に従事していたため，この表の対象から省いている。
注4) ファイペーン村は全34世帯に対する聞き取りによる。ファイカン村は2000年以降移住世帯については15世帯，90年代移住世帯は9世帯，開村世帯は6世帯への聞き取りによる。
(2006年1月～2月実施の聞き取り調査により作成。)

20)　ハトムギやカジノキの用途，ラオスにおける栽培の普及，栽培方法，収入源としての長所と短所については第3章を参照されたい。

写真5-6 渓流でのクレソンの栽培
(2005年9月 ファイペーン村)

かないということを意味しない。村人によれば，作物栽培環境としては多くの点でファイカン村に勝っているという。「涼しい土地」である高地の自然環境に適するのは陸稲だけではない。キュウリ，トウガラシ，エゴマなど，焼畑で陸稲と混作する作物の多くが低地よりも高地での栽培に適する。同じことはクレソン[21]の栽培についてもいえ，ファイペーン村領域内では渓流沿いに湛水地を作り，栽培している光景をよく見かける（写真5-6）。さらに，当村のカルスト地形も作物栽培の有利性に貢献している。例えば，北西部の石灰岩峰周辺には「赤土（ດິນແດງ）」と呼ばれる肥沃土が分布し，この土壌では「サリーカーウ」と呼ばれる飼料用トウモロコシの在来品種やトウガラシ，落花生などの育ちがとてもよいという。実際に，当村ではサリーカーウの栽培地が石灰岩峰の周囲に集中している[22]（図5-2）。さらに，石灰岩峰上のドリーネでは雨季の終

---

21) ラオス北部の高地では渓流に自生するが，集約的な栽培も行っており，重要な蔬菜である。

166 第1部 国家政策の影響とラオス焼畑民の対応

わりから乾季にかけて霧がかかりやすく，それを利用したカラシナ（ຜັກກາດ）などの蔬菜栽培がなされる。これは低地で水やりをして栽培するものよりも出来が良いという。

ファイペーン村でこのようにして栽培された蔬菜類は，女性によりシェンヌン村やルアンパバーン市街の市場に直接出荷・販売される。2005年には村内の半数以上の世帯が販売を行っていた（表5-3）。ファイカン村でもやはり半数以上の世帯がこれに従事しているが，その多くは2000年以降移住世帯であり，彼らの出荷する蔬菜類の多くもファイペーン村領域内の焼畑やその周辺で栽培されたものである。このように，高地が陸稲のみならず，その他の多くの作物にとっても優れた栽培地であることはもっと知られて良い。ファイペーン村への車道造成により低地市場とのアクセスが改善された結果，これらの作物の商品価値は今後さらに高まるかもしれない。また，低地村と同様に新たな換金作物が導入される可能性もある。

両村世帯の収入で最も差が大きいのは家畜販売収入である。ファイペーン村における家畜販売による収入は2005年の場合，1人当たり370,000kipであり，総収入の約6割を占める最重要の現金収入源となっている（表5-4）。また，全34世帯中29世帯はスイギュウ，ウシ，ヤギ，ブタといった大型・中型家畜を少なくとも1頭は飼育している。このことから，当村は家畜飼養のさかんな村としても知られ，シェンヌン村方面から仲買人が頻繁に買付に訪れる。これに対し，ファイカン村の対象世帯の家畜販売収入は1人当たり30,000kipで，ファイペーン村世帯のそれの8%にすぎない。また，村内でスイギュウ・ウシを所有する世帯は皆無であり，対象世帯の大半はブタもヤギも所有しない。

これには両村のおかれた環境の違いが大きく影響している。スイギュウやウシは農作物の食害防止のため，村境内の一定範囲を柵囲いして放牧するのが一般的である。ファイペーン村には北西部のキジア谷（ຫ້ວຍຂີ້ດອຍ）と東部のカネン山（ພູຂະເນັງ）（図5-2）という放牧地がある。これらは柵囲いがしやすく[23)]，家畜の飼料となる雑草やタケノコにも富むため，優れた放牧地となっている。これに対し，ファイカン村はもともと領域が狭い上に，耕作地やチーク林にそ

---

22) このトウモロコシはブタや家禽の飼料として各世帯で消費され，販売されない。
23) キジア谷は両側を急峻な石灰岩峰で囲まれた谷のため柵囲いをつくる必要がほとんどない。カネン山は北側斜面が急峻で岩が多いため，家畜はファイコート村方面に下ることはできない。そのため，柵は南側斜面だけに設ければよい。

の多くを取られ，放牧適地がないのである[24]。

　さらに，両村では家畜の病気のかかりやすさが大きく異なる。カン川沿い低地では高地に比べ，ブタやニワトリの罹病率が高い。村人によれば，幹線道路沿いの低地では人や家畜の往来が激しく，家畜の病気が外部からもたらされやすいためだという。実際に低地で家畜が大量死したという事例はよく聞かれる。一方，フアイペーン村はその隔絶性のため，家畜の病死は比較的少ない[25]。

　フアイカン村の移住世帯にも，フアイペーン村在住時には大型・中型の家畜を大量に飼育していた世帯が少なくない。ところが，上述したようにフアイカン村では家畜飼養がしにくく，また，移住後の土地購入経費を捻出する必要もあって，家畜のほとんどを手放してしまったのである[26]。

　森林産物販売収入はフアイペーン村よりもフアイカン村が若干多い（表5-4）。これにはフアイカン村が国道沿いで出荷しやすいことが影響している。しかし，森林産物の豊富さからいえば，フアイペーン村の方がむしろ優れている。例えば，タケツトガの幼虫[27]やマッゴー（ໝາກກໍ່）[28]はフアイペーン村でしか採集できない。また，タケノコや薪材もフアイペーン村の方が多いが，運搬の不便さゆえに当村で販売に従事する者が皆無となっているのである（表5-3）。フアイカン村住民もこのことを知っており，フアイペーン村領域まで越境して採集に出かけることがたびたびである。同じことは狩猟に関してもいえる。イノシシをはじめとする野生動物もフアイペーン村領域に多く，当村住民だけでなく，他村住民も狩猟にやってくる。このように，フアイペーン村が狩猟・採集の場として優れる理由として，当村に森林が比較的多いことがあげられる。フアイカン村では焼畑稲作や換金作物栽培が休閑期間の短縮と過度の連作の下で続け

---

24) 大型家畜の村ごとの放牧のしやすさの違いについては，第9章を参照。
25) しかし，フアイペーン村でもブタや家禽の伝染病が流行することは同じである。これを避けるため，2009年から家畜飼養拠点としての出作り集落，「サナム」が建てられた。この動きについては，第7章で詳述する。
26) 2000年以降移住世帯の移住時にはフアイカン村ではすでに所有者のない土地はほとんどなかった。そのため，彼らは家屋敷地や畑地の購入に多額の支出を余儀なくされた。
27) 学名は *Chilo fusciadentalis* である。タケの節間に生息し，9月頃採集・販売される。食用となる。
28) ブナ科の樹木，マイゴー（ໝໍ່）の実であり，8〜9月に採集される。クリのように，イガの中に堅果が入っており，その殻を割った中身を食用にする。フアイペーン村の村内にもイガが勝手に割れるものや，叩いて割る必要があるものなど，3〜4種類が存在するという。自家消費されるほか，低地の村からやって来る仲買人に販売する。

られてきた結果，森林と呼べるものは今やほとんど残っていない。ただし，焼畑や換金作物栽培の耕作地や初期休閑地に成育するヤダケガヤはファイペーン村だけでなく，ファイカン村でも重要な森林産物となっている[29]。

　焼畑が困難で換金作物栽培もあてにならないという状況にあって，近年ファイカン村で重要性を高めているのが製材と雇用労働である。製材に従事するのは主に2000年以降移住世帯であり，彼らが焼畑を行うファイペーン村領域のカン谷右岸の森林でなされる。これは大木をその場で一定規格に製材し，集落まで運んでタイ系民族世帯の仲買人に販売するもので，2005年には従事世帯に1人当たり120,000kipと比較的高収入をもたらしている（表5-3）。製材は2003年頃から活発化したという[30]。

　ファイカン村の対象世帯では雇用労働のうち，村内雇用が重要である。これは主に，タイ系民族世帯や軍隊世帯に雇われ，農作業や製材工場の仕事に従事するものである。なかでも，90年代移住世帯に含まれる2世帯は村内のタイ系民族世帯が経営する製材工場にほぼ毎日勤務しており，雇用労働への傾斜を特に強めている。これに対し，ファイペーン村では農作業は未だ世帯内労働や世帯間の協業が主であり，村内雇用は多くない。また，村外出稼ぎについては，両村とも大きな収入源とはなっていない[31]。

　自営業は両村とも農林産物の仲買人が主である。対象世帯に関する限り，重要性は低い。

　それでは，これらの仕事により，両村の対象世帯は実際にどれだけ現金収入を得ているのだろうか。表5-4の総収入額を見ると，ファイペーン村世帯がファイカン村への移住世帯よりも高収入をあげていることが注目される。ただし，2005年はファイペーン村で例年よりもスイギュウが多く販売され[32]，ファイカ

---

29) ヤダケガヤ（学名は *Thysanolaena maxima*）は栽培も可能である。ファイカン村ではこの植物の集約的栽培が進み，ヤダケガヤ畑と呼ぶべきものが多数みられる。ほうきの原料として国内で利用されるほか，中国やタイにも輸出される。

30) ただし，これはファイペーン村住民と共同で行っているものであり，他村民が勝手にファイペーン村の大木を伐採できるわけではない。近年はシェンヌン村の知人からチェーンソーを借りて製材する者もおり，森林への影響が危惧される。

31) ただし，ファイカン村の開村世帯の中に，世帯主がルアンパバーンやサイヤブリ県の製材工場で働き，600,000kipの月収を得ていた世帯がある（kipの換算レートは注7を参照）。表5-3でファイカン村の村外雇用従事世帯の年間収入額が高い値を示し，表5-4で開村世帯の年間収入額のうち，雇用労働の占める割合が高くなっているのはこの世帯が含まれるためである。

表5-5 ファイペーン村世帯およびファイカン村対象世帯の家畜と耐久消費財の所有状況

	ファイペーン村	ファイカン村（対象世帯のみ）		
		2000年以降移住世帯	90年代移住世帯	開村世帯
家畜飼育頭数（頭／世帯）				
スイギュウ	0.1	—	—	—
ウシ	0.9	—	—	—
ヤギ	3.3	0.2	—	—
ブタ	1.5	1.5	—	0.3
アヒル	4.7	4.6	0.6	0.8
ニワトリ	12.9	14.8	5.2	8.0
イヌ	1.2	0.5	—	—
耐久消費財所有数(台／世帯)				
バイク	0.1	—	—	—
テレビ	—	0.1	0.1	—
VCDプレーヤー	0.0	0.1	—	0.2
ラジオ	0.4	0.4	0.2	0.2
自転車	0.1	0.2	0.1	—
ミシン	0.0	—	0.1	—
設電世帯の割合（％）	0	12	11	17

注）ファイペーン村は全34世帯，ファイカン村は調査対象の38世帯のうち32世帯への聞き取りによる。
（ファイペーン村では2005年10月，ファイカン村では2006年2月実施の聞き取り調査により作成。）

ン村でハトムギの不作やトウモロコシの価格暴落があったため，例外的な年といえる。それでもなお，この結果から移住世帯が毎年，ファイペーン村世帯よりもはるかに多くの収入を上げているとは想像しがたい。移住世帯の移住動機の一つとして，低地の方が現金収入を得やすいという期待があった。また，ラオス政府が移住を奨励するのも，それをきっかけに高地での自給的な生計活動を低地での市場向けの生計活動に転換させ，焼畑民の貧困問題の解決をはかるためである。ところが，実際のところ高地と低地の現金収入には大差が見られない。

　それではこれらの世帯は収入をどのように利用しているのであろうか。表5-5は両村対象世帯の所有する家畜と耐久消費財についてまとめたものであ

32）ファイペーン村では2005年9月ごろ，スイギュウの多くが生気をなくし，そのうち数頭が死亡した。そこで，自分のスイギュウも死ぬのではないかと考え，販売を急ぐ世帯が多かった。

る。これにより，耐久消費財に関してはフアイペーン村世帯にしろ，フアイカン村の対象世帯にしろ，所有する世帯は少なく，大差がないことがわかる。また，フアイカン村の対象世帯で設電をなしえたのはわずかである。電気やテレビ，バイクのある生活は移住世帯の多くが夢見たものであったがほとんどの世帯はそれが実現できていない。フアイカン村に約40年住む開村世帯についても状況は同じである。一方，家畜，特に大型，中型家畜に関しては先述のように，両村での所有頭数に大差がある。

　このことは以下のように解釈できよう。つまり，フアイペーン村ではコメ余剰世帯や軽度の不足世帯が多く，彼らはコメ購入の必要がほとんどないため，収入の一部を大型・中型家畜の購入に充てることが可能となっている。また先述のように，富裕世帯の中にはフアイカン村集落内に土地を購入して家屋を建てたり，同村領域内のチーク林を購入したりする世帯もいる。一方，耐久消費財に関しては，当村は道路が到達したばかりであり，現在も電気がないため，所有数はまだ少ない。

　これに対し，フアイカン村の対象世帯の多くは長期のコメ不足に陥るため，現金収入のほとんどはその購入に充てられる。そのため，耐久消費財や家畜の購入にそれを充てることは不可能なのである。これらの世帯にとって，わずかな飯米が尽きた後は森林産物採集や村内雇用，製材が重要な収入源となる。つまり，毎日のコメを得るために，日単位で収入が得られる仕事を村内で探して従事することになる。このように，その日暮らしの不安定な生計活動がフアイカン村では一般化しているのである。

第5節　農村開発政策の問題点

　前節までは稲作と現金収入源という生計活動の全般についてフアイペーン村とフアイカン村の状況を比較してきた。これに基づき，ここではまず両村間の移住とその背景にある農村開発政策の問題点について考察する。さらに，現在の焼畑民の生計戦略の実態を分析し，それに基づく新たな農村開発のあり方を考える。

　フアイカン村への移住世帯の多くは移住により生計が不安定化したといえる。低地で政府が栽培を奨励する換金作物は出来柄や価格が不安定である。ま

た，高地での重要な現金収入源であった家畜飼養はフアイカン村では行いにくい。この結果，移住世帯の現金収入は，彼らの期待に反し，フアイペーン村世帯と大差がないものとなっている。

現金収入でコメを十分にまかなえない以上，移住世帯も自らそれを生産する必要がある。ところが，カン川沿いの低地に水田開発が可能な土地はすでにない。彼らは結局焼畑を続けざるを得ないのである。しかし，焼畑も当村では移住人口の増加に伴う土地不足のために休閑期間の短縮や連作が進み，その実施が困難となっている。この結果，彼らの多くは焼畑面積を縮小しており，長期のコメ不足に陥るに至っている。コメ不足の中で彼らが従事するのは森林産物採集や雇用労働，製材である。これらは毎日収入が得られるかわからない不安定な仕事である。以上からすれば，移住は移住世帯に豊かさではなく，貧困と生計の不安定さをもたらしたといえよう。このような状況にあって，フアイカン村住民でよりよい地を求め，離村を考える世帯も多くなっている。実際，2005年には5世帯が新たな移住候補地の視察に赴き，うち2世帯が2006年初頭にそれを決行している[33]。

これは見方を変えれば，彼らは低地社会への従属性を強めたともいえる。フアイカン村はタイ系民族の多い地域とカム族の多い地域のちょうど境界に位置する。タイ系民族は水田稲作を得意とし，フアイカン村領域の水田も，そのほとんどが村内やフアイコート村のタイ系民族世帯の保有となっている。彼らの多くは水田での二期作により余剰米を獲得している。また，高収入の得られる農外活動に従事する世帯も多い。一方，移住世帯の多くは稲作・現金収入ともに不安定な状況にあり，タイ系民族との経済格差は歴然としている。この中で，彼らがコメを購入・借入したり，雇用労働に従事したりする相手は多くの場合，タイ系民族を中心とする富裕世帯であり，彼らへの経済的従属を強める結果となっているのである。以上のような焼畑民の移住後の貧困化やタイ系民族への経済的従属については，146頁でも述べたように既往研究でも論じられている。

これに対し，本章では高地村落には低地にはない農業的有利性があり，それが住民の経済的自立を支えてきたことを明らかにした。すなわち，フアイペーン村では土地不足が問題となっておらず，焼畑は比較的持続的な形で営まれ，

---

33) これはヴィエンチャン県（図2-1参照）フアン郡（ເມືອງເຟືອງ）の村であり，2005年初頭にもフアイカン村から2世帯が移住している。

住民に安定的にコメを供給してきた。これには「涼しい土地」ゆえに，高収量の晩生種が栽培できるという高地の自然環境も大きく寄与している。このような稲作により飯米を確保した上で，ファイペーン村世帯はさまざまな現金収入源にも従事している。まず，陸稲の余剰米が低地向けの商品としても機能してきた。また，家畜飼養は高地環境の優れた条件を利用したものであり，各世帯に高収入をもたらしている。さらに，蔬菜類や森林産物など，車道が開通したことにより，商品としての潜在的可能性を今後十分に発揮させていくことが期待される産物も多い。このように当村住民はある程度までコメ自給を達成した上で，高地の特性を生かした現金収入源にも従事しており，現在でも経済的に自立した世帯が多い。

このように見れば，低地を中心に開発を実施し，焼畑民を低地に集住させようとする農村開発政策には大きな問題点があることがわかる。まず，それは焼畑民を低地に集住させることで，もともと安定的であった焼畑を不安定化させ，彼らのコメ収支を悪化させた。また，それは家畜飼養など，高地ならではの仕事を彼らから奪い，彼らの現金収入をも不安定化させた。この結果，彼らの多くはタイ系民族を中心とする低地社会の中で経済的に自立できず，貧困層の地位に追いやられてしまっている。

本事例の場合，ファイペーン村からファイカン村への移住は政府の強制によるものではない。しかし，その動機は開発の進んだ低地へのあこがれが主体となっており，低地を偏重する農村開発政策に規定されたものであると言える。

ただし，移住による貧困化の問題に焼畑民は決して甘んじてはいない。カン川周辺の焼畑民を広く見ると，彼らの多くは高地と低地の双方を活用することにより，この問題に対処しようとしていることがわかる。147頁で述べた旧ナムジャン村住民はその好例である。本章のファイカン村住民も同様であり，低地に居を置きつつも高地のファイペーン村領域で焼畑，家畜飼養，森林産物採集，製材，狩猟などの活動を行うことを強く求めており，また実行している。一部の世帯は出作り集落を作り，これらの活動の拠点としている。高地での生計活動を維持することで，低地での現金収入の不安定さを打破しようとしているのである。

一方，ファイペーン村の生計は確かに安定しているものの，そこでの生活が低地村と比べ不便であることは否めない。当村にはいまだ電気が引かれていない。また，当村から病院や学校，市場に通うことも困難である。そのため，当

村住民はこれらの施設のある低地へのアクセス改善を強く求めている．実際，彼らの一部はフアイカン村集落にも家屋を建設し，いわば二地域間居住を行うことでこの問題を解決しようとしているのである．

つまり，低地に開発事業が集中するという現状に対し，高地村，低地村の住民とも，高地か低地のどちらか一方ではなく，その双方を利用するという仕方で対応しているのである．彼らにとって高地とは焼畑，家畜飼養，狩猟，採集など，どちらかといえば伝統的な生計活動に適した場である．これは彼らの多くが長らく高地に居住して生計を立ててきただけに当然のことである．一方，低地は近年開発の進んだ場所であり，幹線道路沿いのため，換金作物栽培など，現金収入を目的とした新たな生計活動に従事しやすい．また，学校，医療施設，市場に近接し，電気や共同水道も普及していることから，ある程度は現代的な生活が送れる場所である．彼らはこのようないわば，伝統的な生活の場としての高地の良さと現代的な生活の場としての低地の良さの双方を兼ねそなえた生き方を模索しているようにみえる．

こうした生き方は生計の場を低地に限定し，高地の利用を禁じようとする現行の政策枠組みに明らかに反するものである．しかし，農村開発政策が住民の生活向上を真にねらいとするならば，こうした生計戦略を支援していくことが必要ではなかろうか．例えば，高地と低地を結ぶ車道を建設し，双方へのアクセスを高めることは多くの焼畑村落の求めるところである．この点，フアイペーン村を低地に結ぶ車道の建設は住民のニーズにあった新たな農村開発の手法として高く評価できよう．一方，低地村の側も集落から高地の出作り集落や焼畑に通じる車道の建設を強く求めており，これに対する政策的支援も待たれる．

さらに，こうした生計戦略を支援する場合，村境の問題も重要となってくる．フアイカン村で焼畑民の貧困化が顕著であったのはこの問題が大きく絡んでいたためである．当村は新しい村であるため，広範囲の土地の権利を主張できず，境界設定当時の人口も少なかったことから，境域はフアイペーン村に比べ狭小に設定され，しかもほぼ低地部に限定された．しかし，人口が急増した現在，この境界設定は当村における焼畑や家畜飼養，狩猟，採集などの生計活動の発展を著しく阻害するものとなっている．これはラオス山村といえども現在は，村の領有意識が高まり，その境界の持つ排他的意味が強まっているからである．この中で，フアイカン村住民のフアイペーン村への越境耕作も条件付きでしか認められなくなっており，これは当村で貧困世帯が増加する大きな要因となっ

ている。村境の再編は難しいとしても，当村のような狭小な村の住民が周辺村の土地をもある程度利用できるようにするような制度的支援が必要ではなかろうか。

おわりに

　本章はファイペーン村とファイカン村を事例として，高地村と低地村の生計と土地利用を比較した。また，それをもとに，ラオスで活発化している高地から低地への移住とその背景にある農村開発政策の問題点を指摘した。この結果，高地のファイペーン村では安定的な焼畑により飯米を確保した上で，家畜飼養などの市場向けの仕事にも従事し，その隔絶性にもかかわらず，ある程度の現金収入を得ている世帯も多いのに対し，低地のファイカン村では焼畑の実施が困難で，飯米不足が一般化している上に，換金作物などの現金収入源もふるわないため，ファイペーン村からの移住世帯の多くがタイ系民族を中心とする低地社会の中で貧困化していることが明らかになった。さらに，こうした状況に対応するため，焼畑民の多くは高地と低地の双方を活用する生計戦略を採っており，農村開発政策はこれを支援すべきであること，そのためには高地と低地の間のアクセス改善や村の境界問題への対応策が課題となることを示した。
　本章から焼畑民の生計と土地利用を考える際，低地だけでなく，高地をも視野に入れることの重要性が改めて示された。ラオスの焼畑村落の研究はそのアクセスの良さから低地村落を事例としてなされたものが多い。ところが，本章の事例で明らかになったように，高地村落の自然環境，土地利用，世帯経済の特徴は低地村落とのそれとは大きく異なる。また，ラオスでは現在もアクセスの悪い高地村落が数多い。さらに，本章でみたように，焼畑民の多くは低地に移住したのちも高地での生計活動を継続しているのである。このように，高地が低地と違った特徴を持ち，かつ焼畑民の多くが今なおそれに大きく依存して生計を立てている実態の中にあっては，低地だけでなく，高地での生計活動に関する研究を積み上げていくことが今後の農村開発のあり方を探るためにも重要である。
　本章の事例でも，焼畑のほか，家畜飼養，蔬菜栽培など高地でこそ有利な生計活動が確認された。これらは焼畑民の世帯経済を潤すものとして今後の発展

が期待される。そのためには，それぞれの生計活動の実態をより詳細に検討した上で，その改善策を探る必要がある。第2部では家畜飼養に焦点を当ててこれを行なう。

また，本章の事例からは，土地森林分配事業で画定された村境が村人の活動範囲を規定するものとして大きな意味を持っていることも明らかとなった。このことは，他の焼畑村落についても当てはまるのだろうか。次章では，より多くの村を事例とすることで，これを確認する。

第 6 章

焼畑実施の村落差

林道を行くロットシン

(2018 年 3 月　フアイコーン村)
ロットシン（ລົດຊິງ）はトラクターを改造し，荷台を取り付けたものである。対象地域の各村で林道が造成された 2010 年代によく見られるようになった。この車は林道でこそ活躍する。速度は遅いが，悪路でも着実に進むことができるからである。写真のように人を運ぶためにも使われるが，最大の用途は収穫物の運搬である。林道の造成とこの車のおかげで，焼畑の収穫物を低地の集落まで運ぶのが楽になったし，高地で換金作物を栽培する道も開けた。

はじめに

　前章までのブーシップ村，フアイペーン村，フアイカン村の事例からも明らかなとおり，ラオス山地部における焼畑稲作は現在，各村落で一様になされているわけではなく，その実施状況には村落差がみられる。つまり，大規模な焼畑を続ける村落もあれば，その規模を大幅に縮小したり，完全にやめてしまったりした村落もみられるのである。焼畑民の生計と土地利用の実態を明らかにするには，こうした村落差も考慮する必要がある。

　それでは，こうした焼畑実施の村落差はいかなる理由から生じているのだろうか。本章では前章までの3ヵ村も含めた対象地域14ヵ村の状況を比較検討することで明らかにする。前章まででも，こうした村落差が生じる要因を断片的ながら指摘してきた。それは大きく，人口移動，村落領域，生計の多様化の要因に整理することができる。

　人口移動というのは，現在ラオスで顕著な高地から低地への移動のことである。これがラオス政府の農村開発政策に規定された移動であることは，前章でも事例に基づき説明したとおりである。人口が急増した低地の村では土地不足が深刻で，連作や休閑期間の短縮が恒常化し，焼畑の継続が難しくなりつつある。前章の事例では，フアイカン村でこの傾向が著しかった。これに対し，高地のフアイペーン村では，大規模の焼畑が続けられていた。

　また，村落領域の面積や範囲も焼畑の実施に大きく影響する。フアイカン村で焼畑の減退が進んだのは単に流入人口が増えたためではない。村の面積が狭小で人口増加に対応できなかったためである。これに対し，フアイペーン村はフアイカン村の数倍の面積を持つ。しかも，この村では2000年以降，フアイカン村など低地への離村が相次ぎ，人口は半減した。だからこそ，この村では焼畑がやりやすいのである。このように，各村での焼畑実施の違いは村の領域面積も考慮に入れて，人口密度の観点から考察する必要がある。

　村落領域はさらに自然条件ともかかわっている。すでに何度も言及したが，カン川周辺では，陸稲は「涼しい土地」である高地での栽培に適し，「暑い土地」の低地ではたびたび不作に陥る。フアイカン村はその領域のほとんどが低地にある。この村で焼畑が衰退したのはこの事実も大きく関係している。このように，焼畑実施の村落差には，各村の領域にどれほどその適地が含まれるかということも当然かかわってくる。

焼畑実施状況に村落差が生じる要因としてさらに挙げられるのが生計の多様化である。これは要するに焼畑以外の仕事の重要性の増加である。ラオス山村で，換金作物栽培，森林産物採集，家畜飼養，農外活動などの現金収入源が重要となる中で，焼畑の縮小や消滅を経験した村は多い（横山・落合 2008）。前章までの事例でいえば，幹線道路沿いに位置するブーシップ村やフアイカン村では現金収入向けの活動が活発で，このこともこの2村で焼畑が縮小傾向にあったことと関係していた[1]。

　前章までの事例では，以上の3つの要因が焼畑実施状況の村落差に絡んでいた。このうち，高地から低地への人口移動や現金収入向け活動の影響については前章までで綿密に議論してきた。一方，焼畑実施と村落領域の関係性については考察がいまだ不十分である。ラオスの場合，人口集中により低地で焼畑が減退していることは他の研究でも指摘されてきた（Vandergeest 2003; Baird and Shoemaker 2007）。しかし，実際には同じ低地村[2]でも焼畑のしやすさやその規模は村ごとにかなり異なる。こうした差異には村落領域の違いが大きくかかわっている可能性がある。

　また，村落領域がどのように作られ，どれほど効力を持つに至っているかという点も検討する必要がある。焼畑村落は本来明確な村境を持たず，住民の領域意識も希薄であった。人口が少ないため土地に余裕があり，村落自体が移動することも多かったためである。実際，Izikowitz（2001: 51）が1930年代後半に調査したラオス北西部の低地ラメット族（Lower Lamet）の村落には村境がなかった。隣村の集落付近で焼畑をしても咎められなかったほどである[3]。これに対し，ラオスの焼畑村落の多くで村境が明確に定められたのは近年のことであり，土地森林分配事業を契機にしている。

　この事業で画定された村境が実際にどれほど効力を持ち，各村の土地利用にどう影響したかという点については，既往研究では十分に明らかにされていな

---

1) ただし，高地のフアイペーン村でも家畜飼養や狩猟・採集などに従事することで，低地村に見劣りしない収入が上げられていたことも付言しておきたい。
2) 低地村，高地村の定義については，58頁注2を参照。この定義からすれば，本章の対象村の一つであるフアイコーン村は，領域は高地にあっても，集落は低地にあるので，低地村ということになる（図6-2，図6-3参照）。
3) 当時のラメット地区の人口密度は2.9人/km^{2}で，人口希薄であったことが村境が特に設けられなかった一因と考えられる。しかし，理由は不明であるが，高地ラメット族（Upper Lamet）は谷や尾根で区切られた村境を持っていたという（Izikowitz 2001: 38, 50）。

い。28頁で説明したとおり，この事業は各村の村境画定，土地利用区分，農地分配の三段階からなる。このうち，既往研究はもっぱら後二者に注意を向けてきたのである。また，30頁で述べた通り，2000年代後半以降，土地利用区分や農地分配の効果がほとんどなくなっていることを示す報告が増えている (Soulvanh et al. 2004: 42; 横山・落合 2008: 377; 東 2010: 77; Lestrelin et al. 2011)。

　対象地域においても土地利用区分や農地分配の効果は時とともに薄れてきている。第3章で明らかにしたように，ブーシップ村では，すでに2003年時点で農地分配の効果はあまりなく，村人は分配された測量地以外の土地をかなり利用していた。一方，事業で定められた保護林や保安林の利用は避けられており，土地利用区分はまだ一定の効力を持っていたといえる。しかし，同章でも述べたとおり，2004年には保安林とされた村北西部の高標高地での焼畑が再開された。また，第11章で明らかにするとおり，この高標高地での焼畑はその後も続けられていく。同様なことは他村でも当てはまる。154-155頁に述べた通り，フアイペーン村，フアイカン村でも，土地利用区分は2005年には効力を失っていた。また，筆者が2006年にティンゲーウ村（後掲図6-2，図6-3）を踏査した際にも，事業で保護林や保安林に区分された土地で住民が広大な焼畑を営んでいるのを確認している。以上からわかるように，対象地域における土地利用区分や農地分配は，それが実施された当初の1990年代～2000年代前半には一定の効力があったようである。しかし，2000年代中頃には，それがほとんど失われた状態にあった。

　これに対し，事業で定められた村境はどれほどの効力を持ち，それは各村の土地利用にどう影響しているか。本章の目的は複数の村の比較からこれを明らかにすることにある。以下ではまず，対象地域での村境の画定と再編について説明し（第1節），研究手法を述べる（第2節）。次に，焼畑実施の村落差を明らかにするとともに，それが生じる要因を人口移動，村落領域，生計の多様化との関連から説明する（第3節）。さらに，各村で村境がどれほどの効力を持っているのかを事例に基づき明らかにする（第4節）。

第1節　対象地域での土地森林分配事業と村境画定

1. 対象地域での土地森林分配事業

　対象地域のカン川 (ນ້ຳຄັນ) 周辺諸村で実施された土地森林分配事業の概要とその効力について，あらためて説明しておく。対象地域では，1990 年代に村境の画定と土地利用区分が行われた。ただし，パクトー村やナーカー村，ファイコート村ではすでに 1980 年代に村境が画定されていた。各世帯への農地分配は 1990 年代後半から 2000 年代前半にかけてなされた。

　シェンヌン郡農林局によると，村境画定は基本的には各村が慣習的に利用してきた範囲に基づきなされたという。しかし，各村での聞き取りによると，その他の事情も関わっているようである。その一つが人口の問題である。例えば，ファイカン村やファイコーン村は村境画定当時の人口が隣村に比べ少なかったために，比較的小さな領域とされてしまったという。また，水田の有無も考慮された。ファイコート村は多くの世帯が水田を持ち，水田稲作を主生業とする村であったため，領域は小さく設定されたという。さらに，ブーシップ村の例のように，近隣の低地に移転した村に領域の一部を割譲しなければならなかった村もある。

　ともあれ，土地森林分配事業にともなう村境画定は大きな効力を持った。ファイペーン村の住民によると，以前は境界をめぐる隣村との争論が絶えなかった。ところが，この事業で村境が画定されてからは，村境の位置にまつわる争論はほとんど無くなったという[4]。これは農林局の仲介のもとで隣接する村の代表者が集い，境界の立会検分を行なった上で，合意形成がはかられたためである。

　これに対し，農地分配や土地利用区分の効力はそれほど大きくなかった。この点は前節でも説明したが，ここでは住民の慣習的な土地利用制度との関係から説明する。当地域では農地分配がなされる以前から，慣習的な耕作権を有する土地を各世帯が保有していた。これが「占有地」である。これに対し，利用

---

[4] これに対し第4節に詳述するように，村境を越えての耕作や放牧，森林産物採集をめぐる処遇については，現在も争論が起こっている。

頻度が少ないために，いまだ誰の土地ともいえない土地が「無主地」であり，隣接村の住民も含め，誰もが利用することができた。

土地森林分配事業に際し，各世帯に分配された土地は実は各世帯が以前から利用してきた占有地が多かった。つまり，各世帯にとっては慣習的利用地の一部の保有が公的に認められたにすぎない。また，この事業で「森林」として保全するよう指定された区域にも各世帯のかつての占有地が含まれていた。事業実施後の現在も各世帯はこうした「森林」区域内での耕作を続けている。分配された土地は1～4区画がふつうであり[5]，これだけでは満足に焼畑や換金作物栽培を続けられないためである。

農林局もこうした「違法」行為を見過ごしている。事業実施後のモニタリングはほとんどしていないし，役人自身が住民の苦境をよく理解しているためである。

一方，無主地は多くの場合，集落から離れた利用頻度の少ない土地が該当する。これは，結婚にともない独立した分家世帯や他村からの転入世帯に農地を分配するための予備地としての役割を果たしている。もちろん，こうした世帯に両親や親戚が自身の占有地の一部を譲渡するケースもある。しかし，その場合でも必要な土地のすべてを確保することはできない。そこで，彼らは無主地の分配を村に要請することになる[6]。したがって，分家世帯や転入世帯の増加は無主地の減少を招き，やがては土地不足を引き起こすことになる。この点については第3節で詳述する。

以上のように，当地域では住民の慣習的な土地所有制度がいまだに大きな意味を持っている。この点からすれば，土地利用区分や農地分配の効果は小さいと判断される。

2. 集落移転にともなう村境再編

次に，土地森林分配事業により画定された村境がどのように再編されたかと

---

[5] 分配された農地の区画数は村によって異なる。一世帯あたりの平均的な区画数は，パクトー村では1～2区画，ファイコーン村では3区画，ファイペーン村では5区画であった。これは第3節で検討する人口密度に反比例しており，人口／土地のバランスに深く相関していることがわかる。

[6] それでも必要量が確保できない場合は，他世帯からの土地の購入や借入を行う。

いう点を説明する。62-63頁で述べたとおり，当地域では1990年代以降，政府の呼びかけに応じて，多くの高地村が低地に移転した。それにともない，移転した高地村の領域はどうなったのだろうか。

1999年の集落分布を示した図6-1と2008年のそれを示した図6-2・図6-3を見比べてみよう。この間に当地域では5つの高地集落が消滅したことがわかる。このうち，ファイコーン村は2003年にパクトー村領域内の土地を購入して新集落を建設し，移転後も独立を維持している。この村は集落は低地にあっても，その領域は以前のままで高地に存在する。一方，その他の4村に関しては既存の低地村への併合という形をとった。近接する低地村に住民が移住し，旧村領域も近接村に取り込まれることになったのである。具体的には，1999年にナムジャン村はブーシップ村に，2004年にパデーン村はティンゲーウ村に，2005年にナムリン村はロンルアット村に，ナーレーン村はシラレーク村に併合された。この場合，移住した住民の多くは焼畑やウシ放牧などの仕事を旧村領域で続けている。例えば，第4章でも述べたが，1999年にナムジャン村住民の多くはブーシップ村集落に移住した。しかし，彼らは移住後も高地の旧村領域に出作り集落を建設し，それを拠点に焼畑や家畜飼養，狩猟・採集を続けていた。出作り集落は2009年に解体されたものの，2012年には旧集落に達する林道が造成された（写真6-1）[7]。パデーン村，ナムリン村，ナーレーン村の旧村領域でも同様に出作り集落が建設され，焼畑や家畜飼養が継続されている。出作り集落や林道の建設によって旧村領域へのアクセスを維持しているのである。

このように，かつての高地村の領域は移転先の低地村に取り込まれ，移転住民による利用がその後も継続されていることに注意すべきである。

---

7) これは旧ナムジャン村の住民が世帯あたり700,000~800,000kipを拠出し，建設業者に依頼して造成したものである。対象地域では他にシラレーク村やロンルアット村でも林道が建設されていた。この2村では村人の出役により山道を拡幅し，村の奥地に通じる車道が造成されていた。ただし，こうした林道は不安定なものであり，雨季には不通となりやすいのも事実である。なお，kip（キープ）はラオスの通貨単位であり，2009年8月には1USドルが8500kipに相当した。

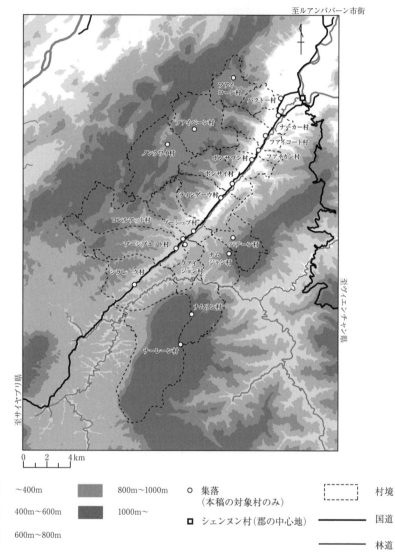

図 6-1　対象地域の地形と村境（1999 年）

注）この図の範囲には対象村以外の村の集落も存在しているが，図示していない。
（10 万分の 1 数値地図，土地管理局作成の 2011 年の土地利用区分図，農林局作成の 1996 年の土地利用区分図，筆者の現地踏査にもとづき作成。）

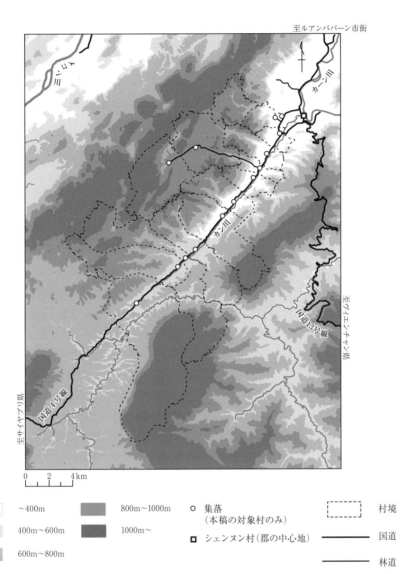

図 6-2　対象地域の地形と村境（2008 年）

注）この図の範囲には対象村以外の村の集落も存在しているが，図示していない。
（10 万分の 1 数値地図，土地管理局作成の 2011 年の土地利用区分図，農林局作成の 1996 年の土地利用区分図，筆者の現地踏査にもとづき作成。）

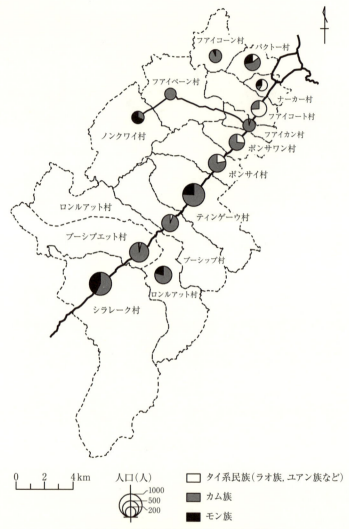

図6-3 各村の人口と民族（2008年）
（シェンヌン郡行政局で入手した人口統計に基づき作成。）

写真 6-1　旧ナムジャン村領域の林道
これは 2012 年に造成したものを 2015 年 2 月にさらに補修・延長したものである。
（2015 年 2 月　ブーシップ村）

第 2 節　調査方法

　本章では，カン川周辺地域の 14 ヶ村を対象として，各村の焼畑実施状況を村の領域との関係から捉えようとした。そのためにはまず，各村の領域を明らかにする必要がある。その手段として，本章では二つの時期の地図を利用した。一つはシェンヌン郡農林局により，1996 年に作成された土地利用区分図である。これは土地森林分配事業の実施後に村ごとに作成されたものであり，村境と各種土地利用区分，各世帯の分配地の位置が記入されている。もう一つは 2011 年に土地管理局が作成した各村の土地利用区分図である。これは同局が中心となり，村，区[8]，郡の各レベルの土地利用計画を策定するために作られたものである。この地図に描かれた村境は土地管理局の役人が各村で村人の情報をもとに GPS 測量で画定したものである。その精度は 1996 年のものと比べ

---

8) ラオ語ではグム（ກຸ່ມ）と呼ばれ，行政村（ບ້ານ）と郡（ເມືອງ）の中間にあり，いくつかの行政村がまとまって形成された行政単位である。

てかなり高い[9]。

　図 6-2 は 2011 年の地図をもとに 2008 年における対象地域の各村の村境を示したものである。2008 年段階としたのは聞き取り調査との整合性をもたせるためである。実は 2009 年にロンルアット村とブーシプエット村が合併し，タートガジャム村が成立した[10]。2011 年の地図にはこの新村の領域が描かれている。しかし，聞き取り調査を実施した 2009 年にはタートガジャム村は成立して間もなく，行政村としての実体がほとんどなかった。そこで，聞き取り調査は合併前のロンルアット村とブーシプエット村でそれぞれ行なった。これとの整合性を保つために，新村が成立する前の 2008 年の状況を示したのである。合併前の 2 村の境界は 1996 年の地図から判別した。

　これに対し，図 6-1 はナムジャン村がブーシップ村に移転する直前の 1999 年の村境を示したものである。当時，ティンゲーウ村，ブーシップ村，ロンルアット村，シラレーク村はまだ高地村を併合していなかったので，1996 年の地図をもとにこれらの低地村の当時の村境を判断した。また，合併後の 2008 年の領域からこれらの低地村の領域を差し引いたものを，パデーン村，ナムジャン村，ナムリン村，ナーレーン村の領域とした[11]。また，ロンルアット村は 2004 年以前にはロンルアット村とフアイジョン村に分かれており，1996 年の地図にもこの 2 村の境界が示されている。図 6-1 もこれに従った。1999 年当時に

9）　とはいえ，不正確な部分もある。例えば，フアイコーン村の村長の指摘によると，当村の北西部の村境は図 6-2 に示されるものよりもさらに奥深くまで達するという。彼によると，ここは急峻な石灰岩峰があり，測量従事者があえてそれを登ろうとしなかったため，村境が実際よりも狭くなってしまったという。

10）　ただし，これは低地村同士の合併である。この場合は，高地村を低地村が併合する場合と異なり，集落の移転はともなっていない。つまり，ロンルアット村，ブーシプエット村の各集落は元の位置のままである。また，各旧村の住民はそれぞれ旧村の領域を利用し続けている。つまり，この場合，合併はあくまで行政上の処理にとどまるものであった。後述するように，2004 年にはロンルアット村がフアイジョン村を併合したが，これも同様で，実体としては 1 行政村に 2 村落が存在していた。つまり，調査時の 2009 年には，タートガジャム村には 3 村が存在しているというのが実態であった。

11）　これらの旧高地村のうち，ナムジャン村については地形図に境界線を付した領域図が作成されており，移転前に境界画定がなされていたことがわかる。この領域は 2011 年のブーシップ村の領域から 1996 年のブーシップ村の領域を差し引いたものによく一致する。しかし，その他の村についてはこうした領域図や土地利用区分図がなく，そもそも集落移転の前に境界画定がなされていたかも疑わしい。さらに，当時，領域の意識が実際にあったのかどうかも不明確である。しかし，便宜上，図 6-1 に各村の領域を示し，表 6-1（後掲）ではこの領域をもとに面積や人口密度を算出した。

は対象地域に 19 村が存在したのである。

　さらに，各村村域での人口や人口密度の変化を見るため，シェンヌン郡行政局で 1999 年と 2008 年の両時点における各村の人口データを入手した。これと図 6-1 と図 6-2 で得られた村域データとの関係を示したのが表 6-1（後掲）である。

　現地調査は，2009 年の 3 月と 8 月に実施した。この期間に対象地域の各村を訪問し，聞き取り調査を行った。各村では村長（不在の場合は他の村役）に，人口動態や村の領域について詳細な聞き取りを行った。水田，焼畑，換金作物，家畜飼養，雇用労働などの仕事についても聞き取った。その一部は表 6-2 および表 6-3（後掲）に示されている。

第 3 節　焼畑実施の村落差

1. 村の領域と人口との関係

　ここでは各村で焼畑の重要性にどのような差異があるのかを明らかにする。さらに，そうした差異が生じる理由を，特に村域と人口移動の面から明らかにする。

　まず，表 6-1 から 2008 年の 14 村の領域面積にはかなりのばらつきがあることがわかる。特に北東部の幹線道路沿いには領域の小さな村が多い。この領域面積で各村の 2008 年の人口を除したのが図 6-4 に示される各村の人口密度である。この図から人口密度が特に高いのも北東部の幹線道路沿いの諸村であることがわかる。

　表 6-1 にはさらに，1999 年と 2008 年の間における各村村域での人口の増加率や人口密度の差異を示した。これを見ると，この間に大きく人口が増加したのは，パクトー村，ナーカー村，ファイカン村，ブーシプエット村，ノンクワイ村である。特に前三者は村域が小さいために，この増加が人口密度に大きく影響した。

　これに対し，この間村域の人口や人口密度を減少させた村は半数の 7 村であり，全体としても対象地域では人口が減少した。これにはこの間の高地住民の

表 6-1　各村の人口と人口密度の変化

1999年				2008年				1999年～2008年の人口増加率	2008年と1999年の人口密度の差
行政村名	村域面積(km²)	人口(人)	人口密度(人/km²)	行政村名	村域面積(km²)	人口(人)	人口密度(人/km²)		
パクトー村	5.3	368	69	パクトー村	5.3	462	87	26%	18
ファイコーン村	9.5	309	33	ファイコーン村	9.5	291	31	−6%	−2
ナーカー村	4.0	156	39	ナーカー村	4.0	238	60	53%	21
ファイコート村	9.6	438	46	ファイコート村	9.6	451	47	3%	1
ファイカン村	4.1	186	45	ファイカン村	4.1	286	69	54%	24
ポンサワン村	7.0	410	58	ポンサワン村	7.0	445	63	9%	5
ポンサイ村	12.3	604	49	ポンサイ村	12.3	565	46	−6%	−3
ティンゲーウ村	16.8	777	46	ティンゲーウ村	26.8	904	34	−13%	−5
パデーン村	10.0	261	26						
ブーシップ村	11.7	413	35	ブーシップ村	22.3	514	23	−20%	−6
ナムジャン村	10.6	226	21						
ロンルアット村	18.3	228	12	ロンルアット村	38.3	528	14	−38%	−8
ファイジョン村	7.0	275	39						
ナムリン村	13.0	349	27						
ブーシプエット村	22.8	499	22	ブーシプエット村	22.8	676	30	35%	8
シラレーク村	22.0	680	31	シラレーク村	64.2	918	14	−5%	−1
ナーレーン村	42.2	283	7						
ファイペーン村	19.9	505	25	ファイペーン村	19.9	240	12	−52%	−13
ノンクワイ村	23.2	204	9	ノンクワイ村	23.2	274	12	34%	3
合計	269.3	7171	27	合計	269.3	6792	25	−5%	−1

注1）1999年の人口はシェンヌン郡行政局の統計資料による。ただし，ブーシップ村とナムジャン村については1998年の統計を用いた。また，ファイコーン村とナムリン村，ナーレーン村については国立統計局の2000年のデータを用いた。
注2）2008年の人口はシェンヌン郡行政局の資料による。
注3）村域面積は1996年および2011年作成の土地利用区分図をもとに算出した。
注4）合併村の人口増加率や人口密度の差を算出する際は，1999年の人口はその後合併する諸村の人口を合計し，1999年の人口密度はそれを合併後の領域面積（2008年の村域面積）で除して求めた。
（注1～注3記載の資料にもとづき作成。）

　移住の仕方が大きく関係している。ファイペーン村は先述の通り，2000～2004年に激しい人口流出があり，人口が半減した。移住先はファイカン村が最も多かったが，対象地域内外の多数の諸村に分散していた。
　こうした分裂移住は高地村が低地村に併合された際にも一般的に見られた。例えば，ナムジャン村の住民はブーシップ村だけに移住したわけでなく，ティンゲーウ村やファイジョン村などにも分散して移住した。また，ナムリン村，ナーレーン村の住民にしても併合先のロンルアット村やシラレーク村のみに移住したわけではない。彼らの移住先は対象地域内の他村のほか，ルアンパバー

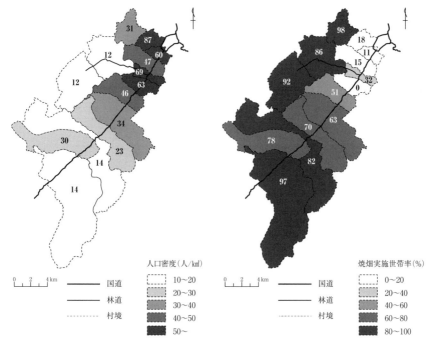

図 6-4 2008 年における各村の人口密度
(シェンヌン郡行政局で入手した 2008 年末の人口統計にもとづき作成。)

図 6-5 各村の焼畑実施世帯率 (2009 年)
(2009 年 8 月実施の各村の村長を対象とした聞き取り調査にもとづき作成。)

ン県内の他郡，さらに他県と多岐にわたっていた。表 6-1 ではファイペーン村を除くと，こうした高地村を併合した低地村で人口や人口密度が特に大きく低下している。これには高地住民の分裂移住が関係している。

2008 年の人口密度が村ごとにかなり異なるのは，以上のような人口移動や領域の併合が生じた結果と見ることができる。それでは，こうした土地と人口のバランスの村落差は焼畑の実施度にどのように関係しているだろうか。表 6-2 は 2009 年 8 月に各村で実施した焼畑に関する聞き取り調査の結果をまとめたものである。また，焼畑実施世帯の割合 (以下，焼畑実施世帯率と呼ぶ) については図 6-5 にも示した。これらの図表から以下のことが理解されよう。

まず，各村の人口密度と焼畑実施世帯率には負の相関性が明瞭に見られることである。後者は北東部の人口密度が 40 人以上の村で低い値を示し，ポンサワン村では焼畑を行う者が皆無となっている。逆に，人口密度が 10～30 人の村では 7 割以上の世帯が焼畑を続けているのである。

第 6 章 焼畑実施の村落差 | 191

表 6-2　各村の水田稲作と焼畑稲作の実施状況（2009 年）

村名	総世帯数	水田稲作 実施世帯数	(%)	焼畑稲作 実施世帯数	(%)	平均的な規模(ha)	平均的な休閑年数	連作
パクトー村	74	4	(5)	13	(18)	0.55	—	多い
フアイコーン村	51	0	(0)	50	(98)	0.88	3	少ない
ナーカー村	46	25	(54)	5	(11)	1.32	3〜4	少ない
フアイコート村	88	70	(80)	13	(15)	0.44	3	多い
フアイカン村	47	3	(6)	15	(32)	1.65	3	多い
ポンサワン村	72	22	(31)	0	(0)	0		
ポンサイ村	107	25	(23)	55	(51)	1.10	3	少ない
ティンゲーウ村	167	25	(15)	105	(63)	0.99	3	—
ブーシップ村	86	19	(22)	60	(70)	0.88	4	少ない
ロンルアット村	94	9	(10)	77	(82)	1.10	3	少ない
ブーシプエット村	112	25	(22)	87	(78)	1.54	4〜5	少ない
シラレーク村	146	27	(18)	141	(97)	1.21	3	少ない
フアイペーン村	42	6	(14)	36	(86)	1.98	5	少ない
ノンクワイ村	36	1	(3)	33	(92)	0.88	5	少ない

注 1）平均焼畑規模は各村の焼畑での平均的な播種量（「ガロン」と呼ばれる保存・計量用の缶に何杯分の種籾を植え付けたか）を聞き取り，それを面積に換算した。
注 2）「—」は聞き取りをしなかったことを示す。
（2009 年 8 月に各村の村長に実施した聞き取り調査とシェンヌン郡政府より入手した人口統計資料をもとに作成。ただし，フアイペーン村に関しては同時期に各世帯に実施した聞き取り調査をもとに作成。また，ブーシップ村の水田実施世帯数は 2004 年の各世帯への聞き取りに基づく。）

　次に，人口密度の高い村では焼畑の維持が難しくなっており，それが低い焼畑実施につながっていることである。これらの村では激しい土地不足が生じている。そのため，フアイコート村やフアイカン村，パクトー村では焼畑での連作が一般的となっている[12]。しかし，連作地では雑草が繁茂して除草が追いつかなくなるし，収量も落ちる。このことが人口密度の高い村で焼畑が放棄される原因となっている。ポンサワン村でもかつては多くの焼畑従事者がいた。村長によると，1980 年代末には，10 世帯が沢の上流に出作り集落を作り，周辺

12）フアイカン村では 3 年の連作が一般的である。こうした場合，栽培期間が休閑期間を上回る可能性もあり，焼畑というよりは陸稲の常畑と表現する方が適切かもしれない。焼畑の定義については 9 頁を参照。

写真 6-2 「焼畑稲作をやめた村」を顕彰する看板
注 13 参照。これはファイコート村のものである。
(2009 年 3 月　ファイコート村)

で焼畑をしていた。しかし，人口の上昇にともない，2004 年には焼畑従事者が皆無となってしまった（写真 6-2)[13]。また，焼畑を継続する世帯がいても，パクトー村やファイコート村ではその規模は世帯あたり半ヘクタールほどと，減じられている。

　このように，各村での焼畑の実践の程度は人口密度と相関していると考えることができる。しかし，各村での聞き取りからは，高地の「涼しい土地」と低地の「暑い土地」の環境の違いもこれに大きく絡んでいることがわかる。焼畑稲作に適するのは断然前者だというのである。試みに，ファイペーン村の焼畑とファイカン村の焼畑で，陸稲収穫量の播種量に対する比率を 6 例ずつ聞き取り，比較してみた。すると，ファイペーン村では 22.8～47.5 倍の収量が得られ

---

13) このため，幹線道路に面して，この村が「焼畑稲作をやめた村」であることを示す看板が政府によりたてられた（写真 6-2)。これは焼畑をやめたことを顕彰することによって，他村にもそれを求めようとする意図と考えられる。同じ看板は，ナーカー村やファイコート村にもたてられている。しかし，実際にはこの 2 村では表 6-2 に見るように今も若干の焼畑がなされている。

第 6 章　焼畑実施の村落差 | 193

るのに対し，フアイカン村では最高でも 21.6 倍，最低だとわずかに 2.7 倍にしかならないことがわかった。こうした高地と低地の収量の違いは他村でもよく口にされる[14]。

筆者の経験では，どの村でも標高 600m くらいから陸稲の焼畑が卓越するようになる[15]。そこで，この標高を高地と低地の境界と考えると，焼畑実施世帯率の低い村はいずれも高地をあまり含まない村であることがわかる（図 6-2）。これに対し，焼畑を行う世帯が 8 割以上の村は高地村か高地を多く領域に含む低地村である。このように，領域にどれだけ高地が含まれるかということも焼畑の実施に深く関わっているのである。

2. 他の仕事と比べての相対的重要性

1 では各村で焼畑がどれほど実施されているかを検討した。ところで本章冒頭でも述べたように，現在のラオスの焼畑村落では生計の多様化が進み，焼畑以外にもさまざまな仕事がなされている。こうした他の仕事と比較した場合，焼畑は各村でどれほどの重要性を持っているのだろうか。

まず，焼畑とともに，コメ生産手段として重要な水田稲作について検討する。前章まででも指摘したが，当地域の水田はカン川沿いに集中しており，井堰灌漑により，その多くで乾季作が可能である。焼畑よりも高収量なため，自家消費分以外の余剰米を販売や貸付にまわす世帯も多い（第 4 章参照）。

表 6-2 に各村の 2009 年の水田実施世帯数とその全世帯数に占める割合を示した。この表から，水田実施世帯の割合には村ごとにばらつきがあるが，特に高いのはナーカー村，フアイコート村，ポンサワン村であることがわかる。この 3 村は先に見たように，焼畑をほとんどしないか，やめてしまった村である。このことから，これら 3 村で焼畑依存度が低いのは，水田でコメを得る世帯が多いことも関係していそうである。特に，ナーカー村とフアイコート村は伝統的に水田への依存度の強いユアン族の村であり（図 6-3 参照），もともと焼畑の

---

14) この理由の一つとして，高地では晩生種の陸稲が栽培できるのに対し，低地では早生か中生種の陸稲しか栽培できないことが挙げられる。一般的には栽培期間の長い品種の方が，収量が高い。159 頁参照。

15) 図 3-2（79 頁），図 4-1（115 頁），図 5-2（157 頁）を見ても，大規模な陸稲の焼畑は標高約 600m 以上に分布している。

表6-3　各村での最重要の仕事

	1番重要な仕事	2番目に重要な仕事	3番目に重要な仕事
パクトー村	換金作物	雇用労働	家畜飼養
ファイコーン村	焼畑	家畜飼養	—
ナーカー村	—	—	—
ファイコート村	水田	換金作物	雇用労働
ファイカン村	雇用労働	換金作物	焼畑
ポンサワン村	換金作物	水田	雇用労働
ポンサイ村	焼畑，水田	家畜飼養	換金作物
ティンゲーウ村	焼畑，水田	家畜飼養	換金作物
ブーシップ村	焼畑，水田	家畜飼養，換金作物	雇用労働
ロンルアット村	焼畑	換金作物	家畜飼養
ブーシプエット村	焼畑	雇用労働	水田，家畜飼養
シラレーク村	焼畑	水田	家畜飼養
ファイペーン村	焼畑	家畜飼養	換金作物
ノンクワイ村	焼畑	家畜飼養	—

注）「—」は答えが得られなかったことを示す。
（2009年8月に各村の村長に実施した聞き取りによる。）

重要性はそれほど大きくなかったとも考えられる。だからこそ，先述の通り，ファイコート村では村落領域が狭く設定されてしまったのであった。

次に，その他の仕事も加え，各村でどの仕事が特に重要視されているかを検討する。2009年8月に，各村の村長に村人にとって重要な仕事を最重要なものから順に3つ挙げてもらった。これをまとめた表6-3から以下の点が指摘できる。

まず，「焼畑と水田」という答えも含め，焼畑実施世帯率が5割以上の村では，全て焼畑が最重要の仕事とされていることである。これらの村でももちろん，現金収入を目的とした活動が活発化しているが，それが焼畑に代わるものにはなっていない。また，これらの村で家畜飼養が2番目，あるいは3番目に挙げられているのも特筆すべきである。これは特にウシやスイギュウに関しては，領域の広い村の方が放牧地が確保しやすいためである。また，高地では伝染病が広まりにくいことや飼料の栽培に適していることもこれに関係している[16]。

一方，焼畑実施世帯率の低い幹線道路沿いのポンサワン村以北の諸村では，

当然ながら焼畑の重要性は低い。これらの村では先に挙げた3つの村で水田が重要なほかは，換金作物や雇用労働が重要である。

これらの村でよく栽培される換金作物には，ハトムギ，飼料用トウモロコシ[17]，バナナ，カジノキ，ヤダケガヤ[18]などがある。換金作物は価格のよい時には高収入が得られる。しかし，前章までの事例でみたように，時に価格が落ちたり，不作になったりするのが問題である[19]。そのため，各世帯は複数の換金作物を栽培したり，他の仕事にも従事したりして，こうしたリスクを回避している。

雇用労働は近隣での日雇いと出稼ぎに分けることができる[20]。前者には農作業の手伝いのほか，種々の肉体労働が挙げられる。例えば，フアイカン村では全47世帯のうち，20世帯が近隣の製材所の仕事に従事している。当村で雇用労働が最も重要とされるのはこのためである。また，パクトー村ではシェンヌン村での種々の日雇い労働に多くの村人が従事しているという。日雇い仕事に従事するのは各村のカム族の貧困層であり，雇用主の多くはタイ系民族の富裕層である。焼畑をやめ，こうした仕事への傾斜を強めることは，前章で論じたように，民族間の経済的な支配―従属関係を強めることになる。

一方，出稼ぎにはルアンパバーンでの建設業といった短期のものもあれば，ヴィエンチャン首都区（図2-1）での縫製業やタイでのプランテーション労働といった長期のものもある。こうした都市や外国への出稼ぎの担い手は若い男女が多い。2009年には，ラオスの各地で中国企業がゴム植林を行なったため，その労働者としての出稼ぎもよくみられた。ポンサワン村以北の低地村では2009年8月に，パクトー村で12人が，ポンサワン村で14人が出稼ぎに出て

---

16) この点に関しては，第7章および第9章を参照されたい。
17) これは前章でも言及したベトナム産のハイブリッド品種，サリーパンウィエットである。
18) カジノキやヤダケガヤはラオスの森林によく自生する。しかし，99-100頁や169頁注29で述べたように，対象地域ではこれらの植物を畑地で集約的に栽培するようになっている。そこで，本章ではこれらも換金作物に含めて考えることにした。
19) 近年の事例を挙げると，飼料用トウモロコシの価格が2007年には1kg1300kipしたものが，2008年には600kipにまで下がった。これにより，2009年に当地域でこの作物を販売向けに植える人はほとんどいなくなった。また，ブーシップ村では2009年にゴマ栽培で7,000,000kipもの収入を得た世帯があったが，2010年には不作で最高でも800,000kipの収入しか得られなかった。ラオスの通貨kipの換算レートについては前掲注7を参照。
20) ただし，パクトー村からポンサイ村までの国道沿いの村には，シェンヌン郡の行政機関の職員や教員，軍人などの公務員も多い。

いた。

　換金作物や雇用労働は焼畑を主生業とする村でも同じく重要である。特に低地村の場合，第3章のブーシップ村のように，多くの世帯が焼畑を継続しつつ，換金作物栽培も行なっている。また，低地村でも，高地村のファイペーン村でも近年は出稼ぎが活発化している[21]。その程度は村によって異なり，2009年8月には各村で14～50人が出稼ぎに出ていた。特に，ブーシプエット村では出稼ぎ収入が村人の生計を支えているという。表6-3で雇用労働が焼畑について重要となっているのはこのためである。

　焼畑を主生業とする低地村でもこうした活動の重要性が高まる中で，焼畑の重要性が減少している。表6-2で焼畑実施世帯が多いのに，その規模が1ha程度の村が多いのはそのためである[22]。

3. 焼畑の将来

　以上のように，他の仕事の活発化にもかかわらず，焼畑は多くの村の主生業であり続けている。それでは，焼畑は今後もこうした村で継続されていくのであろうか。

　これを考えるために，各村の焼畑がどれほど持続的な形でなされているかを休閑期間の面から検討してみよう。表6-2には各村の焼畑の平均的な休閑期間も示されている。これを見ると，人口密度の低い高地の2村では5年程度と比較的長い休閑期間が維持されている[23]。これに対し低地村では，人口密度が高い村はいうに及ばず，それが20～40人/km^{2}の村であっても，休閑期間が3年程度と短縮しているものが目立つ。これはこうした村であっても，すでに人口

---

21) ただし，ノンクワイ村では近隣での日雇いに従事する者も，出稼ぎに出る者も皆無とのことであった。
22) 表4-1のとおり，ブーシップ村の焼畑1ha当たりの籾米の平均収量は1.2tである。ラオス政府によれば，国民1人当たりの年間籾米消費量は300kgであり，シェンヌン郡の1世帯当たり平均世帯人員数は5.6人である（2012年のシェンヌン郡行政局の資料による）。そのため，作柄による変動はあるものの，焼畑1haからは平均的な世帯の年間コメ需要の7割が収穫できるとみてよい。
23) 対象地域では5年程度の休閑林でも「古い森（ປ່າເກົ່າ）」と呼ばれることが多い。実際，1年の耕作で放棄した場合，5年の休閑でもかなり森林の様相を呈するようになる。これは萌芽更新によるすばやい樹木の生長によるところが大きいと思われる。

が飽和状態にあり，適切な焼畑ローテーションが行えなくなっていることを示唆している。実際，第3章でみたとおり，ブーシップ村ではすでに2003年の時点で焼畑での雑草増加の問題が村人に指摘されていた。ブーシップ村をはじめ，焼畑を主生業とする多くの低地村で，その1世帯当たりの面積が1ha程度と小さいのはこのことも関係していよう。これらの村でも以前，焼畑はもっと広くなされていたが，近年それがやりにくくなったので，面積が減じられたのである。これに対し，ファイペーン村では1世帯あたり約2haと，いまだ大規模の焼畑が続けられている。

このように，当地域の低地村では，焼畑が主生業であっても，それを十分に営む余裕が無くなってきている。そのため，これ以上移住者を受け入れないか，受け入れるとしても土地を分与しない方針をとっている村がほとんどである[24]。これは多くの村で条件のよい土地は全てすでに占有されているためである。無主地が残っているとしても，それは急傾斜地などの悪地や最遠隔地にしかない。また，無主地はできるだけ将来生ずる分家世帯のために取っておきたいともいう[25]。これに対し，高地の2村は移住者をまだ受け入れる方針である。移住者には宅地も，畑地も無償で分与される[26]。

以上のように，当地域の焼畑を主生業とする諸村でも，低地村では土地不足の傾向が生まれつつあり，焼畑の継続が難しくなりつつある。さらに近年，この傾向を押し進めているのが，ゴム植林の拡大である。この地域でゴム植林が本格的に開始されたのは2008年であり，ポンサイ村以南の低地村では大面積の植林が見られる。ゴム植林は各世帯の占有地でなされるため，その拡大は焼畑用地の縮小をともなうものである。焼畑の減退に拍車をかける現象といえよう。

---

24) ただし，移住者は占有地をその保有者から購入することができる場合がある。また，農地を必要としない商人の移住については多くの村で寛容である。

25) このため，政府の説得に応じ，低地村に移住した高地住民でさえ，宅地や畑地を購入しなければならなかった。例えば，ナーレーン村から2005年にロンルアット村に移住した世帯は，宅地は無償で与えられたものの，換金作物を栽培するための畑地は購入しなければならなかった。低地集落近辺の畑地の相場は1haあたり100万〜200万kip（換算レートについては前掲注7を参照）であるため，かなりの出費を要したという。

26) ただし，両村への移住も全く無償ですむわけではない。近年，両村は電気の設置を郡政府に要請し，受諾された。しかし，そのためには，住民負担金として1世帯あたり300万kip（換算レートについては前掲注7を参照）の納入が必要となったのである。移住者にも当然，この費用の負担が求められることになる。この費用が支払えないという理由で2010年にファイペーン村を離村した世帯が3世帯あった。

第4節　村境の画定と領域意識の強まり

　前節では各村での焼畑の実施状況が村の領域に深く規定されている事実が確認できた。つまり，領域の面積や範囲が各村で焼畑が継続される度合いを規定していた。ところが，村の領域が明確化したのは，当地域では多くの場合，1990年代以降のことである。それ以前は村の境界はあいまいなものであった。例えば，聞き取りによると，1970年代にはフアイカン村の住民は自由にフアイペーン村領域で焼畑をしていたのである。

　しかし，一度村境が画定されてしまうと，それはその後大きな意味を持つことになった。以下ではこれを二つの事例から見ることにする。

1. フアイカン村とフアイペーン村の越境耕作をめぐる争論

　2008年のフアイカン村の人口密度は1km^{2}あたり69人であり，当地域では2番目に高い（図6-4）。ところが，村境が画定された1992年頃はこの村にはわずか5世帯しかなかった。そのため，当村の領域は他村に比べ小さく設定されてしまった。

　その後急激に人口が増加し，2008年には48世帯286人が住む。これは他村からの移住が原因で，特に隣接する高地村，フアイペーン村からの移住者が多かった。現在，同村からの移住者はフアイカン村の世帯数の半分を占めている。

　このような激しい人口移動の結果，当村領域内で焼畑を継続することは難しくなっている。そのため，近隣の製材所での日雇い勤務や換金作物栽培が当村の主生業となっている。

　これに対し，フアイペーン村の人口密度は1km^{2}あたり12人であり，土地にかなり余裕がある。このため，同村からフアイカン村に移住した世帯の中には同村領域での焼畑の継続を望むものが多かった。特に，2000年以降と，新しく移住した世帯にはこの希望が強かった。フアイカン村領域内にはすでに余剰の土地がなく，畑地の分与も全く受けられなかったためである。ところがフアイペーン村は，離村者は村域内の土地の耕作権を失うものとし，無償では村域内での耕作を認めようとしなかった[27]。

---

27)　この件については，159-160頁で詳述した。

結局，2006年に一世帯あたり一定金額をフアイペーン村に支払うことで，近年移住した10世帯についてはフアイペーン村領域内での2枚の土地の占有が認められた。これで問題は解決したとされる。しかし，この他の世帯がフアイペーン村領域の土地を使用する場合は，高い借地料が課されることになっている[28]。

2. 焼畑地を求めてのパクトー村からフアイコーン村への移住

　パクトー村の人口密度は87/km^{2}人であり，当地域ではもっとも高い。この村はフアイコーン村やシェンヌン村などから移住者が集まり，1989年に成立した。村の成立にあたり，周辺村から土地が分与された。これは当初は現在よりも大きな領域であった。ところが，当時の村長が，領域が広大で監督が行き届かないという理由でこれを断り，現在の領域に確定したという[29]。

　しかし，その後，フアイコーン村やカーン川（ບ້ານຄານ）方面（図6-2）からの移住者が相次ぎ，当村の人口は急増した。2008年には74世帯474人が住む。激しい土地不足ゆえに，当村でも焼畑の実施はすでに難しくなっている[30]。住民の生計を支えるのは換金作物栽培のほか，郡の中心地であるシェンヌン村でのさまざまな日雇い労働である。また，他村の放牧地でウシやスイギュウを飼養する世帯もある。

　こうした状況の中，パクトー村住民の中には隣接するフアイコーン村での焼畑実施を希望する者が多い。フアイコーン村はやや土地に余裕がある上に，そ

---

[28]　2010年にはフアイペーン村領域内で耕作をするフアイカン村住民は10世帯以上いた。そのうち，5世帯が借地料を支払って耕作していた。これはその土地の保有者に支払うもので，その額は保有者が親戚の場合は200,000〜300,000kip（換算レートについては前掲注7を参照），それ以外の場合は500,000kipにのぼる。

[29]　村境は村の利用できる範囲だけでなく，村が監督義務を持った範囲をも意味する。例えば，領域内で反政府的な活動がなされた場合，村がその取り締まりにあたらなければならない。また，領域内でウシやスイギュウが死んだ場合，それが他村の所有者のものであっても処分しなければならない。以前，ウシやスイギュウは一定の放牧地が設けられず，自由に放牧されていたため，こうしたことがよくあった。パクトー村やフアイカン村の領域画定がなされた時，両村とも人口が少なかった。そのため，当時の住民は広大な領域を与えられても監督することができないと考えた。こうしたことも両村が小さな領域に甘んじた理由と考えられる。

[30]　2009年には13世帯が焼畑を実施したが（表6-2），これは村外地主がチークを植林した土地に陸稲を間作したものが多いようである。

の領域が高地にあり，焼畑にむいているためである。ところが，フアイコーン村はこれを容易に認めなかった。そこで，2007～2009年にかけて6世帯がパクトー村からフアイコーン村に移住した。

　これはモン族4世帯とカム族2世帯であり，彼らにはフアイコーン村領域の最奥部にあった無主地から，数枚の土地が与えられた。モン族の世帯はその近辺に出作り集落[31]を作り，それを拠点に焼畑と，ウシ，ヤギ，ブタ，ニワトリの飼養を行なっている。彼らはカーン川上流の奥地の村から移住してきた世帯であるが，パクトー村にいた6～7年間は満足に焼畑ができなかったため，とても貧しい暮らしをしていた。ところが，現在はオートバイや携帯電話を所有する世帯も出ているという。

　以上，当地域における村境画定の経緯とその後の村境をめぐる争論を二つの事例に見てきた。これらの事例から以下のことがいえよう。

　一つは境界設定に立ち会った人々は当地域の将来を全く予期できなかったことである。境界設定当時と現在とでは当地域の状況は大きく変化してしまった。何よりも，高地の人口が減少し，低地の人口がふくれあがった。ところが，フアイカン村にしろ，パクトー村にしろ，こうした変化が予期できず，小さな領域に甘んじてしまったのである。

　もう一つは，にもかかわらず，いったん決められた境界はその後，効力を持つようになり，各村の人々の命運を左右するまでになっているということである。両事例に見たように，各村は越境耕作に関しては厳しい対応を見せるようになっている。この中で，ある村の領域での十全の耕作権を得るには，フアイコーン村のモン族のように，その村に移住するしかない[32]。各村は領域に対する排他的権利を強く主張するようになっているのである。この中で，村の領域がどこにあり，どれほどの広さを持つかということが，人々の生計の内容をある程度規定する事態となっている[33]。

31）この出作り集落は第7章で事例として取り上げるサナム24である。その位置は図7-1，概況は表7-2を参照されたい。
32）ところが，前節で見たように，当地域で移住者を受け入れようとする村は少ない。また，受け入れた場合も，宅地や耕作地の購入費，電気設置費用など，移住者には高額の負担が求められることになる。また，移住先に親戚や知人がいることも重要な条件である。このように，現在においては他村への移住は気軽には行なえないものとなっている。

第5節　村境と焼畑

　以上，対象 14 村における焼畑実施の差異を主に，各村の人口，領域，生計の面から説明してきた。その結果，以下の点が考察される。

　一つは各村の領域と焼畑との関係についてである。各村の焼畑について考える場合，村境や村域の問題を考慮することが不可欠である。前節でみたように，各村はいまや自己の村域の排他的利用権を強く主張するようになっている。越境耕作にも高い対価を求めるようになっているのである。村境はいまや各村の耕作範囲として重要な意味を持っているといえる。

　こうした中，各村の村境や村域のあり方がダイレクトに村の生計の内容を規定する状況が現出している。特に焼畑は土地利用型農業であるため，村の面積に規定される傾向が強い。対象地域ではさらに，村域の範囲，すなわちどれだけ高地を含むかということも，焼畑の継続を左右する要因となっていた。

　このことは土地森林分配事業が各村に与えた影響を考察する際にも重要な意味を持っている。本章冒頭や第1節でも述べたように，当地域の場合，事業で実施された土地利用区分や農地分配については，長期的にみたときの効力は小さかった。人々の焼畑実践にも大きな影響を与えていない。これに対し，村域の画定は各村で大きな意味を持ったし，一部の村では焼畑の存続を不可能にした。すなわち，村域こそが住民の耕作範囲を限定したのであり，一部の村では人口密度が急激に高まる中で，焼畑の存続が不可能となったのである。この意味では，焼畑抑制政策としての土地森林分配事業は村域を定めたという点において，一部の村のみであるが，その目的を達成することができたといえる。

　また，本章の事例からは高地から低地への人口移動の影響を考える際にも，領域の問題を無視できないことが明らかである。ティンゲーウ村，ブーシップ

---

33) 領域に対する排他的権利の主張は耕作以外の行為に対しても主張されるようになっている。例えば，森林産物の採取がそうである。ロンルアット村には換金できる森林産物が豊富に存在する。2002 年にはこの村と近隣村の間で争論がたびたび起った。その理由は他村者がロンルアット村で森林産物を採取した場合，立ち入り料を徴収するとか，採取を一日分に限るということを主張しはじめたためである。ある住民によると，土地森林分配事業ののち，こうした主張がよくなされるようになり，他村での森林産物採取も難しくなったという。また，かつては比較的寛容であった放牧牛の越境については，食害問題にもつながるため各村ともかなり厳しくなっている。そのため，ファイコーン村やポンサイ村では村境に柵をめぐらし，自村のウシやスイギュウが越境しないようにしている。

村，ロンルアット村，シラレーク村では近隣の高地住民が移住し，そのために集落人口の急増が見られた。しかし，この場合は旧高地村領域の併合をともなうものであった。こうした人口移動は焼畑への影響が少ない。移住した住民は旧村領域を焼畑などの活動の場として利用し続けるためである。出作り集落や林道はこれを助ける手段となっている。これに対し，人口密度を高め，焼畑の継続を不可能にしているのは，領域の併合をともなわない人口移動である。本章ではパクトー村やフアイカン村でこれが顕著にみられた。

　ラオスの焼畑については，低地への人口集中がその減退を招いているという大雑把な議論がよくなされる。しかし，実際はそれほど単純ではなく，人口集中を領域の問題とセットにして考察する必要がある。そうすることでより精密な議論ができるようになる。

　次に，各村における焼畑の生計上の位置付けについても考察しておく。本章の事例では，いまだ多くの村で焼畑が主生業となっていることが確認できた。これらは人口密度が40人/km^{2}以下の村である。こうした村では少なくとも6割の世帯が0.9〜2haの規模で焼畑を続けている。人々が焼畑を続けるのは，近年活発化した現金収入向けの仕事が，換金作物栽培にしろ，家畜飼養にしろ，雇用労働にしろ，安定的な収入源とみなされていないためであろう。こうした状況において，人々は土地に余裕がある限り，焼畑を続ける傾向にある。主食のコメの確保は生計の安定に大きく寄与するためである。

　それでは，焼畑をやめた村では生計が不安定化し，貧困者が増加しているのだろうか。残念ながら，本章のデータからはこの点を考察することはできない。確かに主食が確保できない分，生計は不安定化するだろう。しかし，Rigg(2005)の指摘するように，出稼ぎなどによる農外収入が彼らの貧困化をくいとめる働きをする可能性は十分にある。焼畑をやめた村であるポンサワン村の村長によると，当村で本当に貧しいといえるのは72世帯中5世帯に過ぎないという[34]。この指摘から，現金収入向けの活動も人々の生計を支え得るだけの力を持っていることが想像されよう。

　また，本章では，焼畑を主生業とする村の中でも，低地村の多くでは，人口が飽和状態に達し，焼畑の適切なローテーションが不可能となっていることがわかった。一方，これらの村では換金作物栽培や家畜飼養，出稼ぎなどが活発

---

34) 2009年8月の聞き取りによる。

に行われるようになっている。この中で焼畑の重要性は以前に比べると減少し，多くの村で焼畑規模が減じられたほか，一部の村では焼畑実施世帯率も低下している。この傾向は今後ますます強くなるのではなかろうか。

おわりに

　本章は対象地域の14村を対象とし，焼畑の土地利用面，および生計面の重要性が村によりどう異なるかを明らかにした。さらに，こうした村落差がなぜ生じるのかを考察した。その結果，対象地域では村域が耕作範囲として大きな意味を持ち，焼畑の実施はその面積と範囲いかんに強く規制されていることが明らかになった。このことから，土地森林分配事業は各村の境界を画定した点において，その後の焼畑の命運を左右したといえること，現在ラオス全土でみられる低地への人口集中の問題も領域の問題と併せて考えなければ，適切な評価ができないことを明らかにした。

　また，焼畑の生計上の重要性については，人口密度がある程度低い状況にあれば，多くの村人が焼畑を実施する傾向にあり，こうした村ではいまだ焼畑が村の主生業とみなされていること，にもかかわらず多くの低地村では焼畑が以前よりもやりにくくなっており，その減退傾向が見られる反面，他の仕事の重要性が増していることを明らかにした。

　以上のように，村境は現在の焼畑村落の生計と土地利用を規定するものとして重要である。今後はそれがどのように決められたのかという点について，さらに調査する必要がある。また，一部の村では村域が狭く設定されたために，生計の選択肢がほとんどなく，不利益を被っている。今後の土地利用政策では，こうした問題点をいかに克服するかを考える必要があろう。

第2部
焼畑民による家畜飼養

サナムで寝転ぶ子豚
(2010年3月　ファイペーン村，キジア谷のサナム)

第7章
出作り集落での家畜飼養
― ルアンパバーン県シェンヌン郡カン川周辺の事例 ―

村の社

(2005年12月 フアイペーン村)
フアイペーン村集落を見下ろす小高い丘の上に、村の精霊を祀る社がある。毎年6月と12月に村を挙げての祭祀が行われる。6月の方が盛大で、年によりスイギュウかブタが奉納される。この写真は、陸稲の収穫が終わった後の12月の祭祀の際に撮影したもの。カオトム（ເຂົ້າຕົ້ມ, モチ米とバナナ、ココナッツミルクをバナナの葉にくるんで蒸しあげた甘い菓子）、酒、ニワトリが奉納され、祈りが捧げられた後、踊りが舞われた。

はじめに

　第2部ではラオスの焼畑民による家畜飼養の実態を明らかにする。第1章第3節でも述べたとおり，家畜飼養は彼らが伝統的に従事してきた仕事である。また，現在は現金収入源としての発展が有望視される仕事の一つである。しかし，その実態はあまり解明されていない。特に，多様な仕事に従事する焼畑民が，家畜飼養にどのように土地や労働力を配分して，それをなし得ているのかという点についてはほとんどわかっていない。まず，本章では，ブタや家禽の飼養に焦点を当てて，この点を明らかにする。

　焼畑民のブタや家禽の飼養方法は，従来は集落近辺での放し飼いが普通であった。しかし，40-41頁で紹介したPhengsavanh et al. (2011) が報告するように，近年は舎飼いが増えている。しかし，Phengsavanh et al. (2011) の調査は広域かつ多数世帯を対象としているものの，集落での聞き取り調査のみに基づいているため，焼畑民の飼養実態を十分にとらえきれていない。なぜなら，家畜は集落だけではなく，より奥地で飼われる場合も多いためである。その一つの例が，第3章～第5章で登場した出作り集落，「サナム（ສະນາມ）」[1]である。そこでは，高地村から低地に移転した住民が旧村領域で焼畑などの活動を続けるための拠点として説明した。ブタや家禽などの家畜の飼養もそうした活動に含まれる。焼畑民の家畜飼養実態をとらえるためには，サナムも視野に入れる必要がある。

　そこで本章では，ラオス山村のサナムに注目し，サナムが家畜飼養の場としてどのように機能し，運営されているかを明らかにする。これにより，変化しつつあるラオス山村での家畜飼養の実態が明確になる。

　以下では，調査方法を説明したのち，まず，対象地域14村のサナムを概観し，大まかな分類を行う（第2節）。次に，その中でも多く家畜を飼養しているサナムの例として，フアイペーン村のサナムを取り上げ，その機能を家畜飼養の面を中心に詳細に考察する（第3節）。その上で，他村のサナムを取り上げ，そこでの家畜飼養についても比較・検討する（第4節）。

---

1) 対象地域ではタイ系民族も，カム族も，モン族も「サナム」という言葉を用いる。現在のところ，これがどの民族に起源する言葉なのか確認できていない。ラオ語やタイ語で「広場」を意味する「サナーム（ສະໜາມ）」に由来する可能性はあるが，サナムはラオスの公文書でもສະນາມと記載され，両者は発音の上でも，文字表記の上でも明らかに区別されている。

第1節　調査方法

現地調査は 2009～2015 年にかけてカン川周辺地域の 14 ヶ村で行なった。

2009 年 3 月と 8 月，2010 年 3 月に，14 ヶ村で出作り集落，「サナム」に関する聞き取り調査を行った。その結果，14 村のうち，10 村で 39 箇所のサナムが存在することがわかった。そこで，同期間に 36 箇所を実地踏査し，その位置や設営世帯数（小屋の数），周辺の環境などを明らかにした。さらに，サナムを建てた理由やその運営実態，家畜の飼養規模などについて，実地踏査に同行した村人，サナムの設営世帯，村長や村役などから聞き取りを行った。

この 14 村のうち，特にファイペーン村のサナムを事例に，2009～2015 年にかけて重点的な調査を行なった。この期間，当村のサナムにたびたび訪れ，参与観察を行なったほか，その設営世帯に聞き取り調査を重ねた。さらに，この間，村の全世帯に対する家畜の所有頭数と飼養場所に関する調査を 4 度行い，サナムと集落での飼養家畜数の変遷を明らかにした（後掲表 7-3）。

さらに，2009 年 8 月に，サナムと畑地の位置関係を明らかにするために，GPSでファイペーン村の全世帯の陸稲焼畑とトウモロコシ畑の位置を測量した。また，畑地の面積を明らかにするために，各世帯に 2009 年の陸稲とトウモロコシの播種量を聞き取った。2005～2006 年に当村で実施した畑地測量と聞き取り調査（147-148 頁参照）の結果から，各作物の播種量と畑地面積の関係は明らかになっている[2]。それに基づき，各畑地での播種量からその面積を計算した（後掲図 7-2）。

第2節　対象地域におけるサナムの分布と概況

2009 年 3 月～2010 年 3 月には，対象 14 村のうち，10 村で 39 箇所のサナムが確認された。表 7-1 はこの 10 村でのサナムの設営世帯数を示したものである。また，図 7-1 は，現地踏査を行なった 36 箇所について，その位置を示し

---

[2]　各世帯は陸稲の播種量をガロンと呼ばれる缶に何杯分かで把握している。ガロン缶の容積は 20 ℓ である。2005 年の調査から，ガロン缶 1 杯の陸稲の種籾で平均 0.22ha の焼畑が播種されることがわかった。トウモロコシについては，種子 1kg で平均 0.05ha が播種されることがわかった。

表 7-1　カン川周辺におけるサナムの数と設営世帯数

| | 総世帯数 | サナムの数 | 設営世帯数 | | | | 総世帯に占めるサナム設営世帯の割合 |
			総数	カム族世帯	モン族世帯	村外世帯	
パクトー村	74	7	7	7	0	0	9%
フアイコーン村	51	6	29	24	5	4	49%
フアイカン村	47	1	1	1	0	0	2%
ボンサイ村	107	2	7				7%
ティンゲーウ村	167	1	4				2%
ブーシップ村	86	1	1	1	0	0	1%
ロンルアット村	87	4	16	8	8	0	18%
ブーシプエット村	112	5	20	20	0	0	18%
シラレーク村	146	11	26	25	1	1	17%
フアイペーン村	41	1	9	9	0	0	22%
計	918	39	120	95	14	5	13%

注）空欄部分については不明である。
(2009 年 3 月および 8 月，2010 年 2 月の現地調査で得たデータに基づき作成。)

たものである。また，表 7-2 は，そのうちカン川左岸の 24 箇所のサナムについて，その概況をまとめたものである。この表ではサナムを標高の順に配列している。これらの図表から以下の点が指摘しうる。

　まず，その立地や規模が多彩である点である。サナムは全て谷や湧水地などの水場付近に位置しており，その点は共通する[3]。しかし，集落からの距離をみるとパクトー村のサナム 3 のように，集落からわずか 400m しか離れていないものもあれば，ブーシプエット村のサナム 23 のように 7km 離れたものもある（36 箇所のサナムの平均は 2.7km）。標高についても 360m から 1050m と広い範囲内に位置する（同じく平均 620m）。さらにその規模についても，1 世帯のみの設営から 10 世帯の設営まで多様である。

　次に，サナムの数はこのように多いものの，その設営世帯数は決して多くない点である。表 7-1 には，約半数の世帯がサナムを設営するフアイコーン村の

---

[3] このため，サナムの名称には後に述べる「キジア谷のサナム」のように，その位置する谷の名称が付されることが多い。

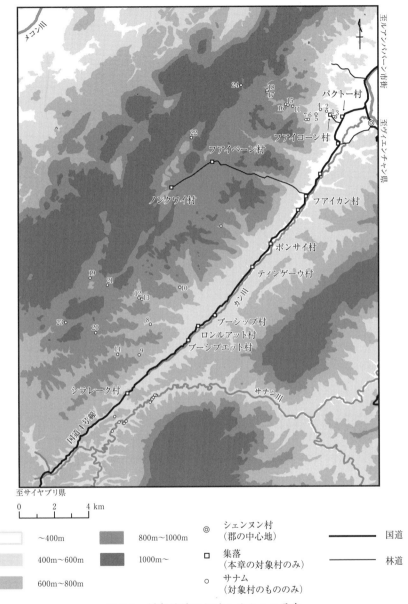

図7-1 対象地域におけるサナムの分布

注1) サナムに付された数字は表7-2のIDである。
注2) 対象14ヵ村では39のサナムが確認された。そのうち，筆者が踏査し得た36ヵ所の位置を図示した。
注3) この図の範囲には対象村以外の村の集落やサナムも存在しているが，図示していない。
(10万分の1数値地図，2009年8月および2010年2月実施のGPSによるサナムの位置測定にもとづき作成。)

第7章 出作り集落での家畜飼養 | 211

表 7-2 カン川左岸のサナムの概況

ID	所属村	標高(m)	集落からの距離(km)	世帯数 総数	世帯数 カム族世帯	世帯数 モン族世帯	開始年	スイギュウ	ウシ	ヤギ	ブタ	ニワトリ	アヒル	ブタの主な飼料	農作期にブタ(成獣)を放し飼いするか	収穫後にブタ(成獣)を放し飼いするか	以前集落があったか	乾季の宿泊
1	パクトー村	360	0.5	1	1	0	—	0	0	0	1	45	0	米糠	しない	—	—	する
2	パクトー村	360	0.9	1	1	0	2006	0	0	0	7	200	7	キャッサバ,米糠	しない	しない	なかった	する
3	パクトー村	360	0.4	1	1	0	—	0	0	0	○	○	0	—	しない	—	—	—
4	パクトー村	380	1.3	1	1	0	—	0	0	0	0	50	2	—	—	—	—	する
5	パクトー村	400	1.5	1	1	0	—	0	0	0	○	○	0	—	しない	しない	—	—
6	パクトー村	480	1.9	1	1	0	1996	0	0	6	6	14	0	—	—	—	—	—
7	パクトー村	510	2.1	1	1	0	2004	0	0	2	○	7	0	—	しない	—	—	—
8	ブーシブエット村	570	2.4	4	4	0	1976	0	0	0	1	4	0	—	しない	—	あった	—
9	ブーシブエット村	610	2.9	3	3	0	1976	0	0	0	○	○	0	—	—	—	あった	—
10	ブーシップ村	670	2.6	1	1	0	—	0	0	0	19	○	9	米糠	する	する	—	—
11	ファイコーン村	690	2.3	10	10	0	2003	0	0	0	0	0	0	—	—	—	なかった	しない
12	ロンルアット村	700	3.7	5	0	5	2006	0	0	—	—	—	—	—	—	—	あった	—
13	ロンルアット村	710	3.6	7	7	0	1995	0	0	0	1	7	2	米糠	しない	する	あった	しない
14	ブーシブエット村	710	4.1	7	7	0	2009	0	0	0	1	7	0	トウモロコシ	—	—	あった	
15	ファイコーン村	740	2.6	5	5	0	2003	0	0	○	○	○	0	—	しない	する	—	—
16	ファイコーン村	740	2.8	5	5	0	2003	0	0	0	2	16	0	—	—	—	—	—
17	ファイコーン村	780	4.0	1	1	0	2003	0	0	0	○	○	0	—	—	—	あった	—
18	ファイコーン村	790	4.0	2	2	0	2003	0	0	○	7	○	0	—	—	—	あった	—
19	ロンルアット村	800	6.8	3	0	3	1991	0	5	7	8	30	0	トウモロコシ	する	する	あった	する
20	ブーシブエット村	810	5.4	1	1	0	—	—	—	—	—	—	—	—	—	—	—	—
21	ロンルアット村	820	5.7	1	1	0	2005	—	—	—	7	○	—	—	する	—	あった	—
22	ファイベーン村	840	1.8	9	9	0	1990	0	2	0	4	15	2	トウモロコシ	する	する	なかった	する
23	ブーシブエット村	880	7.1	5	5	0	2000	1	3	1	3	20	0	トウモロコシ	する	する	あった	する
24	ファイコーン村	1050	5.5	6	1	5	2004	0	0	○	25	50	0	トウモロコシ	する	する	あった	する

注1) ID は図7-1と対応している。
注2)「—」は聞き取りができなかったことを示す。
注3)「○」は家畜の存在は確認されたが,その数は確認できなかったことを示す。
(2009年8月の各サナムへの訪問調査で得たデータに基づき作成。)

事例もある。しかし，各村におけるサナム設営世帯の割合は総じて低く，全体では13％に過ぎない。また，対象地域の4村にはサナムが全く見られないのである。このように，サナム設営世帯は当地域において，あくまで少数派である。

　さらに，設営世帯の民族的属性は全てカム族かモン族である。特に，カム族は36箇所のサナムの設営世帯の87％と圧倒的多数を占めている。これはサナムの多くが位置する高地がこれらの民族の本来の生活圏であることと関係していよう。対象地域には低地を主な生活圏とするタイ系民族も居住しているが，彼らはサナムに全く関与していない。サナムの設営は焼畑民に特徴的な営為なのである。

　また，表7-2からほとんどすべてのサナムの内部で，ブタやニワトリをはじめとする家畜が飼養されている。標高の高いサナムの中には，ウシやヤギを周辺で飼養するものも多い。やはり，サナムは家畜飼養の場としても重要なのである。

　以上，サナムの全体的傾向について指摘したが，次にそれぞれのサナムの特徴の違いについても指摘しておく。表7-2をよく見ると，カン川左岸のサナムは標高により特徴が異なることに気づかされる。まず，世帯数を見ると，標高500m以下のサナムは全てパクトー村に属するが，1世帯で経営されている。しかし，それ以上の標高になると，複数世帯がほとんどで，4～10の多数世帯での設営が普通である。次に，それぞれのサナムでブタに給餌される飼料を見ると，標高800m以上のサナムではトウモロコシが主体であるのに対し，それより低くなると，聞き得た範囲では米糠やキャッサバが主体となる。また，「農作期の雨季に成獣のブタを放し飼いするか」という質問に対しても，標高800mを境に答えが異なる。つまり，800m以下のサナムのほとんどは農作期には舎飼いするのに対し，800m以上のサナムでは，農作期でも放し飼いを行う。次に，収穫後のブタの放し飼いに関する質問に対しては，だいたい標高500mのところに境がありそうである。すなわち，低いパクトー村のサナムでは作物収穫後の乾季でも放し飼いがされないのに対し，それより標高が高くなると収穫後はブタを放し飼いにするところが多くなる。また，「サナムの設営場所に以前集落があったか」という質問に関しては，標高500m以上のサナムのほとんどについては，「あった」という回答を得ている。乾季でも各世帯が毎日サナムに宿泊するかという質問に対しては，低標高と高標高のサナムでは「する」

という答えが多いが，その中間帯では，回答数が2事例しかないものの，いずれも「しない」となっている。

　以上から，標高500mおよび800mを境にサナムの特徴が変化していることに気づかされる。つまり，カン川左岸のサナムは標高により，3つのタイプに分けることができそうである。この3タイプのサナムはその標高に加えて，図7-1 からその分布を確認しても分かるとおり，64-65頁で述べた低地帯，高地帯，石灰岩地帯という当地域の住民による土地分類とほぼ一致している。そこで，以下では，それぞれの標高帯のサナムについて検討し，比較することで，その特徴を明らかにしていく。なかでも，標高800m以上の石灰岩地帯のサナムは1世帯当たりのブタ飼養頭数が多く，ウシやヤギを飼養するところも多いことから，家畜飼養がさかんといえそうである。そこで，こうしたサナムの典型といえるフアイペーン村のサナムの事例を次節でまず詳細に検討する。それに加えて，第4節で，他村での3つの類型のサナムを取り上げ，互いに比較することで，それぞれの特徴を浮き彫りにする。

第3節　フアイペーン村のサナム

1. 村の概況

　フアイペーン村（標高835m）に達するには，ルアンパバーンから車で国道を40分ほど走り，フアイカン村に行く。ここで，谷沿いに山を登る林道を20分ほど走ればよい。ただし，この林道は2005年に開通した新しい道で，雨季には未舗装のため路面が滑りやすく，土砂崩れもしばしば起きる。そのため，雨季は標高350mのフアイカン村から徒歩で2時間かけてこの道を登ることになる。人口は2009年8月には41世帯222人であり，その全てがカム族である。

　第5章で述べたように，当村は焼畑稲作に向いており，陸稲の収量がよい。2009年にも41世帯のうち36世帯とほとんどが焼畑稲作に従事し，その規模も1世帯あたり2.0haと大規模であった（図7-2）。

　当村の領域は標高600～1300mの範囲にある。焼畑稲作は当村では，その領域の東部に広がる傾斜の緩やかな高地帯で主になされる。高地帯とともに，当

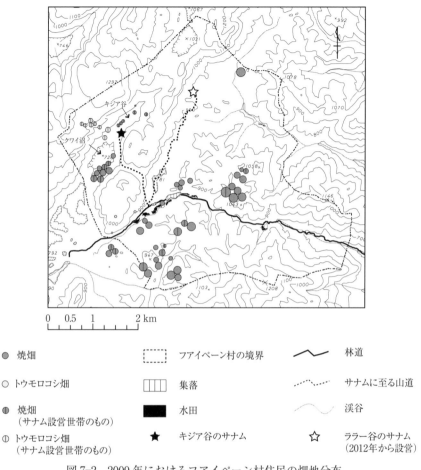

図 7-2　2009 年におけるフアイペーン村住民の畑地分布
注1）各世帯に聞き取った播種量をもとに面積を算出した。
注2）円の大きさはこの縮尺での畑地の実面積を表す。
（2009 年 8 月および 2012 年 2 月実施の GPS 測量と住民への聞き取りによる。）

　村の地形と土地利用を考える際に重要なのが，集落の西方を南北に走る石灰岩地帯である（図 2-4 参照）。ここには赤い土が分布し，トウモロコシ，トウガラシ，ラッカセイなどの栽培に最適という。ただし，陸稲については谷底部を除くと石灰岩地帯ではあまり栽培に適していない。むしろ黒っぽい土が分布する高地帯の方が出来がよいとされる。

第 7 章　出作り集落での家畜飼養 ｜ 215

2. 家畜とその飼養場所

　当村では，ウシ，ヤギ，ブタ，家禽が主に飼養されている。これらの家畜は現金収入源として重要である。第5章で述べたとおり，2005年に当村の全世帯が得た現金収入の6割は家畜販売によるものであった。家畜の仲買人は低地から10日に一度やってくる。ウシ，ヤギ，ブタは特に商品として重要である。

　家畜は販売のほか，花婿が結婚の際，花嫁側の両親に提供する婚資にも充てられる。婚資にはふつう現金や酒のほか，さまざまな大きさのブタ7匹とニワトリ5羽が必要とされる。また，彼らは家のカミや村のカミ，森のカミや焼畑のカミといった精霊を信仰している。こうした精霊をまつる際の生け贄としても家畜は不可欠である。例えば，焼畑の小屋の脇には簡素な祠が設けられるのがふつうである（4頁写真0-3参照）。除草，収穫などの作業の節目にそこに家族や親族が集まり儀礼がなされる。この場合はニワトリが供儀される。また，集落を望む丘には村の精霊をまつる社がある。ここでは毎年6月と12月に村を挙げての祭祀がなされ，6月にはスイギュウかブタが供儀される。

　このほか，厄払いや心身の病からの回復を目的に，各世帯で「ヘットクワン（ເຮັດຂວັນ）」という儀式がよく行われる。これはラオスで一般的に「バーシー（ບາສີ）」と呼ばれているものと似た儀式である[4]。この際には主にブタが供儀される。さらに，冠婚葬祭や家の新改築の際には，村の内外から人が呼び集められ，ウシ，スイギュウ，ブタ，ヤギといった家畜の肉がふるまわれる。このように，家畜は純粋に食べるためというよりも，祭祀や行事での必要性から屠殺され，食される。その機会は決して少なくはない。

　これらの家畜のうち，特にブタと家禽については，従来，集落で飼養されてきた。図7-3は当村集落の一部である。集落の周辺部に豚舎や鶏舎が据えられていることがわかる（写真7-1，写真7-2）。ラオスの一般的な山村と同じく，集落を拠点に放し飼いをするというのが，ブタや家禽の一般的な飼い方であった。

　ところが，ここ数年で変化が生じ，現在はサナムの方が重要な飼育場となっている。近年，当村では2つのサナムが建てられた。一つは図7-1のサナム22

---

[4] バーシーについては，虫明（2010）を参照。

であり，集落から北西に1.8km離れた石灰岩峰の谷間にある。このサナムはその位置する谷の名称から「キジア谷のサナム」と呼ばれている。2009年1月に10世帯が図7-2に示される位置に建設したが，2010年11月にはその東北300mの位置に移動した。これはかつての位置が水場から遠くて不便であったので，そのそばに移動したものである（写真7-3）。もう一つは集落の北方2.3kmの石灰岩峰の麓に建てられた「ララー谷のサナム」である（図7-2）。これは2012年1月に2世帯が建てたものである。いずれも，集落から歩いて約1時間で着く。以下では，前者を主要事例として扱う。

　図7-4は2011年3月に作成したキジア谷のサナムの見取り図である。当時の設営世帯は8世帯であった。サナムには図7-3の集落の家屋と比べると規模の小さい小屋が建てられる。小屋といっても内部には炉がしつらえられ，数人が居住できるほどの家財道具が置いてある。小屋のそばには鶏舎や豚舎が据えられ，さらにその周囲はタケを重ねた柵で囲われている。また，集落では各世帯が米蔵を家屋の脇に建てているのに対し，サナムではトウモロコシの蔵が建てられる。

　それではなぜ，このサナムが現在，家畜飼養場として重要になっているのだろうか。以下では，これを説明する。

3. 家畜伝染病への対応

　37頁で説明したとおり，ラオス山村では現在，家畜伝染病が問題となっている。多くの地域で毎年のように伝染病が流行し，家畜の大量死が生じているのである。特に，豚コレラや家禽コレラ，ニューカッスル病によるブタや家禽の被害が著しい（Stür et al. 2002: 13, 15-16）。

　サナム設営の理由として村人が第一に挙げるのはこうした伝染病からの家畜の隔離である。先述のとおり，以前はフアイペーン村でもブタや家禽は集落内で飼養していた。ところが，当村でも1997年ごろから家畜伝染病の流行が多発するようになり，ブタや家禽の壊滅的な被害が生じるようになったという[5]。こうした伝染病による被害を避けるために，集落から離れたところに飼育拠点を設けたのがサナムだというわけである。

　実は，当村でも集落から遠いところで焼畑をする際に，数世帯がサナムを建設する例は古くからあった。その際，焼畑のシーズンにサナムでブタや家禽を

第7章　出作り集落での家畜飼養　217

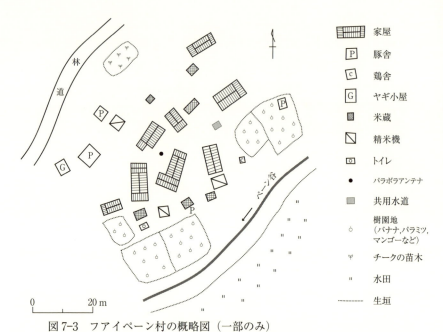

図7-3 フアイペーン村の概略図（一部のみ）
注）米蔵のそばにPと記載されているのは，高床式の蔵の下部が豚舎となっていることを示す。
（2011年3月実施の歩測をもとに作成。）

飼う世帯もいたという。しかし，この場合は家畜飼養ではなく，焼畑への近接がサナム建設の主要目的であった。焼畑のシーズンはサナムに泊まり込みで畑仕事をするため，集落の家畜の面倒を見ることができない。そのため，この時期に限り，家畜をサナムに移動させたのである。焼畑の収穫が終われば，人とともに家畜も集落に連れて帰られた。これに対し，近年のサナムは伝染病からの隔離のために建設され，家畜を恒久的に飼養する場所となっている。

こうした目的から，近年のサナムの設営地としては集落から遠隔地で，しか

5）村の古老によると，家畜伝染病の流行は1960年代から起こるようになったという。彼らはこのきっかけが当時のアメリカによる空爆にあると考えている。当時，ラオスは第2次インドシナ戦争のさなかにあり，ラオス王国政府に加担するアメリカ軍による激しい空爆がなされた。対象地域も例外ではない。彼らはこの時に，地上に爆弾と共に化学物質がもたらされ，それが家畜の疾病流行を引き起こすようになったと考えている。こうした戦争期に使用された兵器とその残余物が家畜の病気を引き起こしているという住民の考え方は，Gibson（1998）も報告する。いずれにせよ，家畜伝染病の流行は当村でも1960年代からあったわけであるが，それが多発するようになったのは，1997年ごろからだという。

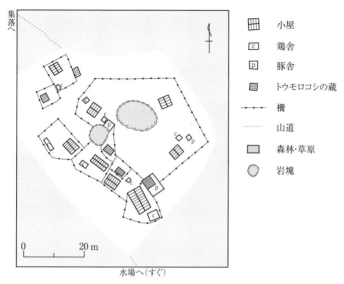

図 7-4 キジア谷のサナムの概略図
注）図 7-3 と同スケール。
（2011 年 3 月実施の歩測をもとに作成。）

も人通りの少ないところが好まれる。そもそも集落で伝染病被害が著しくなったのは人がよく往来するからである。家畜伝染病の流行には人が大きく関与しているのである。例えば，人が病原体を持った家畜を持ち込んだり，あるいはそれが付着した飼料を家畜に与えたりすることで伝染病は広まりうる。また，病原体が付着した衣服や靴を着用して家畜に接しても，同じことが起こりうる。このことから，人がよく集まるところほど，家畜の伝染病がもたらされる可能性も大きいといえる。村人も自身の経験や郡政府の主催する獣医学の講習により，こうしたことをよく知っているのである。

　さらに，サナムには市場や集落で手に入れた家畜や肉類の持ち込みを禁じるという不文律がある。家畜にしても，それをさばいた肉類にしても，病原体を持っている可能性があるためである。特に，市場のものに関しては厳しい。病気になった家畜をただ死なせるのはもったいないので販売することは村人自身よくやることである。低地のフアイカン村に持っていけば，通常の半値で売ることができるという。こうした経験から，市場にもたらされる家畜の多くは病気に感染したものであると村人は考えている。

第 7 章　出作り集落での家畜飼養 | 219

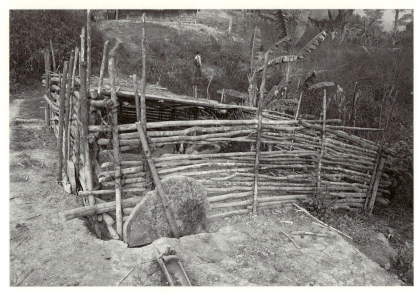

写真 7-1　豚舎
(2009 年 3 月　ノンクワイ村)

写真 7-2　鶏舎
早朝にエサとして糠米が与えられたが，2 頭のブタが横取りしている。
(2009 年 3 月　フアイペーン村，キジア谷のサナム)

写真7-3　キジア谷のサナム
周囲は竹柵で囲われており，ブタは給餌の時しか中に入れない。中央の屋根の間にトウモロコシの蔵もみえる。
（2011年3月　ファイベーン村）

集落からの家畜や肉類の持ち込みもよくないこととされる。しかし，実際には，病気が流行していない時期に，集落から家畜が持ち込まれた例がある。後述するように，サナムには村内の非設営世帯が設営世帯に飼養を委託している家畜も多い。こうした家畜の多くは病気の発生しにくい時期である8～10月に集落から持ち込まれたものである。これに対し，2～3月は毎年のように病気が流行するため，家畜の持ち込みは拒否される。

以上のようなサナムに関する不文律はサナムの設営世帯だけでなく，村の誰もが知る常識となっている。これは当村だけでなく，他村でも同じである[6]。

4.　放し飼いへのこだわり

村人がサナムを設営するもう一つの動機として挙げられるのが放し飼いへの強いこだわりである。先述のとおり，当村ではブタや家禽は集落での放し飼いで飼養されてきた。これは39-40頁でも述べたとおり，ラオスの山村での伝統的な飼い方である。夜間だけでなく，日中も畜舎内で飼う舎飼いよりも，放し

飼いを好む理由を彼らは次のように説明する。

　まず，舎飼いよりも放し飼いの方が健康でよく太った家畜が育つ。村人はブタにトウモロコシ，米糠，キャッサバ，森林で採集した植物の茎や葉などを朝夕与える。家禽にはトウモロコシやコメの破片などを朝夕与える。放し飼いをすれば，ブタも家禽もこれに加えて，周辺の草原や森林で採餌する。すなわち，シロアリやミミズ，野生のイモなどを探し出し，食べる。そのため，たとえ村人の与える飼料の量が少なくても，家畜の育ちは早いという。また，多彩な飼料を食するため，栄養バランスも良くなり，健康に育つという。

　また，放し飼いの方が家畜の世話が楽である。舎飼いの場合，ブタの繁殖のためにはメスの発情に注意を払わなければならない。それが確認されれば，種豚をつれてきて交配させるというような細やかな管理が必要となる。これに対し，放し飼いでは自由に交配がなされるため，こうした手間がかからない[7]。また，飼料に関しても，家畜自らが採餌する分を考えれば，少なくてすむ。つまり，放し飼いでは省力的な飼育が可能である。村人は焼畑稲作など多様な仕事に従事しており，ブタや家禽の飼養はその一部にすぎない。この場合，省力的な飼養法が好まれて当然であろう。

　さらに，村人は放し飼いブタの肉の方が味がよいと考えている。彼らは舎飼いブタの柔らかい肉よりも，放し飼いブタのひきしまった歯ごたえのある肉を好む。これは当村に限らず，ラオスでは一般的な見解である。放し飼いブタも舎飼いブタも肉の値段は変わらない。しかし，家畜の仲買人も好んで前者を求めるという。

---

6) シェンヌン郡農林局の役人によると，当郡で多発する家畜伝染病は豚コレラと家禽コレラだという。これらの伝染病を予防するにはワクチン接種を行なうことが効果的である。各村には農林局によって指定されたワクチン接種担当の村人がいる。その費用は決して高くない。豚コレラの場合，年二回の接種費用は1頭あたり2000kipほどである（ラオスの通貨kip（キープ）の2009年8月時点の換算レートは1USドルが8500kipであった）。ところが，フアイペーン村ではブタやニワトリに対し，ワクチン接種を行なう世帯は皆無であり，カン川沿いの低地村でもそれをきっちり行なっている世帯は少数である。これは接種の効果に対して懐疑的な村人が多いことが一因である。彼らは「注射をしてもしなくても死ぬときは死ぬ」という。なかには，「注射をするとよけいに死にやすくなる」という人もいる。

7) また，舎飼いの場合，自身が種ブタを持っていないときは近隣の者からそれを借りて雌ブタと交配させる必要がある。この場合，カン川沿いの村落では，雌ブタが子をはらめば，種ブタを借りた人に対し，100,000kip（換算レートについては前掲注6を参照）を支払うか，出産時に子ブタを一頭手渡すのが慣例である。放し飼いでは自由に交配がなされ，こうした決まりはない。

以上の理由から村人は放し飼いを好む。ところが，当村では近年，集落での放し飼いが難しくなってきた。何よりもそれは病気感染の危険性が高い。先述のように，集落は伝染病の流行しやすいところである。放し飼いすれば，家畜が自ら病気を「拾ってくる」可能性が高い。また，集落周辺には水田があり，焼畑も多い。そのため，ブタを放し飼いすれば，食害が心配されるのである。これは村人同士の不和の原因となりかねない。

　さらに，舎飼いを強制しようとする政府の圧力がある。放し飼いは病気感染や食害のほか，家畜糞尿による集落内の汚染にもつながる。また，集落に隣接する車道での車両の円滑な走行にも支障をきたす。これに対し，舎飼いは先進国でなされるより進んだ飼養方法である。国際機関による家畜振興プロジェクトでも舎飼いによるブタの集約的な飼養法が推奨されてきた（Oosterwijk et al. 2003）。こうした理由から，シェンヌン郡の政府は集落内での家畜の放し飼いを禁じようとしているのである。

　もっとも，当村の集落でも，放し飼いが年中許されていたわけではない。農耕期間の雨季は食害防止のため，ブタは舎飼いで飼う決まりであった。放し飼いができたのは，収穫後の乾季のみであった。ところが，このような政府の圧力もあり，2011年には集落内でのブタの放し飼いを時期を問わず禁止することを村で取り決めた。これに違反した場合には，罰金が科されることとなったのである。

　これに対し，サナムでは徹底した放し飼いができる。図7-4は先述のとおり，2011年3月に作成したものであり，サナムの乾季の状況を表している。小屋の周囲には柵が設けられている。ブタは給餌のときのみこの中に入れられ，終われば外に出される。小屋ごとに柵が設けられているのは，自世帯のブタにのみ給餌できるようにするためである。豚舎を備えつけた世帯もあるが，これも同様に給餌のときのみ利用される。最南部の豚舎ではその内部がしきりで3つに区切られていた。多数のブタが一ヵ所のエサに集中しては，エサにありつけないブタがでる。それを防ぐために，給餌の際には3つの群れに分け，3ヵ所で給餌するようにしているのである。この場合も給餌が終わればブタは外に出された。このように，ブタは完全な放し飼いである。夜間も柵や豚舎の中に入れられることはない。

　家禽については各世帯とも鶏舎をしつらえており，夜はこの中に入れられる。ジャコウネコなどの野生動物に襲われないようにするためである。朝になれば

鶏舎から出され，給餌がなされる。この後の行動は自由であり，柵を飛び越えたり，その隙間を抜けたりして外に出ることができる。日中は家禽がサナムのそばの森林や草原をうろついているのをよく見かける。夕方にはエサにありつくため，柵の中に戻ってくる。給餌が終わると再び鶏舎の中にしまわれる。

以上は乾季の状況だが，作物栽培期間の雨季はどうだろうか。2009年8月には，サナムの近隣にトウモロコシや陸稲の焼畑が多数開かれていた（図7-2）。そのため，サナムと焼畑の間に，タケを重ねた隙間のない柵をさらに造成し，この柵で囲われた範囲でブタや家禽を飼わなければならなかった。ところが，この場合も柵で囲われた範囲は10haもあり，サナムの敷地以外に周囲の草原や森林を含んでいた。つまり，ブタや家禽がかけまわり，採餌する場所が確保されていたのである。

2011年にはキジア谷の西部にトウモロコシや陸稲の焼畑がひらかれた。この際も，サナムの西側に両側の急峻な石灰岩峰をつなぐ形で柵がはられた。その東側には40haもの家畜が自由にうろつける場所が確保されたのである。このように近隣に畑地があっても，十分な範囲を放し飼いのために確保しようとする。ここに，サナム設営者の放し飼いへの強いこだわりを見て取ることができよう。

以上のように，サナムでは一年を通して放し飼いが可能である。こうした状況下では，家畜はその本性を自由に発現することができる。例えば，筆者は2009年3月に雌ブタがサナムから700m離れたクワイ沼[8]（図7-2）の草原に営巣しているのを見かけた。集落でも，サナムでも放し飼いのブタが豚舎内で子を産むことはまずない。このように，集落やサナムから少し離れた草原や森林に営巣し，出産するのがふつうだという。10日ほどすれば，子ブタを連れてまた集落やサナムに戻ってくる。こうした習性については，他地域のブタについても報告されている（小長谷2010）。

5. トウモロコシ畑への近接

キジア谷のサナムの立地は家畜の飼料の問題とも深く結びついている。この

---

[8] この沼に関しては，151頁注5および写真5-3（152頁）を参照。この時期は乾季のため，草原となっている。

写真 7-4　サリーカーウ
(2009 年 8 月　フアイペーン村，キジア谷のサナム)

　サナムが位置する石灰岩地帯には赤い土が分布することはすでに述べた。この赤土がブタや家禽の飼料として最も重要なトウモロコシの栽培適地なのである。
　ブタや家禽の飼料として村人は米糠やキャッサバ，コメの破片なども与えているが，在来のトウモロコシであるサリーカーウ（ສາລີຂາວ, 白いトウモロコシの意，写真7-4）にまさる飼料はないという[9]。近年，カン川周辺でもベトナム産やタイ産の飼料用トウモロコシが栽培されるようになった。これは輸出向けに栽培されたのであるが，村人は自家の家畜に与えてもいる。これらの改良品種と比べても，サリーカーウの方がブタがよく太るというのである。また，トウモロコシの保存に際しては，ゾウムシによる食害が問題となるが，サリーカー

---

9)　サリーカーウは別名サリーメオ（ສາລີແມ້ວ）やサリーラオスーン（ສາລີລາວສູງ）とも呼ばれる。「メオ」や「ラオスーン」はいずれもモン族を意味しており，このトウモロコシの出自がモン族にあることをうかがわせる。さらに，サリージャウカーウ（ສາລີຈ້າວຂາວ，「白いウルチ種のトウモロコシ」の意）とか，サリーケーン（ສາລີແກນ，「固いトウモロコシ」の意）とも呼ばれる。

第 7 章　出作り集落での家畜飼養 ｜ 225

ウは収穫末期の10月に収穫すれば，比較的その問題は少ない。そのため，一年分を貯蔵することも可能だという。これに加えて，村人はサリールアン (ສາລີເຫຼືອງ，黄色のトウモロコシの意) も飼料用に栽培してきた[10]。こちらは飼料効率はやや劣るが，早生品種のためサリーカーウの欠乏期に利用できる。

　これらのトウモロコシの栽培適地が石灰岩地帯であり，収穫したトウモロコシをあまり運搬の労をとらず，すぐさま家畜に与えられる利便性が，サナムがこの地帯に設営された大きな理由である。

　実はキジア谷には過去にもサナムが設営されたことがある。また，石灰岩地帯にはキジア谷以外にも筆者の知る限りでは4ヵ所で過去にサナムが設営されている[11]。このように，とりわけ石灰岩地帯でサナムの設営が好まれてきたのはやはりそこが飼料の栽培適地だからであろう。

　2009年にはサナムを設営する10世帯のすべてがその背後の斜面に平均0.53 haのトウモロコシ畑[12]をひらいていた (図7-2)。これ以外にも当村で飼料用にトウモロコシを栽培した世帯は15世帯あった。しかし，その面積は平均0.15haと狭小で，陸稲焼畑の脇に栽培したというだけのものも多い。サナム設営世帯は10月に高床式のトウモロコシの蔵をつくり，年間の飼料の大半を確保しようとしていた[13]。図7-4で見たように，2011年のサナムにもトウモロコシ蔵がしつらえられている。このように，周辺に飼料を大量栽培していることからも，このサナムが家畜飼養を目的に設営されたことが明らかである。

　一方，焼畑稲作がサナム設営の理由となっているとはいえない。たしかに，2009年には設営世帯10世帯のうち，9世帯がサナムの周辺に陸稲の焼畑をひらいていた (図7-2)。しかし，このうち7世帯は陸稲栽培により適した高地帯にも陸稲焼畑をもち，5世帯に関してはこちらの方が広面積となっている。ま

---

10) サリールアンはサリーパン (ສາລີຂາວ) とも呼ばれる。1970年代にアメリカかタイの援助でラオスにもたらされたというが，真偽のほどはわからない。

11) 最も古いものはララー谷のサナム (図7-2) と同じ位置で，4世帯が1980年ごろから8年間設営したサナムである。周囲には大量のトウモロコシが栽培され，ブタに給餌された。設営世帯は乾季も泊まり込みで家畜の世話をした。当村での家畜飼養を目的としたサナムの走りの例である。

12) トウモロコシの在来品種を自給向けに栽培するときは，栽培期間は1〜2年でそれより長い休閑期間がとられる。それゆえ，これを「焼畑」と呼んでもかまわない (9頁を参照)。ただし，ここでは陸稲の焼畑と区別するために，単に「トウモロコシ畑」と呼ぶことにする。

13) 最大のものは内部の容積が13m³であった。

た，1世帯は高地帯にしか陸稲焼畑をひらいていない。つまり，設営世帯のメインの焼畑は高地帯に多いのである。サナム周辺の焼畑の多くはそこに常駐する人員の飯米確保のために耕作されているにすぎない。

　サナム設営世帯のメインの焼畑が高地帯にひらかれる状況は2010年にはより顕著に見られた。高地帯の焼畑はサナムから遠く，集落から通う方が効率が良い。キジア谷のサナムが陸稲の焼畑への近接のために設けられたものでないことは明らかである。

6. 放牧牛の見張り場

　キジア谷のサナムは周辺で放牧されるウシやスイギュウの見張り場としても機能している。キジア谷のような石灰岩地帯の谷間は他村でもよく放牧地として利用されている。これは周囲が急峻な岩峰に囲まれているため，柵作りの労をかけずとも放牧地となすことができるためである。2009年8月には，キジア谷ではフアイペーン村の10世帯が35頭のウシとスイギュウを放牧していた。そのうち，6世帯はサナム設営世帯であり，21頭を放牧していた。これらのウシとスイギュウは広大な放牧地を自由にうろつき，雑草や樹木の若葉を採餌する。キジア谷周辺の斜面にはタケがとりわけ多く，雨季にはタケノコも重要な飼料となる。給餌は全くなされない[14]。

　サナムの設営により，こうしたウシやスイギュウの手厚い管理が可能となる。実は，キジア谷は現在のサナムが設営される前から放牧地として利用されていた。2005年に筆者が訪問した際も，ウシやスイギュウは放牧されていたが，サナムは設営されていなかった。当時は家畜の所有者が週に1回程度やってきて，家畜に塩を与え，手なずける程度であった。現在はサナムに滞在する者が家畜の病気やケガ，妊娠などについて毎日チェックすることができるようになった。ウシやスイギュウは昼夜とも放牧されているが，毎日サナム付近の水場に集まる。そのため，こうしたチェックも容易に行なえるという。

---

14) キジア谷のウシやスイギュウはチガヤ，ヤダケガヤ，ラオ語でニャーニュン（ຫຍ້າຍຸງ）と呼ばれる草本，タケノコ，バナナの偽茎などを採餌する。第9章（289–290頁）でも述べるが，チガヤ草原はその若葉を得るために，毎年2～3月に火入れがなされる。

7. 狩猟の前線基地

　キジア谷のサナムの場合，狩猟拠点としても重要である。このサナムの位置する石灰岩地帯は当村でも最も野生動物に恵まれたところであり，アナグマ，イノシシ，シカ，ジャコウネコ，ヤマアラシ，ハリネズミ，リス，ネズミ，鳥類などが生息する。この地帯に野生動物が多いのは，集落からの遠隔地であるため狩猟圧が低いことや，石灰岩峰の急崖に原生林がよく残されていることが関係している[15]。

　サナム設営世帯の男性は狩猟好きが多く，雨季・乾季とも多くの時間をそれに費やしている。例えば，雨季の 2009 年 8 月末には，10 世帯のうち 6 世帯の男性 7 人がそれぞれ 20～200 個の罠をサナム周辺の森林に仕掛けていた[16]。彼らは毎日早朝から 1～4 時間かけて，その見回りを行なっていた。石灰岩地帯に罠を仕掛けていたのは村内でこの 6 世帯のみであった。また，サナム設営世帯はそれぞれ猟銃を持ち，暇を見つけては銃猟に出かける。このように野生動物が豊かな地で頻繁に狩猟が行なえるのも，そこにサナムがあるからである。狩猟で得られた肉は頻繁にサナムの食卓に上り，滞在者の貴重なタンパク源となっている。

8. サナム設営の効果

　以上のように，当村のサナムは家畜飼養に力点を置いたものである。それでは，サナム設営は家畜飼養にどれほどの効果をもたらすのだろうか。ここでは飼養頭数の変化からそれを考える。

　表 7-3 はブタと家禽の飼養世帯数と飼養頭数の変化を当村の集落とキジア谷のサナムとで比較したものである。ただし，2013 年 2 月に関しては，ララー

---

15) 村人によると，植生により生息する動物は異なるという。例えば，イノシシは焼畑放棄後数年の休閑地に，アナグマは原生林に多いという。集落周辺は休閑林がほとんどを占める。それに対し，石灰岩峰地帯は休閑林のほか原生林も多いため，それだけ動物相は豊かになる。
16) この罠はラオ語でガップ（ດັກ）と呼ばれる。タケ製の小型の罠で，リス，ネズミ，小鳥，ヘビが主な対象である。集落周辺には野生動物が少ないため，これを仕掛けてもあまりかからないという。

谷のサナムについてのデータも加えている。この表でブタ，家禽のどちらについても，サナムでの飼養世帯数がその設営世帯数を上まわっているのは，非設営世帯で設営世帯に家畜飼養を委託する世帯がいたためである。これらの世帯はたいがい，設営世帯の子どもの世帯であり，家畜の面倒を見てもらうかわりに，トウモロコシの栽培作業やサナムでのさまざまな仕事を手伝っていた。

　これを見ると，2009年8月と2010年3月の間に，集落ではブタ，家禽ともその数が大きく減少し，これらの家畜を飼う世帯も減ったことがわかる。これに対して，サナムの家畜数は増加しており，特にブタの増加は著しい。そのため，2010年3月には集落とサナムで，1世帯当たりの家畜飼養規模に大きな差が見られるようになっている。

　これは2010年1月頃から集落で家畜の伝染病（病名は不明）が流行し，ブタや家禽の大量死が生じたためである。さらに，それを見た村人が自身の家畜の感染を疑い，その販売を急いだためでもある。これに対し，サナムには病気の流行はなく，家畜は順調に増加した。伝染病からの隔離というサナムの機能がうまく働いたといえる。

　サナムの方が集落よりも家畜飼養数がはるかに多いという傾向は2011年3月にも続いていた。村人によると集落ではこの3月にも伝染病が流行し，家禽

表7-3　集落とサナムにおける家畜飼養の変遷

| | サナム設営世帯数 | ブタ ||||||家禽 |||||
| | | サナム |||集落 |||サナム ||集落 |||
		飼養世帯数	飼養頭数	1世帯当たり飼養頭数	飼養世帯数	飼養頭数	1世帯当たり飼養頭数	飼養世帯数	飼養羽数	1世帯当たり飼養羽数	飼養世帯数	飼養羽数	1世帯当たり飼養羽数
2009年3月	10	—	50	—	—	—	—	—	126	—	—	—	—
2009年8月	9	14	32	2	21	40	2	11	138	13	26	309	12
2010年3月	9	16	174	11	12	27	2	11	154	14	14	52	4
2011年3月	8	—	76	—	—	20	—	—	121	—	—	20	—
2011年8月	5	12	80	7	19	61	3	5	43	9	18	123	7
2013年2月	7	15	89	6	13	43	3	7	112	16	30	342	11

注1）「—」は不明を表す。
注2）2011年まではキジア谷のサナムしかなかった。2013年2月については，ララー谷のサナムのデータも含めている。
注3）家禽の飼養羽数は成鳥のみの数を示す。
注4）家禽はほとんどニワトリであるが，バリケンも含む。
（2009年3月はサナムを設営した10世帯への聞き取りによる。2011年3月はサナムの家畜飼養頭数についてはサナム設営世帯への，集落の家畜飼養頭数については村長への聞き取りによる。その他の時点については，村のほとんどか全ての世帯への聞き取りによる。）

と子ブタがかなり死んだという。その後を見ても，ブタについては，サナムの方が集落よりも飼養頭数が多い状況が続いている。また，サナムの方が1世帯当たりの飼養規模が大きいことも変わらない。

しかし，こうしたサナムの効果がいつもみられるわけではない。表7-3にみられるように，2009年3月と8月の間には，サナムでもブタが減少した。子ブタが多数病死したためという。これが伝染病の流行によるものなのかは定かでないが，サナムでも家畜の病死が起こることには注意すべきである。過去に設営されたサナムが放棄された理由を聞くと，病気による家畜の壊滅が理由となったこともあるようである。実際，先述の不文律にもかかわらず，人の媒介によりサナムに伝染病がもたらされる可能性がないとはいえない。また，野生動物が病原体を運んでくる可能性もある。サナムの家畜は放し飼いのため，野生動物と接触する機会が多いのである。ブタがイノシシと交配してイノブタを生んだという話はよく聞かれる。こうしたことから，サナムの伝染病回避の機能も決して万全のものではないといえよう。

9. サナム設営の条件

以上のように，当村のサナムは家畜飼養の拡大に一定の効果をもたらしている。ところが，当村ではサナムの設営世帯はつねに少数派である。キジア谷のサナムの設営世帯も村の全43世帯のうち，10世帯にすぎなかった（2009年3月）。また，過去に設営されたサナムの設営世帯数を聞いても，その多くは2～4世帯である。それでは，大多数の世帯がサナムを設営しないのはなぜだろうか。

その理由として多くの村人が挙げるのは労働力不足である。サナムでは朝夕にやる飼料の調理と給餌のほか，放牧牛や放し飼い家畜の見張りと保護，周辺での農作物の栽培作業といった仕事がある。そのため，これに従事する人員を昼夜とも配置するのが望ましい。しかし，多くの世帯では焼畑稲作や幼い子どもの世話など，他の仕事に人員を取られ，サナムに常時人員を配置することができないのである。特に，若い夫婦の核家族世帯にこの傾向が強い[17]。

---

17) こうした世帯の中には先述のように，自身の家畜の飼養をサナムを設営する親世帯に委託する者もいる。

表7-4 キジア谷のサナムの宿泊者数

		サナム設営世帯数	宿泊者のいた世帯の数	宿泊者数（人）	14歳以下(人)	15歳〜39歳(人)	40歳以上(人)
2009年	3月15日	10	6	12	3	2	7
	3月16日	10	9	21	4	9	8
	8月27日	9	8	18	6	4	8
	8月29日	9	7	17	6	5	6
	8月30日	9	8	20	4	8	8
2011年	3月27日	8	6	12	1	1	10
6ヵ日の世代別宿泊者累計（人）					24	29	47
その割合（％）					24	29	47
参考：村全体の世代別人口割合（％）					42	45	13

（宿泊者数は筆者のサナム滞在時の調査による。世代別人口割合は2009年8月実施の村の全戸に対する年齢調査にもとづく。）

　これに対し，サナムの設営世帯は大家族が多い。サナムフアイキジアの場合，2009年3月の設営10世帯の人員数は平均6.7人であり，村の全世帯の平均5.6人を上回っていた。さらに，10世帯のうち7世帯が老夫婦あるいは寡婦と，息子夫婦あるいは娘夫婦を中心に構成される拡大家族であった。
　こうした大家族，とりわけ拡大家族では，世帯内での分業が容易に行なえる。拡大家族の場合，息子夫婦が主に集落に居住し，家事や焼畑稲作を担当する一方，老夫婦あるいは寡婦が主にサナムに起居し，そこでの仕事を担当するというような分業がなされる。先述のとおり，キジア谷のサナムの小屋には調理具や寝具などの生活用具がそろえてあり，数人が宿泊することが可能である。
　実際，サナムには表7-4に見られるように，農耕期間の雨季（この場合は8月）のみならず，農閑期の乾季（この場合は3月）にも，老世代を中心に10〜20人の宿泊者がいた。村の世代別人口と比較してみても，サナムの宿泊者は老世代に偏っていることがわかる[18]。
　大多数の世帯がサナムを設営しない今ひとつの理由として挙げられるのは，森住まいの不便さと寂しさである。サナムには必要最低限の生活用具しかない

---

18) 表7-4では40歳以上を老世代とした。ラオスの農村部では，20歳よりも前に結婚するのは普通のことであり，40歳にもなれば孫がいることも珍しくないからである。

し，設営世帯も少ない。周囲は家畜がうろつきまわり，その糞尿で衛生面もよくない。これに対し，集落はにぎやかである。2012年12月には電気が届くようになり，暮らしが一段と快適になった。多くの世帯がテレビやVCDを持つようになり，娯楽も増えた。こうした中で集落を離れてあえてサナムで生活しようとする人は決して多くない。先述のように，キジア谷のサナムの設営世帯の多くは狩猟好きであり，そのためには森住まいもいとわない人びとである。これは十分にうなずけることである。森好きこそがサナムを設営しているのである。

しかし，いくら森好きとはいっても限界がある。過去に設営されたサナムの設営年数を聞くと，多くが2～4年と短い期間で放棄されたようである。この理由として村人がよく口にするのは森住まいの不便さと寂しさに耐えられなくなったということである。

現在のサナムの設営世帯も年々減り（表7-3），ついに2015年2月に2箇所とも放棄されてしまった。キジア谷のサナムは6年，ララー谷のサナムは3年続けられたことになる[19]。

第4節　サナムの3類型

第2節で述べたように，サナムはカン川周辺の他村にも数多い。しかも，その多くがファイペーン村の事例と同じく，ブタや家禽の飼養の場となっている。

これもやはり伝染病からの隔離がその主目的である。2009～2010年の調査時に，対象地域内のファイペーン村以外の村でサナムを設けていたのは全て低地村であった。低地村の集落は幹線道路沿いに位置する。そこでは，ファイペーン村以上に伝染病が流行しやすい状況にある。そのため，多くの世帯は集落内で雨季・乾季とも舎飼いをすることで，病気から家畜を守ろうとしている[20]。

---

19) サナム放棄の直接的理由はキジア谷については，サナムのリーダー的存在の男性が死去したため，ララー谷のサナムについては，その位置する土地の保有者が2015年にそこで焼畑をしたためである。ただし，いずれのサナムについても，当初からこの程度の期間の設営が想定されていた。

20) とはいえ，これは必ずしも徹底されておらず，集落内であっても乾季にブタの放し飼いをしている世帯もいる。

これに対し，一部の世帯はサナムで家畜を飼養することで，同じ目的を果たそうとしているのである。伝染病からの隔離を徹底するために，これらのサナムでもファイペーン村の事例と同じく，家畜や肉の持ち込みを制限している場合が多い。

　第2節で検討したとおり，これらのサナムはその特徴から大まかに3つに分類することができる。すなわち，石灰岩地帯，高地帯，低地帯という標高帯による分類が可能である。以下では，それぞれの標高帯のサナムの特徴を事例に基づき説明する。

1. 石灰岩地帯のサナム

　ファイペーン村でみられた石灰岩峰はカン川とほぼ平行に北東から南西に連なっている。この石灰岩峰の谷間には他村もサナムを形成している。図7-1ではブーシプエット村のサナム23，ロンルアット村のサナム19，ファイコーン村のサナム24がそれに当たる。これらのサナムはいずれも各村の最奥地にあり，低地の集落から5～7kmと遠い。住民の足でも2～3時間を要する。標高は800～1050mの範囲にあり，サナムの中では最も高いところに位置する。

　サナム23は2000年から設営されはじめ，2009年8月には5世帯が運営していた。サナムでは5世帯の合計でブタ13頭とニワトリ100羽（成鳥のみ）が放し飼いされていた。サナムには豚舎がなく，ブタは昼夜，雨季，乾季を問わず，放し飼いにしているという。周辺ではスイギュウ（5世帯の合計で6頭），ウシ（同じく13頭），ヤギ（同じく13頭）が放牧されていた[21]。

　2009年にはすぐそばの石灰岩峰を30分ほど登った頂上部に各世帯とも広大な陸稲の焼畑をひらいていた。しかし，このサナム設営の主目的は焼畑ではなく，家畜飼養にあるという。ここを設営地として選んだのは，村の最奥地ゆえにいまだ占有者がおらず，広大な土地を放牧地として得やすかったためである。また，標高が高く，冷涼なことが家畜飼養に適しているという。

　ブタやニワトリの飼料はトウモロコシが主である。最近導入されたベトナム

---

21) 以前，このサナムではヤギが多数飼養されていたが，2008年に病気が流行し，子ヤギがほとんど死んでしまった。これも集落で病気感染したヤギをここに持ち込み，放牧した者がいたためという。

産の販売向け品種を集落周辺で多く栽培しているが，サリーカーウもサナムのそばの石灰岩峰斜面で栽培している。

　基本的には，各世帯とも家畜の世話のため年間を通じて宿泊する。宿泊者数は少ない日で 3 人，多い日だと 18 人に達するという[22]。

　サナム 19 は 1991 年から設営されはじめ，2009 年 8 月にはモン族の 3 世帯が設営していた。彼らはブタを合計 24 頭，ニワトリを合計 90 羽（成鳥のみ）放し飼いしていた。豚舎はなく，ブタはやはり完全な放し飼いである。さらに，ウシ 16 頭，ヤギ 21 頭が周辺で放牧されていた[23]。

　2009 年には 3 世帯のうち，2 世帯がここから徒歩 30 分のところで焼畑をしていたが，設営の主目的はやはり家畜飼養にある。ブタや家禽の主な飼料はサリーカーウとサリールアンであり，付近の石灰岩峰に栽培している。ウシは 2 〜 3 日に一回はケガをしていないかどうか調べるという。

　各世帯の小屋には少なくとも一人が毎晩宿泊しており，サナムには常時 4 〜 5 人の人がいるという[24]。

　サナム 24 は 2004 年に設営され，2009 年 8 月にはモン族 5 世帯，カム族 1 世帯の計 6 世帯が設営していた。モン族はファイコーン村の南東 33km の奥地の村から移住してきた。移住当時，ファイコーン村ではこのあたりしか未占有の土地が残っていなかった。そこで，ここにサナムを建て，トウモロコシを栽培し，家畜を飼養することにしたという。さらに，周辺では焼畑稲作も行なってきた。

　聞き取りをした世帯はサナムでヤギ 13 頭，ブタ 29 頭，ニワトリ 75 羽，ハト 25 羽を飼養していた。他の設営世帯もこの程度の家畜所有規模だという。ブタは一年中放し飼いされており，ニワトリやハトも日中は放し飼いである。2009 年 8 月時点では，ヤギについては近くの陸稲焼畑への侵入を恐れて舎飼いしていた。

　サナムに隣接する石灰岩峰の谷間にはウシが放牧されている。これは設営世

---

22)　筆者がここに宿泊した 2009 年 8 月 13 日の宿泊者数は 14 人であった。ちなみに，5 世帯の世帯人員数は合計 33 人である。

23)　さらに，ウマを 1 頭飼養する世帯があった。これは普段はウシと同様に昼夜とも放牧されているが，必要なときに駄馬として使われるということであった。

24)　サナム周辺は森林産物に恵まれており，農閑期の乾季には狩猟・採集にやってくる村人が数多い。そのため，宿泊を請われることもしばしばだという。同様の話はサナム 23 でも聞いた。

帯のものではなく，ファイコーン村の旧住民のものである。新住民である設営世帯は隣村のファイペーン村から土地を借り，放牧地としている。これも石灰岩峰の谷間の土地である[25]。彼らのウシは合計60～70頭とのことであった。

ブタやニワトリの飼料はやはり石灰岩峰斜面で栽培されるサリーカーウが中心である。ブタはモン族の正月での需要に備えて，販売用に飼養するという。

このサナムでも全世帯が毎日宿泊している。実態的には，彼らにとってはここが本集落であり，ファイコーン村集落が出作り集落であるというべきである。ファイコーン村集落にももちろん彼らの家屋があるが，世帯人員の多くはサナムでよく宿泊する。また，サナムの小屋は，小屋よりも家屋と呼ぶにふさわしいもので，集落の家屋よりも立派だし，家財道具もよくそろっている[26]。

以上の説明よりわかるように，これら3つのサナムの運営状況はファイペーン村のサナムのそれと類似している。つまり，いずれにおいてもブタの周年の放し飼いがなされ，その飼料としてトウモロコシの在来種が重視され，周辺でウシ放牧がなされている。これらの家畜の世話のために，各世帯とも原則的に毎日宿泊人員をおいている点でも共通する。このように，家畜飼養に重点を置いているために，これらのサナムでは，後述する高地帯のサナムと比べて，家畜飼養規模が大きい傾向が見られる（表7-2）。また，設営にあたってはいずれも各村の最奥地にあたるため，未占有地が多いことが便宜となっていた。これらの点を石灰岩地帯のサナムの共通項として提示できよう。

2. 高地帯のサナム

カン川周辺のサナムには広大な陸稲の焼畑に隣接して位置するものも多い。この場合，サナムの設営世帯もそこで焼畑を営んでおり，サナムはしばしば焼畑繁忙期の彼らの寝床となる。このようなサナムは陸稲焼畑の卓越する高地帯に多く，図7-1ではサナム8，9，12，13，14，15，16がその典型例である。

---

[25] これは第9章（290頁）でも述べるサーン窪地である。ここにはファイペーン村の無主地と複数世帯の占有地がある。サナム24の設営世帯は借地料をファイペーン村に納めている。

[26] シェンヌン郡政府は，小規模な村は他の村と合併するよう指導している。また，車道から離れた高地の村は基本的には低地に移転するよう指導している。こうした中でサナムの設営は，低地村に所属するように見せかけつつ，高地への居住を続ける彼らの巧みな戦略といえよう。ちなみに，このサナムでも現在は携帯電話が通じるようになっており，集落で会合があるときはファイコーン村の村長が電話で彼らを呼び出すことができる。

これらのサナムの標高は500～750mの範囲にあり，集落から直線距離で1.5～4km離れている。ここではサナム13, 14の運営実態の検討を行い，これらのサナムの特徴を考えたい。
　サナム14はブーシプエット村集落から徒歩1時間半，カン川に注ぐトーン谷と呼ばれる渓谷の上流に位置する。7世帯が2009年4月に設営したばかりで，調査時には4ヶ月しか経っていなかった。
　この7世帯は旧フアイトーン村に属する世帯である。フアイトーン村はかつてサナム14からトーン谷を少し下ったところに位置していた。1993年に下流の国道4号線沿いに移転し，1999年にブーシプエット村に合併した。合併後も旧フアイトーン村住民は今なお旧村領域で焼畑を続けている。なかでもこの7世帯は2009年にはその最奥地で焼畑をしていた。サナムはこれらの焼畑への近接をはかるために設けたものである。
　このように，当サナムは焼畑に近接した寝床の提供という機能を果たすが，家畜飼養の場としても機能している。2009年8月にはブタ6頭，ニワトリ39羽がサナムで飼養されていた。ただし，1世帯は家畜を全く飼養していなかった。さらに，1世帯はサナムではなく，集落で家畜を飼養していた。主な飼料はブタがサリーカーウ，ニワトリがコメの破片であった。サリーカーウのために，特別の畑を作ることはない。飼養頭数が少ないので，陸稲焼畑の周辺に少量栽培するだけで間に合うということであった。
　サナム13はロンルアット村の集落から渓谷を1時間半さかのぼったところに位置する。ここは当村のかつての集落があったところである。1995年に集落は国道4号線沿いの現在の位置に移転した。サナムは旧集落周辺で水田や焼畑を継続する便宜をはかるため，移転と同時に設営された[27]。旧集落からは山道が多方面に通じており，焼畑に通ったり，狩猟・採集に出かけたりするにも便利であった。
　2009年8月には，7世帯がこのサナムに小屋を建て，周辺で焼畑稲作をしながら，ブタ，ニワトリ，アヒルを飼養していた。当時の飼養頭数は合計でブタが6頭，家禽が50羽（成鳥のみ）であった。ただし，1世帯は家畜をサナムで飼養せず，集落で飼養していた。サナムの周辺には広大な陸稲焼畑がとりまく

---

27) ただし，水田は2000年代初頭から放棄され，2009年にはその跡地の一部が焼畑に，一部が養魚池に転用されていた。

ため，ブタは食害の心配のない子ブタを除き，雨季は舎飼いにする。収穫が終われば放し飼いにする。ブタの飼料としては，サリーカーウを陸稲焼畑の縁で少量栽培しているが，集落から運んでくる米糠が主体とのことであった。

　当サナムでも農作期の雨季には毎日4世帯程度が宿泊するが，収穫後の乾季には宿泊する世帯がほとんどなくなる。収穫後は各世帯とも集落から朝夕通い，給餌するのである。すなわち，朝サナムにやってきて家畜を畜舎から出し，給餌したあと日中は放し飼いにする。夕方再びサナムにやってきて家畜を呼び寄せ，給餌したあと畜舎に入れ，集落に帰るという飼い方である。この時期は各世帯とも奥地の森林へ狩猟・採集に行くことが多いので，サナムでの朝夕の給餌はその行き帰りにすることが多い。

　以上のように，高地帯のサナムは集落移転などの要因により遠隔化した高地で，焼畑などの生計活動を続けるための拠点として設営されたものである。そのため，旧集落跡地が設営地に選ばれることも多い。これらのサナムでも家畜飼養は重要である。しかし，焼畑への近接という機能が優先され，家畜飼養の機能が十全に発揮されていない場合が少なくない。雨季にはブタを舎飼いにしたり，乾季は宿泊せず，家畜の世話は朝夕に通いで給餌するだけにとどめていたり，飼料としてトウモロコシよりも劣るとされる米糠やキャッサバを利用したりする点にそれがよく表れている。設営世帯にサナムではなく，集落で家畜を飼養する世帯がいる点も，サナムが家畜飼養の場としてそれほど重視されていないことを示している。また，これらのサナムは周囲を焼畑で囲まれるため，ウシ放牧拠点として機能することも少ない。

　焼畑への近接が優先されるあまり，家畜飼養の機能が不十分であるという事情は，家畜伝染病の回避の面でも表れている。高地帯のサナムは山道の中でも枝道ではなく，渓谷沿いのメインルートに沿って設営されることが多い。これは多方面に散在する設営世帯の焼畑全てへの近接と水場への近接を考慮してのことである。しかし，こういったメインルートは設営世帯だけでなく，村内・村外の住民が頻繁に往来するため，それだけ伝染病がもたらされやすいのである。

　例を挙げよう。160頁でも述べたが，ファイカン村の住民にはファイペーン村領域の南東部の渓谷斜面で焼畑を行なう世帯がある。そのうち，5世帯が2005年12月に焼畑への近接とブタ，家禽の飼養を目的として，両村をつなぐ林道沿いにサナムを建てた[28]。ところが，一年も経たないうちに伝染病によりブタ

が全滅してしまい，サナムは放棄されてしまったのである。

設営世帯によると，村外の人が市場で買ってきた肉をサナムに持ってきて調理したことがあったという。彼らはこれを伝染病がもたらされた原因と考えている。彼らはまた，ここは人通りが多い林道に沿う場所であるため，病気回避の効果は小さいとも語った。実際，この道はフアイペーン村に達するメインルートであり，サナムに病気を持ち込んだとされる人もフアイペーン村に用事があって，ここを通りがかったのであった。このように，焼畑近接サナムで伝染病が流行したという話はよく聞かれる。住民にもこういったサナムでは十分に伝染病を防ぐことができないと考える者が多い[29]。

3. 低地帯のサナム

これまで紹介した事例は全て集落から遠距離であったが，集落近辺の低地帯に設けられたサナムもある。パクトー村のサナム，中でもサナム1～5がその典型例である。これらのサナムはカン川に注ぐ同一の渓流に沿って立地する。パクトー村集落からの直線距離は0.4～1.5km，標高は360～400mの範囲内にある。

これらのサナムに特徴的なのは全て一世帯のみの設営であることである。設営は各世帯の占有地でなされる。これらの占有地では焼畑はなされず，常畑，果樹園，植林地などに利用されていることが多い。こうした永年的な農林業用地はラオ語でスアン（ສວນ）と呼ばれる[30]。スアンに設営される点もこれらのサナムの特徴である。サナム2と5の事例をもとに，その運営実態をみてみよう。

サナム2は集落から10分程度のチーク林内に立地する。チーク林とはいえ，ジンコウノキ，パラゴムノキ，バナナ，ラタン，ソリザヤノキなどが混植されていた。林内には乾季に蔬菜を栽培する箇所も設けられていた。チーク林に隣

---

28) このサナムは図5-2に示される2箇所のサナム（出作り集落）のうち，西側のものである。
29) フアイペーン村の住民はこの5世帯のサナムを指して，あれは真のサナムではないといった。このように，家畜飼養の機能が十分に発揮されない焼畑への近接が主目的のサナムはサナムの亜流であると考えられている節がある。これに対し，焼畑近接サナムの設営者はしばしば「集落で病気が流行すれば家畜が全部やられてしまうが，サナムでは2，3頭は生き残る」といい，サナムでの家畜飼養も少しは効果があるとする。
30) これに対して焼畑は「ハイ（ໄຮ່）」と呼ばれる。

接して，陸稲やハトムギも栽培されていた。

　このサナムは村内で家畜飼養規模が最も大きく，2009年8月にはブタ7頭，家禽207羽（成鳥のみ）を飼養していた。ブタは子豚については放し飼いするが，成獣は年間を通して舎飼いにしている。エサはキャッサバや米糠が主である。家畜飼養は販売向けに行なっている。

　設営世帯はこのチーク林をサナムの設営地として3年前に購入した。ここは村内の主要な山道からはずれるため，集落の近くとはいえ，人があまりやってこない。そのため，伝染病の心配は少ないが，設営世帯はブタや家禽の予防接種も行なっている。

　サナムには毎日宿泊者がおり，日中も子どもに家畜を見張らせているという。これは当村のサナムで家畜の盗難が頻発しているためである。

　サナム5は陸稲やハトムギを栽培する常畑の畑小屋をサナムとしたものであった。2009年8月にはブタとニワトリを若干数飼養していた。水田が隣接することもあり，ブタは年中舎飼いにしている。サナムでは盗難の心配があるので寝泊まりすることも多い。

　このように，当村のサナムは1世帯が常畑や植林地に設営している。1世帯での設営が好まれるのは，その方が伝染病回避の効果が高まることも関係していよう。集落は伝染病流行の危険性が高い状況にある。そこからアクセスのよいサナムも程度は落ちるとはいえ，同じ状況にあるといってよい。この場合，数世帯が多数の家畜を同じ場所で飼養するよりも，別々の場所で飼養した方が，各世帯が伝染病被害を被る確率は低いのである。

　また，集落から短時間で通えるため，世帯間の協力が必要でなくなるという理由も考えられる。つまり，遠隔地のサナムでは，ある世帯が何らかの事情でサナムに行けなくなったとき，他の世帯に家畜の給餌や見張りを頼むためにも，複数世帯での設営が欠かせない。ところが，当村のサナムはそういった問題を生じさせないほど，アクセスがよい場合が多いのである。

　しかし，集落に近いとはいえ，当村のサナムの運営は集落からの通いだけではすまなくなっている。集落に近いがために，サナムの家畜の盗難も多発しているのである[31]。そのため，毎日宿泊者をおくサナムが多い。

　当村のサナムのさらなる特徴としては，ブタを雨季のみならず，乾季も舎飼いで飼う事例が多いことである。これは集落近辺では二期作水田や蔬菜畑など，乾季も作付される土地が多いためである。また，集落近辺では放し飼いだと病

気感染の危険性が高いことも関係していよう。

　また，当村のサナムでもブタの飼料は集落から運ばれる米糠と常畑で栽培されるキャッサバが主であり，トウモロコシは副次的な飼料にとどまる。

　総じて，このタイプのサナムでのブタ飼養はラオス山村の人びとの理想から最もはずれているといえよう。トウモロコシを与え，放し飼いで育てるという理想である。その立地が集落外にあるというだけであり，その他の点では集落内で飼うのとあまり変わらない飼養法である。

　さらに，これら低地帯のサナムがウシ，スイギュウ，ヤギの放牧拠点となる例はまれである。集落近辺では，常畑や植林地が卓越しており，広い放牧地を確保すること自体が難しいためである。

第5節　サナムの役割と問題点

　ここで，本章で明らかになったことをまとめておく。

　まず，家畜飼養の場としてのサナムの重要性が明らかになった。ラオス山村では現在，家畜伝染病が多発している。カン川周辺の村では伝染病から家畜を隔離するためにサナムを形成し，家畜飼養拠点としているのである。こうした役割は，この地域のサナムのほぼ全てが共通してもっている。

　こうした伝染病からの隔離を目的としたサナムが多く設置されるようになったのは，1990年代以降のことであろう。フアイペーン村で家畜伝染病が多発するようになったのは，1997年頃からである。このように，近年になって山村で伝染病が流行するようになった理由としては，その閉鎖的傾向が破られたことが挙げられよう。ラオス政府は1980年代後半から市場開放政策を実施し，その影響が1990年代には山村にも浸透した。その中で，山村は都市をはじめとする他の地域とこれまでになく密接に関わるようになった。現在はどの山村

---

31) パクトー村は周辺村の住民が合流し，1989年に成立した新村であり，その後もさまざまな地域出身のさまざまな民族を受け入れてきた。当村のサナムで盗難被害が多発するのは，単に集落に近いという理由だけでなく，このような集住村ゆえに村内のまとまりや親和性が欠けることが関係しているのではなかろうか。ある村人は1世帯のみでの設営が好まれる理由として，数世帯がサナムを設営すると，家畜を失ったとき，どうしても他の設営世帯を疑ってしまい，争いになりやすいためだと語った。

も他地域とのヒトやモノのやり取りが日常的になされる状況にある。その結果，家畜伝染病が頻繁にもたらされるようになったと考えられる。その中には，豚コレラなど，山村でこれまで見られなかった可能性があるものも含まれる（Stür et al. 2002: 14）。こうした状況への対応策として，家畜飼養を目的としたサナムが増加したわけであり，その背景には山村への市場経済の浸透というより大きな問題がある。

　先述したように，ファイペーン村でも以前，焼畑のシーズンに限ってサナムで家畜を飼う例があった。ところが，集落での病気流行が多発する現在では，農閑期でもサナムで家畜を飼うようになっている。こうした状況は，家畜飼養よりも焼畑への近接を主目的にしている高地帯のサナムでも同じである。そこでは，収穫後も家畜はサナムに残し，集落から毎日通いで給餌が続けられていた。このように病気を避けるため，サナムで周年家畜を飼うという行為は，当地域では1990年代以降に多くみられるようになったのではなかろうか。

　本章ではまた，家畜飼養の場としてのサナムの役割には，その立地により強弱があることも明らかになった。カン川周辺のサナムは，石灰岩地帯，高地帯，低地帯という標高帯により三類型が見られた。これらのサナムの運営実態の違いは周辺の土地利用の違いにもとづくものである。当地区は標高により土地利用が大きく異なるため，サナムの運営も立地する標高帯の土地利用に大きく左右される状況となっているのである。

　この中でも，石灰岩地帯のサナムは家畜飼養の機能を最大限に発揮できるような立地を選択したものということができる。石灰岩地帯は奥地で病気回避の効果が高いこと，ブタの放し飼いやウシの放牧がしやすいこと，トウモロコシの栽培適地であることなど，家畜飼養の好条件を具備しているからである。これに対し，他の二類型のサナムは集落や焼畑に近いことがネックとなり，人びとにとって理想的な家畜飼養ができない状況にある。

　ところで，この三類型のサナムでのブタの飼い方は，40-41頁で紹介したPhengsavanh et. al.（2011）の三類型と見事に一致している。すなわち，石灰岩地帯では「年間を通しての放し飼い」が，高地帯では「季節的な放し飼い」が，低地帯では「年間を通しての舎飼い」がなされている。集落から離れるほど，放し飼いの程度が高くなっているのである。Phengsavanh et. al.（2011）は郡の中心地から車で3時間以上離れた奥地山村で放し飼いを行う世帯が7割近くにのぼる一方，中心地から1時間以内の範囲では，舎飼いを行う世帯が8

割に達していることを報告している。本章の対象地域は後者の範囲に属するが，本章はこうした地域でも放し飼いが継続されており，サナムがそのための場所となっていること，放し飼いを継続するという役割については奥地のサナムほど良く果たしていることを明らかにした。

　しかし，サナムの運営は苦労をともなうものであり，しかも実りがないこともある。高地帯のサナムの運営は，農閑期も家畜の給餌に通う必要があるなど，面倒が多い。にもかかわらず，人通りの多い場所にあるがゆえに，伝染病を十分に防げるとはいえない。また，フアイペーン村の事例でみたように，石灰岩地帯のサナムでの生活は設営世帯でさえ，不便で寂しいものと感じており，長くは続けられない。そもそも大家族でなければ，運営を始めることも難しい。こうした事情ゆえに，サナムの設営世帯は当地域では少数にとどまる。

　このような状況を見れば，Phengsavanh et al. (2011) の想定する放し飼いから舎飼いへのブタ飼養の転換の波は当地域でも抗し難いものとなっているといわざるを得ない。サナムでの家畜飼養は放し飼いを続けようとする焼畑民の巧みな戦略である。しかし，その運営は多くの苦労と忍耐をともなうものであり，多くの世帯はそれを敬遠したり，あきらめたりしているのが現状である。

おわりに

　本章はカン川周辺の14村を対象に，出作り集落，サナムの運営実態を検討し，その役割を明らかにした。その結果，(1) ほとんどのサナムが家畜の伝染病を避けつつ，その飼養を行う拠点として機能していること，(2) こうした機能を持ったサナムは山村が他地域との結びつきを強めた1990年代以降に多く登場したと考えられること，(3)奥地の石灰岩地帯のサナムは病気回避の効果，放し飼いのしやすさ，良好な飼料の確保の観点からみて，最も理想的なサナムであり，対象地域では奥地に行くほどサナムでの放し飼いの期間が長くなること，(4) このように，焼畑民による家畜の放し飼い維持の拠点となっているサナムであるが，その運営には多大な労力と忍耐が必要であり，その持続性については疑問視されることが明らかとなった。

　いずれにせよ，サナムは現在の焼畑民の家畜飼養を考える際に，決して無視できないものである。それは，伝染病の回避，放し飼いの継続，飼料の確保と

いう目的から焼畑民自身のアイデアで設営されたものである。また，それは地域内のさまざまな場所に設営され，焼畑，水田，植林，狩猟・採集など，他の生計活動と土地利用上，重なり合っている。これらの活動の拠点としても機能しているのである。多様な活動の結節点となるサナムは，現在の焼畑民の生計と土地利用を考える際，欠かすことのできないものであるといえよう。

第8章

出作り集落での家畜飼養

―ルアンパバーン県ウィエンカム郡サムトン村の事例―

イノシシをおびき寄せるためのトウモロコシとキャッサバの栽培地
（2006年1月　フアイベーン村）
すでに藪のようになってしまっているが，ここは2005年にトウモロコシとキャッサバが栽培された土地である。集落から遠隔地で，これらの作物はイノシシをはじめとする野生動物をおびき寄せるために栽培したということだ。近くにはイノシシが活動する夜も待ち伏せがしやすいよう，寝泊まりができる小屋がしつらえられていた。このように，カム族やモン族の男性には狩猟に執念を燃やす人も多い。

はじめに

　前章では，ルアンパバーン県シェンヌン郡のファイペーン村の事例を中心に，集落から離れたところに出作り集落を設け，そこを家畜飼養拠点とする村人の試みを明らかにした。これにより，彼らはブタと家禽の病気や放し飼い規制，飼料運搬の問題を解決しようとしていた。こうした出作り集落，サナムはラオス北部では一般的に見られる。本章は農民自身の家畜飼養の実践とその改善策を明らかにする一環として，さらにサナム（ຊະນາມ）に焦点を当てる。具体的には，ルアンパバーン県ウィエンカム郡サムトン村（図2-1）を事例として，サナムの役割を主に土地利用面から明らかにする。これをシェンヌン郡の事例と比較することで，ラオス北部での家畜飼養の共通性と多様性が明らかとなる。

　以下では，サムトン村の概況と村内におけるサナムの立地と形態について説明したのち，サナムの家畜飼養の場としての機能について詳述する。さらに，当村のサナムが焼畑経営にどう関わるかということも明らかにしていく。

　現地調査は 2009 年 11 月 20〜21 日，2012 年 12 月 20〜22 日，2013 年 2 月 21〜22 日，2014 年 9 月 21〜23 日に行った。調査方法としては，まず，村長をはじめ，村人に家畜飼養や飼料についての聞き取り調査を行った。また，2012 年 12 月，2013 年 2 月には村内の全てのサナムをまわり，その位置を GPS 測量した上で，設営世帯を確認した。サナムに村人がいた場合には，その運営方法について聞き取り調査を行った。さらに，サムトン村での家畜飼養に関する基本データと 2012 年および 2013 年の畑地測量データを入手した[1]。

---

1) 本研究は竹田晋也教授（京都大学大学院アジア・アフリカ地域研究研究科）を代表者とする科学研究費補助金（研究課題番号: 21255003）のもとで実施された。これらのデータも同教授がウィエンカム郡農林局の協力のもとで収集したものを使わせてもらった。

第1節　サムトン村の概況

1. 村の概況

　サムトン村はルアンパバーン県ウィエンカム郡に属する。県の中心地であるルアンパバーン市街地から車で4～5時間，郡の中心地であるウィエンカム村からは20分かかる（図2-1）。集落は国道1号線の走る尾根上に列村状に展開する（写真8-1）。この尾根が村の最高所を形成しており，集落の標高は810mである。村の領域は主にその北側に展開し，最低所を流れるサニアウ川を挟む南北の山地斜面が村人の主な耕作域である（図8-1，後掲図8-3）。

　当村の成立は1976年であり，1982年までに周辺の5ヵ村の住民が道路沿いのこの地に集住して，村の基礎ができ上がった[2]。2014年9月時点で66世帯412人が居住しており，そのほぼ全てがカム族である。

　当村には水田はない。現在も村人の生計において最重要の仕事は焼畑稲作で

写真8-1　サムトン村集落
（2012年12月）

第8章　出作り集落での家畜飼養　247

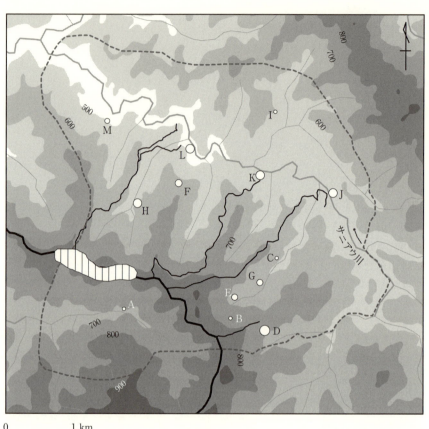

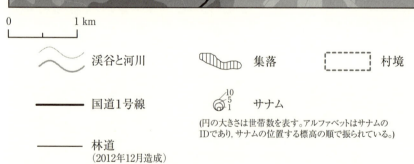

図 8-1　サムトン村におけるサナムの位置（2012 年）

注 1）集落，サナム，国道，林道の位置については，2012 年 12 月，2013 年 2 月，2014 年 9 月実施の GPS 測量による。
注 2）村境のデータは竹田晋也教授から入手した（246 頁注 1 参照）。
注 3）各サナムの設営世帯数については，村人からの聞き取りによる。
注 4）ラオス国立地図局で得られた数値地図および DEM をベースマップに用いた。
（注 1〜4 記載の資料をもとに作成。）

写真 8-2　サムトン村の焼畑
遠景は陸稲の焼畑。これはキャッサバ畑で撮影したもので，手前に写っているのがキャッサバ。
(2014 年 9 月)

あり，2013 年には 66 世帯の住民のうち 65 世帯が従事していた（写真 8-2）。1 世帯あたりの耕作面積は 1.7ha であった。ただし，当村では市場向けのハイブリッド・トウモロコシの栽培が 2013 年から大規模に展開されている。この耕作面積はトウモロコシ栽培も含むものである。

ちなみに，このトウモロコシ栽培は村人の村内交通に大きな変革をもたらした。当村のトウモロコシ栽培はウィエンカム村の 2 人の仲買人との契約栽培である。彼らは村人の要望に応えて，2012 年 12 月に集落からサニアウ川に達する数本の尾根上に林道を造成した（図 8-1）。これに対し，村人は 2013 年以降，5 年間トウモロコシを栽培し，彼らにおさめることで，林道造成費用を返済することになっているのである。2013 年 2 月には 66 世帯のうち，約 20 世帯がオートバイを所有していた[3]。オートバイを持つ世帯にとっては，林道造成は

---

2) この 5 ヵ村はサムトン村南方の現在のウィエンカム郡サンガーン区，プーサナム区にあった村のようである。これらの村の住民が移住した理由は，彼らの母村では 1975 年のラオス人民民主共和国の成立以降も，まだ王党派の軍隊によるゲリラ的活動が続いていたためだという。
3) また，自家用車を持つ世帯は 3 世帯であった。

表 8-1　サムトン村住民の家畜飼養規模（2012 年）

	家畜飼養世帯 数	(％)注	飼養家畜総数	飼養世帯当たりの家畜数
ウシ	22	(34)	52	2.4
スイギュウ	22	(34)	60	2.7
ヤギ	20	(31)	100	5.0
ブタ	56	(88)	267	4.8
家禽	58	(91)	831	14.3

注）2012 年の全 64 世帯に占める割合。
（2012 年にウィエンカム郡農林局が行ったサムトン村の 64 世帯への聞き取り調査に基づく。）

焼畑やサナムへのアクセスを大幅に向上せしめたといえる。

　こうした耕種農業に加えて，当村では家畜飼養も重要な仕事である。表 8-1 にみるように，ウシ，スイギュウ，ヤギについては 3 割以上の世帯が，ブタと家禽については 9 割の世帯が飼養している。村人によると販売向けに特に重要なのはブタとニワトリである。短期間で売りに出せるし，また数も増えやすいためである。ブタは成獣も販売するが，より値段の高い子豚の販売も多い[4]。ニワトリについてはベトナム人がやってきて，一度に 100 羽以上を購入していくという。

2. サナムの立地と景観的特徴

　当村ではサナムを設営する世帯が多く，2012 年には 66 世帯中 48 世帯（73％）が設営していた[5]。村内に 13 のサナムが建てられ，1 世帯だけのものもあれば，2～8 世帯が共同で営むものもあった。図 8-1 にその分布を示した。また，表 8-2 に各サナムの標高，集落からの距離，設営世帯数を示した。これによれば，サナムは集落から直線距離で 0.9～3.9km の範囲にあり，村域内に散在している。標高でいえば，400～500m のサニアウ川沿い（写真 8-3）から，

　4）　村人によると，子豚はシェンクワン県（図 2-1）で丸焼きの料理に使われるという。
　5）　2014 年 9 月の副村長への聞き取りによると，村でサナムを設営していないのは 8 世帯ということであった。この場合，88％ の世帯が設営していることになり，その数は増加したということになる。

表8-2 サムトン村のサナムの概要（2012年）

ID	標高(m)	集落からの距離(km)	設営世帯数	サナム設営世帯の畑地への平均距離(km) サナムから(a)	サナム設営世帯の畑地への平均距離(km) 集落から(β)	(a)/(β)
A	720	0.9	1	—	—	—
B	720	2.4	1	2.6	0.9	2.71
C	700	2.8	1	0.7	3.5	0.21
D	700	2.9	8	0.9	3.5	0.26
E	670	2.3	3	—	—	—
F	610	1.9	4	1.1	2.1	0.52
G	610	2.7	3	1.1	2.9	0.39
H	590	1.3	6	0.5	1.1	0.46
I	570	3.7	1	0.3	3.9	0.09
J	540	3.9	6	0.7	4.2	0.16
K	520	3.0	6	1.1	2.9	0.37
L	490	2.4	6	0.8	3.1	0.24
M	460	2.2	2	0.9	1.3	0.66
平均	610	2.5	4	0.9	2.7	0.35

注）（a）および（β）は耕作世帯の特定できた59の畑地についてのみ計算を行った。
サナムAとサナムEについては，サナム設営世帯の畑地を特定できなかった。
（ウィエンカム郡農林局が2012年に実施したGPS測量および世帯調査，筆者が2012～2014年に実施したGPS調査および村人への聞き取り調査に基づく。）

集落から通いやすい700m程度の沢沿いにまで立地していた。設営世帯数との関係でいえば，集落からアクセスのよいサナムほど設営世帯数が少ない傾向が見られる。

　サナムは全て水場に近接している。水場と小屋を建てるスペースの存在がサナムを建てるにあたって考慮されている。これとともに重要なのが土地利用権である。多くのサナムはそのメンバーの占有地にサナムを建てている。自らが利用権を持たない土地にサナムを建てた場合，その世帯は不安定な立場に立つことになる。いつ立ち退きを迫られるかわからないためである。例えば，サナムJに関しては，その土地の占有者が2014年に焼畑をする意向を持っていたため，設営世帯は2013年にサニアウ川の対岸にサナムを移さなければならなかった。サナムAに関しても，村の保護林を一時的に使わしてもらっている

写真 8-3　サナム L の遠景
サニアウ川沿いのサナムである。小さくて見づらいが，ウシ，ブタ，ニワトリが放し飼いされている。
(2009 年 11 月)

ということであり，設営世帯はその土地を村にやがては返さなければならないという。

　サナムの景観的特徴をつかむために，ここで一つその事例を見ておこう。図 8-2 はサナム J に属する V 氏のサナム小屋周辺の概略図であり，2014 年 9 月の状況である。上に述べたとおり，このサナムは 2013 年にサニアウ川の左岸にサナムを移動させた。この時，他の設営世帯は以前と同じく，まとまって小屋を建てたのに対し，V 氏は彼らから少し離れたところに小屋を立てた。これは自分の占有地に小屋を建てたかったためである。ここは V 氏の占有地であるが，他の世帯が小屋を建てている場所はそうではない。この事例からも，自己の権利地にサナムを建てようとする傾向がはっきりと読み取れよう。

　V 氏のサナム小屋はタワット谷というサニアウ川に注ぐ沢に沿って建てられている。近くに 2012 年に建設された林道が走る。V 氏の義理の息子はオートバイに乗って集落とサナムを行き来している。

　小屋は 2～3 人が宿泊できるほどの広さであり，調理用の炉が設けられている。さらに，調理器具や食器，寝具，衣類，農具，運搬用の籠類，来年作付け

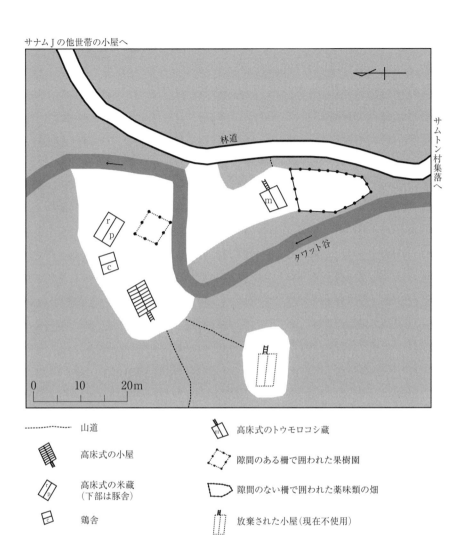

図 8-2　V 氏のサナム小屋周辺略図（2014 年）
（2014 年 9 月実施の歩測により作成。）

第 8 章　出作り集落での家畜飼養 | 253

する作物の種子，小動物用の罠，川魚用の漁具などが置かれていた[6]。周辺にはバナナ，パパイヤ，マンゴーなどの果樹園があり，カム族の料理に欠かせない，トウガラシ，ショウガ，レモングラスなどの薬味類を栽培する畑もある。また，コメとトウモロコシの蔵がそれぞれ一つずつ設けられている。前者はV氏の2014年の焼畑が，集落とは逆方向であるサニアウ川の対岸へ40分の場所にあるというから，収穫したコメはそこからまずここまで運んでくるのだろう。後者は2013年より大規模栽培がはじめられたハイブリッド・トウモロコシ用の蔵である。さらに，高床式の米蔵の下部は豚舎となっており，隣には鶏舎もある[7]。実際，V氏はこのサナムでブタ10頭を飼養している。

　こうした景観的特徴から，当村のサナムが宿泊を前提に建てられた出作り小屋（数軒が集まっている場合は出作り集落）であることが明らかである。また，それが耕種農業と家畜飼養に深く関わるものであることも明らかである。これは実際村人の意識の上でもそうであり，彼らにサナムとは何かと問えば，「焼畑と家畜飼養の拠点」という答えが返ってくる。

　そこで，以下では第2節で家畜飼養の拠点としてのサナムの役割を，第3節で焼畑の拠点としてのサナムの役割を詳述することにする。

第2節　家畜飼養拠点としてのサナム

1. サナム設営の目的

　当村のサナムはブタ，家禽，ウシ，スイギュウ，ヤギの飼養拠点として，まず機能している。例えばブタについてみると，2013年2月には集落内では1つの豚舎で飼養されているだけであった。他のブタは全てサナムで飼養されていたのである。先に見たとおり，サナムには豚舎や鶏舎が設けられているし，中にはヤギ小屋やスイギュウの繋留場所が設置されているものもある。

---

[6] V氏の小屋の付近にはなかったが，サナムには普通，サナムで食べるコメを精米するための足踏み精米機がおかれている。
[7] 調査時期の2014年9月には，V氏はニワトリを集落で飼っていたようである。サナムでは全く見かけなかった。

それでは，村人はなぜ家畜をサナムで飼養するのだろうか。実は，当村も村が成立してしばらくは，家畜はウシ，スイギュウ，ブタ，家禽とも全て集落を拠点に飼養していた。村人が初めてサナムを建てたのは1992年のことであり，サニアウ川沿いに3カ所建てられたという。この直接のきっかけは道路沿いでの家畜の放し飼いを禁じた政府の伝達である。当時，村人は全ての家畜を放し飼いで飼っていた。これは国道1号線を走る車両にとっては，通行を妨害するものであった。そこで，政府は道路沿いの集落での放し飼いを禁じたのである。このため，集落ではウシやスイギュウは繋ぎ飼い，ブタやニワトリは舎飼いするしかできなくなった[8]。

　しかし，村人は家畜の放し飼いを好む。放し飼いの方が管理が楽だし，家畜も健康に育つと考えているためである。ブタの場合，放し飼いをしていると雨期はタケノコ，野生のイモ類，ミミズなどを自分で探して食べる。乾季は沢ガニや小魚などあらゆるものを採餌する。このため，村人の給餌する量は少なくてもすむし，家畜もいろんなものを食べるので栄養バランスの面でもよいと考えている。さらに，家畜は自然に交配してくれるので，その面でも人間が介入する必要がない[9]。

　サナムはこうした放し飼いがしやすい場所である。当村のサナムも多くは焼畑に近接するため，農作期の雨期はブタを舎飼いにしなければならない。2012年の場合，聞き取りをし得た範囲では，サナムA，C，G，H，I，J，Kはこうしたサナムであった。しかし，こうしたサナムでも12月から4月の農閑期にはブタを完全に放し飼いにする。さらに，サナムB，L，Mでは一年中放し飼いにするということであった。これらのサナムと近隣の焼畑とは地形的な障壁によって隔てられている。あるいは，近隣の焼畑はブタの入り込めないような隙間のない柵で囲われている。

　サナムでは，放し飼いのシーズンは昼夜とも放し飼いにしている。この場合，豚舎は給餌の場としての役目を果たす。給餌の際に各世帯は豚舎に自身のブタ

---

8) 現在もラオス政府は幹線道路沿いでの家畜の放し飼いを禁じている。そのため，幹線道路で家畜が車に衝突し，車に損傷が生じたり，乗員が死傷したりした場合は，その家畜の所有者に弁償責任が課されることになる。これにより家畜が死んだとしても，運転手の弁償責任は生じない。なお，サナムの設置を政府が勧めたことはこれまで一度もなく，これは村人自身の実践である。

9) サナムBは1世帯のみのサナムであり，ブタの飼養頭数も少ない。ここの雄ブタは近隣のサナムまで雌ブタを探しにいくということであった。

写真 8-4　放し飼いのブタ
サナム F にて。左はサナム小屋で，その下部は成獣用の豚舎となっている。右は子豚用の豚舎。雨や日差しをよける屋根もついている。(2013 年 2 月)

のみ招き入れる。こうすることで，他世帯のブタに餌を横取りされないようにしているのである。給餌が終わればブタはまた外に出て行く（写真 8-4）。

　このように，村人の放し飼いへのこだわりが当村でのサナム設営のきっかけとなったということができる。しかし，1990 年代初頭に数世帯がはじめた行動が現在ほとんどの世帯に受け入れられているのは，これだけの要因からではない。さらに重要な要因として，集落では家畜の病気がはやりやすいということがある。

　村人によれば，当村で家畜がよく死ぬようになったのは 1997 年からである。この頃から家畜伝染病がよく流行するようになったと考えられている。特に集落は人や家畜がよく行き来するため，その危険性が高い。2013 年の 2 月の調査時にも，集落でニワトリを飼っていたら全て病死してしまったという事例を聞いた。こうしたことがないよう，病原菌の達しにくい集落から離れた場所で家畜を飼養したのがサナムである。

　ただし，サナムも近年はこうした目的が果たせなくなってきている。2011〜2012 年にはサナム A, C, G, J, K で，当村で初めての口蹄疫の流行があり，

ヤギやブタの被害が出たという[10]。また，病名はわからないが，2013年にはサナムDでブタとヤギが，2014年にはサナムLでブタが壊滅的被害にあったという。

この中で，より奥地にサナムを移動させようという試みも見られる。L氏は2011年までサナムKに小屋を建てていた。ところが，ここでブタが口蹄疫にかかり，30頭が死んでしまった。そこで，彼は病気のない地を求めて2012年1月に，サナムIを建てた[11]。2013年2月には，彼はここでブタ16頭とニワトリ10羽（成鳥のみ）を飼養していた。

実際，人や家畜の行き来が少ない奥地ほど，家畜伝染病の流行が少ないということはいえるかもしれない。サナムIと同じ程度に奥地といえるサナムMでも，今まで伝染病が流行したことはないという[12]。

2. 飼料としてのキャッサバ

次に，サナムでの家畜の飼養方法について説明する。まず，家畜の飼料についてである。当村で特徴的なのは，ブタや家禽の飼料としてキャッサバが重要となっていることである（写真8-5）。特にブタにとっては最重要の飼料である。トウモロコシや米糠も重要であるが，聞き取りし得た範囲では，どのサナムでもキャッサバが最重要であり，村のほぼ全世帯が栽培しているという。たしかに，当村ではキャッサバのみが植えられた畑があちらこちらに見られる[13]。ではなぜ，当村ではキャッサバが好まれるのだろうか。

---

10) 口蹄疫によるウシやスイギュウの病死はほとんどなかったようである。口蹄疫は重篤化する前に治療すれば病死することはないという。村人は身近にある樹木の樹皮と果実を一緒に煮込んで薬を作り，患部に塗布してやるという治療法を実践している。また，当村では10年以上前からウイルス性出血性敗血症がウシやスイギュウの間で流行するようになった。これに対し，村人は現在，半年ごとにワクチン接種をして予防している。
11) これは彼の占有地である。サナムの場所を選ぶ際に，ここでも土地利用権が重要条件となっていることがわかる。
12) 伝染病の回避と放し飼いへのこだわりに加えて，筆者は水の得やすさということも，村人がサナムで家畜飼養を続ける要因であると考えている。家畜飼養のためには水が欠かせない。しかし，尾根上の集落では共用水道の水がたびたび枯れてしまうという。
13) 当村でキャッサバを畑に大量に栽培するようになったのは1990年代の中頃からという。この頃から当村でブタ飼養が活発になったと推測される。これは先述したサナム設営の始まりの時期とも重なっており，興味深い。

写真 8-5　キャッサバイモ
(2012 年 12 月　サムトン村)

　その第一の理由は調理して餌とするのが簡単だからである。当村で現在栽培されているキャッサバは，それぞれベトナムと中国由来とされる導入品種である。ベトナム種はサムトン村の開村前の 1970 年頃に，村人の出身村ですでに栽培されていたという。中国種が導入されたのは近年のことであり，2008 年頃という。近隣のモン族の村の人がルアンナムター県 (図 2-1) から持ち帰り，それがサムトン村にも広まったのだという。現在は成長が早く収量が多い中国種を植える世帯の方が多くなっている。

　これらの品種は調理の際に茹でる必要がなく，生で家畜に与えることが可能である。調理の仕方は世帯ごとに多彩であり，細かく刻む世帯もあれば，おろし金を使ってすりおろす世帯もあれば，臼と杵を使って粉砕する世帯もある[14]。しかし，いずれの場合も生で与えることには変わりない[15]。

　火をおこして茹でる過程がないことが村人にとっていかに楽と感じられているかは以下の例を見てもわかる。当村の谷沿いには野生バナナの群落がよく見

---

　　14)　刻まれたり，粉砕されたキャッサバは米糠やコメのとぎ汁と混ぜて家畜に与えられる。

られる。野生バナナは東南アジアの他地域ではブタの重要な飼料となっている（Nakai 2008）。ところが，この村では野性バナナの葉や偽茎を家畜の飼料とする人はほとんどいないという。これらを飼料に加工するためには茹でる必要があるが，それが面倒なためである。

　キャッサバが飼料として好まれるさらなる理由として，長期間収穫せずに，畑に放っておくことができ，畑を貯蔵庫代わりに利用できることが挙げられる。当村の栽培品種は4〜5月に栽培して半年間で収穫可能となるものの，それ以降も収穫せずに長期間[16]，畑に放置しておくことが可能である。しかも，当然のことながら，この間にイモはさらに肥大してくれる。このように，その時々に必要な分のみ収穫し，あとは畑に「貯蔵」しておける点もキャッサバの利点である。これに対し，ラオスでキャッサバと並んで重要な飼料であるトウモロコシはゾウムシの害にあいやすく，貯蔵が難しい。年間を通じて安定的に飼料を供給できるという点でキャッサバの利点は大きい。

　さらに，コメと土地利用上競合することがないという点もキャッサバが好まれる理由として重要である。村人によると，キャッサバはどちらかというとやせた砂地が最適であり，コメ栽培に最適な壌土ではかえって出来が悪いという。しかも，当村の焼畑稲作では基本的に1年で畑地を放棄するが，キャッサバは3年間同じ土地で栽培できる。そのため，移動回数は少なく，焼畑と土地利用上競合することはまずない。

　実際には，当村のような山地村ではキャッサバ栽培に向いた土地はいくらでもあり，問題となるのはサナムとの近接性と土地利用権である。運搬の労を考えるとサナムのすぐそばにキャッサバ畑を開くのが便利である。しかし，この場合はブタの食害にあわないよう，隙間のない密な柵で畑を囲む必要がある。こうした柵作りには少なくとも2週間はかかるという。ブタの食害を考慮すると，キャッサバ畑はサナムから徒歩30分程度離れたところに作るのがよいという。この場合は，ブタがやってこないので，柵はウシ・スイギュウ向けの間

---

15)　キャッサバは有毒成分，青酸配糖体の含有量により，有毒品種（bitter cassava）と無毒品種（sweet cassava）に区別される（安渓 2003; Burns et al. 2010）。サムトン村の品種は葉も食用とすることができる。これらの特徴から，無毒品種であるといえよう。一方，カン川周辺ではキャッサバはふつう，薄く切って，湯がいたのち，ブタに与えられていた。この違いが，カン川周辺では有毒品種を栽培していることに基づくのか，単なる習慣の違いなのかは確認できていない。

16)　聞き取りによると，ベトナム種は5〜6年，中国種は2〜3年収穫せずに畑に放置できるということである。

隙の多いものでもかまわない。こうした柵なら 2～7 日で完成するという。

　キャッサバはもちろん自身の占有地に植えるのがよい。しかし実際には，ある世帯の占有地にその世帯を含む 3～7 世帯がまとまって栽培している場合が多い。これは共同で栽培した方が柵作りが楽になるためである[17]。例えば，2014 年には，サナム J の設営世帯はサナムにいたる林道に沿って 5 世帯が共同でキャッサバを栽培していた。キャッサバ畑はサナムに行く途中にあり，オートバイで収穫した作物を運ぶこともできるため便利である。

　年間の栽培規模は少ない世帯で 2,000 株，多い世帯で 15,000 株である。栽培規模は世帯のブタの飼養頭数と労働力に関係しているという。たくさんキャッサバを植えておけば，それで 2～3 年のブタの食料をまかなえる。

　当村では，キャッサバはブタだけでなく，ニワトリにも与えられ，トウモロコシやコメ[18]と並んでニワトリの重要な飼料となっている。この場合，細かく刻んだり，粉砕したりして与えられる。

3. サナムでの家畜の世話

　次に，村人がどれほどサナムに滞在し，家畜の世話を行っているのかを説明する。後述するように，当村のサナムは家畜飼養のためだけに設けられているのではなく，焼畑繁忙期の寝泊まり小屋としての機能も果たしている。そのため，村人が最もよくサナムに宿泊するのは焼畑のシーズンである[19]。農閑期になると宿泊者は少なくなる。しかし，ブタや家禽の給餌は引き続き行わないといけないので，各世帯が朝夕にサナムにおもむき，給餌を行っている。サニアウ川沿いのサナムなどは徒歩の場合，往復 2 時間かかり，帰り道は厳しい上り坂となる。それでも朝夕の給餌には行かなければならない[20]。

　実際には各世帯は給餌のためだけにサナムに通っている訳ではない。調査期

---

17) この場合，土地占有世帯がそれ以外の世帯に借地料を課すことはない。先述したとおり，同一の土地でのキャッサバの栽培期間は 3 年までであり，それ以降は畑地を移動させる必要がある。その場合は自身が他世帯の土地を借りる可能性があるためである。
18) ある村人はニワトリの成鳥に対しては籾米を，ひよこに対しては破砕米を与えると言っていた。
19) 特に，6～8 月は村内の小学校が休みとなるので，小学校に通う子供のために集落にとどまる必要もなくなる。したがって，小学生がいる世帯の場合は，この期間によくサナムに滞在するという。ただし，サニアウ川沿いでは 8～10 月は蚊が多くなるので，宿泊しにくくなるという。

間中の村人の行動を見ていると，サナムに行くついでにさまざまな仕事を行っていることがわかった。村人の行動を見ると，朝サナムに行って家畜の給餌を行ったあと，周辺の森林で山菜採集や小動物を対象にした罠の設置と見回り[21]，焼畑の伐採作業，ウシ・スイギュウの様子見に出かけている。そして，夕方サナムで再度の給餌を行ったあと，集落に帰ってくるのである。このようにみると，サナムは単に家畜飼養拠点として機能している訳ではなく，集落から離れた森林でのさまざまな活動の拠点となっているともいえる。

　また，農閑期であっても各サナムには数人の宿泊者がいる。これは給餌に通うのが面倒ということもあるが，より大きな理由は家畜を守る必要があるためである。特に，ニワトリは盗まれたり，ジャコウネコに襲われたりすることが多い。実際，2012年2月の調査時には，サナムIで8羽のニワトリが1月に盗まれたという話を聞いた。こうしたことがないように，サナムKでは少なくとも2人がサナムに宿泊するようにしているという[22]。

第3節　焼畑拠点としてのサナム

　先述したとおり，当村のサナムは焼畑拠点としても機能している。つまり，農作業の繁忙期に焼畑に近接して寝泊まりするための宿泊地としても機能している。このことは農作期にサナムの宿泊者は増えるという村人の言から明らかである。それでは，サナムと焼畑とは実際にどれほど近接しているのだろうか。図8-3は2012年における各サナムと設営世帯の畑地（ほとんどが陸稲焼畑）

---

20) 当村では家畜への給餌を他人任せにするのは恥ずかしいことと考えられている。したがって，給餌は原則的に各世帯でなされている。同じサナムに所属する世帯同士であっても，家畜の給餌に関する助け合いはめったにしないという。ただし，村での集会に出なければならないとか，病気の場合など，どうしようもない時は，他の設営世帯に給餌を頼むことができる。

21) 具体的にはサナムを拠点にラタンの若芽採集（2012年12月），小動物用の罠の設置（2012年12月，2014年9月），タケネズミ捕り（2014年9月）をする村人を見かけることができた。サナムの周辺には焼畑もあり，さまざまな作物が栽培されている。そのため，村人はサナムでは集落と違って「食べ物探しに困らない」という。

22) こうした問題から2014年9月の調査時にはニワトリを集落で飼う世帯が多くなっていた。また，他人の家畜を盗んで販売する例もあるため，村ではブタとニワトリに関しては，サナムか集落でしか売り買いをしてはいけないと決めている。衆人環視のもとではそういったことはできないためである。

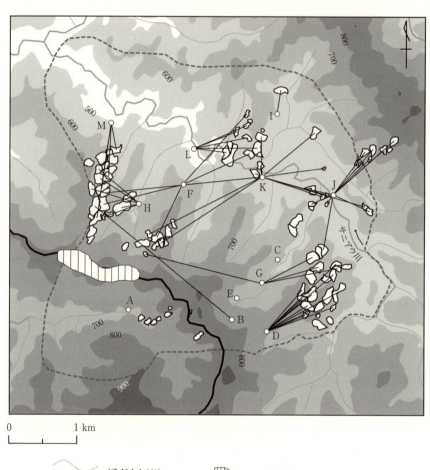

図 8-3 サナムと設営世帯の畑地の距離（2012 年）

注1）サナムとその設営世帯の畑地を直線で結んだ。その数は59である。ただし、全ての畑地の耕作者が特定できたわけではないため、実際には、結ぶべき線の数はもう少し多くなると思われる。
注2）畑地の GPS 測量および耕作世帯の特定はウィエンカム郡農林局により実施された。
注3）村境および畑地のデータは竹田晋也教授から入手した（246 頁注1参照）。
（ウィエンカム郡農林局が 2012 年に実施した GPS 測量および世帯調査、筆者が 2012〜2014 年に実施した GPS 測量、ラオス国立地図局で得られた数値地図および DEM をもとに作成。）

を線で結んだものであり，表8-2にはその距離を集落からの距離と比較して示した。これをみると，サナムBをのぞく全てのサナムは集落よりも設営世帯の焼畑に近いことがわかる。その距離は平均して集落から通う場合と比べて，2分の1から10分の1に短縮されているのである。

また，各サナムの設営世帯の焼畑が近接する一定の場所にまとまっていることも興味深い。複数世帯が設営するサナムD, G, H, J, L, Mにおいてこの傾向が顕著である。このことから，サナムを同じくする世帯は村内の同じ場所に土地を占有する集団であるということができる。

年ごとの耕作地の移動にあわせて，サナム間を移動する世帯もある。P氏は2012年にはサナムMに小屋を建て，近くの2枚の土地を耕していた。彼はこのサナムの周辺に3枚の土地を占有しており，例年はこのサナムに小屋を建てている。ところが，彼の土地のうち1枚はこのサナムからかなり遠い。2013年には彼はこの土地を耕すことに決め，2012年12月にそれに近接したサナムKに小屋を移した。2014年にはサナムMにまた帰ってくるという。焼畑地の移動にあわせてサナムを移動するというこの例をみると，サナムが焼畑に近接する宿泊地としての機能を果たしていることがよくわかる[23]。

第4節　サナムの役割と将来性

以上の分析に基づき，ここではサナムの役割とその将来性について考察する。前章では，家畜飼養を目的に設置されたサナムとして，ルアンパバーン県シェンヌン郡ファイペーン村の事例を考察した。この場合，サナムは飼料であるトウモロコシの栽培適地に近接して設けられ，焼畑稲作とは立地上の関わりを持たなかった。これに対し，本章の事例では，サナムは焼畑地に近接して設けられている。こうした事例の場合，サナムは焼畑を第一に考えて設置されたものであると考えてしまいがちである。しかし，そこには注意が必要である。

筆者は本章の事例でも，サナムは明らかに家畜飼養を目的に設置されたものであると考えている。焼畑への近接は副次的な意味合いしかない。なぜなら，

---

[23] サナムCとサナムIは1世帯のみの設営であるが，彼らは自身の占有する土地に建てている。また，その他の占有地も全てサナムに近接しているという。これも耕作地への近接を考慮してサナムを建てていることが明らかである。

サナム設営のきっかけ自体が政府の政策や伝染病の流行により，集落での家畜の放し飼いが不可能になったことにあるからである。また，焼畑への近接が第一の目的なら，焼畑に設置されている畑小屋に宿泊することも可能なはずである。実際，ラオスの山地民は古くから農繁期は畑小屋に宿泊するのが常であったし[24]，今もそうした事例は見かけるのである。さらに，獣害対策を考えた場合，畑小屋に泊まらないと意味がない。

フアイペーン村の事例と違って，本章の事例でサナムが焼畑に近接して設けられているのは飼料の違いが大きい。サムトン村のブタの飼料であるキャッサバは，フアイペーン村で栽培されていたトウモロコシの在来品種ほどには土地を選ばない。村内ではほとんどどこでも栽培できるのである。したがって，当村で家畜飼養拠点を設けようとした場合，それは飼料畑の位置に規定されない。そこで，村人は村内で最も自分がよく通う場所である焼畑の周辺に家畜飼養の拠点を設置することになる。これがサナムである。とはいえ，焼畑の中にはサナムは設置できない。家畜による食害が問題となるし，家畜に与えるだけの十分な水がないためである。そこで，焼畑に近接した沢沿いの平地にサナムが設けられることになる。それは焼畑の繁忙期の宿泊地としても利用されるし，その周辺で行われる狩猟や採集の道具の置き場にもなる。

複数世帯の設営が多いのは，森林の中に1世帯のみ設営するのは心細いためである。家畜の見張りや世話を考えたときも，数世帯での助け合いが必要になる。宿泊も交代で行える。そこで，親戚同士などが共同で設営する例が多く見られるようになる。

以上のように，当村のサナムは家畜飼養の拠点として形成されたものということができる。それでは，サナムは今後ともこうした機能を果たしていくのだろうか。懸念されるのは，サナムの病気回避の面での有効性が低下していることである。本章でみたように，当村のサナムもここ数年は伝染病の流行が頻繁に見られる。林道の開通により，サナムと集落のアクセスは高まりつつあり，この傾向はさらに進んでいくだろう。村人の多くは病気が流行しても「集落では家畜が全部死んでしまうが，サナムでは少しは生き残る」という。あるいは，病気を徹底して避けるために，さらに奥地にサナムを移動させる村人もいる。

24) 1930年代後半にラオス北西部の焼畑村落で定住調査を行った Izikowitz（1979: 166-167, 216）は，農繁期に村のほとんどの世帯が集落から畑小屋に生活拠点を移すことを記している。また，インドネシアの焼畑村落でもこうした事例は報告されている（Dove 1988: 158）。

とはいえ，現在の状況を見る限り，病気回避の面におけるサナムの有効性は大きく後退しているといえよう。

こうした状況においては，すでに獣医学の多くの研究が指摘するように，家畜のワクチン接種をきちんと行う必要がある。ワクチン接種により，家畜伝染病の多くは予防できるのである。問題はサムトン村のような隔絶山村にまでワクチンを十分に配布できるようなシステムの開発にある。ラオス政府や国際機関はこの点に十分に意を注ぐべきである。

それでは，病気回避の効果が薄くなった当村のサナムは今後家畜飼養の場として機能しなくなっていくのだろうか。筆者はその可能性は低いと考えている。病気回避の効果が減少しても，村人の放し飼いへのこだわりは健在なためである。例えば，焼畑シーズンも含めて一年中，ブタの放し飼いをしようとする村人もいる。そのために近辺の焼畑を堅牢な柵で囲う作業を2週間もかけて行うのである。たしかに，朝夕サナムまで餌やりに行くのは大変な労力といえる。しかし，林道の建設後オートバイでサナムに行く世帯も増えており，その労力も軽減されつつある。幹線道路沿いのサムトン村では，集落での放し飼いは不可能である。それゆえ，放し飼いの場としてのサナムの意義は今後とも続くと思われる。

しかし，この場合もやはり病気がネックとなってくる。放し飼いは病気が伝染しやすい飼養形態だからである。それを防ぐためにも，ワクチン接種の徹底や放し飼いの範囲の限定といった対策が必要となってこよう。

おわりに

本章はサムトン村のサナムの役割について，前章のファイペーン村の事例と比較しつつ検討した。その結果，当村でも病気を避けつつ放し飼いをするという家畜飼養の目的がサナム設営のきっかけとなっていること，ただし，サナムの病気回避の効果は近年減退しつつあること，当村で家畜のメインの飼料となっているキャッサバが村内のどこでも栽培可能なため，サナムの立地が飼料の栽培適地に規定されず，サナムは焼畑の近接地が選定されるに至ったことが明らかになった。

前章と本章の対象地域は遠く離れており，サナムの設営がラオス北部の焼畑

民の間で広く見られる営みであることが明らかとなった。本章の事例でもやはり，サナムは家畜飼養だけでなく，焼畑など，複数の生計活動の拠点となっており，集落から離れた奥地での活動拠点となっている。サナムは村内の土地を十全に活用しようとする焼畑民の土地利用戦略において欠かせないものなのである。

第 9 章
ウシ・スイギュウ飼養をめぐる土地利用

林間放牧されるウシ
(2005 年 10 月　フアイペーン村)

はじめに

　前章までは，ラオス山村におけるブタと家禽の飼養実態を，これらの家畜の飼養拠点となっているサナムに着目し，明らかにした。これに対し，本章では，やはりラオス山村において重要なウシ・スイギュウの飼養実態について明らかにする（写真9-1, 9-2）。本章では特に以下の3点に着目する。

　第一に，その土地利用についてである。36-39頁で説明した通り，東南アジア山村でのウシ・スイギュウ飼養は焼畑の土地利用システムに組み込まれる形でなされてきた。しかし，近年の放牧地限定政策の実施以降は，状況が変化している可能性がある。これ以降は，放牧地の内部では一切の農業活動が禁止され，家畜放牧のみがなされるようになったのであろうか。つまり，現在の放牧は焼畑とは切り離された形でなされているのだろうか。

　第二に，放牧と土地所有の関係についてである。本書では，これまで対象地域における慣習的な土地所有制度について，幾度も言及してきた。それでは，家畜の放牧地に関する土地所有はどうなっているのだろうか。また，放牧地限定政策の実施は，これにどんな影響を与えたのであろうか。

　第三に，家畜飼養の実際についてである。村人はウシ・スイギュウをどのように管理し，それにどれほどの時間と労力を割いているのだろうか。東南アジア山村でのウシ・スイギュウ飼養についての既往の報告を読むかぎりにおいては，その方法はかなり粗放的で省力的であるように思える。果たして，この推測は正しいといえるであろうか。

　焼畑と家畜飼養が結合した生業形態は，東南アジアの山村では広くみられる。そのため，以上の点について考察を深めることは，ラオス山村だけでなく，広く東南アジアの山村における家畜飼養の仕組みを理解し，その発展策を探るためにも必要なことである。そこで，本章では，カン川周辺の14ヶ村を対象とし，各村での放牧地設置以降の土地所有・土地利用とウシ・スイギュウ飼養の実態を，村落間比較を行いつつ明らかにする。比較を行うことによって，家畜飼養の継続・発展のために，何が必要なのかを浮き彫りにすることができよう。特に，フアイペーン村とフアイコーン村では重点的な調査を実施した。

　以下では，対象地域でのウシ・スイギュウ飼養を概観したのち（第2節），焼畑の移動にあわせて放牧地を移動させるフアイコーン村と固定的な放牧地を設けたフアイペーン村という対照的な放牧システムの事例を比較・検討する

写真 9-1　ウシ
ラオスではゼブ牛が飼われている。
(2011年3月　ロンルアット村)

写真 9-2　スイギュウ
このように，スイギュウは水田での作業に利用されてきた。
(2006年1月　フアイコート村)

（第3節・第4節）。さらに，他村の事例も交えつつ，ウシ・スイギュウ飼養にかかわる土地所有・土地利用の特徴を整理するとともに，飼養実態の分析から，その問題点を考察する（第5節）。

第1節　調査方法

　現地調査は主に2010～2013年にカン川周辺地域の14ヶ村で実施した。
　まず，14ヶ村の家畜飼養規模の村落差とその要因を明らかにするために，各村における家畜飼養規模と村域面積，民族別世帯数との関係を考察した（後掲表9-1）。各村の村域はシェンヌン郡土地管理局が2011年に実施したGPS測量の結果を用いた（187頁参照）。各村の2008年の民族別世帯数については，シェンヌン郡行政局で入手した。各村でのウシ・スイギュウ所有頭数については，各区（187頁注8参照）の区長が2008年12月に各村で行った世帯経済調査の結果を用いた。これは筆者が2009年3月に実施した各村での聞き取り調査結果ともよく照合するため，信頼できるデータと思われる。
　次に，放牧地の設定の仕方やその管理方法，焼畑などの土地利用との関係，家畜飼養に関する問題点などについて，各村の村長や村人に聞き取り調査を行った。さらに，ウシ・スイギュウ飼養が村のどこで，どのようになされているかを把握するため，14ヶ村のうち，これらの家畜が比較的多く飼養されている10ヶ村の領域を踏査した。踏査中に家畜の群れに遭遇した場合は，その位置をGPSで記録するとともに，なぜその位置に家畜が集まっているのかを把握するよう努めた（後掲図9-2，後掲表9-2）。
　特に，ファイコーン村とファイペーン村では綿密な調査を行った。この二村では，出稼ぎ等で不在の世帯を除く全世帯への聞き取り調査を行い，各種の家畜について飼養世帯数と飼養頭数を明らかにした。また，そのうち請負飼養頭数がどれくらいかという点も明らかにした。ファイペーン村でのウシ飼養頭数については，経年的な調査により，その変遷をも明らかにした。さらに，放牧地の設定方法とその焼畑との関係，家畜飼養の方法とその問題点などについて，両村の村長および複数の村人に聞き取り調査を実施した。
　この二村では，放牧地と焼畑との関係を明らかにするために，両者の位置関係を地図化する作業を行なった。まず，GPS測量により，各村の2011年の放

牧地の境界を明らかにし，それを地図化した（後掲図9-3）。次に，衛星画像から，2010年及び2011年の両村の畑地（陸稲の焼畑が主）を読み取り，この地図に書き込むことで，2011年の放牧地との位置関係を明確化した。また，ファイペーン村の複数の地点で，放牧地に利用された場所の植生変化を経年的な観察により把握し，変化の理由を村人への聞き取りにより明らかにした。

第2節　放牧の場としての高地

　表9-1に各村の村域面積，民族別世帯数，ウシ・スイギュウの所有頭数を示した。この表から，ウシ・スイギュウの飼養規模は村ごとにかなりの差があることに気付かされる。この差異は何にもとづくのであろうか。一つ考えられるのは民族の関係である。すなわち，モン族人口の多い村はこれらの家畜の飼養頭数も多い。特に，モン族の世帯数とウシの飼養頭数の相関性はかなり高い[1]。
　これはウシ飼養が得意といわれるモン族の特徴を裏づけるものである。当地域にウシをもたらしたのもモン族であった。例えば，カム族の村であるファイペーン村では，1975年ごろスイギュウはすでに飼養していたが，ウシはまだ飼っていなかった。ウシ飼養をはじめたのは，その後，近隣にあったモン族の村からウシを得てからだという[2]。
　また，村域面積も関係している。図9-1は土地管理局の画定による村の領域と2008年のウシ・スイギュウの所有頭数の関係を図化したものである。この図から所有頭数の少ないのは領域の小さな村であり，多いのは領域の大きな村であることが傾向として読み取れる[3]。
　これには放牧地限定政策が大きく影響している。当地域でもこの政策は2000年ごろからいくつかの村で実施されはじめ，2005年には全域的に実施されるようになった。この中で，各村はその奥地に放牧地を設置するよう指導された

---

1) 相関係数は0.899である。また，2000年の農業センサスより民族別の家畜所有世帯率を見ても，モン族のウシ飼養世帯率は54%であり，他の民族と比べてずば抜けて高い。ちなみに，モン族のブタ飼養世帯率は73%であり，これも他民族よりも高かった（Stür et al. 2002）。
2) ブーシップ村に至っては，スイギュウ飼養をはじめたのは1980年から，ウシ飼養は2000年以降だという。カム族はかつて，ウシは水浴びもせず，顔も洗わない動物で，食べるに値しないと忌避していたという。
3) 各村のウシ・スイギュウ所有頭数と領域面積の相関係数は0.797であった。

表 9-1　対象地域各村の人口とウシ・スイギュウ所有頭数

村名	面積 (km²)	世帯数 総数	タイ系民族	カム族	モン族	ウシ・スイギュウ所有頭数 総数	ウシ	スイギュウ
パクトー村	5	75	14	44	17	157	153	4
フアイコーン村	10	51	0	47	4	129	129	0
ナーカー村	4	42	28	6	8	50	31	19
フアイコート村	10	91	71	20	0	11	0	11
フアイカン村	4	48	3	44	1	2	2	0
ポンサワン村	7	72	18	54	0	8	3	5
ポンサイ村	12	100	23	77	0	113	15	98
ティンゲーウ村	27	167	1	132	34	366	313	53
ブーシップ村	22	86	5	81	0	142	113	29
ロンルアット村	38	87	0	70	17	109	99	10
ブーシプエット村	23	112	4	107	1	65	34	31
シラレーク村	64	149	0	98	51	575	489	86
フアイペーン村	20	43	0	43	0	57	57	0
ノンクワイ村	23	40	0	14	26	110	88	22
合計	269	1163	167	837	159	1894	1526	368

注1）人口，家畜のデータともシェンヌン郡行政局で入手した 2008 年 12 月の統計にもとづく。ただし，フアイコーン村に関しては同村で入手した 2009 年 5 月の統計にもとづく。
注2）村域面積は土地管理局が 2011 年に実施した GPS 測量にもとづく。
（注1，注2に記載の資料をもとに作成。）

のである。ところが，第 6 章でも述べたが，当地域北部の領域の小さな村では，そのほとんどがすでに耕作地や植林地として利用されており，放牧地として利用できるような余剰の土地がなかった。そのため，家畜を手放さざるを得なかったのである[4]。ただし，パクトー村では，フアイコーン村領域で同村住民と共同放牧する世帯が 2008 年には 18 世帯もいたし[5]，ブーシプエット村住民に飼養を委託する世帯もあった。また，ナーカー村にはシラレーク村領域のナーレーン山（図 9-2）にあった村[6]から移住してきたモン族がおり，彼らは移住後も旧

---

[4] 現在はウシもスイギュウもほとんどもっていないフアイカン村の住民も，以前はタイ系民族はスイギュウを 10〜20 頭飼っていたし，カム族にもウシを 20 頭飼う世帯がいたという。
[5] ただし，後述するフアイコーン村での病気流行と飼料不足のため，2012 年には 4 世帯にまで減った。
[6] この村の集落は図 9-2 の地点 25 にあった。

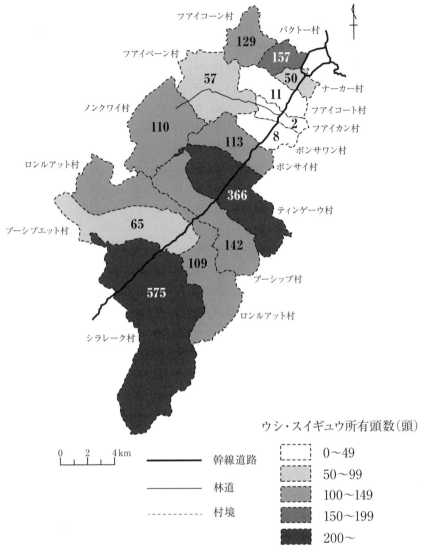

図 9-1 各村のウシ・スイギュウ所有頭数（2008 年）
注 1) ファイコーン村については同村で得た 2009 年 5 月の統計を使用した。
注 2) その他の村についてはシェンヌン郡行政局で得た 2008 年 12 月の統計を用いた。
注 3) 村域は土地管理局が 2011 年に実施した GPS 測量にもとづく。
（注 1～注 3 記載の資料に基づき作成。）

村でウシ放牧を続けていた。これらの村がその領域の狭さのわりに家畜所有数が多いのはそのためである。

スイギュウはトラクターの導入の影響を受けて2000年代に激減したようである。特に，ナーカー村やファイコート村は水田稲作を主生業とするユアン族の村であるため，スイギュウを所有する世帯が多かった。ところが，放牧適地の無さに加え，トラクターの普及が重なり，多くの世帯がスイギュウを手放してしまったのである。ブーシップ村でもかつては少なくとも70頭はスイギュウがいたというが，2008年には29頭にまで減少した。39頁で述べた高井 (2008) の指摘が対象地域でもよく当てはまる。対象地域では現在，スイギュウよりも圧倒的にウシが多くなっている（表9-1）。

それでは，飼養頭数の多い村では，ウシやスイギュウをどこで飼養しているのだろうか。筆者は2006年9月から2012年3月までの間に，ウシやスイギュウの多い各村の領域を踏査した。図9-2は，その際にこれらの家畜の群れに遭遇した地点をプロットしたものである。また，表9-2は各地点の特徴についてまとめたものである。これらの村では，少なくとも雨季を中心とする農作期 (5～12月) は一定範囲の放牧地の内部で家畜が飼われていた。また，国道4号線沿いの村ではパラゴムノキなどの換金作物が乾季も栽培されるため，年間を通じて放牧地内で飼養されるケースが大部分である[7]。ただし，高地に領域を持つファイコーン村やファイペーン村ではパラゴムノキなどの換金作物が少ないため，乾季には自由放牧がなされる。そのため，放牧地の外部でもウシを見ることができた。この図表から以下の点が指摘できる。

一つはウシ・スイギュウ飼養の場としての高地の重要性である。現在，これらの家畜をカン川沿いの低地で見かけることはあまりない。家畜を見かけた43地点のうち40地点 (93%) は標高700m以上，31地点 (72%) は標高800m以上にあった。遭遇したウシを飼養する世帯の住む集落との標高差は平均330mであり，そこからの距離は平均3.6kmにも達する。つまり，ウシやスイギュ

---

7) ブーシップ村北部やロンルアット村北部の放牧地では，雨季用と乾季用の二重の柵が設けられている。雨季用と乾季用の柵の間は陸稲焼畑の卓越地帯である。陸稲の収穫後は雨季用の柵は破られ，ウシやスイギュウは収穫後の焼畑もうろつくことができるようになる。乾季用の柵と集落の間はパラゴムノキやキャッサバ，トウガラシ，ナスビなどの作物の栽培が乾季も継続される。そのため，乾季も家畜の侵入は阻止される。このように，これらの村では季節による家畜の放牧範囲を考慮して，どこに何を栽培するかが決定されている。

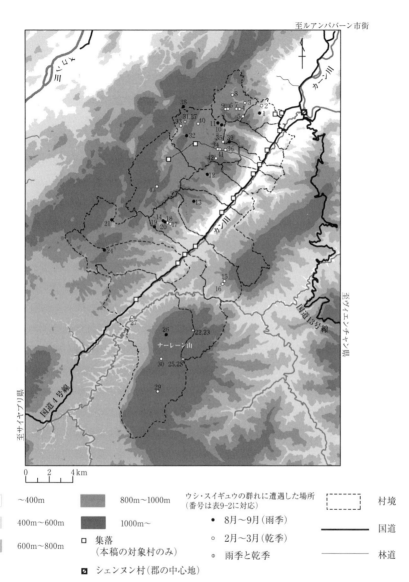

図 9-2　フィールドワーク中にウシ・スイギュウの群れに遭遇した場所（2006 年 9 月～2012 年 3 月）

注）この図の範囲には対象村以外の村の集落も存在しているが，図示していない。
（10 万分の 1 数値地図，土地管理局作成の 2011 年の土地利用区分図，農林局作成の 1996 年の土地利用区分図，筆者の GPS を用いた現地踏査にもとづき作成。）

第 9 章　ウシ・スイギュウ飼養をめぐる土地利用　275

表9-2 フィールドワーク中にウシ・スイギュウの群れに遭遇した場所（2006年9月～2012年3月）

所属村	地点	家畜の種類	日付	季節	村からの距離(km)	標高(m)	集落との標高差(m)	地形	収穫跡地	サナム	放牧小屋	塩やり場
パクトー村	1	ウシ	2009.8.19	雨季	2.0	490	150	谷				
	2	ウシ	2012.2.26	乾季	1.9	470	130	谷				
ファイコーン村	3	ウシ	2012.2.26	乾季	2.7	750	400	谷		○		
	4	ウシ	2012.2.26	乾季	3.1	790	440	谷				○
	5	ウシ	2012.2.26	乾季	2.9	860	510	斜面	焼畑			
	6	ウシ	2012.2.27	乾季	4.1	930	580	斜面	焼畑			
	7	ウシ	2012.2.27	乾季	3.4	810	460	斜面	焼畑			
	8	ウシ	2012.3.2	乾季	4.0	780	430	谷				○
	9	ウシ	2012.3.2	乾季	4.3	980	630	斜面	焼畑			
	10	ウシ	2011.8.30	雨季	4.8	800	450	谷				
	11	ウシ	2011.8.30	雨季	5.1	810	460	谷			○	
ポンサイ村	12	スイギュウ	2006.9.13	雨季	3.0	780	400	谷		○		
ティンゲーウ村	13	スイギュウ, ウシ	2006.9.14	雨季	2.6	820	430	谷		○		
ブーシップ村	14	ウシ	2009.8.25	雨季	3.5	720	310	谷				○
	15	ウシ	2011.3.20	乾季	3.8	830	420	尾根				○
	16	ウシ	2011.3.20	乾季	3.9	820	410	尾根				○
	17	ウシ	2011.3.21	乾季	2.9	700	290	谷		○		
	18	スイギュウ	2011.3.21	乾季	3.1	730	320	谷				○
	19	ウシ	2011.9.2	雨季	3.9	880	470	峠				
	20	スイギュウ	2011.9.2	雨季	3.4	710	300	谷				○
ロンルアット村	21	ウシ	2009.8.18	雨季	6.8	800	370	窪地		○		
	22	ウシ, ウマ	2009.8.21	雨季	6.2	1070	640	窪地			○	
	23	ウシ	2011.3.23	乾季	6.2	1070	640	窪地			○	
ブーシプエット村	24	スイギュウ	2009.8.14	雨季	6.4	950	510	峠				
シラレーク村	25	スイギュウ, ウシ	2009.8.21	雨季	6.4	1080	480	窪地			○	
	26	ウシ	2009.8.22	雨季	3.9	1240	640	窪地			○	
	27	ウシ	2010.2.27	乾季	1.7	530	−70	谷		○		
	28	ウシ	2011.3.23	乾季	6.4	1080	480	窪地		○		
	29	ウシ	2011.3.24	乾季	7.9	1330	730	窪地				
	30	ウシ	2011.3.24	乾季	5.4	1230	630	窪地				
ファイベーン村	31	ウシ	2009.3.17	乾季	1.9	860	20	窪地				○
	32	ウシ	2009.8.28	雨季	0.9	960	120	峠				○
	33	ウシ	2010.3.3	乾季	1.8	850	10	窪地		○		
	34	ウシ	2011.3.28	乾季	2.0	870	30	谷				
	35	ウシ	2011.3.28	乾季	2.4	910	70	斜面	焼畑			
	36	ウシ	2011.3.29	乾季	2.6	770	−70	斜面				
	37	ウシ	2011.8.28	雨季	1.9	850	10	窪地		○		
	38	ウシ	2011.8.29	雨季	3.1	1110	270	斜面				○
	39	ウシ	2011.8.30	雨季	2.9	1120	280	尾根				○
	40	ウシ	2012.2.29	乾季	1.5	890	50	斜面	焼畑			
	41	ウシ	2012.3.1	乾季	2.1	870	30	谷	水田			
	42	ウシ	2012.3.1	乾季	2.2	930	90	谷				○
ノンクワイ村	43	ウシ	2009.3.13	乾季	2.5	990	200	斜面	焼畑			

注1）2頭以上のウシや水牛の群れに遭遇した場所を示している（2頭～30数頭）。
注2）全て日中（午前9時から午後5時半）の間に遭遇した。
注3）図9-2上に表せないほど近接したものは1カ所にまとめた。
注4）同じ季節に同じ場所で遭遇したものは1時点にまとめた。
注5）所属村とは遭遇した家畜の飼養者が居住する村を指す。
注6）塩やり場については特に指摘を受けたものだけであり、それ以外にも該当するものがある可能性がある。
（GPSを用いての筆者の現地踏査、および住民への聞き取りにより作成）

276 第2部 焼畑民による家畜飼養

ウに会うために村から1～2時間山登りをするのがふつうなのである。

先述したように，政府は各村の領域の奥地に放牧地を設けるよう指導した。これに従えば，放牧地が高地に設けられるのは当地域の地形上，当然のことである。しかし，高地での家畜飼養はそれなりの利点がある。それゆえに，多くの村では，政府の指導以前から高地を放牧地としていたのである[8]。その利点とは何だろうか。以下，住民の挙げる理由を列挙してみよう。

まず，放牧地が設置できるような誰のものでもない広大な土地は高地，特にその最奥地，にしか残っていないためである。各村ともその領域の多くが，すでに各世帯が土地利用権を有する占有地となっている。そのため，放牧地となし得るような広大な無主地は村の最奥部にしか残っていないのである。

次に，自然環境の面でも高地は家畜飼養に適している。高地の涼しい気候はウシやスイギュウの成育に適しているとされる。また，各村の最奥地はカルスト地形が卓越しており，ラオ語でパー（ພູ）と呼ばれる急峻な石灰岩峰や石灰岩台地，同じくローン（ລ້ອງ）と呼ばれる深い窪地が卓越する。こうした地帯では石灰岩の絶壁が自然の障壁となり，柵作りに労することなく，放牧地をつくることができるのである。また，パーの台地面上や斜面にはチガヤが，ローンの谷沿いにはニャーニュン（ຫຍ້ານຸງ）と呼ばれるイネ科草本の草原が広がることが多く，これがウシやスイギュウの格好の採餌場となる。例えば，ナーレーン山（図9-2）は南北10kmに及ぶ広大なカルスト台地である。かつては台地面上にチガヤ草原が広がっていた。毎年乾季の3月に野焼きが行なわれたが，その際2～3日間も燃え続けるほどであったという。また，台地面は多くの場合，急斜面の崖と接しており，柵は所々に設けるだけでよい。2009年には以前ここにあった村[9]出身の住民を中心に，8ヵ村の128世帯がここでウシを放牧しており，その数は1000頭に達するといわれていた。

また，次節に詳述するフアイコーン村の事例のように，対象地域には焼畑の休閑地を柵で囲み，放牧地として利用する事例も多い[10]。焼畑稲作も当地域で

---

8) 筆者は放牧地設定以前の2002年の8月や10月にもブーシップ村の地点17付近やロンルアット村の地点21でウシが放牧されているのを確認した。
9) 図9-2の地点22, 25, 26はその集落であった。
10) 対象地域ではフアイコーン村のほか，ポンサイ村やブーシップ村南部の放牧地がこれに該当する。例えば，ブーシップ村南部の地点15, 16は2011年3月には放牧地であったが，2006年9月には焼畑地であったことを筆者は確認している。

は涼しい高地が適するとされ，おおむね標高 600m 以上でなされる。それゆえ，その跡地を利用する放牧地も高地に立地することになるのである。

　図 9-2 と表 9-2 からはこれらの放牧地にウシやスイギュウの飼養拠点が設けられていることも読み取れる。表 9-2 に「サナム」，「放牧小屋」，「塩やり場」とあるのがそれである。このうち，サナム（ສະນາມ）は前章までで詳述した出作り集落をさす。サナムでの飼養家畜にはウシやスイギュウのみならず，ブタや家禽も含まれる。周囲にはブタや家禽の飼料とするトウモロコシやキャッサバなどが栽培されることが多い。各世帯の人員が毎日のように小屋泊まりして，家畜の見張りや世話をする場合もある。また，陸稲焼畑に隣接し，家畜飼養よりもむしろ耕作地への近接が目的である場合もある。これに対し，放牧小屋とは純粋に放牧地でのウシやスイギュウの飼養拠点として設けられたものである。1〜数軒の簡素な小屋が建てられ，遠い集落から見回りにきた世帯が休息したり，寝泊まりしたりするために設けられている。

　また，塩やり場とは，ウシやスイギュウの好物である塩を与えるところで，水場や尾根上の平らな場所が該当する。特に小屋などの施設はない。ここは家畜がよく集まる場所である。家畜がいなくても，ここで特有の呼び声を発すると，周囲から家畜が集まってくる（写真 9-3）。実はサナムも放牧小屋も塩やり場としての機能を果たしている。だからこそ，筆者がこれらの拠点を訪れたとき，その多くでウシやスイギュウに出会うことができたのであった。このように，広い放牧地の中にも家畜と人間の関係を取り持つ拠点が設けられているのである。このことは放牧地での家畜管理を考える際に重要である。

　また，表 9-2 からは季節による家畜の行動範囲の違いをも説明することができる。雨の降らない乾季，家畜は水分を求めて，谷の渓流沿いや窪地の湧水地に集まるようになる。したがって，この時期の家畜探しは谷沿いを中心に行なうとよい。ただし，焼畑の収穫跡地には家畜の好む若い草本や萌芽が多く芽生えるため，そちらで家畜を見かけることも多い。これに対し，雨季には地点 24，32，38，39 のように，尾根や峠で家畜に出会うことが多くなる。特に，雨の日はスイギュウでさえ，尾根上に上がってしまうという。こうした家畜の習性を住民は熟知しており，それをもとに家畜の探索を行なったり，各季節の放牧地を設定したりしているのである。

写真9-3　ウシに塩を与える
(2011年8月　ファイペーン村)

第3節　移動する放牧地——ファイコーン村の事例

1. 家畜飼養の概況

　ファイコーン村は対象地域に古くから存在したカム族の村である。集落はもともと図9-2の地点8にあった。現在の集落はパクトー村領域内にあるが，これは2003年に移転したものである。集落が移転をしても村の領域は以前のままである。住民は現在も高地の領域に通いつつ，焼畑，家畜飼養，換金作物栽培，狩猟・採集などの活動を続けている。この拠点となっているのがサナムである。2012年2月には村域内に4カ所のサナムが建設され，聞き取りを行なった49世帯のうち41世帯が小屋を建てていた。最も低いサナムでも集落との標高差は400mある。住民は時にサナムに寝泊まりすることで，高地に通う労を軽減することができるのである。

　2012年10月時点の人口は55世帯336人である。このうち4世帯は2008年

表 9-3　ファイコーン村住民の家畜の飼養頭数（2012 年 2 月）

	飼養世帯		家畜数（頭）			世帯当たりの飼養規模（頭/世帯）
	世帯数	調査世帯に占める割合	総数	うち自己所有	うち請負飼養	
ウシ	35	71%	179	139	40	5.1
スイギュウ	1	2%	1	1	0	1.0
ヤギ	10	20%	53	49	4	5.3
ブタ	26	53%	109	109	0	4.2
ニワトリ	17	35%	243	243	0	14.3
アヒル	8	16%	29	29	0	3.6
イヌ	9	18%	16	16	0	1.8

注 1) ニワトリとアヒルは成鳥のみを示した。
注 2) アヒルはバリケンも含む。
注 3) 世帯あたりの飼養規模は家畜総数を飼養世帯数で除して求めた。
注 4) 全 55 世帯のうち 49 世帯に聞き取り調査を実施した。
（2012 年 2 月実施の各世帯への聞き取り調査に基づき作成。）

にパクトー村から移住してきたモン族の世帯であるが，残りは全てカム族である。モン族の 4 世帯のうち 3 世帯はパクトー村の 1 世帯とともに，村域の最奥地の石灰岩地帯にサナムを形成しており，そちらに寝泊まりすることが多い（後掲図 9-3）。

　当村で最も重要な仕事は焼畑稲作である。2011 年には当時の世帯数 56 世帯のうち 50 世帯がこれに従事した。家畜飼養はこれに継ぎ重要な仕事とみなされている（表 6-3）。表 9-3 は当村の飼養家畜についてまとめたものである。

　後にみるファイペーン村と比べて，当村ではウシの飼養世帯数や飼養頭数が多いのが特徴的である。2012 年 2 月に聞き取り調査を実施した 49 世帯のうち 35 世帯が 179 頭のウシを飼養していた。さらに，当村領域内では軍隊のウシ[11]やパクトー村住民のウシも放牧されていた。一方，当村のモン族 2 世帯は当村領域では家畜放牧を行わず，後述するように，ファイペーン村領域の土地を借り，そこで放牧をしていた。こうした点を考慮すると，当村領域では 2012 年 2 月時点で 200 頭以上のウシが放牧されていたと考えられる[12]。このように放牧頭数が多いにもかかわらず，当村の領域は比較的狭い（表 9-1）。当村は対象

---

11) 軍隊のウシ 34 頭はモン族のサナム（図 9-3）の周辺で放牧されている。サナムには軍人 2 人がモン族とともに住み込んでおり，ウシの管理にあたっている。

地域内でもっともウシの放牧圧が高い村ということができよう[13]。

　当村がウシ放牧をはじめたきっかけは政府の役人の勧めである。当村を訪れた役人はその領域内にニャーニュンなど，ウシが好む草本が多いのを見て，ウシの飼養をはじめるよう勧めた。そこで，1994年に7世帯が水田などを抵当とすることで銀行の融資を引き出し，それを元手にウシを購入したのである[14]。それ以降，請負飼養などによりウシ飼養をはじめる世帯も増加した。2012年2月時点でも，当村の179頭のウシのうち，40頭（22％）は請負飼養であり，これは主にシェンヌン村やその近辺の村の住民が委託したものである。現在，当村は郡内でもウシ飼養のさかんな村として知られるようになっている。

　その他の家畜についてもみてみよう（表9-3）。当村ではスイギュウは1頭しか飼養されていない。また，後にみるフアイペーン村と比べるとヤギ，イヌ，ニワトリ，アヒルの飼養世帯が格段に少ないのが特徴である。このうち，家禽については，集落では病気がよくはやるため，飼養できないという。現在飼われているニワトリのほとんどはサナムで飼養されている。ブタについてもそうである。また，イヌも集落での病気流行で減少したという。

2. 放牧地の設定

　政府による放牧地限定の指導は当村でも2004〜2005年ごろなされた。政府は当初，村域北部のパナウ山（図9-3）を放牧地とするよう指導してきた。しかし，ここは大木とタケが茂る森林が卓越し，ウシの飼料となる草本に乏しかった。また，水も乏しかった。これでは多数のウシを養うことができない。そこで，当村では狭い村域でも飼料を最大限に引き出せる別の方法が実践されている。それが，焼畑の移動に合わせ，放牧地を毎年移動させる方法である。

12）　2012年2月に聞き取り調査ができなかった6世帯のうち，5世帯は出稼ぎに出ていた世帯である。村長によると彼らは家畜を所有していない。残る1世帯はサナムに常住するモン族であり，村長によると，この世帯はウシを15頭ほど持っているという。この世帯を含むモン族2世帯はフアイペーン村で30頭余りのウシを放牧していた。また，軍隊は34頭，パクトー村の4世帯は20頭ほどのウシをフアイコーン村領域で放牧している。こうした点を考慮すると，フアイコーン村領域におけるウシ放牧頭数は200頭以上になる。

13）　仮に放牧頭数を200頭とし，これで村域面積（950ha）を除すると，1頭あたりの村域面積は4.8ha/頭となる。

14）　この7世帯のウシはその後順調に増加し，2000年には融資を完済することができたという。

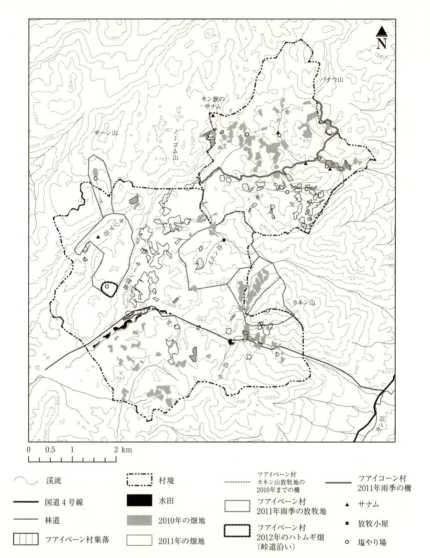

図9-3 ファイコーン村およびファイペーン村における放牧地と焼畑

注1) 塩やり場は確認できたもののみの位置を示した。
注2) 2010年の畑地分布はQuickBirdによる2011年2月6日撮影の衛星画像から判読した。
注3) 2011年の畑地分布および水田の分布はWorldView-2による2011年11月14日撮影の衛星画像から判読するとともに，2012年2月の現地調査時に確認した。
注4) 村境は土地管理局作成の2011年の土地利用区分図による。
注5) 放牧地の範囲は筆者のGPSを用いた現地踏査と住民への聞き取りに基づく。
注6) サナム，放牧小屋，塩やり場の位置は筆者のGPSを用いた現地踏査に基づく。
注7) 5万分の1地形図（US Army Map Serviceが1966年に作成）をベースマップに用いた。
（注2～注7記載の調査や資料をもとに作成。）

図9-3は2011年雨季のファイコーン村とファイペーン村の土地利用を示したものである。この図には2011年の両村の耕作地とともに，2010年のそれをも示した。これらは陸稲焼畑が主体であるが，一部ハトムギ畑やトウモロコシ畑も含まれている。また，ファイペーン村には集落周辺に水田もある。これを見るとファイコーン村ではその領域を南北に分断する長い柵が設けられていたことがわかる。これはウシの侵出防止柵であり，2011年には，この柵の北側は放牧地，南側は陸稲焼畑やハトムギ畑となっていた。ただし，放牧地の西端には近隣のサナムに住むモン族が開いた陸稲焼畑がある。これについては，モン族自身が柵囲いをして，ウシの侵入を阻止している。

　図9-3からもわかるように，2011年の放牧地内には2010年の焼畑の休閑地が含まれている。こうした初期休閑地がウシの飼料源として重要な役割を果たすのである。当村のみならず対象地域の全般の住民に，ウシやスイギュウが飼料として好む植物についてたずねると，チガヤ，ニャーニュン，ヤダケガヤ，カジノキ，ラオ（cɔ̌ɔ）と呼ばれるイネ科草本，イピアット（カム語）と呼ばれるつる植物，さらにタケの若葉やタケノコなどが挙げられる。これらは3〜4年以内の若い休閑林に生える植物である[15]。当村の焼畑は1年耕作，3〜4年休閑のサイクルでなされている。そのため，村域内には当年の焼畑地以外に，こうした休閑植生が毎年広い面積を占める。そこで，焼畑は各世帯ができるだけ同じ場所にまとまって実施し，それを柵囲いすることで，それ以外の土地を放牧地として利用する方針としているのである。

　しかし，ここで問題が発生する。当村でも各世帯が占有地を保有しており，領域内にはすでに無主地はほとんどない。この場合，焼畑をまとまって実施しようにも，各世帯の土地利用権がその障害となる可能性がある。つまり，当年の放牧地には占有地を持っているが，焼畑地には占有地がないという世帯が出てくることも珍しくないのである。しかし，この場合は焼畑地に2枚以上の占有地を持っている世帯がそのうちの1枚をその世帯に無償で貸し与えることになっている。どうしても放牧地内の占有地で焼畑をしたいという場合は，2011年のモン族の焼畑のように，自身で焼畑を囲う柵を作らなければならない。このように，村の土地利用は放牧を前提としたものになっており，それは時には

---

[15]　もちろん，タケ類は5年以上の休閑林にも多い。ただし，タケが高く生長すると家畜が若葉を摂食しにくくなる。そのため，放牧者が見回りの際に高い枝葉を切り落としてやることもある。

各世帯の土地利用権をも規制するものである。

当村の場合，以上のような放牧地と農地の分離がなされるのは，耕作期間のみである。陸稲や換金作物の収穫が終わった後の2～4月には柵が壊され，村のほぼ全ての領域を使って放牧がなされる。この時期は乾季の最中で，最も飼料が不足する時期でもあるため，このように放牧地を拡大することでそれを補うことが意図されている。

3. ウシ飼養の抱える困難

こうした方法をとるにあたって住民を毎年悩ますのが柵作りである。図9-3の2010年と2011年の耕作地の位置からもわかるとおり，当村の焼畑は基本的には連作がなされず，焼畑地は毎年移動する。焼畑地の移動にあわせ，放牧地も新たな休閑地を取り込むために移動する。そのため，焼畑地と放牧地を区切る柵は毎年作り替えなければならないのである。しかも，当村で焼畑地として利用される土地は，村域北部の石灰岩地帯とは違ってなだらかな山地となっており，柵の代わりとなるような地形的障壁に乏しい。2011年の放牧地の場合，その北側には急峻な石灰岩峰があるため，柵作りの必要はなかった。しかし，南側にはパナウ山やノーコム山の急斜面にまで達する長い柵を作らなければならなかったのである。柵はウシ飼養世帯の出役により，焼畑の播種前の4～5月に1ヵ月ほどの時間をかけて作られる[16]。先述したとおり，パクトー村住民も当村の放牧地でウシを放牧している。彼らにも同様に出役が課される。

また，ウシの見回りにも各世帯で相当の労力がかけられている。比較的広い放牧地に多数のウシが放牧されているため，当村では1回の見回りで全てのウシを確認することは不可能である。そのため，後にみるフアイペーン村のような輪番制での見回りは行なわれていない。見回りは各世帯が単独で行うのがふつうである[17]。見回り回数は週に1回の世帯もあれば，3回の世帯もある[18]。

---

16) 出役日数は各世帯のウシ飼養頭数に応じて割り振られる。例えば2012年の場合，ウシを18頭飼養する世帯の出役日数は20日間であったという。

17) ウシやスイギュウの見回りは男性の仕事である。筆者はこれまで女性がこれらの家畜の見回りをしているのを見たことがない。

18) ウシがケガをしたり，病気になった場合はその治療のため，さらに頻繁に放牧地に通うことになる。

村域内には2カ所のサナムを含め，7カ所の塩やり場がある。2011年雨季の放牧地にはそのうちの3カ所があった。各世帯とも自身のウシがだいたいどの塩やり場付近にいるかを心得ている。そのため，数カ所をめぐればウシの確認作業はすむ。しかし，時にはウシに出会えず，ウシ探しに奔走することになる。特に，乾季の2～4月は自由放牧がなされ，村のほぼ全域が放牧地となるため，ウシ探しはより困難となる。2012年2～3月の調査時には2日かけて7カ所の全ての塩やり場をまわったという住民に会った。この人は1歳の雌牛1頭を10日間見かけず，気になっていた。そこで，探しまわったところ，最後の塩やり場でやっと出会えたという。当村の村域を歩いていると，ウシの見回りにきたという人によく出会う。住民はこれにかなりの時間と労力を費やしているのである。

　さらに，当村では飼料不足がいまだ悩みの種である。焼畑の休閑植生を飼料として最大限に活用するシステムを採用してもこの問題は解決していない。特に，乾季後半の2月から5月は深刻である。2～4月を自由放牧期間としているのはこのためである。また，雨季にも飼料が不足することがある。2012年6～12月には飼料不足が原因でウシ17頭が死亡した。

　この問題に対処しようと，村長たちは外国援助機関の協力のもと，2011年からコンゴグラス（*Brachiaria ruziziensis*）という牧草の導入に乗り出した。しかし，2013年2月の時点ではこの牧草は村内でまだほとんど普及していない。

第4節　固定的な放牧地——ファイペーン村の事例

1. 家畜飼養の概況

　ファイペーン村集落の標高は835mであり，対象地域では比較的高標高に位置する。国道4号線から未舗装の細い車道が通じている[19]。2012年10月の人口は42世帯232人であり，すべてカム族である。

　第5章や第7章で述べたが，当村でも焼畑稲作は住民の主生業として重要で

---

19)　この車道は雨季の雨天時は路面が滑りやすく，車の通行が難しくなる。

表 9-4　ファイペーン村住民の家畜の飼養頭数（2013 年 2 月）

	飼養世帯 世帯数	調査世帯に占める割合	家畜数（頭）総数	うち自己所有	うち請負飼養	世帯当たりの飼養規模（頭/世帯）
ウシ	24	56%	112	60	52	4.7
スイギュウ	1	2%	4	0	4	4.0
ヤギ	23	53%	77	52	25	3.3
ブタ	26	60%	146	134	12	5.6
ニワトリ	37	86%	396	393	3	10.7
アヒル	16	37%	65	65	0	4.1
イヌ	22	51%	33	33	0	1.5

注 1)　ニワトリとアヒルは成鳥のみを示した。
注 2)　アヒルはバリケンも含む。
注 3)　世帯あたりの飼養規模は家畜総数を飼養世帯数で除して求めた。
注 4)　全 43 世帯に聞き取り調査を実施した。
（2013 年 2 月実施の各世帯への聞き取り調査に基づき作成。）

表 9-5　ファイペーン村のウシ飼養頭数の変遷

	総世帯数	調査世帯数	ウシ飼養世帯 世帯数	調査世帯に占める割合	ウシ飼養数（頭）合計	うち自己所有	うち請負飼養
2005 年 10 月	35	35	13	37%	31	31	0
2009 年 8 月	41	41	19	46%	59	47	12
2011 年 8 月	41	39	26	67%	124	78	46
2013 年 2 月	43	43	24	56%	112	60	52

（それぞれの時点での各世帯への聞き取り調査に基づき作成。）

ある。2009 年には 41 世帯のうち 36 世帯が平均 2.0ha と，広い焼畑を営んでいた。これに対し，家畜飼養は最も重要な現金収入源とみなされている（表 5-4, 表 6-3）。当村の家畜飼養状況を表 9-4 にみると，特にウシ，ヤギ，ブタ，ニワトリ，イヌの飼養世帯が多いことがわかる。このうち，ウシ，ヤギ，ブタは換金源として特に重要であり，ニワトリは主に自給用，イヌは狩猟用に飼われている[20]。当村でも，スイギュウはほとんど皆無に等しい[21]。

---

20)　猟犬として使えなくなったイヌは食用として自家消費されるか，販売される。
21)　スイギュウはかつて当村でも多く飼養されていたが，2005 年に病気の流行で多数が死亡してから飼養されなくなった。

2005年以降の当村のウシ飼養頭数の変遷を表9-5に示した。当村のウシは増加傾向にある。これには住民の所有頭数の増加とともに請負飼養頭数の増加が影響している。2013年2月には19世帯が60頭のウシを所有していたが，さらに52頭が請負飼養されていた。これはルアンパバーン市街とシェンヌン郡北部のブアムオー村の住民の委託によるものである。いずれも居住地の近隣に放牧地を確保できなかったことが，当村住民に飼養を委託した理由である。7世帯がこれを請負っている。

2. 放牧地の設定とウシ管理

　当村でも以前は焼畑や水田は柵囲いされ，ウシは自由に放牧されていた。そのため，時にウシ探しに苦労したという。郡政府の勧めに従い，ウシ放牧地を設定したのは2004～2005年のことである。これにより，当村ではカネン山とキジア谷という2カ所の放牧地が設定された。図9-3にはこれらの放牧地の範囲が示されている[22]。カネン山の放牧地は土地管理局の測量に基づく当村の境界をはみ出すものである。しかし，住民はこの放牧地の外縁が境界であると主張している。2011年8月にはカネン山でウシ70頭が，キジア谷でウシ45頭とヤギ49頭が放牧されていた。

　放牧地の選定は飼料の豊富さと柵作りのしやすさに基づいている。カネン山は種々のタケ類のほか，ニャーニュン，イピアット，ヤダケガヤ，ラオなどに恵まれている。一方，キジア谷は飼料の豊富さはカネン山に劣るが，柵作りがしやすい。ここは石灰岩地帯であり，急斜面が自然の障壁となっているためである。住民によると，2011年にはこの放牧地で柵が張られたのは4カ所にとどまり，その長さは最長でも40mに過ぎなかった。

　さらに，2011年の雨季には2カ所の放牧地が設定されていた。一つはサーン山の麓に当村住民のA氏が個人で開いた放牧地である。これは放牧圧の高くなったキジア谷を逃れて5月に開いたものである。ここは彼と弟が前年にトウモロコシを栽培した土地である。周囲は急峻な斜面に囲まれており，柵は南端の一カ所に作るだけでよかった。2011年8月にはウシ8頭が放牧されてい

---

[22]　これらの放牧地の範囲は住民への聞き取りと筆者の現地踏査により求めた大まかなものである。

た。

　もう一つは他村のモン族がイエン谷周辺の土地を借り，放牧地としたものである。2011年には先述したフアイコーン村世帯にパクトー村の世帯を合わせた6世帯が150頭のウシを放牧していた。2011年3月には放牧者と村の間で契約書が交わされている。それによると，期間は4年間であり，そのうちイエン谷での放牧は2年間とされた。借地料は4年間で5,000,000kip[23]であった。イエン谷の放牧地の土地は，フアイペーン村及びフアイカン村の25世帯の占有地である[24]。そのため，この放牧地に対する借地料は各世帯に対して支払われた。また，柵作りはモン族の負担とされた。ここは地形的障壁が少ないため，モン族は長い柵を設置しなければならなかった。

　当村の放牧圧はフアイコーン村に比べると格段に低い[25]。それが当村でこうした固定的な放牧地が設定可能な理由である。実際，当村住民からは飼料不足についての不満はあまり聞かれない。ただし，モン族の放牧地は明らかに過放牧となっており，2012年2月には飼料不足で死ぬウシが3頭あった[26]。

　当村の放牧地はいずれもフアイコーン村の放牧地よりも規模が小さく，見回りもより容易である。カネン山では，放牧世帯が2～3日に一度，輪番制でウシを見に行く方式をとっている。当番世帯の人員は塩やり場に行き，ウシを呼び集め，塩を与える。同時に，ウシが全頭そろっているかチェックする。もしも，病気やケガをしている家畜がいれば，所有者に知らせる。

　また，キジア谷ではサナムが重要なウシの見張り場となっている。227頁でも述べたとおり，この放牧地のウシはサナム設営世帯のものが多く，2009年には放牧牛35頭のうち21頭がそれに該当した。乾季にはサナムや付近の水場が塩やり場となり，設営世帯により毎日ウシのチェックがなされる。また，雨季には集落とサナムの間の峠道にもウシがよく集う（図9-3）。ここにも塩やり

---

23) kip（キープ）はラオスの通貨単位であり，2011年8月には1USドルが約8000kipに相当した。
24) フアイカン村住民のうち，フアイペーン村からの近年の移住者については，2006年に同村領域に占有地を持つことが許された。200頁を参照。
25) 2013年2月にはモン族のウシ放牧頭数は70頭に減少していた。これにフアイペーン村住民の飼養頭数112頭（表9-4）を加えると，この時点での当村領域での放牧頭数は180頭ほどになる。これで領域面積（1990ha）を除した一頭あたりの村域面積は10.9ha/頭であり，注13で求めたフアイコーン村の2012年2月におけるそれ（4.8ha/頭）の2倍以上である。
26) また，モン族の放牧地では口蹄疫の被害も大きく，2011年8月には6頭が病死したという。

場があり，両地点を行き来するウシ所有者が塩を与える。

3. 焼畑と放牧との関係

　当村ではフアイコーン村のように，焼畑の初期休閑地を放牧地として全面的に利用するようなシステムはとられていない。しかし，当村でも焼畑の休閑植生は重要な飼料とみなされ，活用されている。例えば，先述の通り，2011年雨季のA氏の放牧地は前年の焼畑地を中心に設定された。ここが選ばれた理由の一つは，焼畑跡地にニャーニュンがよく生育していたためである。A氏が独自の放牧地を設けたのはキジア谷放牧地の飼料が不足気味であったためである。実際，キジア谷周辺ではあまり焼畑がなされないため，飼料が少ないという指摘はよくなされる。そのため，乾季の2011年初頭および2012年初頭には，キジア谷のウシのほとんどがフアイペーン村領域南部のホー谷（図9-3）に移された。ここは2008年に大面積の焼畑がなされたところである。休閑後2年を経た2011年初頭にはウシの好む飼料がたくさん生えており，格好の放牧地となっていた。

　焼畑休閑地の活用はカネン山放牧地でもみられる。当放牧地の北西部の境界は，以前は図9-3の点線であったが，2011年に拡張した。その理由は，2010年に北側の谷沿いに広大な陸稲焼畑が営まれたことにある。境界拡張はその跡地をほぼ全て含むようになされた。それもそのはずで，ここに焼畑が開かれたのは，当放牧地の飼料不足問題を解消するためでもあった。つまり，農業生産のためだけでなく，休閑地を利用した放牧地の造成のために広大な焼畑が営まれたのである。

　以上のように，当村でも焼畑の初期休閑地は飼料源として重要である。放牧地はその活用のために一時的に移動したり，拡張したりする。その意味で当村の放牧地も決して固定してはいない。

　さらに，当村北西部の石灰岩地帯ではチガヤ草原を介してのウシ放牧と焼畑の結びつきがみられる。ウシ放牧が焼畑の有害雑草であるチガヤを減らす手段となっているのである。例えば，集落とキジア谷を結ぶ峠道の一帯は，筆者が2005年に訪れた際には一面のチガヤ草原であった（写真9-4）。2009年3月に再訪した際には，ここは放牧地に組み入れられ，ちょうどチガヤの野焼きがなされていた。ウシは若葉を好むため，毎年この季節に野焼きによる更新がはか

写真 9-4　集落とキジア谷を結ぶ峠道のチガヤ草原
(2005 年 8 月　ファイペーン村)

られるのである。野焼きは 2010 年，2011 年と繰り返された。ところが，野焼きとウシの摂食が繰り返される中でチガヤが減り，2011 年の夏にはチガヤに変わってヒマワリヒヨドリが繁茂する光景が見られた。38 頁でも述べたように，ヒマワリヒヨドリは焼畑に好都合の植物である[27]。そこで，2012 年には 6 世帯がこの草原を刈り払って焼畑を行ない，ハトムギを栽培した (図 9-3)。つまり，焼畑からみれば，ウシ放牧は有害雑草を減らし，有益雑草を増やす手段だったということになる。

　同じことは 2011 年に広面積の焼畑が営まれたサーン窪地 (図 9-3) についてもいえる。ここは先述したモン族が 2010 年までの 3 年間放牧していた土地なのである。その後，2011 年に彼らはイエン谷に放牧地を移動させたわけである。モン族による放牧はファイペーン住民をも利するものであった。サーン窪地もかつてチガヤが繁茂していたが，3 年間の放牧の結果，減少したのである。

---

27) Roder et al. (1995a) によれば，ヒマワリヒヨドリは休閑時の土壌改良や火入れ時の養分添加にも大きな役割を果たしていると考えられ，農民の評価も高い。筆者もこの草本の群生する草原で焼畑をするとコメの出来がよいということを農民から聞いたことがある。

それをみて，ファイペーン村住民は2011年にここを焼畑地としたのであった[28]。

4. 放牧と土地利用権

　当村では放牧は各世帯の土地利用権とどのように関係しているだろうか。カミン山とキジア谷の両放牧地は無主地に設けられたものであり，当村住民なら誰でも放牧できる。それ以外の場所でも，農閑期の乾季には比較的自由な放牧が可能である。しかし，両放牧地以外の場所に長期間，新たな放牧地を設定しようとなると，各世帯の土地利用権が物を言うようになる。

　例えば，先述したように，2011年の1月にはキジア谷のウシのほとんどがホー谷に移された。ホー谷をウシ放牧地として選定したのは，放牧世帯の土地利用権が絡んでいる。ウシを移動させたのは5世帯であるが，ホー谷の放牧地はそのうちの4世帯の占有地であったのである。彼らはこの占有地について，毎年土地利用税を支払っている[29]。そのため，ここで放牧する権利は当然あると考えている[30]。これに対し，他世帯の占有地を利用する場合には，高額の借地料を払わなければならないと考えているのである。実際，先述したように，モン族はイエン谷で2年間放牧するため，当村住民に借地料を支払っている。

　また，A氏が2011年にサーン山山麓に放牧地を設定し得たのも（図9-3），前年に彼と彼の弟がここで焼畑をしたことが大きい。ここは無主地であるが，彼の土地利用がここで優先的に放牧する権利を発生させたのである。

　このように，当村では土地利用権がウシ放牧の可否を左右する重要な因子となっている。その反面，ウシ放牧が新たな土地利用権を生む側面もみられる。先述したとおり，集落とキジア谷を結ぶ峠道沿いでは，2012年に6世帯がハトムギを栽培した（図9-3）。このうち，5世帯はキジア谷放牧地でのウシ放牧

---

28) モン族のイエン谷での放牧は2012年に終わり，2013年には再びサーン窪地で放牧がはじめられた。
29) ファイペーン村の場合，土地利用税は各世帯の占有地の全てについて毎年課せられる。シェンヌン郡財務局での2009年の聞き取りによると，土地利用税の額はそれぞれ1haあたり，陸稲焼畑が25000kip，ハトムギ畑が40000kip，休閑地が35000kipである。kipの米ドルへの換算レートは注23を参照。
30) ホー谷では長期間の放牧が目論まれていたが，結局2011年の雨季には全てのウシがキジア谷に戻された。柵作りが面倒なためだという。

世帯であった。彼らはハトムギ栽培地を自身の占有地であると主張している。ここは放牧地に含まれる土地であり，もともと無主地であった。しかし，彼らによれば，放牧世帯は放牧地内での耕作にあたって，優先権を持つという。なぜなら毎年放牧地に関する土地利用税を納めているためである[31]。また，この土地については彼ら自身のウシによってチガヤが減少し，耕作可能となったという事実も関係していよう。いずれにせよ，放牧地の設定は，放牧世帯による耕作優先権を生む結果となった。同様の事例が他の放牧地でもみられるかどうかは興味深いところである。

第5節　考察

　本章では，放牧地限定政策実施後のラオス山村でのウシ・スイギュウ飼養の実態を主に土地利用面から考察してきた。ここではその結果をまとめるとともに，ウシ・スイギュウ飼養の抱える問題点についても考察する。

1. ウシ・スイギュウ飼養と土地所有・土地利用

　第一に，本章の事例からは，放牧地限定政策の実施後も，ウシ・スイギュウ飼養が焼畑と密接に関わりつつなされていることが明らかとなった。焼畑は単に食料生産のためだけでなく，ウシやスイギュウの飼料生産のためにもなされている。放棄後に放牧地となることを見越して，焼畑地が選定されている場合が少なくないのである。また，対象地域の住民は休閑地でのウシ放牧はそこで再度焼畑をする際にプラスの効果を与えると考えている。チガヤなどの雑草の減少や糞尿による施肥効果があるためである。
　このように，ラオス山村のウシ放牧は住民の主生業である焼畑にうまく組み入れられつつなされてきた。焼畑の循環型の土地利用において，休閑期間をう

---

31) シェンヌン郡農林局によると，放牧地設定の後，2005年より放牧地面積にもとづき，放牧世帯から土地利用税を徴収することになった。しかし，実際には放牧地面積の把握が難しいため，家畜の頭数に基づき徴収している。すなわち，家畜の多い村ではウシ，スイギュウ一頭あたり5000 kipを，少ない村では一頭あたり10000kipを各世帯から徴収している。kipの米ドルへの換算レートは注23を参照。

まく活用した生業ということができる。ウシ飼養の発展策を考える際はこの点をよく考慮する必要があるだろう。ラオス政府は外来牧草の普及を図ろうとしているが，フアイコーン村の事例でもみたように，対象地域の住民はなかなかこれを受け入れない。その理由として住民が挙げた答えの中で，外来牧草を植えてしまうと，その場所で焼畑ができなくなるからというのがあった。住民の多くからすれば，ウシ放牧は焼畑と比べれば副次的な生計手段に過ぎない。とすれば，焼畑との組み合わせの中でウシ飼養の発展を探る方が賢明ではなかろうか。

　第二に，本章では，現在のウシ・スイギュウ飼養の場として，高地が重要となっていることも明らかになった。特に，対象地域では，石灰岩地帯が各村の最高所であるとともに，最奥部を占めている。ここは未利用地が多く，広大な無主地を獲得しやすい。また，地形的に柵作りが容易である。さらに，チガヤやニャーニュンの草原も多い。放牧地とするのに便利な土地なのである。

　一方，石灰岩地帯よりもやや低く，村に近い場所は各村の焼畑稲作地となっている。フアイコーン村のように，焼畑休閑地を広く利用する放牧地はこうした場所に設けられる。いずれにしろ，対象地域で放牧地が設けられている場所はほとんど標高700m以上の高地なのである。

　第三に，本章では，家畜の放牧戦略が村ごとに異なることも明らかとなった。本章で重点的に考察したフアイコーン村とフアイペーン村では，放牧戦略に明らかな違いが見られた。つまり，フアイコーン村では焼畑循環にあわせて放牧地を移動させ，焼畑の初期休閑植生を全面的に利用する戦略がとられている。これに対し，フアイペーン村の放牧地は固定的であり，焼畑の休閑地を利用するものの，その仕方はフアイコーン村ほどシステマティックなものではない。これには両村の放牧圧の違いが関係している。領域が狭いにもかかわらず，放牧頭数が多いフアイコーン村では，フアイペーン村よりもはるかに高い放牧圧がかかっているのである。

　一方，領域が狭く，高地も含まないという村では放牧地を設定することができなかった。こうした村では，放牧をやめるか，他村で放牧するという戦略をとっている。他村での放牧の例として，対象地域では請負飼養が近年一般化している。フアイペーン村の近年のウシ頭数の増加は請負飼養の増加によるところが大きかった。対象地域では，ほかにブーシップ村やロンルアット村でも多数のウシが請負飼養されていた。これらの村でも2000年代後半以降に請負飼

養が活発化し，シェンヌン郡の西隣のナーン郡の村のウシが飼養されている。ナーン郡では近年パラゴムノキが大面積に栽培されており，それが放牧地の減少とウシ飼養の委託を促しているという。

他村での放牧は，パクトー村の住民の一部によるフアイコーン村での放牧のように，柵作りなどの義務出役を負担する代わりに，隣村の放牧地を利用させてもらうという例もある。また，フアイペーン村領域におけるモン族のように，借地料を支払い，他村の土地を借りて放牧する例もある。これらの場合は，ウシの見回りは自身で行うことになる。

第四に，本章の事例は放牧と土地利用権との関係を考える場合にも示唆的である。フアイコーン村は村全体の土地利用計画によって，毎年の耕作地と放牧地を決定するシステムをとっている。この場合，各世帯の耕作権が村の土地利用計画に規制されてしまうこともありうる。これに対し，フアイペーン村では，あらかじめ放牧地が決まっているために，それ以外の土地については，各世帯の耕作権が保障される。逆に，放牧者が放牧地以外の土地で放牧しようとすると，各世帯の耕作権が障害となる。また，フアイペーン村の事例のように，放牧地の固定化はその内部での耕作権が放牧者に帰属するという主張を生んでいる。このように，放牧戦略の違いは各村の土地利用権の性質にも影響を与えるものとなっているのである。

2. ウシ・スイギュウ飼養の問題点

ウシとスイギュウは1頭あたりが高価であり，対象地域では各世帯の財産として飼われている。その販売により，家の新築や車の購入，子供の進学，家族の病気やケガによる入院などの際に，巨額の費用を直ちに捻出できるのである[32]。このように，ウシやスイギュウの販売は巨額の費用を緊急にまかなう際の重要な手段となっているのである。にもかかわらず，対象地域でこれらの家畜を飼養する世帯は必ずしも多くない。飼養が活発なフアイコーン村やフアイ

---

32) 例えば，ノンクワイ村のあるモン族世帯は2007年にトラックを購入した。その資金はウシを7～8頭，スイギュウを10頭以上販売して得た。また，フアイペーン村では2012年末に電気が通ったこともあり，車やテレビを購入したり，家を新築したりした世帯が多かった。表9-5で2011年8月～2013年2月に自己所有のウシが減っているのはそのためである。また，ブーシップ村のある住民は2010年に孫の骨折の治療費用をまかなうために，ウシを3～4頭販売した。

ペーン村でさえ，飼養世帯は 6〜7 割にとどまる（表 9-3，表 9-4）。ここではその理由を考える。そうすることで，これらの家畜の飼養に関する問題点が明らかとなる。

まず，ウシ・スイギュウ飼養は参入障壁が高い。ウシ飼養をはじめるには大きく丈夫な雌牛が 1 頭は必要である。その価格は 280 万〜300 万 kip（換算レートは注 23 参照）もするため，貧困世帯にはハードルが高い。資金がなければ，請負飼養ではじめることもできるが，そのためには委託者との信頼関係が築かれていなければならない。

次に，ウシ飼養には面倒な仕事がつきまとう。柵作りの面倒さはフアイコーン村の事例で指摘した通りである。同様な例は他村でも聞かれた。例えば，ブーシップ村南部の放牧地も焼畑の跡地を長い柵で囲ったものである。ここでウシを放牧しない世帯にその理由を尋ねると，やはり柵作りが面倒だからということである。

また，ウシの見回りが相当の時間と労力を費やす仕事であることもフアイコーン村の例で指摘した。放牧地が広いほどこの問題は大きくなる。対象地域で最も広い放牧地はナーレーン山（図 9-2）のそれである。ここでは先述した通り，2009 年に 8 カ村の 128 世帯のウシが入会放牧されていた。その見回り頻度は各世帯によるが，月に 1〜3 回，それぞれ 2〜3 日かけてウシ探しをする場合が多い。図 9-2 の地点 22，25，26 には放牧小屋が設けられており，見回りをする者はここで宿泊することになる。

以上のようなウシ飼養の仕事の面倒さに加えて，近年，飼養世帯を悩ませる問題が新たに生じている。その一つが飼料不足である。これについてはフアイコーン村の例でも指摘したが，同様な例は他村でもみられる。例えば，ナーレーン山では多数のウシが放牧された結果，台地上の植生がチガヤ主体からヒマワリヒヨドリ主体に変わってしまった。そのため，飼料不足が深刻化し，2011 年 3 月にはウシを引き上げる世帯が多くなっていた[33]。

次に食害問題である。これは放牧地を設置して以降も各村で生じている。特に，ポンサイ村以南の村では 2008 年以降，パラゴムノキの大規模な植林が行なわれたため，ウシやスイギュウがパラゴムノキの苗木を食べたり，踏みつけ

---

33) ナーレーン山ではさらに，乾季の水不足やドール（ໝາໃນ）による子牛の被害もウシ放牧の障害となっていた。

たりするという問題が頻繁に生じている。いずれの場合も家畜所有者は苗木の所有者にかなり高額の賠償金を支払っている。

さらに，伝染病の流行である。これは近年，対象地域のウシ・スイギュウ飼養の大きな障害となっている。各村でウイルス性出血性敗血症や口蹄疫といった病気が流行し，家畜の病死が多発している。対象地域では以前，ウシやスイギュウの病気流行は10〜20年に一度程度であったという。ところが，2009年ごろから流行が頻繁になっているのである。フアイペーン村やフアイコーン村でもそれは同じである。フアイコーン村のある世帯は2009年に伝染病で請負飼養していたウシ4頭，スイギュウ2頭を失った。十数万 kip に相当する資産が不意に失われたことになる。この世帯はその後牛飼いをやめてしまった[34]。

以上のように，ウシ・スイギュウ飼養には高額の初期投資が必要な上に，放牧地によっては，柵作りや見回りの仕事に多大な時間と労力を割かねばならない。さらに，飼料不足や病気により，家畜を失うリスクもある。こうした点が当地域でのウシ・スイギュウ飼養の発展を阻む壁となっている。

おわりに

本章はラオス北部の14ヵ村を事例として，ウシ・スイギュウ飼養をめぐる土地利用・土地所有を分析し，その飼養が現在抱える問題点を考察した。その結果，土地利用に関しては，家畜飼養の場として高地が重要であること，放牧地が限定されても放牧は焼畑の休閑植生を活用してなされており，両者の有機的な結合関係が見られること，各村の放牧戦略の違いには村域の面積と範囲，放牧圧の違いが大きく絡んでいること，放牧戦略の違いは各村での土地利用権の性質にも差異をもたらしていることが明らかになった。

また，ウシ・スイギュウ飼養の抱える問題点については，参入障壁が高い上

---

34) 各村では住民から村獣医 (VVW: Village Veterinary Worker) が選ばれ，伝染病のワクチン接種にあたっている。ウイルス性出血性敗血症についてもワクチンがあり，半年に一回接種することになっている。その費用は1頭あたり3000kipでそれほど高くない。しかし，住民の多くはワクチン接種に積極的でない。例えば，フアイコーン村でワクチン接種に応じているのは2世帯しかいない。村長によれば，ワクチン接種をすると家畜が死んでしまうと考える住民もいるという。

に，柵作りやウシ探しといった仕事が面倒であり，さらに飼料不足や食害，伝染病などのリスクがあることが問題であることを明らかにした。

　特に，本章で明らかになったこととして，柵作りやウシ探しに時間と労力がかなり割かれていることは強調してよい。放牧地限定政策の実施以降，放牧者には柵作りという仕事が新たに課されるようになった。また，放牧地が村の奥地に設定された結果，ウシ探しにもかなり時間と労力がかけられている。このように，放牧地限定政策がウシ飼養者の負担の増加を生み，それが結果的に山村でのウシ飼養の振興を阻んでいる側面がある。

　焼畑を活かした土地利用を考えようとする本書の目的からすれば，ウシ・スイギュウ飼養は焼畑とともに発展策を練ることができる仕事である。休閑植生が飼料の供給地であるという点をみれば，これらの家畜の飼養は，非木材林産物の利用と同じ意味合いを持っている。つまり，休閑植生の有効利用ということである。自給向けの焼畑を維持しながら，販売向けの家畜飼養の発展を模索することができる。

　しかし，本書で明らかにしたように，これらの家畜の飼養は，実際には初期投資が高い上に，負担が大きく，リスクも高いことが問題となっている。そのため，第3章でみた換金作物と同じように，貧困世帯には参入しづらい仕事となっているのである。同じく第3章で明らかにしたように，貧困世帯の多くは焼畑を生計上重視する世帯が多い。にもかかわらず，彼らが焼畑との結合の上に成り立つウシ・スイギュウ飼養に参入できないのは皮肉なことである。

第3部
長期的な土地利用・土地被覆の変化

オルソ幾何補正した航空写真を GIS 上で地図の上に載せる

　航空写真は 1998 年 12 月に JICA の支援により撮影されたもの。地図は 1983 年にソヴィエト連邦の支援で作成された 10 万分の 1 地形図。いずれもラオス国立地図局で入手。
　なお，本書では，航空写真のオルソ幾何補正を GIS ソフトである TNTmips を用いて行なった。その際に以下の文献が役立った。
小林裕之 2013.『簡易デジタルオルソフォトの作成手順書―単写真と DEM と地形図を用いた，TNTmips による作成方法』(平成 24 年度富山県森林技術開発費研究課題「施業プラン作成を支援する林相区分法の確立」関連資料).

第10章
第2次インドシナ戦争の影響

チガヤを編んで屋根葺き材を作る
(2005年12月　ファイカン村)

はじめに

　本章では，第2次インドシナ戦争がラオス山村の土地利用と植生景観にどんな影響を与えたかを考察する。第1章で説明した通り，ラオスは20世紀後半に目まぐるしい政治経済的変動を経験したが，焼畑民に対する影響ということで言えば，第2次インドシナ戦争の影響は大きかった。それをオーラルヒストリーなどの形で再現した研究は存在するものの，戦争が土地利用・土地被覆にどう影響したかという点については，ほとんどわかっていない。そこで，本章ではラオスの一山村の村域を対象とし，1945～2011年の間に，土地利用・土地被覆がどう変遷してきたかを明らかにする。その上で，戦中期の変化の特徴をその他の時期との比較から考察する。

　以下では，まず第1節で第2次インドシナ戦争がラオスの森林に与えた影響について，既往研究での記述を整理する。それにより，この時期に起こった巨大な人口移動が土地利用・土地被覆を大きく変化させた可能性を提示する。次に第2節で調査方法を，第3節で対象地域の概況を説明したのち，第4節で対象地域での戦前期，戦中期，戦後期の各時期での人口と土地利用の変化とそれが植生に与えた影響を明らかにする。その上で，第5節で他の時期と比べた時の戦中期の変化の特徴についてまとめる。

第1節　第2次インドシナ戦争がラオスの森林に与えた影響

　第2次インドシナ戦争はラオスの現代史に大きな影響を与えた。この戦争では，アメリカの支援を受けたラオス王国政府と北ベトナムの支援を受けたパテートラオの間で激しい戦闘が繰り広げられた。最終的には，ベトナムやカンボジアと同様に，共産主義勢力のパテートラオが革命に成功した。彼らは国王を退位させ，1975年12月2日にラオス人民民主共和国の成立を宣言した。

　この戦争はラオスに深い傷跡を残した。低く見積もって20万人の死者，その倍の数の負傷者を生んだだけではない。戦火を逃れ，多くの人が故郷を追われた。戦争中の国内避難民は当時の人口の4分の1に当たる75万人とされる。さらに，戦争直後に多くの人々が，新政権による迫害を恐れてタイに渡った。こうして国外に流出した難民の数は当時の人口の10%の30万人にも達した

（スチュアート-フォックス 2010）。アメリカにより投下された爆弾[1]の多くは不発弾として残り，戦後も多くの死傷者を生んでいる（Khamvongsa and Russell 2009; Sutton et al. 2010）。

　焼畑民はこうした戦争被害を最も大きく受けた人々である。彼らの多くにとって，それぞれの勢力の掲げる「革命」も「自由」もあまり意味のないものだった。しかし，戦場の多くが彼らが住むラオスの北部や東部の山地であったがゆえに，不可避的に戦争に巻き込まれることになったのである。双方の陣営が村にやってくるたびに，食料や物資を提供しなければならなかった。戦闘員としての人員の提供も求められた。双方の軍の命令でたびたび集落が移転させられた[2]。さらに，地上戦や1966年から本格化したアメリカの空爆で，命を落とす人も多かった。死を免れた人も，山の奥深くに逃げるか，ラオス王国政府の指定する地域に避難しなければならなかった（スチュアート-フォックス 2010: 207-254）。

　なかでも，モン族はこの戦争の最大の犠牲者として知られる。彼らの一部はアメリカのCIAの助言と資金を受けて組織された「秘密部隊」のメンバーとなり，パテートラオ軍との激しい戦闘を強いられた。また，彼らの多くが住むジャール平原は最大の戦場となったため，一般住民も戦闘に巻き込まれやすかった。そのため，戦争中にモン族の十人に一人が死亡したという。また，1975年の新政権発足の際や1976～78年の反政府運動[3]の失敗後には，何千人ものモン族が難民として国を逃れた。この間，ラオスのモン族の3分の1が国を出たといわれる（スチュアート-フォックス 2010: 207-268）。

　戦争は森林にも直接的・間接的に多大な影響を与えた。Lacombe et al.(2010)は，水文学的な観点から，ラオス南部での空爆は森林を直接的に破壊するもの

---

[1] 1964年から1973年までにアメリカがパテートラオ支配地域に投下した爆弾は200万トン以上に及んだ。これはこの地域の住民一人当たりに換算すると2トン以上になる（スチュアート-フォックス 2010: 221）。

[2] 特に，ラオス王国政府が山地集落の移転をよく行った。これは，山地を拠点とするパテートラオに住民がなびかないようにすることが目的であった。そのために，王国政府の支配地域に移転させたのである（Baird and Le Billon 2012: 295）。

[3] この反政府勢力はチャオファー（ເຈົ້າຟ້າ）と呼ばれ，ラオスに残っていたモン族の元秘密部隊のメンバーを中核として形成された。これに対し，パテートラオ軍はベトナム軍と連合して，軍事力を駆使して反乱軍を壊滅させた。そのため，何千人ものモン族が命を落としたとされる（スチュアート-フォックス 2010: 268）。

であったと主張する。1970年代初頭から，メコン川下流域への流去水が増加したのは，この時期，空爆が最も激しくなり，森林が破壊されたためであるという。戦争は間接的な形でも森林を破壊した。Fujita et al. (2007) が述べるとおり，1960年代から1970年代にかけて，政府は戦争に注力するあまり，首尾一貫した森林管理政策を打ち出すことができなかった。そのために森林は誰もが好き放題に利用できる状況になっていたのである。実際，彼女らの調査対象地域の森林が，戦中から戦後にかけて販売目的の木材伐採により破壊されてしまったという。彼女らはさらに，戦争が地域社会の慣習的な資源管理システムを崩壊させてしまった点をも指摘する。これは外部者による資源利用を許すことになり，彼らによる森林の大規模な開墾がまかり通ってしまった。Saphanthong and Kono (2009) も，彼らの対象地域において，慣習的な資源管理システムが崩壊してしまった例を指摘している。そのため，村人や外部からの侵入者による，短期的な利潤をねらった森林資源の収奪が，戦争直後の時期に起こったという[4]。

ところで，世界各地で戦争が引き起こす土地利用・土地被覆の変化に関する研究において，大規模な人口移動がその要因として重視されている。人々が戦場から逃げようとするとき，あるいは，政府や軍隊により強制的に移動させられるとき，戦場と人々の移住先の双方で土地利用の変化がもたらされる。それは，環境に対して，正負双方の影響をもたらす。つまり，戦場周辺の人口減少地域では，放棄された農地や宅地で植生の回復が起こりうる（FAO 2005: 119; Suthakar and Bui 2008; Gorsevski et al. 2013; Sánchez-Cuervo and Aide 2013）。これに対し，移住者たちが住み着いた地域では，農業などの土地利用活動が活発化する可能性があり，それはしばしば，森林減少や森林劣化などの形で，地域環境に負荷を与えることにつながる（FAO 2005: 119; Stevens et al. 2011; Gorsevski et al. 2013; Sánchez-Cuervo and Aide 2013; Baumann et al. 2015）。このように，人々の移住は，実際の戦闘地域から遠く離れた，本来なら戦争と無関係の地域で土地利用・土地被覆の変化を引き起こすのである。

戦争期のラオスにおいても，大規模な人口移動が土地利用・土地被覆を変化

---

4) コロンビアやニカラグアを事例とした研究においても，戦争中や戦争直後の混乱期に森林資源の乱獲が起こりやすいことが示されている。なぜなら，政府や地域社会が弱体化し，乱獲を管理したり，防止したりするために必要な警察や行政の能力を失っていることが多いためである（Álvarez 2003; Stevens et al. 2011）。

させる事例がみられた。既往研究を注意深く読めば，移動した人口の移住先で人口圧が高まったため，農地の開墾が促され，結果的に森林の減少や劣化が起こった事例を読み取ることができる。例えば，Castella et. al.（2013: 68）は，この時期に戦火を逃れて奥地に移動した住民が，そこに広がる高樹齢林を大規模に伐採して焼畑を行うようになった事例を報告している。Thongmanivong et. al.（2005）と Fujita et al.（2007）も，対象村で1960〜70年の間に，避難民の流入により人口が倍以上に増加し，それが焼畑の拡大と森林消失をもたらしたとしている。また，Sandewall et. al.（1998: 48-49）によれば，彼らの対象地域で焼畑とその休閑林が最も増加し，森林が最も減少したのは1960年代から1970年代の戦争期であるという。これは，彼らが詳細に報告しているように，この時期に対象地域で激しい人口移動があったことと関係している。さらに，Evanz（1995: 39-40, 80）の述べるように，避難民の移住により，1960年代半ば以降，ヴィエンチャン平野で人口圧が増加した[5]。彼が聞き取りをした古老によると，この時以来，シカやサルが棲んでいた森林地帯が失われたという。瀬戸（2020）も同様に，避難民の移住と農地開墾により，ヴィエンチャン平野の森林が失われたことを当時の避難民への聞き取り調査から明らかにしている。以上はすべて，戦争期の人口移動により，それまで利用されなかった森林の開墾がうながされ，結果的に森林が劣化・減少したことを示す事例である。これに対し，Lacombe et al.（2010）が主張するように，移動元の住民が放棄した土地においては，植生回復が起こった可能性もある。

　以上の研究は今日のラオスにおける人々の生活，土地利用，森林を理解するために，戦争の影響を考慮に入れることが不可欠であることをあらためて示してくれる（Fujita et al. 2007; Baird and Le Billon 2012）。そこで，本章では，戦争がラオス山村の土地利用・土地被覆に与えた影響を明らかにすることを目的とする。この影響というのは同時代の短期的なものと今日まで続く長期的なもののいずれをも含んでいる。土地利用・土地被覆の変化を客観的に把握するため，1945〜2011年に撮影された8時点の航空写真・衛星写真・衛星画像を用いた。特に，戦争前後の変化を明確にするために，1970年代以前については，4時点の写真を用いた（表10-1）。変化の詳細やその要因については，現地踏査や住民への聞き取り調査により把握した。

---

[5] 1971年だけでも3万5000人がヴィエンチャン県に移住したという（Evans 1995: 39）。

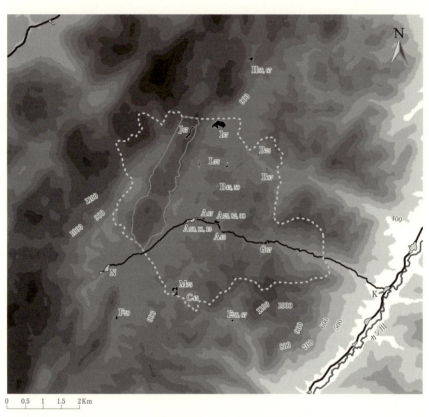

━━━	国道4号線	
━━━	林道	現存集落(2013年時点)
┄┄┄	対象地域	すでに放棄された集落で，本章で言及するもの （2桁の数字は表10-1で示された航空写真・衛星写真・ 衛星画像で確認できる場合，その撮影年の下2桁を示す。）
		図10-4の対象範囲

A フアイペーン村　B フアイデーン村　C フアイガムラオ村　E フアイトゥー村　F フアイスロー村
G 名称不明　H ブンニュアン村　I パーニャーカー村　J フアイタロン村　K フアイカン村
L ブチョー村　M フアイルアン村　N ノンクワイ村

図10-1　対象地域の地形と集落跡地の分布
（航空写真・衛星写真・衛星画像の目視判読およびラオス国立地図局で得たDSMデータに基づき作成。）

第2節　調査方法

　本章で用いた調査方法は，土地利用・土地被覆の経年変化を数量的に把握するための画像解析と，住民への聞き取りなどにより変化の詳細やその要因を明らかにする現地調査に分けることができる。以下，画像解析と現地調査について説明したのち，過去の世帯数と人口の推定方法についても述べる。

(1) 航空写真と衛星写真・画像の入手と解析

　表10-1に本章で使用した航空写真と衛星写真・画像が示されている。このうち，1945年と1959年の航空写真はアメリカ合衆国の国立公文書記録管理局（NARA: National Archives and Records Administration）で入手した。1967年のCorona衛星写真と1975年のKH-9衛星写真はアメリカ地質調査所（USGS: United States Geological Survey）で入手した。1982年，1998年，2013年の航空写真は，ラオス国立地図局（NGD: National Geographic Department）で入手した。2013年のものはカラーであり，すでにオルソ補正[6]済みであった[7]。さらに，2011年の高分解能衛星画像も利用した。これはDigital Globe社の人工衛星，WorldView-2による撮影で，解像度は50cmである。航空写真や衛星写真は印画紙に焼き付けたものではなく，フィルムを直接スキャンしたデジタルデータを入手した。できるだけ解像度の高いデータを得るためである。Corona及びKH-9の両衛星写真は航空写真ほど解像度が高くないが，集落，焼畑，水田を抽出したり，森林と草原を判別したりすることは可能であった。

　入手した航空写真や衛星写真は，GISソフトを用い，オルソ補正を行った。オルソ補正の基準としたのは2013年のカラー航空写真である。これにより，GIS上で各画像を重ね合わせることができた。

　次に，各時点のオルソ補正済みの画像から集落，焼畑，水田を抽出し，それぞれの分布と面積の変遷を明らかにした。これらの土地利用の抽出については，

---

6) 航空カメラで撮影された航空写真はレンズの中心に光束が集まる中心投影なので，写真の中心部から周縁部に向かうほど位置のズレが大きくなる。山地を撮影した航空写真ではこの問題が特に大きくなる。オルソ補正とは，こうした中心投影にともなう位置ズレを修正し，地図と重ねることができる画像に変換することである（国土地理院）。

7) その精度は，平地で各ピクセルの位置精度が1〜2mとされる（National Geographic Department, the Lao PDR 2014）。

表10-1 ラオスの山地部を対象とした既往研究および本章で利用された航空写真・衛星写真・衛星画像について

撮影年	写真・画像の種類	撮影主体	解像度	Sandewall et al. 2001	Thongmanivong et al. 2005	Saphanthong and Kono 2009	Castella et al. 2013	本章	撮影月日（本章で使用する写真・画像に関して）	備考（本章で使用する写真・画像に関して）
1945	白黒航空写真	アメリカ合衆国	高					○	2月6日	斜め方向から撮影した写真あり
1952	白黒航空写真	フランス	高		○					
1953	白黒航空写真	フランス	高	○						
1959	白黒航空写真	アメリカ合衆国	中					○	2月7日、8日	
1967	Corona 衛星写真	アメリカ合衆国	中	○				○	1月16日、2月24日、5月16日	3画像あり
1973	KH-9 衛星写真	アメリカ合衆国	低			○				
1973	ランドサット衛星画像	アメリカ合衆国	中					○	12月19日、26日	7画像あり
1975	KH-9 衛星写真	アメリカ合衆国	低				○			
1979	ランドサット衛星画像	アメリカ合衆国	高							
1981	白黒航空写真	ソヴィエト連邦	高							
1982	白黒航空写真	ソヴィエト連邦	低	○		○		○	2月24日	
1988	ランドサット衛星画像	アメリカ合衆国	低	○						
1989	SPOT 衛星画像	スウェーデンとフランス	高	○						
1996	白黒航空写真	フィンランド	高		○					
1998	白黒航空写真	日本	高		○			○	12月12日	
1999	白黒航空写真	アメリカ合衆国	低							
2000	ランドサット衛星画像	アメリカ合衆国	低				○			
2003	ランドサット衛星画像	アメリカ合衆国	低				○			
2007	ランドサット衛星画像	アメリカ合衆国	低							
2009	ランドサット衛星画像	アメリカ合衆国	低							
2011	WorldView-2 衛星画像	アメリカ合衆国	高					○	11月14日	
2013	カラー航空写真	フィンランド	高					○	1月	オルソ補正済み
利用した航空写真の時点数（カ年）				5	4	3	6	8		

注1）撮影主体にラオス政府が加わっている場合もあるが、ここでは省略した。
注2）1973年の衛星写真について、Saphanthong and Kono (2009) は Corona 2 と記しているが、Corona 衛星による撮影は1972年5月に終了している。撮影時期から考えると、これは KH-9 衛星の撮影したものであったと考えられる（USGS）。

308 第3部 長期的な土地利用・土地被覆の変化

複数の画像による検証が可能であり，それにより，抽出の精度を高めることができた。航空写真については，同一地点が複数の写真に映るのが普通であり，相互検証が可能である。また，1945年の航空写真については，垂直方向に撮影したものの他に，斜め方向から撮影したものもあり，これも土地利用の判別に役立った。さらに，Corona衛星写真については1967年のものが3画像，KH-9衛星写真については1975年12月のものが7画像存在し（表10-1），複数画像による相互検証が可能であった。こうして，最終的には，1945，1959，1967，1975，1982，1998，2011年の集落と耕地の抽出ができた[8]。これに2005年に筆者が小型GPSで測量した村内の集落，焼畑，水田のデータ（147-148頁参照）を加え，集落および耕地の変遷を明らかにした（後掲図10-2，表10-2）。

さらに，各時期の土地利用が植生にどう影響したかを明らかにするため，対象地域西部の石灰岩台地の台地面（2.24km^2）を対象に，各時点の植生・土地利用図を作成した。植生・土地利用は森林，叢林，草原，畑地に分類した。このうち，3つの植生の分類は，Modified UNESCO Classification（MUC）に従った（The GLOBE Program 2000）。ここでの森林はMUCのtreesに該当するものであり，全体の40％以上が高さ5m以上の樹木の樹冠で覆われた土地のことをいう。対象地域では，5年以上の休閑林や成熟林が森林に該当する。叢林はMUCのshrublandに該当し，全体の40％以上が高さ0.5～5mの木本植生の茂みに覆われた土地のことを指す。対象地域では，叢林はふつう2～6年程度の木本主体の休閑林が該当する。草原はMUCのherbaceous vegetationに一致するものであり，全体の60％以上が草本植生で覆われた土地のことを指す。対象地域では，草原はふつう1～3年程度の休閑林が該当する。ただし，対象地域内でも，野焼きや家畜放牧，長期耕作などの影響で，草原や叢林の期間が長くなる場所があった。石灰岩台地の台地面でも，後述するように，これらの理由での植生回復の遅れが観察された。

3つの植生の分類基準は地上での観察に基づいたものである。筆者は2011～2015年に対象地域周辺を踏査した際，自身の周囲の植生を記録し，その位置をGPSで記録するという作業を行なっていた。その各植生の位置を2013年の航空写真で確認することで，草原，叢林，森林が航空写真にどのように写るか

---

[8] 1945，1959，1982年の航空写真はいずれも2月に撮影されたものである。この時期は当年の焼畑はまだ伐採中であり，写真には前年の焼畑の方が明瞭に写る。そこで，焼畑はそれぞれ前年のものを抽出した。

を把握することができた．その分類基準をもとに，土地利用・土地被覆の分類はまず 2013 年のものから始め，過去の写真についても同じ基準で分類するようにした．ただし，Corona 衛星写真と KH-9 衛星写真については，解像度がやや低いため，森林と叢林を区別することは困難であった．

(2) 現地調査

現地調査は，2015 年 2 月と 9 月，2016 年 2 月にファイペーン村とその周辺村で実施した．聞き取り調査では，1940 年代以降の村の出来事，人口動態，生計活動と土地利用の変遷について，ファイペーン村や周辺村の住民に対して聞き取った．また，対象地域内のすでに消滅した集落については，その跡地を訪問するとともに，その住民の人口，生計活動，居住年数，移住理由などについて，当時の記憶を有する人々から聞き取り調査を行った．

(3) 人口と世帯数について

対象地域における 1970 年代までのカム族村落の世帯数については，ファイペーン村の複数の古老から重要な出来事があった年（1961, 1963, 1975 年）について聞き取った[9]．表 10-2 の 1959, 1967, 1975 年の世帯数は，そのデータをもとに算出したものである．なお，1959 年の航空写真は家屋数を数えることができるほど解像度が高く，これをもとに古老の証言を検証することができた．一方，1967 年と 75 年のモン族村落の世帯数については，当時ファイタロン村の住民であった古老（注 31 参照）からの聞き取りによっている．

1982 年の世帯数については，同年撮影の航空写真をもとに 1983 年に作成された 10 万分の 1 地形図[10]に記載の家屋数を用いた．1998 年以降の世帯数は，シェンヌン郡行政局で得た人口統計によった．

1998 年以降の人口についても，シェンヌン郡行政局の人口統計によっている．1982 年以前の人口については，世帯数に 1 世帯あたり人口を乗じることによって得た．カム族については，1998 年の 1 世帯あたり人口 (6.8 人) をそれ以前の人口の推定のためにそのまま用いた．モン族については，1967 年と 1975 年の人口推定のために，当時の 1 世帯あたり人口を 8 人と仮定した[11]．

---

9) 後述するように，1961 年はファイペーン村とファイデーン村がファイトーン村に移転した年であり，1963 年は対象地域に帰還した年である．1975 年は社会主義政権が樹立された年である．

10) この地図はラオス国立地図局の発行によるもので，同局で得られた．

第3節　対象地域の概況

　本章では，ファイペーン村の村域（約20km²）を対象地域とする（図10-1）。図10-1や後に掲げる図10-2におけるAが当村の集落である。2014年の当村の人口は46世帯222人であり，そのほぼ全てがカム族である。

　カム族はラオスの代表的な焼畑民である。これまで繰り返し述べてきたように，ファイペーン村住民の生計も焼畑稲作に強く依存している。2005年の調査では，当村の畑地99haのうち，82haが陸稲の焼畑，14haがトウモロコシの畑，3haがハトムギの畑であった。陸稲は主に自給用[12]，トウモロコシは主に飼料用，ハトムギは主に販売向けに栽培されていた。このように，陸稲焼畑が卓越する傾向は2011年の調査時にも確認できた。当村の畑作では，いまだ換金作物の占める比重が小さい。一方，水田は集落付近の谷間に3haあるのみであり，2005年には7世帯が経営するにすぎなかった（表5-1，図5-2）。

　このように，焼畑稲作に強く依存する当村住民の生計は1990年代以前についても当てはまる。当村でハトムギが販売向けに栽培されるようになったのは，1999年からであり，それまでは少量が焼畑に混作されるのみであった[13]。飼料向けのトウモロコシについては，2005年には34世帯中21世帯が，1世帯あたり0.4haの規模で栽培していた。1990年代まではブタが多かったため，より多くの世帯が0.5〜1haの規模で栽培していたという[14]。また，後述するように，1980年代から90年代半ばまで，当村の住民にもケシを栽培する世帯が少数ながらあった。しかし，これらの作物はいずれも副次的なものであり，当村で圧倒的に重要なのが陸稲の焼畑であることは昔から変わらない。

　当村領域においては，地形や土壌条件による農作物の植え分けがなされてきた。第5章でも述べたように，当村の地形は集落より西側の石灰岩地帯と集落以東の高地帯に大きく分けることができる。石灰岩地帯の赤い土壌はトウモロコシやトウガラシ，ラッカセイの栽培に適するという。実際，2005年や2009

---

11) この仮定はKeen（1978: 221）によっている。彼は当時のタイのモン族の1世帯あたり人口として8人が妥当な数値であるとした。
12) ただし，一部の世帯にとっては，陸稲は販売向けにも重要である。163頁で述べたとおり，2005年には全34世帯中13世帯が村内及び村外に販売を行っていた（表5-3）。
13) 当村周辺でのハトムギ栽培の状況については第3章を参照。
14) トウモロコシの裏作として，1975年ごろまではタバコが栽培され，貴重な現金収入源となっていたという。

年の調査時にも，石灰岩峰の山麓部にトウモロコシが集中的に栽培されるのを確認することができた。一方，なだらかな緩斜面が広がる高地帯は陸稲の栽培に適するとされ，住民はここで焼畑稲作を行ってきた（図5-2，図7-2）。

なお，本章の対象地域の境界でもあるファイペーン村の村境は，第5章でも述べたとおり，1990年代に実施された土地森林分配事業により画定されたものである。それ以前は当村に公式の境界はなく，時間をさかのぼるほど，この境界は意味をなさなくなる。この点に注意する必要がある。

第4節　結果

1. 人口と土地利用の変化

本章ではまず，対象地域において，1940年代以降，人口がどう変化してきたか，それは土地利用にどう反映されてきたかを明らかにする。図10-2は各時点の写真と画像から抽出した集落，畑地，水田の分布を3次元鳥瞰図で示したものである。また，表10-2は抽出した各時点の畑地，水田の面積を，人口データとともに示したものである。これらの図表と聞き取り調査の結果を綜合すると，対象地域の人口と土地利用の変化は，大きく3つの時期に区分してとらえるのが適当である。すなわち，1945年から1959年の戦前期，1960年から1975年の戦中期，1976年から現在に至る戦後期である。以下では各時期の人口と土地利用の変化を順にみていく。

(1) 戦前期（1945〜1959年）

この時期は，ファイペーン村のほかに，ファイデーン村（ບ້ານຫ້ວຍແດງ，図10-1，図10-2のB）とファイガムラオ村（ບ້ານຫ້ວຍກາງເຫຼົ້າ，同じくC）が対象地域内にあった。いずれもカム族の村であった。このうち，ファイペーン村とファイデーン村（B）[15]は対象地域に古くからあった村であり，現在のファイペーン村

15）　以下，ファイペーン村以外で，図10-1・図10-2で示される村については，地図上でのアルファベット記号をこのように併記する。

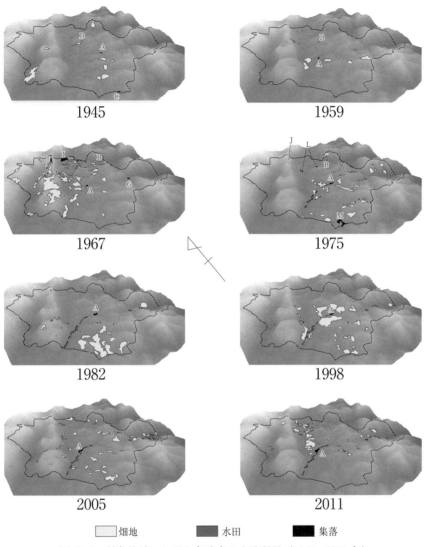

図10-2 対象地域における各時点の土地利用（1945〜2011年）

注1）2005年の耕地分布については同年に筆者が実施したGPS測定に基づく。
注2）各村の名称については図10-1を参照。
注3）ファイタロン村（J）は聞き取り調査によると1978年まで存在したそうであるが，1975年のKH-9衛星写真では確認できなかったので，1975年については集落の形を示さず，位置のみを示した。
注4）ブチョー村（L）は2つの近接した集落からなる。
（航空写真・衛星写真・衛星画像の目視判読，2005年実施のGPS測定，ラオス国立地図局で得たDSMデータに基づく。）

第10章 第2次インドシナ戦争の影響 | 313

表10-2 各時点での集落数，世帯数，人口，耕地面積

年	集落数 総数	うち，カム族集落	うち，モン族集落	世帯数 総数	うち，カム族世帯	うち，モン族世帯	人口 総数	人口密度（人/km²）	畑地面積（ha）総面積	1世帯あたりの面積	水田面積（ha）
1945	3	3	0	—	—	—	—	—	43	—	0.0
1959	2	2	0	22	22	0	150	8	33	1.5	0.0
1967	5	3	2	150	30	120	1164	58	221	1.5	0.0
1975	5	2	3	57	33	24	416	21	84	1.5	4.0
1982	1	1	0	42	38	4	286	14	76	1.8	8.6
1998	1	1	0	67	67	0	457	23	132	2.0	5.2
2005	1	1	0	34	34	0	223	11	99	2.9	6.3
2011	1	1	0	42	42	0	232	12	90	2.1	6.3

注1）「—」は不明を表す．
注2）2005年の畑地および水田の面積に関しては，筆者が同年実施したGPS測量に基づく．
注3）2011年の世帯数および人口については，2012年10月にシェンヌン郡行政局が収集した人口データを用いた．
注4）1982年以前の人口と世帯数を推定する方法に関しては，310頁を参照．
注5）1945年，1959年，1982年の畑地面積は，実際にはその前年に耕作された畑地の面積を示している（注8参照）．
（航空写真・衛星写真・衛星画像の目視判読，聞き取り調査，シェンヌン郡行政局の人口統計資料に基づき作成．）

の古老もその開村時期を知らない．この2村は，フアイペーン村が800mほど西に移動しているものの，1959年の航空写真でも確認できる．

　一方，フアイガムラオ村（C）は1940年代前半に，南西に10kmほど離れた村から移住してきた人々が建てた村である．この村は病気の流行をきっかけに，1956年に，1km南東の対象地域外のフアイトゥー村（ບ້ານຕ້ວຍງູ້，図10-1のE）に移転した．

　現在のフアイペーン村の村人によると，1959年頃の世帯数は，フアイペーン村が17，フアイデーン村（B）が5である．同年の航空写真に写る家屋の数もこの程度である．1945年の世帯数については不明である．焼畑面積からして，3村合わせて，30程度だったと推測される．

(2) 戦中期（1960〜1975年）

　1961年に対象地域の状況は一変する．この年，フアイペーン村とフアイデーン村（B）は，ラオス王国政府の命令で，両村の北方10〜11kmに位置する，

対象地域外のフアイトーン村（ບ້ານຫ້ວຍທອງ）に移転させられたのである。当時，対象地域の周辺でパテートラオの軍隊が活動していた。住民の強制移転は，彼らがパテートラオを支援することを防ぐために行われたのである。実際，聞き取り調査によると，フアイペーン村の住民は当時，パテートラオの軍隊を支援していたという。

この移転は近隣のフアイスロー村（ບ້ານຫ້ວຍສຼໍ，図10-1のF）にいたパテートラオの軍隊にラオス王国軍が奇襲攻撃をしかけ，勝利した事件の直後になされた。また，対象地域の北東部には，ラオス王国軍の駐屯地が設けられた[16]。こうした一連の動きは，当地域ですでに大きかったパテートラオの影響力を王国政府が封じ込めようとしたものと考えられる。

結局，1963年に両村は対象地域に帰還した。しかし，いずれの集落も王国政府軍により，焼かれてしまっていた。そこで，フアイペーン村は旧集落の東300mの場所に，フアイデーン村（B）は旧集落の東1.4kmの場所に新集落を建てた。また，両村と同じく，1961年にフアイトーン村に移転していたフアイトゥー村（E）の住民も1963年にフアイトーン村を離れ，うち7世帯が対象地域内に移住してきた。このうち，2世帯はフアイペーン村の新集落に合流した。残りの5世帯はこの新集落の東方1.8kmの谷沿いに集落（図10-1，図10-2のG）を建てた。つまり，1963年には，対象地域には3集落に30世帯ほどのカム族が住んでいた。

これに加え，対象地域には，このころ巨大な人口の流入があった。その数，100世帯以上のモン族が移住してきたのである。彼らはフアイペーン村から南東に20～50km離れたいくつかの村からやってきた。彼らの出身村ではパテートラオ軍とラオス王国軍のはげしい戦闘があった。それを避けて移住してきたのである。1962～63年のことである[17]。

---

16) この駐屯地は5年間あったという。また，1964年には，当時のフアイペーン村集落の南東700mの地点にも，王国政府軍の駐屯地が設けられた。これも，パテートラオ軍がいないかどうか見張るためだったという。

17) 彼らの移住が自主的なものであったのか，あるいは政府や軍の指導によるものであったのかはわからない。ただし，彼らの多くは1975年の社会主義政権成立前後にメコン川を渡ってタイに移住したし，その一部は1977～78年に対象地域周辺で起こった社会主義政権に対する反乱（後述）に参加しさえした。このため，彼らは王国政府を支持する人々であったと考えられる。ちょうどこの時期，王国政府は対象地域周辺に対する支配を強化しようとしていた。このことと，彼らがこの地域に移住してきたこととは無関係ではないように思われる。

彼らははじめ，対象地域の北にあったモン族の集落，プンニュアン村（ບ້ານປຸງເອືອງ，図10-1のH）に移住したが，家屋建設用地が足りなかった。そこで，その南2kmの対象地域内に村を建てた。これがパーニャーカー村（ບ້ານປາຫຍ້າຄາ，図10-1，図10-2のI）である。さらに，1964～65年頃には，ファイペーン村の南20kmの地域から5世帯のモン族が移住してきて，パーニャーカー村（I）の近くの石灰岩台地上にファイタロン村（ບ້ານຫ້ວຍຕະລອງ，図10-1，図10-2のJ）を建てた[18]。1967年の世帯数はかつてのファイタロン村住民によると，パーニャーカー村（I）が100，ファイタロン村（J）が20であった。先述したカム族の3集落も加えると，当時，対象地域内には，150世帯もの人が居住していたことになる。

　この人口増加は畑地面積にもよく反映されている。1967年の畑地面積は221haであり，これは図10-2や表10-2に示したどの年の面積をも大きくうわまる数字である。また，その分布にも特徴がある。対象地域の西側には，石灰岩質の台地が南北に走っている。他の年には，この台地の斜面に畑地が開かれることはあっても，台地面はほとんど耕作されていない。しかし，1967年のみ，台地面が大規模に耕作されているのである。その理由については，次項で考察する。

　この時期の土地利用上の変化として，さらに挙げられるのが，水田開発である。これはファイペーン村のカム族によるもので，1960年代半ばから始められた。この時期は，低地のカン川沿い（図10-1）でも水田開発がさかんに進められていた。ファイペーン村住民はこれに触発されて，自分たちの住む高地にも水田を開発しようとしたのである。この時期，人口が急増し，土地が不足気味であったこともこの動きに関係していたかもしれない[19]。

　1968～72年は，アメリカによるラオス空爆が激しさを増した時期であるが，対象地域周辺でも空爆がなされた。パテートラオ軍がベトナム人の軍隊ととも

18）モン族の集落の跡地では，現地踏査の際に，家屋の地床跡や墓地をいくつか確認することができた。モン族の家屋は高床式のカム族とは違って地床式であるため，家屋建築の際に水平な地床が作られる。

19）ファイペーン村住民によると，ファイペーン村の村域（すなわち，対象地域）では，100世帯でも焼畑をして暮らすことができるという。ところが，当時はそれをはるかに超える150世帯が居住していた。2005年の調査では，ファイペーン村の焼畑の収量1.2t/haに対し，水田の収量は2.7t/haであった（表5-1）。この明らかな収量の違いからも，1960年代の水田開発は土地不足に農業集約化で対処しようとした試みであったと解することもできる。

に，この地域で活動を続けていたためである。

　これに関連して，ファイペーン村は1971年には，東側の低地の村であるファイカン村（図10-1のK）に移住させられている[20]。これも王国政府の命令によるものであり，住民を空爆エリアから遠ざけるためと，彼らがパテートラオを支援する可能性を断つために行われた。しかし，彼らがファイカン村（K）に住んだのは1年のみであり，1972年には対象地域に帰還している[21]。

　さらに，1970年代半ばになると，1973年の停戦協定の調印や1975年のパテートラオによる政権奪取を契機に，モン族のほとんどが二つの村から離村していった。彼らの移住先は多岐にわたっていた。中でも多かったのはタイであり，次に多かったのは対象地域に来る前の出身地域であった。1975年12月のKH-9衛星写真からは，パーニャーカー村（I）とファイタロン村（J）はすでに認めることができない[22]。代わってこの時期登場するモン族の村はブチョー村[23]（図10-1，図10-2のL）とファイルアン村（ບ້ານຫ້ວຍຫຼວງ，同じくM）というそれぞれ10世帯ほどの村である。これはそれぞれ，パーニャーカー村（I）とファイタロン村（J）の住民の一部が建てた村であった。しかし，1977年にはいずれも廃村となり，住民はタイに移住したり，出身地域に帰還したりした[24]。

---

[20] 62頁注4でも述べた通り，1969年から1972年まで，シェンヌン郡の中心地とナーン郡の中心地を結ぶ地域が国内避難民の避難地域に指定された。カン川沿いの低地もこれに含まれた。国内避難民には食料品や住居の建材，その他の生活必需品が配給された（Embassy of the USA 1972）。ファイペーン村住民もファイカン村（K）に移転したとき，同様の援助物資を受け取ったという。このことから，彼らも国内避難民として扱われたものと考えられる。

[21] このころ図10-1，図10-2の集落Gの住民5世帯がやはり王国政府の命で，ファイペーン村に合流した。小村が散在していると，パテートラオ側につく村が出てくる可能性があると考えられたためである。

[22] ただし，後述するように，ファイタロン村（J）については，聞き取り調査から1978年まで4世帯が住み続けていたことが確認された。

[23] この村は二つの集落に分かれていたが，一人の村長が双方を統治していた。そのため，一つの村として扱った。

[24] モン族の移住により，対象地域では，土地不足や森林劣化が起こったと想定される。にもかかわらず，聞き取り調査では，旧住民のカム族と新住民のモン族の間での争いが起こったという話は全く聞かなかった。ファイペーン村の古老によると，カム族の何人かはモン族に雇用され，ケシ畑で働いた。カム族の中には，モン族と友人関係を結ぶものもおり，祭事にはお互いを呼び合い，御馳走を振る舞ったという。モン族は寛容で，カム族の友人が望めば，コメも野菜もくれたし，子ブタをくれることもあったという。

(3) 戦後期（1976 年～現在）

　1975 年 12 月の社会主義政権の誕生後，フアイペーン村はその体制に組み込まれた一行政村として機能するようになった。

　新政権は，旧政権と同様に，住民を分散させず，できるだけ集住させることで，統治の便をはかろうとした。そのため，小さな村を大きな村に移転させる政策を進めた。これに従い，1976 年頃には，対象地域の北部にあったカム族のフアイデーン村（B）の住民 8 世帯がフアイペーン村に合流した。また，モン族のフアイタロン村（J）については，住民の多くが去ったのちも 4 世帯が住み続けていた。彼らも 1978 年にはフアイペーン村の住民として登録され，1982 年にはフアイペーン村の集落に合流した[25]。こうして，1982 年以降は，対象地域にはフアイペーン村の一集落のみが存在することとなった[26]。

　とはいえ，1970 年代後半は新政権の統治がまだ不完全な時期であった。1977 年には対象地域の西隣の山中で，チャオファー（ເຈົ້າຟ້າ）と呼ばれるラオス王国軍の残党が新政権に対し，反乱を起こした[27]。そのため，フアイペーン村の住民の一部は 1977 年に 1 ヶ月間，フアイカン村（K）に避難している[28]。この反乱は 1978 年には新政府軍により抑えられた。それ以来，この地域では一度も戦闘が起こっていない。

　平和な状況の中で，フアイペーン村の人口は 1980 年代，90 年代ともに増加を続け，1998 年の世帯数は 67 世帯に達した。この時，畑地面積も 132ha となり，世帯数，畑地面積ともに第二のピークを迎えた。

　しかし，2005 年の世帯数は 34 世帯と半減している。これは 2003 年にカン川沿いの低地諸村に電気が通り，開発の進んだ低地に対する住民のあこがれが高まったことや，村内で対立があったことが関係している。このため，2000～2004 年の間に，住民の多くがフアイカン村（K）をはじめとする低地村に移住したのである（第 5 章参照）。その後，世帯数は再び上昇し，2011 年には 42 世

---

[25]　このモン族の 4 世帯はその後徐々に離村し，1992 年には最後の一世帯が離村した。

[26]　Sandewall et al.（1998: 33）は，シェンヌン郡の近隣のナーン郡においても当時，同様な集落統合政策があったことを記している。これによると，ナーン郡の新政府も，散在する小村に住む人々に，大きな定住村のいずれかに移住するように促したという。

[27]　フアイペーン村の古老によれば，この反乱にはブチョー村（L）やフアイルアン村（M）の住民も参加したという。この反乱については，スチュアート-フォックス（2010: 267-268）や Sandewall et al.（1998: 34）にも記述がある。

[28]　この時避難したのは，体の弱い者のみであったという。

帯，2014年には46世帯となった[29]。

　戦後期には，ファイペーン村の集落は一度しか移動していない。2005年に600m西側に移動した。これは旧集落で死亡者が続出したためである。住民は旧集落の近隣にあった埋葬林の悪霊がその原因とみなし，それから離れる必要があると考えた。また，シェンヌン郡政府の合併政策も関係していた。当時，政府はファイペーン村を近隣のノンクワイ村（図10-1のN）と合併させる方針であったので，2村の住民が集住できる広い場所に移転させたのであった[30]。

2．モン族の土地利用

　前項で検討した対象地域の各時点の土地利用のうち，最も特徴的なのは，先述した通り，1967年の土地利用である。この年，畑地面積は最大となったし，ほかの時点ではほとんど利用されなかった石灰岩の台地面が広く利用された（図10-3）。この時点では，対象地域の人口の8割はモン族であった。一方，その他の時点では，ほとんど，あるいは全てがカム族であった（表10-2）。このことから，1967年の土地利用が特徴的な理由は，それがモン族の土地利用を反映しているからと考えられる。それでは，実際に，当時モン族はどのような土地利用を行なっていたのであろうか。ここでは，かつてファイタロン村（J）に住んでいたモン族男性[31]の証言をもとに，当時の土地利用を再現する。

　彼によれば，当時畑作物として重要であったのは陸稲，ケシ，トウモロコシであり，それぞれ栽培地が違っていた。このうち，陸稲は主食であり，当時は

29）　2005年の1世帯あたり畑地面積はひときわ高い値を示している。これはファイカン村（K）に移住したかつてのファイペーン村住民18世帯が，移住後もファイペーン村の領域で陸稲を中心とする焼畑を続けたためである。彼らの焼畑は畑地面積に組み込まれるが，彼らはファイペーン村の世帯数に組み込まれないので，その分1世帯あたり畑地面積が過大になってしまう。なお，2011年についても，ファイカン村（K）の17世帯がファイペーン村領域で陸稲の焼畑をしていた。

30）　これも小村同士の合併を進めようとする政府の方針によるものである。しかし，両村の合併はノンクワイ村（N）が移転を拒否し続けたため，実現しなかった。ノンクワイ村（N）はその正当性を担保するためにも，積極的に移住民を受け入れるようになった。このこともあって，当村では近年，人口が大きく増加した（表6-1）。

31）　彼は1949年生まれであり，1967年に戦火を逃れてファイタロン村（J）に移住してきた。1978年にファイペーン村に住民登録し，1982年から1992年まではファイペーン村集落に住んだ。聞き取り調査を実施した2016年2月には，ファイペーン村の北西7kmの村に住んでいた。対象地域の近隣に住む当時のモン族の数少ない一人であったが，2017年に亡くなった。

第10章　第2次インドシナ戦争の影響　｜　319

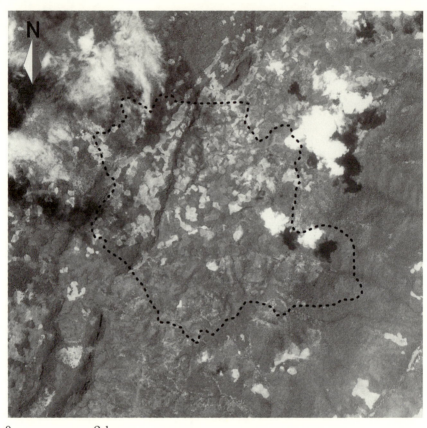

0　　　　2 km　　　┊┄┄┄┄┊ 対象地域

図10-3　1967年5月にCorona衛星がとらえた対象地域
(アメリカ地質調査所で入手したCorona衛星写真 (Entry ID: DS1041-2097DA068, 1967年5月16日撮影) をもとに作成。)

10人以上の大家族であったので，毎年2haほどの焼畑で栽培した。栽培地はフアイペーン村とパーニャーカー村 (I) の間の緩傾斜の土地であり，石灰岩台地の麓でも栽培した。

　これに対し，石灰岩台地上で栽培したのはケシとトウモロコシである。台地上には赤い土が分布し，この土は陸稲には合わなかったが，ケシやトウモロコシにはよく合った。ケシは当時高値で売れる貴重な換金作物であり，収穫物をルアンパバーンの市場まで運び，販売した。栽培地として適したのは，台地上でも霧のかかる窪地や谷間であり，斜面は適さなかった。栽培地は2カ所に分

けるのが普通で，その面積はそれぞれ 0.2ha ほどと大きくはなかった。

　一方，トウモロコシはケシの適さない台地上の尾根や斜面に栽培した。食用の品種も栽培したが，主に栽培したのは第 7 章でも言及した飼料用品種，サリーカーウである。当時，彼は子ブタを除いても 50～60 頭のブタを飼養しており，その飼料用としてトウモロコシを栽培していたのである。その面積は広大で 2～3ha に達した。収穫したトウモロコシは蔵に貯蔵し，少しずつブタに与えた。ブタも重要な収入源であり，年間 10～20 頭を近隣の人に販売していた。規模の大小はあれ，当時は誰もがブタを飼養し，トウモロコシを栽培していた[32]。そのため，トウモロコシの栽培面積は広大なものとなったのである。

　以上から，1967 年の土地利用に特徴的な石灰岩台地上の広大な畑地は，ケシとトウモロコシの栽培によるものであり，特にトウモロコシが面積的に大きかったことがわかる。石灰岩地帯の赤土がコメよりもトウモロコシに適するというのは，先述の通り，フアイペーン村のカム族もよく知っている。しかし，当村のカム族は陸稲については大面積で栽培するが，トウモロコシはモン族ほど大量に栽培しない。陸稲の焼畑の周辺に少量を植えて済ます場合も多いのである。これはモン族ほど熱心にブタを飼養しないためである。ましてや，ケシはその栽培が厳禁されるようになった 1990 年代半ば以前でも，カム族の栽培世帯は少数であった。図 10-2 において，1967 年以外の時期に，石灰岩台地上があまり利用されていないのは，こうした民族間の生業の違いが関わっている。石灰岩台地の台地面に達するには，急傾斜の山道を標高差にして 100m 以上登らなければならない。したがって，それだけのインセンティブがなければ，利用頻度は少なくなってしまうのである。

　モン族の生計において，コメのほか，ケシやトウモロコシも重要な作物であることはよく知られた事実である。この二種の作物の栽培のために，高標高の石灰岩土壌を好んで利用することも，これまでによく指摘されてきた(Kunstadter and Chapman 1978; Cooper 2008)。ここでは，こうした民族による土地利用の違いを，異なる時点の土地利用図の比較から，はっきりと示すことができた。

---

32) また，どの世帯もニワトリを飼養し，販売することもあったという。

3. 植生への影響

　それでは，こうした土地利用の変遷は，植生にどのような影響を与えただろうか。ここでは，特にモン族の土地利用の影響を考察するため，上述の石灰岩台地のみを取り上げ，植生の変化を見ることにする。

　図 10-4 は 2.24km^2 の台地面（一部西部の台地斜面も含む）の植生と土地利用を，1945 年から 2011 年までの 7 時点について示したものである。また，表 10-3 は各植生の割合を時点ごとに示したものである。この図表から以下の点が指摘できる。

　第一に，モン族の 1960 年代の土地利用が，かなりの森林消失をともなうものであったということである。1945 年頃にせよ，1959 年頃にせよ，台地面上が全く利用されていなかったわけではない。しかし，利用頻度は明らかに低く，7 割が森林，8 割が叢林も含めた樹木植生となっていた。ところが，1967 年には 1959 年に森林だった部分の多くが畑地や草原に変わっている。この間に樹木植生の面積は 3 割減少したのである。モン族による森林伐採と畑地開墾はファイペーン村の古老もよく記憶する。彼らによれば，台地上の森林の多くはモン族によって初めて伐採されたという。また，このようなモン族の開拓者的な土地利用により，村内の古い森が大きく減少したともいう[33]。

　森林破壊的で資源収奪的なモン族の土地利用については，既往研究でもよく言及されてきた。例えば，彼らが開拓者型の焼畑に従事し，今まで伐採されたことがないような原生林を開拓することを好む点である。また，土壌中の栄養分がなくなるまでケシを連作するため，放棄後の土地はチガヤに覆われ，森林への回復が遅れてしまう点である。さらに，周辺の森林をほとんど伐採してしまったのち，古い森を求めて，6〜15 年ごとに村を移動させる点である（Keen 1978; Kunstadter and Chapman 1978; Cooper 2008）。この事例では，戦争の結果，複数の村から 100 世帯を超えるモン族がまとまって移住してきたため，このような土地利用の特徴がより顕著に表れることになった[34]。

---

[33]　開拓者的な農業に加えて，100 軒以上の家屋を新築しなければならなかったことも 1960 年代の森林破壊の大きな要因となっていたことであろう。モン族の伝統的な家屋は，柱材や梁材として木材を多く必要とする。また，富裕世帯の家屋では，壁材にも大量の木材が使用される（Cooper 2008: 33）。

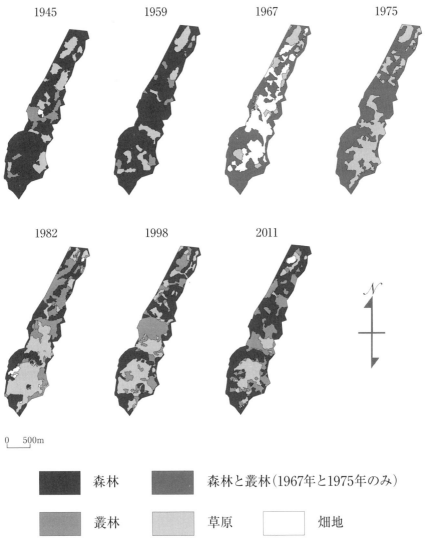

図 10-4 対象地域の石灰岩台地上における各時点の植生と土地利用（1945〜2011年）
注）1967年についてはファイタロン村集落（J）が確認された。その場所については，他と合わせるために，便宜的に「草原」とした。
（航空写真・衛星写真・衛星画像の目視判読に基づき作成。）

表 10-3　石灰岩台地上における植生および土地利用の変遷（％）

	1945 年	1959 年	1967 年	1975 年	1982 年	1998 年	2011 年
森林	71	78	54	65	35	42	55
叢林	10	6			27	26	26
草原	18	16	12	35	36	32	18
畑地	1	0	35	0	2	0	1

注）四捨五入による整数値のため，合計値が 100 にならない場合もある。
（航空写真・衛星写真・衛星画像の目視判読に基づき作成。）

　第二に，1970 年代から 1990 年代まで，草原が 3 割以上の高い割合で推移してきたことである。また，叢林も 1980 年代から 2000 年代まで 25％ 以上を維持している。これは第一にモン族の資源収奪的な土地利用によるものである。上述したように，ケシとトウモロコシの連作が行われた土地は，放棄後にチガヤがはびこるようになった（Keen 1978; Kunstadter and Chapman 1978; Cooper 2008）。ファイペーン村の住民への聞き取りからも，石灰岩台地上の植生回復が遅いことが確認された。台地面上では，モン族がケシとトウモロコシの連作を行ったあと何十年も経つのに，樹木が細いままの箇所もあるという[35]。

34）ふつう，モン族の村にこれほどたくさんの世帯が住むことはない。タイのターク県西部での調査によると（Keen 1978: 210），1963 年に同県には 25 のモン族の村があり，モン族人口は 10000 人であったから，1 村あたり平均 400 人が住んでいたことになる。Keen（1978: 210）によれば，この地域の 1 世帯あたり人口は 14 人であり，400 人規模の村であれば，28 世帯程度で構成されるという。

35）この植生回復の遅さはカルスト環境で過度に集約的な土地利用がなされた結果生じた土壌浸食や土壌の生産性の低下，水分欠如に起因する可能性もある。Peng et al.（2012: 832）が説明するとおり，「カルスト生態環境システムは脆弱であり，低い環境能力，外部からの干渉の影響の受けやすさ，自己回復能力の低さといった特徴を持つのが普通である」。中国南西部では，カルスト環境での非合理的なまでに集約的な土地利用が「石漠化」と呼ばれる一大環境問題を生むことになった。広西チワン族自治区だけで，35,000km^2 の土地がこの種の砂漠化現象にむしばまれている。そこでは土壌が急速に消失し，母岩が広い範囲でむき出しとなり，土地の生産性が低下し，砂漠のような景観が急速に拡大している（Wang et al. 2004）。Wang et al.（2004: 120）によれば，石漠化したカルストでの二次林の生態的回復には，そこで家畜の放牧や薪炭採取などの人間の諸活動が全くなされなかったとしても，30～35 年かかるという。本章の対象地域と同様の環境と土地利用がなされるタイのケシ栽培地でも，Kiernan（1987; 2010: 514-515）がカルストから深刻な土壌消失が生じた例を報告している。彼はまた，カンボジアで 1965～1978 年にかけての戦争中になされた空爆による植生破壊が，この国の南部のカルスト環境に，広範囲で長期間にわたる深刻な被害を与えたと主張する（Kiernan 2010）。本章の対象地域でも同様な環境問題がカルスト台地での集約的な土地利用から生じていたのかもしれない。これについては，さらなる調査で明らかにする必要がある。

台地南部に関しては，1970年代から1990年代にかけて草原が拡大され，維持されたもう一つの要因を挙げることができる。それは，屋根葺き材としてのチガヤの需要である。フアイペーン村の古老によると，台地面の南部は1960年代にトウモロコシやケシが4～5年連作された。その後2～3年放置すると，全面をチガヤが覆うようになったという。以降，村人はここを共同のチガヤ採取場として利用してきた。家屋や畑小屋の屋根葺き材として，チガヤが大量に必要なためである。チガヤ草原を維持するために，毎年4月に野焼きも行われてきた。

　草原が維持されたさらなる要因として，ケシ栽培の継続も挙げられる。1982年には，南部で小規模であるが畑地が見られる（図10-3）。これはケシとトウモロコシの畑地である。先述したとおり，この時期もモン族の4世帯が対象地域に残っていた。彼らは石灰岩台地上でのケシ栽培を続けていた。さらに，少数のカム族世帯が，彼らからケシ栽培の方法を学び，栽培を始めた。この時期の畑地はこれらの世帯が営んだものであり，そのために，南部では樹木植生から草原への転換がさらに進んだと考えられる。

　図10-4および表10-3から指摘できる第三の点として，1990年代以降，草原が徐々に縮小し，2011年には森林が再び半分以上を占めるようになったことが挙げられる。これは台地面での土地利用の需要が低下したことを反映している。1990年代半ばからはケシ栽培が厳禁されるようになり，村人にも従事する者がいなくなった[36]。また，近年は瓦葺やトタン屋根の家が増加し，チガヤ需要も減退している。このため，結果的に樹木植生の回復が促されたと考えられる。

　にもかかわらず，モン族がやってくる前の1940年代～1950年代のレベルまでの植生回復はみられない。モン族の移住は対象地域の植生史の転換点であった。1967年に耕作がなされた台地面上の畑地の73%は，1959年には森林であった。それは今も以前の状況にまでは回復していない。1967年の畑地のうち，2011年に森林にまで回復したのは31%に過ぎず，残りは草原や叢林のままであった。

---

[36] 1996年にラオスでケシ生産を初めて非合法化する法的措置が執行され，その後，ラオス政府は国連薬物犯罪事務所（UNODC）の支援を得つつ，ケシ根絶政策を迅速かつ厳格に実施してきた。2005年には，ケシの総栽培面積（1,800ha）は1998年の数字の7%にまで減少した（Cohen 2017: 581-582; Ducourtieux et al. 2017: 603-604）。

第5節　戦中期の土地利用・土地被覆の変化の特徴

　ここでは，戦中期における土地利用・土地被覆の変化の特徴を，戦前期および戦後期との比較から明らかにする。さらに，戦中期の変化が与えた短期的な影響および長期的な影響について考察する。

　第一に，この時期はその前後の時期と比べて，集落の建設，移動，放棄がはるかに頻繁になされた。それは対象地域内の人口と土地利用を大転換させるほどのものであった。1961～63年のカム族2村の低地村への移転，1960年代～70年代の100世帯以上のモン族の流入と流出がその代表例である。特に，モン族の流入は，その人口と民族の違いから，土地利用を量的にも質的にも大きく転換させたのである。

　この時期の集落の生成，移動，消滅は，そのほとんどが戦争に関わっていたことも特徴的である。上に挙げた二例は，前者は敵軍を支援させないための政府による強制移転であり，後者は戦火を逃れての流入と戦争終結をきっかけとした流出であった[37]。

　これに対し，戦前期の集落動態はそれほど激しくはなかった。集落の移動は戦中期ほど頻繁でなく，移動があってもそれは多くの場合，数キロメートル以内の短距離移動であった。また，それは同じ民族（カム族）の少人数が移動したに過ぎず，対象地域の土地利用を大きく変化させるものではなかった。

　一方，戦後期には，対象地域はファイペーン村の一集落にまとめられた。この集落は1980年代～1990年代に，人口が順調に増加した。その後，2000年代に人口が半減したこともあったが，これも戦中期ほどの変化ではなかった。集落の移動は短距離のものが一度きりであった。

　第二に，戦中期の人口移動は森林植生に大きな圧力をかけた。この時期，石灰岩台地では，森林が半減し，草原や叢林が大きく増えた。これはそれまであまり利用されなかったこの土地をモン族が切り開き，ケシやトウモロコシの連作を行ったためである。

　第1節でも述べたとおり，戦中期の人口移動に伴う森林破壊については，ラオスに関する既往研究でも言及されてきた。新参者である移住者は，利用者の

37）本章の対象地域からわずか20kmしか離れていないナーン川上流域において，Sandewall et al.（1998: 30-32）も1964年から1973年にかけての戦争に関連した人々や集落の移動の諸事例を報告している。

ほとんどいない土地を利用しようとした。この未利用地の開拓はしばしば大規模な森林の消失や劣化をともなうものであった。本章では，写真・画像の解析と聞き取り調査という二つの手法をあわせ用いることで，これを実証した。

　第三に，本章では，戦中期の土地利用・土地被覆の変化が，戦争の終わった後も長期間，対象地域の土地利用・土地被覆に影響を与え続けたことが明らかになった。モン族の耕作方法が同じ土地での連作にあったため，土壌は不毛化しやすく，侵食されやすかった。特に，カルスト環境についてはそうであった。これが本章で検討した石灰岩台地での森林の回復に時間がかかった理由である。第二の理由はモン族の土地利用がカム族に継承されたためである。彼らの土地利用の結果，広大な草原が形成された。その一部は，カム族に受け継がれ，維持された。屋根葺き材の原料を入手するための格好の場所であったためである。また，モン族がカム族の数世帯にケシ栽培の方法を教えたことは，戦後の草原の拡大に影響した。戦中期における森林の大規模な破壊は対象地域における植生史において転換点となる出来事であった。戦争が終わって40年経っても森林は戦争前の状態にまで回復していない。

　多くの研究者はラオスの森林の減少や劣化を1980年代以降の開発，特に，1980年代後半に始まる市場開放政策に結びつけて考える。こうした開発としては，非持続的な木材伐採（Singh 2009; Singh 2012: 103-108; Thongmanivong et al. 2005），換金作物栽培の拡大（Vongvisouk et al. 2016; 本書第3章），経済樹種の植林（Cohen 2009），鉱山やダムなどのインフラ開発が挙げられる。しかし，本章で明らかになったように，戦中期の森林減少や森林劣化を示す事実は多い。本章ではさらに，戦争が間接的な形で高樹齢林の大規模な破壊を引き起こし，植生景観を長期にわたって変化させてしまうことも明らかになった。このことは，ラオスの森林の減少や劣化がどのように進行してきたのかを真に理解するためには，戦中期の森林被覆の変化をよく検討する必要があることを示している。

おわりに

　本章は，航空写真と衛星写真，衛星画像の解析と現地調査により，ラオス北部の対象地域における70年間の土地利用・土地被覆の変化を明らかにした。

特に，第2次インドシナ戦争期の変化を明らかにし，その特徴をその前後の時期との比較から明らかにしようとした。その結果，戦争により，対象地域では，もともと住んでいた住民とは異なる民族が大挙して押し寄せるという平時にはない事態が起こっていたことが明らかになった。この事態の中で，戦中期には，他の時期には見られない耕作景観が現出し，大規模な森林破壊が引き起こされた。さらに，本章からは，戦中期の森林破壊が対象地域の植生史において画期的な出来事となり，植生景観が当時からいまだ十分に回復していないことが明らかとなった。こうした知見は，ラオスの森林の劣化を分析する際に，戦争の影響についてより意識的になるべきことを示唆するものである。

　なお，本章の事例は戦争期の移住者の移住先での変化の事例であったが，移住元での調査も必要である。第1節で述べたとおり，他国を事例とした研究では，戦争中に人々が逃げ出した土地での植生回復が明らかにされている。同様の現象はラオスでも戦前および戦後の時期におそらく起こったはずである。Lacombe et al. (2010) はラオス北部のメコン川流域における長期的な水文学的データを用い，移住者がもともと住んでいた地域では，戦争中に放棄された農地で森林回復が起こったはずであると主張する。そこで，次章ではこの点を検証するために，戦争期に人口減少が起こった地域を取り上げる。

　また，本章の事例は戦争のような政治的変動が間接的に森林破壊を引き起こすことをよく示している。それでは，森林破壊の要因としてたびたび引き合いに出される焼畑はどうか。次章では，やはり多時点の航空写真を用い，この点を長期的な観点から論じる。

第11章
焼畑と森林の70年間の動態

戦争中に落とされた砲弾の活用
(2005年2月 フアイカン村)
地中に埋め込んだチーク材にこの地域に落とされたという砲弾を差し込んでいる。鉄製農具を鍛え直すのに使われている。

はじめに

　これまで，航空写真や米軍偵察衛星写真を用いて，焼畑村落の土地利用・土地被覆の長期的な変動を明らかにした研究は少数である。47-48頁で述べた通り，これらの研究の問題点は，(1)その多くが2～3時点の写真や画像しか用いていないこと，(2)冷戦期，特に1970年代以前の土地利用・土地被覆の変化に関して，ほとんど明らかにしていないこと，(3)対象地域内の微細な環境の違いをほとんど考慮せずに分析していることにある。(3)について付言すると，本書でも繰り返し述べてきた村人による低地と高地の分類は，微細な環境の違いを示す典型例である。そこで，本章では，多時点の航空写真を用いることで，冷戦期も含めた1940年代以降の土地利用・土地被覆の変化を詳細に把握することを試みる。また，その際に，低地と高地による変化の違いにも着目する。最終的には，焼畑および焼畑民が森林にどのような影響を与えてきたかを長期的な観点から明らかにすることを目的とする。

　焼畑が森林に与えた影響については，ラオスでは「昔は森林が多かったが，焼畑によって減少した」という否定的な考え方が一般的であり，ラオス政府もこれを共有している。こうした考えに基づき，さまざまな焼畑抑制政策がなされてきたのである。

　本章の対象地域は第3章，第4章でも扱ったブーシップ村の村域である（図11-1）。その理由は，ブーシップ村に関しても，こうした政府の焼畑に対する否定的な見解が文書で示されているためである。カン川周辺地域では，Sida[1]の援助により焼畑抑政策の一つである土地森林分配事業がなされたが，ブーシップ村はそのモデル村とされた。そのため，1996年になされたこの事業について，ブーシップ村を事例とした報告書が残されている。その一つには，以下の記述がある。

　「（ブーシップ村に）避難民がやってきた時は世帯数も人口も多くはなかった。自然資源は豊かであった。例えば，原生林や経済的に価値ある樹木もまだあったし，人々の生活もよかった。カルダモンやサトウヤシなどの森林産物は豊富に存在したし，トラ，オオカミ，シカなどの野生動物も数多く生息していた。」[2]

---

1) Sidaについては，76頁注13を参照。
2) ルアンパバーン県林業局で得た資料による。

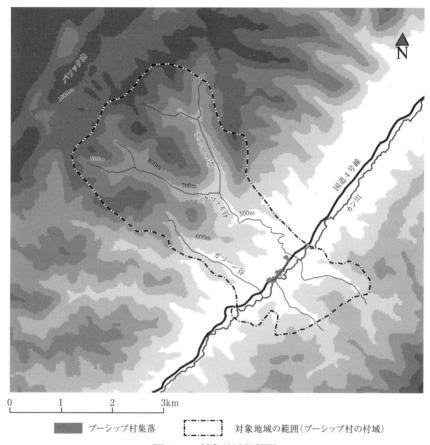

図 11-1　対象地域概観図

注1）ブーシップ村の村境（対象地域の境界）は，1996年実施の土地森林分配事業時にNOFIP（National Office for Forest Inventory and Planning）により作成された村の土地利用区分図を下図とし，それを2003年12月〜2004年3月の村人への実地での聞き取りで得た情報により修正した。
注2）対象地域外の国道4号線沿いには隣村の集落が存在するが，ここでは示していない。
（ラオス国立地図局で入手したDEM，2013年撮影航空写真，村の土地利用区分図（NOFIP作成），村人への聞き取りをもとに作成。）

　他の報告書には，次の記述もある。
「（ブーシップ村は）以前は豊かな森林に恵まれていた。大きな木がとても多かったし，村人が生活するに十分な水があった。」[3]

---

3) シェンヌン郡農林局で得た資料による。

いずれの文献も現在の住民の主体である第2次インドシナ戦争の避難民がやってきた1971年ごろは村内の森林が豊かであったことを述べている。しかし，その後，人口が増えて焼畑が拡大し，森林が失われたという。だからこそ，土地森林分配事業を実施し，焼畑を抑制し，集約的で市場向けの農業に転換させることで森林を保護していく必要があるという。ここには，明確に「昔は森林が多かったが焼畑によって減少した」という見解が表れている。
　それでは，ブーシップ村の領域は，本当に昔は森林に恵まれていたのだろうか。また，1971年ごろの森林が豊かだったとすると，それはどのような状態の森林だったのだろうか。本章では写真画像の分析からこの点を検証し，政府の見解の是非を明らかにする。

第1節　調査方法

　本章の調査方法も第10章と同じく，画像解析と現地調査に分けることができる。

(1) 画像解析

　航空写真や米軍偵察衛星写真，衛星画像から多時点の土地利用・土地被覆を解析し，その経年変化を明らかにするために，GISを用いて画像解析を行った。まず，対象地域であるブーシップ村の領域が写る14時点の写真や画像（表11-1）を収集し，その多くについてオルソ幾何補正を行い，GIS上で地図などとの重ね合わせが可能な状態にした。次に，このうち特に画像が鮮明な7時点の航空写真や米軍偵察衛星写真（表11-1のうち○の付されたもの）を選び，それぞれについて，対象地域内の土地利用・土地被覆を目視判読で分類した[4]。それ以外の衛星写真や衛星画像については，7時点の判読のための補助資料として用いた。なお，2013年の土地利用・土地被覆の判読に際しては，Bing MapsやGoogle Mapの衛星画像をも参照した。
　土地利用は「畑地」，「水田」，「植林地」，「集落・道路など」の4種類に分類

---

4) 航空写真や米軍偵察衛星写真は実体視が可能なものが多いため，土地利用や植生の違いが分かりにくい場合は，ステレオフォトメーカー（ステレオ画像を作成・表示するソフト）と小型実体視鏡を用いて，実体視を行った（後藤・中田2011）。

表 11-1　本章で使用した航空写真および米軍偵察衛星写真，衛星画像

	撮影年月日			写真の種類	撮影者の帰属国	備考
○	1945 年	2 月	6 日	航空写真（白黒）	アメリカ合衆国	鳥瞰写真も含む
○	1959 年	2 月	7 日	航空写真（白黒）	アメリカ合衆国	
	1961 年	12 月	12 日	Corona 衛星写真	アメリカ合衆国	
	1966 年	2 月	11 日	Corona 衛星写真	アメリカ合衆国	
○	1967 年	1 月	16 日	Corona 衛星写真	アメリカ合衆国	
	1967 年	2 月	24 日	Corona 衛星写真	アメリカ合衆国	
	1967 年	5 月	16 日	Corona 衛星写真	アメリカ合衆国	前方視と後方視の 2 枚あり
	1975 年	12 月	19 日	KH-9 衛星写真	アメリカ合衆国	3 枚あり
○	1975 年	12 月	26 日	KH-9 衛星写真	アメリカ合衆国	4 枚あり
○	1982 年	2 月	24 日	航空写真（白黒）	ソヴィエト連邦	
○	1998 年	12 月	12 日	航空写真（白黒）	日本	
	2012 年	10 月	30 日	GeoEye-1 衛星画像	アメリカ合衆国	パンクロマチック画像のみ
○	2013 年	1 月	不明	航空写真（カラー）	フィンランド	
	2015 年	3 月	14 日	WorldView-3 衛星画像	アメリカ合衆国	

注）○は土地利用・土地被覆の判読作業のベースマップとした写真を指す．
（各写真の注記，USGS のホームページでの説明，ラオス国立地図局での聞き取りをもとに作成。）

した。「畑地」と「水田」に関しては，7 時点に加えて，第 3 章で検討した 2003 年の耕地の GPS 測量結果も経年変化の考察対象とした（後掲表 11-2〜表 11-4）。7 時点の航空写真のほとんどは 1〜2 月に撮影されたものであることから，畑地は多くの場合，前年のものである（1975 年と 1998 年については当年）。ただし，1982 年の航空写真については，2 月末に撮影されたため，前年の焼畑とともに当年の焼畑も識別可能であった[5]。なお，聞き取り調査から，ブーシップ村においては，1990 年代までは畑地のほとんどが陸稲の焼畑であったことがわかっている。1990 年代末からはハトムギなどの換金作物の比重が増加するが，写真のみから畑作物の分類をすることは不可能であった。

　1 世帯あたりの畑地面積に関しては，1945, 1959, 1967, 1982 年については，写真に写る対象地域周辺の畑地，5〜10 枚の合計面積を，その内部に存在

---

5) 前年の焼畑跡地であるか，伐採を終え，火入れをする前の当年焼畑であるかは，畑小屋の有無，それに至る山道の有無，切り倒された植生の有無などから識別可能であった。

する畑小屋の数で除することにより求めた[6]。これ以外の1975, 1998, 2003, 2013年に関しては，対象地域内の畑地の合計面積を，聞き取り調査で明らかにした当時の世帯数で除することにより求めた（後掲表11-3）。なお，第3章で述べたとおり，1999年にブーシップ村には南東部の山腹にあったナムジャン村の住民が移住してきた。このナムジャン村出身住民は移住後も旧村領域を主な耕作域としている。本章の対象地域であるブーシップ村領域でも，移住後にハトムギなどの換金作物を栽培していたが，旧村での焼畑の面積と比べるとはるかに小さい面積であった。このように，対象地域の土地利用における彼らの関与度は小さい。そのため，本章での2003年および2013年の人口密度や1世帯あたり畑地面積の計算の際には，彼らの世帯数は除外した（後掲表11-3）。

　土地被覆については草原，叢林，森林の3種類に分類した。その分類方法は第10章（309頁）で述べたものとほぼ同じである。このうち，草原は草本が主体の植生であり，対象地域では1〜3年程度の休閑林が該当する。叢林は木本が主体で，その高さが5m以下の植生である。対象地域では3〜5年程度の休閑林が該当する。対象地域には数種類のタケの植生がかなりよく見られるが，これも5m以下であれば，叢林に含めている[7]。一方，森林は高さ5m以上で樹幹が閉鎖した木本およびタケの群生地であり，5年以上の焼畑休閑林および成熟林が該当する。分類の際には，ステレオペアの写真や近い時点の写真・画像を参照し，クロスチェックを行なった。なお，先述したように，1982年の航空写真においては，当年の焼畑の伐採がすでにかなりなされた状態であったが，本章ではこれを畑地とはせず，伐採物や周辺の植生から伐採前の植生（草原・叢林・森林のいずれか）を判断した。

　土地利用・土地被覆の分類後，各時点において分類項目ごとに面積を集計し，その経年変化を明らかにした。また，それぞれの断片数の経年変化も検討した。ただし，これでは変化の全体的傾向しか把握できず，対象地域内の場所ごとの違いは不明瞭なままである。

---

6) 対象地域では世帯単位で焼畑を経営し，その内部に休憩や食事の場所として畑小屋を設けるのが常であるため，こうした計算で1世帯あたり畑地面積を求めることが可能である。数世帯がまとまって焼畑を行う場合は，1枚の畑地が広くなり，内部に数カ所の畑小屋が散在することになる。1967年のコロナ衛星写真に関しては，解像度が低く，畑小屋の識別は不可能であったが，畑地1枚の面積が小さかったため，畑地1枚を1世帯が経営したものと仮定して計算した。

7) また，その例は少なかったものの，5m以上の木本がまばらに生える疎開林についても叢林に分類した。

そこで，本章では，対象地域を一辺 15m の正六角形のグリッドセルで覆い，セルごとの土地利用・土地被覆の変化を明らかにした。また，それがセルの標高や勾配といった環境要因とどのように関係しているかも検討した。さらに，標高 600m を高地と低地の境とし，それぞれにおいて土地利用・土地被覆の変化がどのように異なるかを明らかにした。対象地域における高地と低地の面積割合はおおよそ 6:4 であった。

(2) 現地調査

現地調査は主に 2015 年 2 月と 2016 年 2 月に実施した。その目的は画像解析により明らかとなった土地利用・土地被覆の経年変化が村人の認識と一致するかを確認し，各時点の変化の要因を明らかにすることにあった。そのため，ブーシップ村や周辺村の複数の古老を対象に聞き取り調査を行い，村の歴史や人口の変遷，過去の土地利用・土地被覆の状態とその変化の要因，過去に対象地域内に存在した集落とその住民などについて把握した。

ただし，1960 年代前半より以前のことになると，現在のブーシップ村住民に聞き取り調査をしても把握しづらくなる。当村の草分け世帯がカン川沿いに移り住んだのは 1966 年のことであり，それ以前の対象地域の状況については，草分け世帯でさえよく知らないためである。そこで，それ以前の状況については，対象地域の近隣に古くから住む住民に聞き取り調査を行った。

第 2 節　各時期における土地利用・土地被覆の変化の実態とその要因

画像解析と現地調査の結果，対象地域の土地利用・土地被覆の変化には，1960～1975 年の第 2 次インドシナ戦争と 1990 年代以降の市場経済の浸透が大きく関わっていることが明らかとなった。そこで，以下では調査対象期間（1945～2013 年）を戦争が本格化する以前の戦前期（1945～1959 年），戦争が対象地域の状況に大きな影響を与えた戦中期（1960～1975 年），戦争後，社会主義政権に移行し，平和であったが，生計は自給自足的傾向が強かった戦後期（1976～1995 年），1986 年以降のラオス政府の市場開放政策の影響が農村にも浸透した 1990 年代後半以降の市場参入期（1996～2013 年）の四つの時期に分けて，それ

ぞれの時期の土地利用・土地被覆の特徴とその要因について考察することにする。

1. 戦前期（1945～1959年）

ブーシップ村の草分け世帯がカン川沿いに移り住んだのは1966年のことである。しかし，それ以前の1945年と1959年の航空写真からも複数の集落が確認される（図11-2）。ブーシップ村の東隣のティンゲーウ村には，この2時点の航空写真に写るセンラート村に住んでいた人が数名おり，当時の集落のことを覚えている。また，1999年にブーシップ村に合流したナムジャン村出身の住民の中にも当時のことを覚えている者がいる。これらの人々への聞き取りから，当時の集落やそこに住んでいた住民，彼らの土地利用について知ることができる。

その前に，2時点の航空写真から読み取れる，当時の土地利用・土地被覆の特徴をまとめておく。それは端的に言えば，当時から対象地域では焼畑が活発になされており，森林被覆率は3～4割でしかなかったということである（表11-2，図11-3）。この数字は現在により近い2013年や1998年の森林被覆率とほぼ同程度の値である。当年焼畑の合計面積（1945年が68ha，1959年が75ha）も1982年以降の数字と比べてはるかに少ないわけではない（表11-2）。もっとも，航空写真から判読される1世帯あたりの畑地面積は2ha以上と，それ以降よりも広大であった[8]。そのため，これを基準に推計される当時の対象地域での耕作世帯数は1945年が26世帯，1959年が34世帯と少数である（表11-3）。

さらに，土地被覆の断片化が当時でもよく進行していた。焼畑地域に特徴的な二次植生のパッチワーク景観が，当時の航空写真からもよく観察されるのである。1945年および1959年の土地利用・土地被覆の総断片数（1945年が172，1959年が138）は，1982年のそれ（230）と比べると少ない（表11-2）。しかし，既往研究では，断片化が進行する時期には，総断片数がそれ以前の3～7倍に

---

[8] 1940年代～50年代の焼畑がそれ以降に比べて広大であった理由として，当時は1世帯あたりの人員数が多かった可能性が考えられる。村人への聞き取りによると，以前は拡大家族が一般的であり，息子が結婚しても，嫁とともに父母の家に住み続けるのが普通であったという。息子が複数の場合もそれぞれがその家族とともに，父母と同居したという。ただし，表11-3では，1998年以前の人口についても，1998年の1世帯あたり人員数（6.6人）をもとに算出した。

なることが報告されている（Jianchu et al. 1999; Fox et al. 2000; Fox 2002）。こうした点を考えれば，当時から土地利用・土地被覆の断片化はすでに進行していたといってよい。それは当時から，対象地域で焼畑が活発になされていたことの証左でもある。

聞き取り調査からは，当時，集落が頻繁に移動したことがわかる。センラート村の場合，1945年はカン川の南岸に，1959年は北岸に位置しているが（図11-2），この間に6回の移動があったという。当時の村の移動は耕作地に合わせた移動であり，近距離移動であった。センラート村は1945，1959年には，対象地域外に位置していた。しかし，この村の住民にとって，対象地域内のレックファイ谷下流一帯は重要な耕作域であった。1945年の航空写真を見てもそのあたりに焼畑が分布しており，これは彼らのものと考えられる（図11-2）。

また，第7章で詳述した出作り集落，サナム（ສະນາມ）は当時からすでにあり，これが集落の起源となることも多かった。当時のサナムは焼畑近接サナムの性格が強く，焼畑が集落から少し遠くなると，人々はサナムを建てて，耕作期間はそこで過ごした。翌年もサナムの周辺で焼畑をする場合は，サナムを新たな集落とし，元の集落を廃することも多かったという。

さらに，当時はコレラや天然痘の流行も多く，それが村の移動や分裂のきっかけになっていた。例えば，センラート村の場合，1946年にコレラの流行があり，村人は感染を防ぐためにそれぞれの焼畑の畑小屋に避難したという[9]。

---

9) 興味深いことに，1945年3〜8月の日本軍のラオス支配も集落の移動や消滅に影響を与えたようだ。例えば，同年2月撮影の航空写真では，ラワーイ谷にラサーポジョーム村，レックファイ谷上流にポタオブンモー村が確認される（図11-2）。聞き取りによると，これらはいずれも3世帯程度の小村であった。これらの村は日本軍が1945年4月にルアンパバーンに到来した時に，当時の郡長の指示でポタオブンモー村は廃され，ラサーポジョーム村に統合されたという。その理由は日本軍がやってきて危険なので，小さな村は合併して，大きな村になる必要があるというものであった。対象地域外の村に関しても，同様当時の小村統合の事例が聞かれた。統合の理由はやや不可解であるが，当時から日本軍の到来や郡長の命令といった集落の外部の政治的要因がその移動や消滅の理由になっていたことを示唆しており，興味深い。また，1950年代前半には，センラート村から3名がフランス軍に徴兵され，徒歩でベトナムのディエンビエンフーに行ったこともあったという。これはベトミンやパテートラオとの戦争（第1次インドシナ戦争）のためであった。このように，1940年代〜50年代において，対象地域の住民は国家や国際政治の影響をそれなりに受けていた。対象地域が王都であるルアンパバーンからそれほど離れた場所でなかったことも，このことと関係していよう。

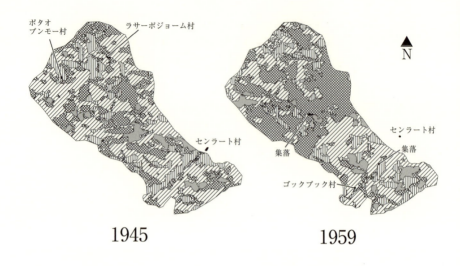
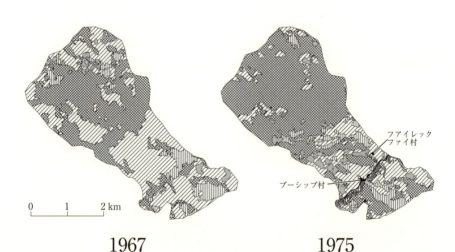

図11-2 対象地域における1945年～2013年の土地利用・土地
注1) 1945年と1959年に関して，センラート村は対象地域外であるが，対象地域内を
注2) 聞き取り調査から村名が把握できなかった集落については，「集落」とのみ記載
(表11-1に記載の航空写真から目視判読により作成。)

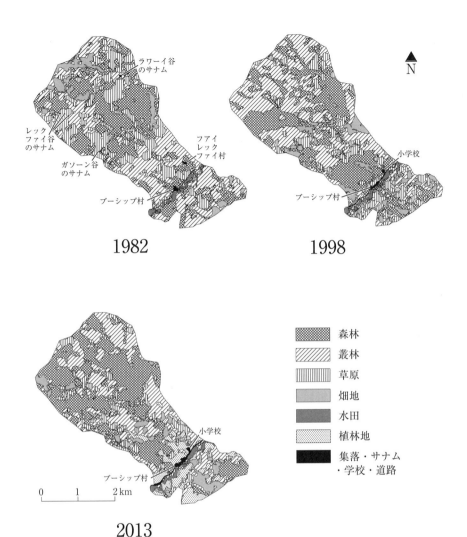

被覆の変化
重要な耕作域としていたことが聞き取り調査で判明したため，その位置を示した。
した。

第 11 章　焼畑と森林の 70 年間の動態

表 11-2　対象地域における土地利用・土地被覆の変化

	1945年 面積 ha	%	断片 総数	平均面積 (ha)	1959年 面積 ha	%	断片 総数	平均面積 (ha)	1967年 面積 ha	%	断片 総数	平均面積 (ha)	1975年 面積 ha	%	断片 総数	平均面積 (ha)
森林	365	29	88	4	492	39	32	15	557	44	19	29	799	63	18	44
叢林	629	50	22	29	506	40	31	16	580	46	35	17	294	23	24	12
草原	207	16	43	5	196	15	57	3	108	9	18	6	108	9	33	3
畑地	68	5	17	4	75	6	15	5	25	2	14	2	51	4	27	2
水田													12	1	11	1
植林地																
集落,道路など	1	0	2	0	1	0	3	0					5	0	3	2
合計	1269	100	172	7	1269	100	138	9	1269	100	86	15	1269	100	116	11

	1982年 面積 ha	%	断片 総数	平均面積 (ha)	1998年 面積 ha	%	断片 総数	平均面積 (ha)	2003年 面積 ha	%	断片 総数	平均面積 (ha)	2013年 面積 ha	%	断片 総数	平均面積 (ha)
森林	426	34	59	7	455	36	39	12					519	41	23	23
叢林	420	33	64	7	496	39	39	13					371	29	45	8
草原	323	25	70	5	201	16	74	3					132	10	83	2
畑地	81	6	20	4	91	7	43	2	118	9	78	2	96	8	36	3
水田	15	1	12	1	15	1	14	1	15	1	24	1	15	1	8	2
植林地					8	1	8	1					127	10	33	4
集落,道路など	4	0	5	1	4	0	1	4					8	1	1	8
合計	1269	100	230	6	1269	100	218	6	1269				1267	100	229	6

注1) 2003年以外については，該当の土地利用・土地被覆が見られなかった場合は空白としている。
注2) 2003年については，2003年12月～2004年3月実施のGPS測量によるもので，畑地と水田のデータしかない。
(表11-1に記載の写真の目視判読結果に基づき作成。)

2. 戦中期（1960～1975年）

(1) 変化の概要

　この時期の土地利用・土地被覆の変化の特徴を一言で言えば，焼畑の減少と森林の増加である。1959～1967年の間に畑地面積は年率12.9％の減少を示し，結果的に畑地面積は3分の1まで落ち込んだ（表11-2，表11-4）。その後，1975年にかけて年率9.5％の増加を示すが，1959年の3分の2程度までしか回復しなかった。焼畑面積の減少は，そのまま草原や叢林の減少につながり，1959～

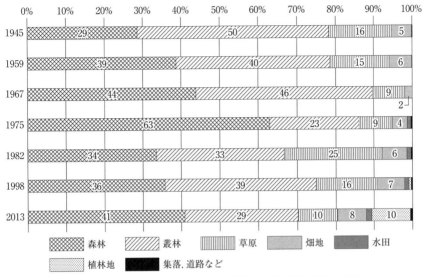

図 11-3 対象地域における土地利用・土地被覆の変化（％）
（表 11-1 に記載の写真の目視判読結果に基づき作成。）

表 11-3 対象地域における世帯数，人口，耕地面積の変化

年	世帯数	世帯員数 (人/世帯)	人口	人口密度 (人/km^2)	畑地面積 総面積(ha)	畑地面積 1世帯あたり (ha/世帯)	水田総面積 (ha)
1945	26	6.6	172	14	68	2.5	0
1959	34	6.6	225	18	75	2.1	0
1967	17	6.6	112	9	25	1.4	0
1975	31	6.6	205	16	51	1.7	12
1982	34	6.6	225	18	81	1.9	15
1998	60	6.6	397	31	91	1.5	15
2003	64	6.0	385	30	118	1.8	15
2013	75	5.7	429	34	96	1.3	15

注1) 1945年，1959年，1967年，1982年の1世帯あたりの畑地面積は航空写真からの推定による。
注2) 1945年，1959年，1967年の世帯数は総畑地面積を1世帯あたりの畑地面積で除して求めた。
注3) 1975年の世帯数は2015年2月の聞き取りによる。
注4) 1982年の世帯数は10万分の1地形図の記載に基づく。
注5) 1998年の世帯数と人口は国立統計局で得た1995年の統計に基づく。
注6) 1982年以前の人口については，1世帯あたり世帯員数が1998年と同じと仮定して算出した。
注7) 2003年の世帯数と人口は2004年2〜3月の聞き取りによる。
注8) 2013年の世帯数と人口はシェンヌン郡行政局で得た資料に基づく。
注9) 2003年以降の世帯数・人口はナムジャン村出身住民を省いた値である。
（表11-1記載の航空写真の目視判読結果，聞き取り調査，ラオス国立統計局およびシェンヌン郡行政局で得た資料に基づき作成。）

表 11-4 各時点間における土地利用・土地被覆の 1 年あたり増加率

	1945-59 年	1959-67 年	1967-75 年	1975-82 年	1982-98 年	(1998-2003 年)	1998-2013 年
森林	2.2%	1.6%	4.6%	-8.6%	0.4%		0.9%
叢林	-1.5%	1.7%	-8.1%	5.2%	1.0%		-1.9%
草原	-0.4%	-7.2%	0.0%	16.9%	-2.9%		-2.8%
畑地	0.7%	-12.9%	9.5%	6.8%	0.7%	5.3%	0.3%
水田					-0.4%	1.0%	1.4%
植林地							20.2%

注) 2003 年は畑地と水田の測量のみを行ったため，1998-2003 年の増加率はこの二つの土地利用に関してのみ示した。
(表 11-1 に記載の写真の目視判読結果に基づき作成。)

1967 年にはまず草原が年率 7.2% のペースで減少し，次いで 1967〜1975 年には叢林が年率 8.1% のペースで減少した。以上の焼畑及びその休閑植生の減少は直接に森林の増加につながった。もともと森林は 1945 年以降 1967 年にかけて，年率 2% 程度のコンスタントな増加を続けていた。ところが，1967〜1975 年には年率 4.6% と，対象期間中，最大の速度で森林が増加している。森林の増加が特に著しかったのは標高 600m 以上の高地である。1975 年には，低地の森林被覆率が 3 割程度であるのに対し，高地のそれは 8 割を超えていた（図 11-4, 図 11-5）。

この結果，1967 年と 1975 年には，1945 年や 1959 年ほどの植生の断片化傾向は見られず，むしろこの間に，植生の断片が統合される動きが進んだと言える。両年とも以前に比べると総断片数は減少し，特に森林に関してそれは顕著であった（表 11-2）。かつての草原や叢林の多くが森林へと成長したため，この時期の森林はそれ以前（及びそれ以降）と比べて，大面積でまとまりのあるものに変化している。

(2) 戦争の激化と治安の悪化

以上の 1960 年代〜1970 年代前半にかけての焼畑の減少と森林の増加は何が原因で起こったのだろうか。それを端的に述べると，戦争の激化とそれに伴う治安の悪化ということができる。まず，1950 年代後半からカン川沿いで治安が悪化し，人口が減少し始めた。もともとここはラオス王国政府の支配下にあったが，1955 年ごろからパテートラオの軍隊がやってくるようになった。やが

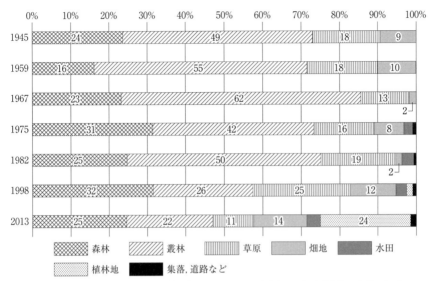

図 11-4 低地（標高 600m 未満）における土地利用・土地被覆の変化（%）
（表 11-1 に記載の写真の目視判読結果に基づき作成。）

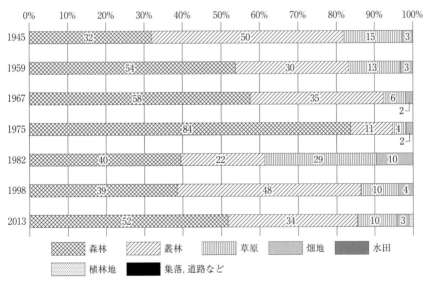

図 11-5 高地（標高 600m 以上）における土地利用・土地被覆の変化（%）
（表 11-1 に記載の写真の目視判読結果に基づき作成。）

て双方の軍隊が頻繁にやってくるようになり，住民に食糧等の供出を求めた。住民は我が身を守るため，いずれの軍隊をも接待するほかなかったという。さらに，1961年には，カン川沿いで「コンレーの戦争 (ເສິກກອງແລ)[10]」と呼ばれる戦闘が起こり，軍人が10～20人死んだという。こうした状況下で住民の多くは山中の集落や他地域に避難し，カン川沿いには，住む人がほとんどおらず，行き来するのは軍人のみという状態が続いたという。例えば，1959年の航空写真では確認できたセンラート村も1960年ごろには住民が離散し，消滅したようだ。

さらに，1950年代末からは，ブーシップ村の北西部の山中がパテートラオの拠点となり，そのために戦闘が間断的に起こる状況が続いた。そもそも，この山中でパテートラオが勢力を伸ばしたきっかけは，1959年にその要人であったスック・ウォンサック (ເຈົ້າສຸກວົງສັກ) が，当時の右派政権による逮捕を逃れて，現在のブーシップエット村領域のガジャム谷源頭（図9-2の24付近）にやってきたことにある[11]。彼は付近のカム族やモン族の村の住民にパテートラオへの帰属を呼びかけ，住民もこれに応じた。パテートラオの軍人となる若者も多かったという。彼らは現在のブーシップエット村からフアイペーン村に連なる石灰岩地帯を主な活動域とし，鍾乳洞をその拠点としていた。

対象地域でも当時パテートラオに帰属した村があった。1959年の航空写真からは，カン川沿いにゴックプック村というカム族の村が確認される（図11-2）。これは10世帯の村で，彼らは付近で焼畑をして生計を立てていた。しかし，ほどなくスック・ウォンサックの呼びかけに応じ，ガジャム谷源頭に移住したという。

1960年代には，こうした山地でのパテートラオの勢力拡張を阻止しようと，

---

10) コンレーは1960年8月9日にクーデターによりヴィエンチャンの右派政権を倒し，中立的な政権を成立させようとした人物である。彼の軍隊は同年12月の右派軍隊によるヴィエンチャン制圧に伴い北部に撤退し，ジャール平原のパテートラオの軍隊に合流した。カン川沿いでの「コンレーの戦争」の実態はつかめていないが，彼の北部への撤退以降に起こった軍事的衝突であろう（スチュアート－フォックス 2010: 173-181; Stuart-Fox 2001: 163-164）。

11) スック・ウォンサック（1915-1983）は皇族出身で，スパーヌウォンらとともに，ラオスの社会主義革命に尽力した。1959年7月27日，右派のブイ・サナニコーン政府により，ヴィエンチャンでスパーヌウォンと14名のパテートラオの代表が逮捕されるという事件があった。このとき，彼だけはこのことを何者かにより事前に知らされており，ヴィエンチャンから密かに脱出し，逮捕を免れた（スチュアート－フォックス 2010: 5, 167; Stuart-Fox 2001: 299-300）。村人の話が正しければ，彼はこの逃亡の末に，ガジャム谷源頭にやってきたことになる。

ラオス王国政府が繰り返し戦闘を仕掛けた。1961年には，現在のノンクワイ村集落の近くにあったフアイスロー村をラオス王国の第2軍区部隊が攻め込み，村人6名が殺された。これは村人がパテートラオの軍人をかくまっていたため，奇襲攻撃を受けたものである。その後もこの石灰岩地帯周辺では，小さな戦闘が散発し，安全ではない状態が続いた。

さらに，1967年以降は石灰岩地帯を中心にラオス王国軍による空爆がなされるようになった。彼らはパテートラオがこの地帯の洞窟を拠点にしていることを知っていたのである。空爆は現在のブーシップエット村からフアイコーン村，さらにその東に連なる石灰岩地帯でなされたが，特に激しかったのは，ブーシップエット村，ロンルアット村，ノンクワイ村に連なる石灰岩地帯である。このあたりがパテートラオ軍の活動の中心地であったためである。

実は，1966年に，ブーシップ村の草分け世帯がこの地に移住したのも，このような山中でのパテートラオの勢力拡張と関係している。この村の草分け世帯は，現在の集落の南2kmの山中にあったフアイジョン村[12]出身の5世帯であった。1966年にラオス王国軍はこの村と，当時ガサック山の中腹にあったナムジャン村の住民を現在のティンゲーウ村領域にあったカン川付近の村に強制的に移住させた。これは政府軍が，彼らを山中に放っておけば，パテートラオに加担するようになってしまうことを懸念したためである。しかし，この5世帯は移住した村に馴染めず，より南西の当時誰も住んでいなかった現在のブーシップ村領域のカン川沿いに村を建てることにした。これにより，現在に連なる住民が対象地域に初めて居住することになった。

この山地民の強制移住は，政府軍においては，1969年から開始されたカン川沿いの車道建設とセットで構想されたものであっただろう。開村世帯の古老の一人が「ここに道路を造ると政府の役人が言っていたので，水田を作って待っていた。そしたら，本当に政府は道路を作ってくれた。」と語るように，政府軍は二村の住民を強制移住させる際に，車道建設の計画について話していたようである。

この車道建設の計画を聞きつけた人々が1960年代後半に，カン川沿いに少しずつ移住してきた。彼らは車道が建設されるなら是非，ここに水田を作って

---

[12] 当時の正式名称は「ナムジャンオークボー村」であったが，ブーシップ村に1999年に合流したナムジャン村（1960年代には「ナムジャンフアイクーイ村」と呼ばれていた）との混同を避けるため，ここではこの名称を用いることにする。

定住したいと考えたのである。草分けの5世帯とほぼ同時期にパクウェート村 (図2-2) から対象地域に移住したユアン族の一世帯もその一人であり、ブーシップ村にその後、少数ながらタイ系民族が住むきっかけとなった。このように、車道建設と水田開発への期待が、この時期のカン川沿いへの移住の強い動機となっていた。

　車道建設はさらに、国内避難民の集住村建設をも見すえたものであった。1971年以降、王国政府の勧めに従って、さまざまな地域の国内避難民がカン川沿いに避難してきたのである。ブーシップ村には現在の集落の南東11kmほどに位置するミン川流域の4ヶ村の住民が1971年に移住してきた。また、同じくミン川流域からの避難民がレックファイ谷下流に移住し、フアイレックファイ村を建てた。避難民に対しては、1971～1973年の3年間、食料や生活必需品の配給がなされた。そのため、この間は焼畑をする必要がなかったという[13]。

　草分け世帯と避難民世帯の移住後、水田開発が着実に進められた。その結果、1975年には、2013年の水田面積の8割に当たる12haの水田がすでに開拓されていた（図11-2, 表11-3）。

　以上に、戦時中の対象地域周辺の状況を説明した。それでは、こうした状況が本項の初めに述べた、この時期の土地利用・土地被覆の変化とどう関係するのだろうか。まず、1959～1967年における焼畑や草地の急激な減少は、この時期のカン川沿いにおける人口減少によるものであろう。1959年にカン川沿いに存在したセンラート村やゴックプック村といった村は、前者は治安の悪化により、後者は山中に拠点を置くパテートラオへの帰順により、1960年前後には姿を消してしまった。それ以降、対象地域のカン川沿いは無人の状態が続いたが、1966年にフアイジョン村からブーシップ村の草分け世帯の5世帯が移住してきた。1967年のカン川近辺の畑地は彼らの焼畑を含むと考えられよう（この時点ではまだ水田は造成されていない）。この年の対象地域での耕作世帯数は17と推定される[14]。

　さらに、1959年以降の山地でのパテートラオの勢力拡大とラオス王国政府

---

13) 62頁注4でも述べた通り、カン川沿いの低地への国内避難民の移住については、1972年12月に発表されたアメリカ合衆国大使館の報告書にも記載されている（Embassy of the USA 1972: 6）。また、62頁で述べたとおり、ブーシップ村という名称は避難民の集住にともない、名付けられたものである。これは「10番目の村」という意味で、当時、王国政府が配給の便を考えて、カン川沿いの避難民の村を下流側から番号で名前をつけたことに由来する。

との散発的な戦闘も，山地で焼畑をする際の安全性を低下させたという点で，焼畑の縮小に関係していよう。特に，1967年以降は，対象地域に隣接する石灰岩地帯で空爆もなされるようになった。そのため，特に対象地域北西部の高地で焼畑がほとんどなされなくなり，結果的に二次植生の回復が進み，森林が増大したといえよう。

1971年に避難民が移住したことにより，ブーシップ村の人口は増大するが，その影響はすぐには土地利用・土地被覆に表れなかった。1975年には，住民への聞き取りから，対象地域には，ブーシップ村に23世帯，ファイレックファイ村に8世帯，合計31世帯が住んでいたと推測される。ただし，彼らの多くは避難民であり，1971～73年の間は食料の配給を受けたため，焼畑をする必要がなかった。多くの世帯は1974年以降に本格的な焼畑を始めたわけであり，1975年時点ではまだ大きな森林減少は起こっていない。

(3) 森林はなぜ豊かであったか

最後に，本章冒頭で紹介したブーシップ村に関する政府機関の報告書の記載に関して検討しておこう。「避難民が来た頃は森林が豊かであった」という記載である。同様な認識は筆者の草分け世帯や避難民世帯への聞き取り調査でも確認されており，これらの報告書も村人への聞き取りに基づいて作成されたことは間違いないだろう。

表11-5は1975年の森林の構成をまとめたものである。このうち，1945, 1959, 1967, 1975年の写真で連続して森林と判読された土地については，1945年の時点で最低5年生の森林であったとして，35年生以上の森林を多く含んでいると考えられる[15]。このような土地は119haあり，当時の森林面積の15%を占めていた。聞き取り調査では，避難民が来た頃，「1世紀間くらい伐採されたことがないような森がたくさんあった。」という村人の発言が聞かれたが，これはこうした成熟林のことを指しているものと思われる。当時は後に述べる

---

[14] 1967年には奥地のラワーイ谷沿いにも焼畑の集中が見られる（図11-2）。これについては誰のものか不明である。5世帯の開村世帯は当時はまだここまでは耕作に来ていなかった。なお，戦中期の1967年の焼畑は一枚あたりの面積が1959年や1982年と比べて著しく小さいが（表11-2，表11-3），これも戦時中であることが関係しているのかもしれない。Saphanthong and Kono (2009) の事例でも同様な現象がみられ，彼らはその理由を，当時，人々が爆撃を避けて森の中に避難し，最低限の農業活動しかできなかったためとしている。

表 11-5 1975 年における森林の年齢構成とその 1982 年での変化

1975 年まで連続して森林と判読された時点数に基づくグリッドセルの分類	包含する植生の年齢	該当するグリッドセルの合計面積および立地特性				うち，1982 年に森林以外に変化したグリッドセル		1975 年の各森林グリッドセルのうち，1982 年に森林以外に変化した割合(%)
		面積 (ha)	割合 (%)	平均標高 (m)	平均勾配 (度)	面積 (ha)	割合 (%)	
1945 年，1959 年，1967 年，1975 年のいずれも森林	35 年以上	119	15	751	28	41	9	34
1945 年は森林でなく，1959 年，1967 年，1975 年のいずれも森林	21 年以上	179	22	794	29	66	15	37
1959 年は森林でなく，1967 年，1975 年のいずれも森林	13 年以上	167	21	770	22	115	25	69
1967 年は森林でなく，1975 年は森林	5 年以上	335	42	743	23	231	51	69
合計	5 年以上	799	100	761	25	453	100	57

注) グリッドセルに関しては，335 頁を参照。
(表 11-1 記載の航空写真の目視判読結果，ラオス国立地図局で入手した標高データに基づき作成。)

ような製材業もなされておらず，大木がよく残っていたことだろう。

　ところが，当時，さらに多くの長期休閑林が存在したことも知るべきである。21～34 年生の森林を多く含むと考えられる，1945 年は森林ではないが，1959～1975 年までの写真で森林と判読された土地は森林総面積の 22%（179ha）を占めていた。また，13～20 年生の森林を多く含むと考えられる，1959 年は森林でないが，1967 年と 1975 年は連続して森林であった土地は 21%（167ha）を占めていた。こうした長期休閑林が森林の 4 割以上を占めていたことも，村人に「豊かな森林が多かった」とか，「古い森が多かった」と感じさせた大きな要因であったに違いない。当時，対象地域でこれだけ長期休閑林が多かった理由は，戦争の影響で人口が減少したり，森林が利用されなくなったりした結果であると考えられる。そのため，焼畑の二次植生が平時以上に長く休閑され

---

15)　こうした推測が可能な根拠について述べておく。1959～1982 年までは 7～8 年間隔で写真が撮られている。この間隔においては，ある土地が焼畑サイクルを一巡する，すなわち，森林が伐採されて，焼畑地に利用され，再び森林まで回復する可能性は，この間この土地がずっと森林であった可能性よりも小さい。なぜなら，焼畑サイクルを一巡するには，焼畑地として最低 1 年間，森林への回復に最低 5 年間，合計 6 年間以上を必要とするためである。このため，1959，1967，1975，1982 年と連続して森林であった土地の多くはこの間ずっと森林であったと推測可能である。1945～1959 年については，14 年の間隔があることから，この間にある土地が焼畑サイクルを一巡した可能性は小さくない。しかし，この場合も，1945～1982 年の 5 時点全てが森林である土地は，表 11-5 を見ると平均勾配も大きいことから，急傾斜地ゆえに焼畑利用が避けられ，それゆえに森林であり続けてきた土地を多く含んでいると考えられる。

たのである。

　もっとも，1967年は森林でなかったが，1975年は森林であった土地，つまり，5～12年のより若い休閑林も森林全体の42%を占めている。筆者の聞き取り調査でも，「ブーシップ村には1970年代には森林が多かったが，その多くは竹林で，マイサーン（ໄມ້ຊາງ）という種類のタケが多かった。」という声も聞かれた。こうした竹林が若い休閑林の多くを占めていたと思われる。ともあれ，こうした若い休閑林も加わることで，森林面積は対象地域の6割を超えるまでになっていた（図11-3）。こうした森林の「分厚さ」が村人に「森林が豊か」と感じさせるのに大きく貢献したことは想像に難くない。

　本事例からは焼畑休閑林の回復能力の速さをもうかがい知ることができる。対象地域で人口が減少し始めた1959年と比べると，1975年には森林が24%増加した。しかも当時の森林の質は，外部からやってきた焼畑民に質的にも「豊か」と感じさせるに十分なものであった。当地の焼畑は普通，1年の耕作ののち休閑され，萌芽枝の再生により樹木がすばやく成長する。わずか15年，利用圧が減じられただけで，豊かな森林に戻ることができるのである。この点は換金作物の常畑や植林地とは大きく異なる点である。当年の耕作地であれ，草原であれ，叢林であれ，焼畑用地が比較的短期間で成熟した森林に回復するポテンシャルを持っていることを強く感じさせる事例である。

3. 戦後期（1976～1995年）

(1) 変化の概要

　1973年2月にラオス王国政府とパテートラオの間で停戦協定が結ばれたため，対象地域周辺でも両勢力の戦闘は終結したようである[16]。1975年12月には，パテートラオが実権を握り，ラオス人民民主共和国が成立した。しかし，対象地域では治安の悪い状況が続いた。ラオス王国軍の残党のモン族たちが，1976年から1978年にかけて新政権への反乱を企てたためである[17]。チャオファー（ເຈົ້າຟ້າ）と呼ばれる彼らもやはり石灰岩地帯を拠点としており，ブー

---

16) シェンヌン郡の西隣のナーン郡でも，1973年の休戦協定ののち，戦闘状態が終結したことが，Sandewall et al.（1998: 33）から読み取れる。
17) この反乱については，スチュアート-フォックス（2010: 267-268）やSandewall et al.（1998: 34）でも説明されている。

シップ村の近辺では，主に現在のノンクワイ村域内（図9-1，図9-2）の洞窟を活動拠点としていた。そのため，ノンクワイ村では彼らと新政府軍の戦争も起こった。チャオファーに対する警戒から，ブーシップ村とフアイレックファイ村の村人の多くは，ノンクワイ村に接する高地帯を1980年まで利用することができなかった。

ところが，それ以降はこの高地帯が主要な耕作域となっていく。まずは，その点を1975～1982年の土地利用・土地被覆変化を分析することで明らかにする。

この期間はわずか7年であるが，土地利用・土地被覆には大きな変化があった。まず，焼畑が増加し，それに関連する植生が大きく増えた。焼畑は年率6.8％の増加を示し（表11-4），1982年には1959年の面積を越すほどになった。1世帯あたりの焼畑面積も，1982年の航空写真からは1.9haと推定され，ほぼ1959年の水準にまで回復した（表11-2，表11-3）。焼畑面積の増加とともに，草原，叢林も増加したが，特に，草原は年率16.9％と急激な増加を示した。その結果，1982年は対象地域の4分の1が草原になり，対象期間中，最も草原が拡大した。一方，焼畑の増加とともに，森林は減少し，この間，年率8.6％の速度で減少した。その結果，対象地域の面積の36％にあたる453haもの森林が失われた（表11-5）。対象期間中，森林が減少したのは実にこの期間のみである（図11-3）。

また，この間の変化の大きな特徴として，森林の減少と焼畑の拡大が主に高地で起こったことが挙げられる。上述した1975～1982年に消失した453haの森林の81％は高地に分布し，焼畑や草原，叢林に変化した。表11-6は各時点の森林，叢林，草原，畑地，植林地について，高地に分布する面積の割合を示したものである。これによると，1982年は畑地の90％，草原の69％が高地に分布しており，他の時点に比べて突出して高い。

さらに，この時期は森林の断片化が再開され，森林，叢林，草原の断片化が特に顕著であった。その結果，1982年は対象期間中で最大の総断片数を記録した（表11-2）。また，対象地域の面積の34％を占める森林の内実も多様であった。表11-7は1982年の航空写真から判読された森林の年齢構成をみたものであるが，42年以上，28～41年，20～27年，12～19年，5～11年といった，多様な年齢の植生をバランスよく含んでいたことがわかる。つまり，当時の森林は原生林に近いものから若い休閑林まで,多様な植生の断片で構成されていた。

表11-6　各土地利用・土地被覆の高地と低地に分布する面積の割合（％）

時点	標高帯	森林	叢林	草原	畑地	植林地
1945年	高地	67	60	57	30	0
	低地	33	40	43	70	0
1959年	高地	83	45	53	33	0
	低地	17	55	47	67	0
1967年	高地	79	46	41	63	0
	低地	21	54	59	37	0
1975年	高地	80	29	25	26	0
	低地	20	71	75	74	0
1982年	高地	71	39	69	90	0
	低地	29	61	31	10	0
1998年	高地	65	74	37	34	0
	低地	35	26	63	66	100
2013年	高地	76	70	59	26	7
	低地	24	30	41	74	93

注1）対象地域の土地を標高600mを境に高地と低地に分けた。
注2）対象地域において高地は60％，低地は40％を占めている。
（表11-1に記載の航空写真から目視判読により作成。）

表11-7　1982年における森林の年齢構成

1982年まで連続して森林と判読された時点数に基づくグリッドセルの分類	包含する植生の年齢	面積 (ha)	割合 (％)	平均標高 (m)	平均勾配 (度)
1945年，1959年，1967年，1975年，1982年のいずれも森林	42年以上	79	18	733	28
1945年は森林でなく，1959年，1967年，1975年，1982年のいずれも森林	28年以上	112	26	797	31
1959年は森林でなく，1967年，1975年，1982年のいずれも森林	20年以上	52	12	737	23
1967年は森林でなく，1975年，1982年のいずれも森林	12年以上	103	24	713	24
1975年は森林でなく，1982年は森林	5年以上	81	19	577	19
合計	5年以上	427	100	716	25

注）グリッドセルに関しては，335頁を参照。
（表11-1記載の写真の目視判読結果，ラオス国立地図局で入手した標高データに基づき作成。）

さらに，叢林が対象地域の面積の 33%，草原が 25% を占め，これらの植生も断片化が著しかった。以上から，当時は「農地と多様な二次植生のパッチワーク」という，焼畑特有の景観が最もよく現出された時期であったといえる。

(2) 高地での焼畑拡大とその要因

以上の事実はすべて，この間に対象地域で焼畑実施が活性化したことを物語っている。特に，高地を中心に焼畑が拡大し，森林が急減した。村人への聞き取り調査からもこのことは明らかであり，1970 年代末まではチャオファーを恐れて，ほとんどの村人は集落から近い低地で焼畑をしたという。ところが，1977 年にブーシップ村の一部の世帯がレックファイ谷上流に出作り集落，サナム[18]を建設し，周辺で焼畑を始めた。さらに，政府軍がチャオファーを完全に鎮圧した後の 1980 年から，多くの村人が高地での焼畑に乗り出した[19]。レックファイ谷上流域には，さらに数カ所のサナムが建てられ，20 世帯ほどがそこに泊まり込んで焼畑を行った。焼畑の時期はこれらの世帯の働き手はサナムに泊まり込み続け，集落にはどの世帯も 1〜2 名しかいないという状況だったという。これらのサナムは 1982 年の航空写真でも確認できる。レックファイ谷上流域での焼畑経営にはサナムが不可欠であった。

一方，フアイレックファイ村の住民は主に，レックファイ谷の下流で焼畑をしていた。また，レックファイ谷から北に分かれるラワーイ谷沿いの高標高地については，当時は隣村のティンゲーウ村の住民がサナムを建てており，その周辺で焼畑をしていた。村の境界は 1970 年代末に郡政府の指導で決められたというが，これは口約束にすぎず，実効性はあまりなかった。そのため，当時はこうした越境耕作は普通に見られたのである。

1982 年に高地で大面積の草地がみられたのは，1980 年から他村者も含め多くの世帯が高地での焼畑経営に乗り出した結果とみてよいであろう。焼畑を始めてから間もないため，休閑地の多くがまだ草原の状態を保っていたのである。

---

18) これは，図 11-2 の「レックファイ谷のサナム」のうち，最も東に位置するものである。図 3-1 の「第 1 のサナム」と同じ場所である。このように，サナムはその後，繰り返し同じ場所に設置されてきた。

19) ある村人は初めてレックファイ谷上流域で焼畑した年は通貨の交換をした年と同じであると記憶していた。1979 年 12 月に「解放キープ」は「国立銀行キープ」に切り替えられた（スチュアート-フォックス 2010: 276）。ゆえに，通貨の交換をした年は 1980 年であると考えられる。

それでは，なぜ，人々はサナムを建ててまでして，高地で焼畑をしたのだろうか。おそらく，そこにはコメ生産に高い価値をおく当時の社会的状況があると思われる。1970年代末には，旱魃が続いた上に，政府の急進的な農業集団化[20]の影響で，コメの収穫量が激減し，大幅にコメが不足していた。Sandewall et al. (1998: 34) によると，1976～1977年の旱魃により，国中で飢饉が起こり，シェンヌン郡の西隣のナーン郡でも，植物の根や葉を食して飢えをしのぐ村があったという。この中で，政府は1979年には，農業に関する社会主義路線を改め，集団化の停止とコメの自由流通に関する統制の撤廃を表明した。その結果，1980年にはコメの生産量の増加が見られた（スチュアート-フォックス 2010: 270-277）。このように，1980年代初頭にはコメ不足を背景に，コメの売買の自由化が認められていた。この中で，人々のコメ生産に対する意欲が高まっていたと推測される。自身の世帯のコメ需給を安定させる必要があったし，余剰が生じた場合に販売できる可能性もあったためである[21]。

　こうした状況下で，高地はとても魅力的な場所であった。高い生産が見込める高樹齢林が多かったためである。村人によると，当時レックファイ谷上流域など高地には高樹齢の森林が多く，焼畑をしても雑草が繁茂しなかったという。また，こうした森林で焼畑をするとコメの出来がとても良かったという。そのため，少量の播種でも十分な収穫が見込めたという。一方，集落の近くでは，避難民が加わって増加した人口により，1970年代半ばから焼畑を行なってきたため，若い休閑林が多く，そこで焼畑をすると雑草が多かったという。

　写真の分析からもこの時期に，村人が好んで高地の高樹齢林を伐採して焼畑を行なったことがうかがえる。表11-5から，1975～1982年の間に消失した453 haの森林のうち，35年生以上の植生を含む森林が41ha（9％），21～34年生の植生を含む森林が66ha（15％），13～20年生の植生を含む森林が115ha（25％）と，約半分が10年生以上の高樹齢の森林であったことがわかる。ただし，同表からもわかるように，樹齢の高い森林ほど急傾斜の土地に立地する傾向があり，この中で最もよく伐採されたのは13～20年生のクラスであった。

20）村人によると，ブーシップ村でも水田について1977年から79年の間，集団化がなされたという。これは水田の所有は共同化せず，労働のみ共同で行うというものであった。焼畑は従来通り，数世帯の共同作業でなされた。

21）当時は輸出向けの換金作物栽培はまだ認められていなかった。人々にとってコメはほぼ唯一の収入源であったといってよい。

人々がこぞって高地での焼畑に出向いたもう一つの理由として，土地利用の優先権を得るためということも考えられる。ブーシップ村では当時，最初に焼畑を行なった者が，その土地に関する優先的な利用権を持つことができるとされていた。こうした個人の優先的な利用権が認められた土地を占有地（ກິນຈັບຈອງ）と呼ぶ[22]。当時，集落近辺の低地に関しては，1960年代後半から1970年代にかけて，草分け世帯や避難民世帯により焼畑がなされたため，すでに多くの土地が占有されていたと思われる。これに対し，レックファイ谷上流やラワーイ谷流域の高地については，全く手がつけられていなかった。64頁でも述べたとおり，「涼しい土地」である高地は，気象や土壌の観点からも低地よりも焼畑に適している。こうした土地にできるだけ多く土地利用権を確保したいという村人の欲求も，この時期に高地の森林伐採が急激なスピードでなされた理由ではないだろうか。

(3) 高地での森林減少と低地での森林保全

　しかし，多くの世帯が広い面積の焼畑を行なったため，高地の森林は急減した。1975年には高地の84%を占めていた森林は，1982年には半分以下の40%に低下した（図11-5）。その後はレックファイ谷上流域でも，原生林と言えるような森林が残っているところは，急傾斜地など焼畑ができないところや，水源地など，村が伐採を禁じた森林のみとなったという。それでもブーシップ村住民の多くは1995年ごろまでは，この地での焼畑を続けたという。初めは，これまで述べたとおり，高樹齢林を伐採する場合が多かったが，それ以降は3～5年の休閑期間で循環的に焼畑を行なったという。連作をしない限り，この程度の休閑期間で十分であった[23]。1982年の航空写真には，収穫後の1981年の焼畑とともに，伐採中の1982年の焼畑が写っている[24]。これによると，前者は800m以上の標高帯に多かったが，後者は600～800mの標高帯に移動し

---

22) こうした先取者が優先的に土地利用権を保有できるという決まりはブーシップ村に特有なものではなく，ラオス全土で広くみられるものである（Ducourtieux et al. 2005）。
23) レックファイ谷上流域で焼畑をするときは，連作をしなかったという。連作をすると，稲自体はよく育つが，それ以上に雑草がはびこり，除草がとても間に合わなくなったという。また，レックファイ谷上流域で焼畑をしていた頃は各世帯の焼畑は全て隣接していたという。害獣からコメを守るためにもこれは効果的であった。
24) 図11-2では，1981年の焼畑のみを示し，1982年の焼畑については伐採前の植生を推定し，示した。

ている。毎年，焼畑を行う場所を全体的に移動させていたことがうかがえる。

また，1998年の航空写真からは，高地の利用が1990年代も継続してなされたことがわかる。図11-5からは，1982，1998年ともに，焼畑および草原，叢林が高地の土地利用・土地被覆の6割程度を占めていることがわかる。この両年については，焼畑およびその初期休閑植生の占める割合が1945年を除く他の年と比べて高い。1980年代〜90年代前半に高地の利用が継続して進められたことがうかがえる。

一方，耕作域が高地に移る中，利用圧の低下した低地に森林が保全されることになった。もともと，集落に近いガソーン谷谷口左岸には避難民の移住した1970年代初頭から埋葬林が設置されていた。ここは厳格に保全されたが，1970年代を通じて，それ以外の低地は焼畑に利用された。しかし，低地の利用圧が低下した1980年代から，ガソーン谷とレックファイ谷の間の土地を共有林として保全することを村で取り決めたようである。この森林は村人に「保全林（ປ່າສະຫງວນ）」とか，「村有林（ປ່າໃນບ້ານ）」などと呼ばれ，畑地としての利用が禁止されてきた。建材用の樹木や竹細工の材料など，日常生活に必要な森林産物の採取の場として利用されてきたのである（写真11-1）[25]。

1982年の航空写真からは，ガソーン谷とレックファイ谷の間の低地にまだ森林はほとんど確認されない。ところが，1998年の航空写真からは，約90haの森林が確認される（図11-2）。これは共有林だけでなく，その周辺の森林も含んでいるが，当時の森林面積の20%を占めている。この森林の存在もあって，低地の森林面積は1998年が対象期間で最大となった（図11-4）。

1980年代初頭に高地の森林は急減したが，その後，それを補うかのように，村人自身の取り決めにより低地に森林が維持されたことは注目してよい。表11-3に示すように，1982〜1998年には，対象地域の世帯数や人口が約1.8倍増加した。こうした人口増加にもかかわらず，この間，森林面積はほとんど変わっていない。その要因の一つに，この村人による森林維持が挙げられることは間違いない。この90haの森林の平均傾斜は17度と，緩傾斜であり，しかも集落近辺の土地である。こうした好条件地が森林として維持されてきたのは，村人が意識的に保護に努めてきたからに他ならない。

---

[25] さらに，集落の近くには，かつて「聖なる森（ປ່າອາລັກມິງ）」と呼ばれた禁伐の森林があった。以前はこの森林に村人がニワトリを1羽ずつ持ち寄り，屠殺して精霊に捧げたのち，共食したという。

写真 11-1　集落近辺の共有林
(2002 年 10 月)

　ところで，フアイレックファイ村は集落での火災をきっかけに，小村の合併を進める郡政府の政策に従い，1987 年にブーシップ村に合流した。これ以降，対象地域にはブーシップ村のみが立地することになった。

4. 市場参入期（1996～2013 年）

(1) 土地森林分配事業の影響

　前項で述べたとおり，1980 年代～90 年代前半は高地が主要な耕作地帯であった。ところが，1998 年の航空写真からは，そうした土地利用はうかがえない。高地の主要部分であるレックファイ谷上流やラワーイ谷上流ではほぼ焼畑がなされていない。この要因として考えられるのが，1996 年に当村で実施された土地森林分配事業である。これ以降，当村では，政府の焼畑規制が進められ，市場を目的とした農業や非農業への参入が進み，低地中心の土地利用へ移行していく。

先述したとおり，土地森林分配事業が実施された当初の数年間は，シェンヌン郡農林局も事業にともなう規制の実施を厳しく行おうとした。そして，焼畑の代わりに，換金作物の栽培を奨励した。1998年の土地利用はこうした規制や政策をよく反映したものといえよう。図11-2では標高600m前後の場所を中心に焼畑と思われる畑地が分布している。しかし，土地森林分配事業で保護林や保安林に指定されたレックファイ谷上流やラワーイ谷上流には，畑地がほとんどない。一方，低地には換金作物の栽培地と推定される小面積の畑地が分布する。その周辺にはコメや換金作物を連作したのち放棄したとみられる草地が広く分布している。連作が多くなった理由は数枚の測量地で全ての耕作を行わなければならないためである。

　しかし，政府の進めようとした焼畑から換金作物栽培への転換はなかなか進まなかった。換金作物の多くが実際にはあまり収入にならなかったためである。その中で，ハトムギは例外的に価格が良かったものの，これも1999年に価格が暴落し，人々の換金作物に対する不信感を決定づけた。この経験から2000年以降は多くの世帯が陸稲の焼畑により飯米をある程度確保する戦略に転換した。現金収入も重要なので，換金作物の栽培も行うが，焼畑による飯米確保に重点を置いたのである。

　第3章で詳述した2003年の土地利用はこうした村人の戦略を反映したものである。多くの世帯が主食の陸稲と換金作物のハトムギの双方を栽培した結果，畑地総面積は1998年から2003年までの5年間で1.3倍となり，調査対象期間で最大の118haになった[26]。

　このように，村人が焼畑の重要性を再確認するようになると，土地森林分配事業で定められた土地利用区分も無視されるようになった。たしかに，第3章で確認したとおり，2003年の村人の耕作範囲は事業の土地利用区分を遵守したものであった。しかし，2000〜2001年には十数世帯がレックファイ谷源頭部で焼畑を行なったし，2004年には第1のサナム（図3-1）が復活し，十数世帯がその周辺で焼畑をした。このように，土地森林分配事業で保護林や保安林に組み入れられた場所での焼畑実施はその後も続けられた。2013年の航空写真からは，面積は小さくなっているが，レックファイ谷上流やラワーイ谷上流

26）　1999年にブーシップ村に合流したナムジャン村出身の住民がブーシップ村領域でハトムギ栽培を行ったことも畑地総面積の増加に影響した。

に焼畑のほか，草地や叢林が確認される．2000年代後半以降は，土地森林分配事業による森林と農地の区分は村人にあまり遵守されなくなっていた．

(2) 現金収入源へのさらなる傾斜

このように，その重要性が再確認された焼畑であったが，2003年において，すでに焼畑離れが起こっていた．このころ畑地面積が最大となり，土地利用圧が増加していた．その中で，特に集落近辺の土地では，焼畑も連作が一般化するなど，非持続的様相をみせるようになっていた．そのため，第4章で明らかにしたように，2003年時点でも，富裕層と貧困層の双方で焼畑をやめたり，大きく縮小したりする世帯が出ていた．

こうした世帯はその後さらに多くなった．彼らは換金作物や雇用労働などの現金収入源への傾斜を強め，焼畑への依存を次第に減じていく．換金作物としては，ハトムギ以外にもトウモロコシやゴマが栽培されるようになり，値段の良い時には村人に大きな収入をもたらした．さらに，カジノキやヤダケガヤなどの森林産物も村人の重要な収入源であり続けている．

また，2008年から始められたパラゴムノキの植林は村の生計や土地利用に大きな影響を与えるものであった．1998～2013年の間に，植林地の面積は年率20%と急速な増加を見せ（表11-4），2013年には村域の10%をも占めるようになった（図11-3）．その4割はチークの植林地であるが，6割はゴム植林地である．1990年ごろから徐々に増加したチークに比べると，ゴムはわずか5年で急激に増加した．ゴム植林の多くは村人が自身の保有する土地（測量地か占有地）[27]に栽培したものである．ゴムは植えてから6～8年間は収穫ができず，実際に村人に収入をもたらしたのは2017年ごろからであった．

これに対し，2008年から村人に収入をもたらしたゴム植林地がある．中国企業のゴムプランテーションである．これはブーシップ村の南部（図11-2）からファイジョン村にまたがる100haの土地を，シェンヌン郡政府が40年契約で中国企業に貸し付けたものである．この契約は村人への相談もなく，強引に進められたものであった．対象の土地は集落から近く，すでに複数の世帯により保有されており，こうした世帯の中には，勝手に契約がなされたことに強い

---

27) 測量地，占有地については第3章で説明した．以下では両者を含めた，各世帯が利用権を持つ土地を保有地と呼ぶことにする．

不満を抱く者もいた。しかし，このプランテーションが彼らに収入をもたらしたのも事実である。彼らは中国企業に貸し付けられた自身の保有地でゴム植林の作業を請け負うことになり，中国企業から毎月収入を得ることができるようになったのである。

さらに，2000年代後半からは，若者による出稼ぎも各世帯に収入をもたらしている。村人によると，2011年には，ヴィエンチャンに出稼ぎに行った若者が村全体で20人ほどいた。ある20歳の女性の例では，縫製業に従事し，1ヶ月に800,000〜900,000kipを稼ぐということであった。彼女は年に2〜3回，1回につき400,000〜500,000kipを実家に送金してくれるという[28]。こうした出稼ぎ者の送金も各世帯の経済を支えてきたことだろう。出稼ぎは国内にとどまらない。2006年には，タイ南部でのゴムプランテーションに行く者が多かった。

(3) 焼畑の減少とその要因

一方，焼畑は2009年の調査時にはなお，村の最重要の仕事と位置付けられるほどであったが（表6-3），2010年代には大きく減少していった。その第一の要因として挙げられるのが，以上に述べた多様な現金収入源の存在である。各世帯はいまや容易に現金収入が得られるようになった。そのため，集落から遠く離れた高地まで毎日通耕して焼畑を営む必要性が以前ほど感じられなくなったのである。しかし，焼畑への依存度の低下の要因はこれだけでなく，政府の政策も大きく関係している。

先述したとおり，2000年代半ば以降は，土地森林分配事業が村人の焼畑実施に与えた影響は必ずしも大きくはなかった。しかし，シェンヌン郡政府はその後もさまざまな形で焼畑抑制に努めてきた。幹線道路沿いのブーシップ村では，シェンヌン郡農林局などの役人が村を訪問する機会が多い。彼らは，焼畑をやめて換金作物栽培や植林に切り替えることの重要性を繰り返し村人に伝えてきた。特に，2010年はラオス全土での焼畑根絶が目指された年であったため，役人は例年になく強く説得したようである。そのため，2010年2月の調査時に，ある村人は，「今年は焼畑実施世帯が減少するし，焼畑をする世帯も陸稲播種量を大きく減らすだろう」と予測していた。また，こうした直接的な

---

28) ラオスの通貨kipの換算レートは，2011年8月には，1USドルが約8000kipであった。

説得でなくても，写真6-2のような焼畑をやめた村を顕彰する看板を通じて，さらに，ラジオやテレビなどのマスメディアを通じて，「焼畑は貧困と環境破壊をもたらす農業である」という政府の見解が人々に日常的に伝えられている。こうした中で，村人の中にも焼畑はよくない農業であると考える者が多くなっている。先述したように，近年は土地利用圧が高まった影響で，集落に近い場所においては，除草に時間のかかる非効率な焼畑しかできなくなっている。このこともあいまって，村人も政府の見解に納得するようになっているのである。
　また，政府の土地利用規制も強められている。2015年の村人への聞き取り調査によると，当時においては，各世帯の測量地であっても，4年間利用がなければ，その土地に関する権利を郡政府により没収されるということであった。そのため，測量地を多く保有する世帯は，未利用地をなくすため，積極的に土地の貸付を行なっているということであった。こうした状況下において，各世帯の測量地で，長期の休閑をともなう焼畑が実施しにくいことは明白である。土地利用の集約度を高め，焼畑の実施を難しくさせるという土地森林分配事業の目的は，現在も着実に実行されているのである。
　政府の土地利用規制としては，第9章で詳述した放牧地限定政策も当村における焼畑の減退に関係していると思われる。2000年代半ばからラオス政府は，家畜による換金作物の被害を防ぐため，耕作地と放牧地を分ける政策を各地で実施した。この政策を受けてブーシップ村では2004年にレックファイ谷上流域が家畜放牧地に指定された。実は，村人は以前からレックファイ谷上流域でウシやスイギュウの放牧を続けてきた。先述の通り，村人が本格的にこの地に進出したのは1980年からであるが，当時からサナムを拠点にスイギュウの放牧を行っていたのである。しかし，当時は完全な自由放牧であり，家畜はレックファイ谷上流域以外の場所をうろつくことも可能であった。そのため，各世帯は自身の焼畑や水田を柵で囲うことで，食害を防いでいたのである。
　これに対し，2004年からはレックファイ谷上流域の広大な土地が柵囲いされ，ウシやスイギュウは，少なくとも耕作期間はその内部で放牧されることになった。これにより，この地以外の場所の畑地や水田に関しては，柵囲いの必要がなくなったのである。しかし，放牧地内で焼畑をする者には従来通り，自身で焼畑の柵囲いをすることが求められる。ここは，村の土地利用計画上では，放牧地として利用するべき土地であるためである。柵囲いの作業が面倒であることも，焼畑の適地であるにもかかわらず，この地の利用が敬遠されている理

由であると考えられる。

　2011年には，レックファイ谷上流域で焼畑を行う世帯は5世帯と少数であった。そのうち3世帯はウシ飼養世帯であった。彼らにとっては，毎日の焼畑作業のついでにウシの見回りが行えることが，この地で焼畑を行う一つの動機になっている。また，焼畑を行うことで，放牧地にウシの採餌場である初期休閑植生を作り出すことができる。

　現在，レックファイ谷上流域の大部分は村の誰もが耕作可能な場所となっている。この地には小面積ではあるが，新規移住世帯への分配地がある。集落により近い場所は全て各世帯の保有地となっており，余剰の土地がない。そのため，2005年ごろから新しく村に移住した世帯には，レックファイ谷上流域の土地が分与されるようになったのである[29]。また，レックファイ谷上流には，2000年ごろに集落内に設置された共同水道の水源林があり，その場所での耕作は村で厳格に禁じられている[30]。しかし，それ以外の多くは無主地である。1980年代初頭には，各世帯が占有地を求めたレックファイ谷上流域であるが，2000年代以降は利用が減り，多くが無主地となるに至ったのである。無主地では誰もが耕作可能である。その意味で，この地は今後，貧困世帯が焼畑により食料を得る，セーフティーネットの場所として機能していくとも考えられよう。

(4) 土地利用の低地への集中

　以上のように，2000年代以降，ブーシップ村住民の生計は，換金作物，植林，出稼ぎなど，現金収入源に依存する度合いが増し，焼畑の減退傾向が顕著である。このことは2013年の土地利用・土地被覆にも顕著に示されている（図11-2）。まず，この時期は土地利用が低地に集中する度合いが，これまでになく強くなっている。表11-6より，この時期には畑地の4分の3が低地に集中していることがわかる。治安の悪化により高地の利用が敬遠された1975年も同程度に畑地が低地に集中していたが，当時の畑地面積は2013年の半分しかなかった。また，2013年には，植林地が総面積の10％を占める重要な土地利

---

29) 先述したとおり，土地森林分配事業でレックファイ谷上流域は保護林や保安林に指定された。しかし，こうした措置が取られていること自体が，村がこの地を保護林や保安林とは認識していないことを示している。
30) 水源林を伐採した場合には，村に高額の罰金を支払うことが取り決められている。

用となっており，その9割以上が低地に存在していた（表11-6）。植林地は低地の約4分の1を占める土地利用となっており，これに畑地と水田を含めると，低地の4割以上が農林業に利用されていた（図11-4）。畑地の一部では陸稲も栽培されたであろうが，その多くは換金作物の栽培地と考えられる。

　こうした低地での畑地や植林地の集中は，森林減少を結果した。低地における森林被覆率は1998年と比べ7%低下している（図11-4）。特筆すべきは，それまで村人が保護してきた集落近辺の共有林の縮小である。これは村人の一部が不文律を犯して共有林の一部を伐採し，換金作物などを栽培したためである。第3章に述べたように，こうした共有林の横領的な占有は，ハトムギ栽培のために2000年代初頭からなされていた。これに加えて，その後はチーク植林やゴム植林のための横領もなされるようになった。先述した通り，1998年には，集落北部に共有林を含む約90haの森林が存在した。しかし，2013年には，その4分の1が植林地に転用され，森林は半分近くにまで減少している。

　一方，高地では焼畑の減退が進んだ影響で，この間，森林被覆率は13%の増加をみた（図11-5）。先述の通り，2000年ごろにレックファイ谷上流に集落の共用水道の水源林が設けられた。これも高地での森林増加の要因の一つであろう。

　以上のように，1998～2013年には，低地への土地利用の集中が顕在化し，土地利用圧の低下した高地で森林回復が進んだ点が特徴的である。

　なお，この時期には134頁でも言及した村人の生計活動の一つである製材業も森林に大きな影響を与えている。これは森林の大径木を抜き切りし，製材して販売するものであり，もともとは村内の需要に応じなされていたが，2000年ごろからは村外にも販売されるようになった。そのため，村内の大径木の多くが姿を消してしまったという[31]。製材業は村内に残っていた高樹齢の森林の質的劣化を起こしたといえるだろう。

5. 場所ごとの土地利用頻度の差異

　最後に，全対象期間を通じての場所ごとの土地利用頻度の差異について検討

---

31) ただし，2000年代中頃から森林での製材目的の盗伐はブーシップ村でも厳格に取り締まられるようになったという。

7時点のうち，森林と判読された時点数

● 7　● 6　● 5　● 4　● 3　● 2　● 1　○ 0

図11-6　森林と判読された時点数に基づくグリッドセルの塗り分け地図
注）グリッドセルに関しては，335頁を参照。
（表11-1に示した写真の目視判読により作成。）

しておく。図11-6は写真判読を行なった7時点のうち何時点で森林と判読されたかで，グリッドセルを塗り分けたものである。また，表11-8はその時点数ごとに，該当するグリッドセルの総面積，その全体（対象地域の総面積）に対する割合，平均標高，平均勾配をまとめたものである。森林と判読される回数が少ないほど，68年間において，焼畑をはじめとする農林業的土地利用の頻度が高かった土地であると考えられる。また，森林と判読された回数が多いほど，土地利用頻度が少なく，特にそれが7のものは焼畑等に利用されたことがない樹齢68年以上の森林を多く含むと考えられる。

　これらの図表から以下のことがわかる。まず，表11-8から森林と判読され

表 11-8　森林となった時点数別のグリッドセルの総面積，平均勾配，平均標高

森林となった時点数	総面積 (ha)	(%)	平均勾配 (度)	平均標高 (m)
0	157	12	18	536
1	197	16	19	597
2	234	18	20	663
3	207	16	22	747
4	199	16	25	778
5	157	12	28	782
6	79	6	29	757
7	39	3	28	695
合計	1270	100	22	690

注）グリッドセルに関しては，335頁を参照。
（表11-1に記載の写真の目視判読結果に基づき作成。）

た回数とそのグリッドセルの平均標高，平均勾配には明らかな相関関係がある。つまり，森林と判読される回数の多い，利用頻度の低い土地ほど，傾斜がきつく，標高も高い。特に，傾斜に注目すると，森林と判断された回数が5回以上で28度以上と，特にきつくなっている。そうした土地は村域の2割を占めており，その85％は標高600m以上の高地に存在する。また，その多くは渓流沿い，急斜面，稜線上，山頂など，村人に伐採を忌避される土地が多い。対象地域において，歴史的に集落が形成されることが多かったカン川沿いから離れた高標高地で，地形的にも焼畑がしにくい土地が森林として残されやすかったのである。

一方，7時点で一度も森林にならなかった土地は対象地域の12%をも占めており，平均標高，平均勾配とも最も低く，その84％は600m以下の低地に位置している。つまり，ほとんどが集落近辺の低標高の緩傾斜地である。森林となった回数が1～2回の土地も多くは低地に存在する。カン川沿いとその周辺の土地は歴史的に集落が形成されることが多かった。それゆえ，焼畑をはじめ，水田や換金作物栽培地，植林地として特によく利用されてきたのである。

また，図11-2と対照すると，カン川以北の低地で森林となった回数が1～2回の土地の多くが，1998年時点の共有林を含む90haの森林に該当することが

わかる。これらの土地は1998年に初めて森林となり，その一部が2013年に2回目の森林を経験した。1982年以前は森林ではなかった。ここにも，本来は畑地として利用されやすかった土地に，村人が意識的に森林を造成したことが読み取れる。

第3節　考察

　以上で，対象地域における68年間の土地利用・土地被覆の変化を検討し，その要因について考察した。ここでは，その結果として明らかになったことをまとめておく。
　まず第一に，本章の検討から，68年間の変化の中で，特に大きな変化を引き起こした要因として，1960年代～70年代前半の戦争と，1990年代後半以降の市場経済への参入が挙げられる。
　戦争は，対象地域の人口を一変させ，土地利用・土地被覆に甚大な影響を与えた。対象地域では，戦争を境に人口の入れ替え現象が起こった。戦前期に対象地域に存在した集落は戦争の影響で他地域に移動した。右派・左派双方の軍隊の頻繁な到来による治安の悪化，石灰岩地帯を拠点とする左派勢力への帰順がその理由であった。一方，1966年以降，対象地域に，現在の住民に連なる人々が移住してきたのも，やはり戦争の影響であった。草分け世帯の移住も，避難民の集住も，ラオス王国軍の命令や指示によるものであった。
　こうした人口の動態や治安の悪化は土地利用・土地被覆を大きく変化させた。戦争期には，人口の減少と治安の悪化により，森林の利用圧が低下した。特に，石灰岩地帯とその周辺の高地帯は，戦時中は左派の，戦後は右派の反政府ゲリラの拠点となった。この結果，戦中期およびその直後には，特に高地で森林が大きく増加した。そのため，この時期は対象期間で最大の森林被覆率を記録した。
　一方，戦争が終結し，反政府ゲリラも鎮圧された1980年から高地帯で多くの世帯が焼畑を行った。その結果，森林が急減することになった。対象地域の事情としては，治安の安定化に加え，当時，避難民の移住により人口が再び増加していたことがある。これに加えて，ラオス国内でコメ不足が生じ，コメ流通の自由化など，その生産を促す政策がとられたことも関係していよう。同時

期の焼畑面積の急拡大は，46頁でも述べた通り，Saphanthong and Kono(2009)もウドムサイ県の事例から指摘している。治安の安定化とコメ生産に高い価値を置く当時の社会的状況により，同様の状況が他地域でも見られた可能性がある。

　このように，戦争は焼畑や森林の増減など，土地利用・土地被覆変化の量的側面で大きな影響を与えた。これに対し，1990年代以降の政策や市場経済の農村への浸透は土地利用の質的な変化を引き起こし，それは土地被覆にも影響を与えることになった。1990年代前半まで，対象地域の多くの住民にとって，土地利用といえばもっぱら焼畑稲作のことであり，一部の住民にはそれに水田稲作が加わる程度であった。しかし，1990年代後半からはコメ以外の換金作物の畑地が増大し，チークやゴムの植林地も土地利用の重要な部分を占めるようになった。とはいえ，換金作物は作柄や価格が安定しないため，2000年代は飯米確保のための焼畑が継続された。第3章で扱った2003年ごろは焼畑とハトムギ畑を合わせた畑地面積がピークに達した時期である。

　2010年代になると，焼畑の減少が顕著となった。この時期には，対象地域の住民の現金収入獲得手段が，換金作物栽培のほか，周辺地域での雇用労働や首都や隣国での出稼ぎ，家畜飼養，森林産物採集など，多岐にわたるようになった。そのため，集落から遠く離れた高地まで出向いて焼畑を行う世帯が減少したのである。焼畑の減少には，森林と農地，放牧地と農地を明確に区分しようとするラオス政府の土地利用政策も大きく絡んでいた。この結果，2013年には換金作物栽培や植林を主体とした土地利用が低地に集中し，高地で森林が増加する傾向がはっきりと見られた。

　以上のように，対象地域における68年間の土地利用・土地被覆の変化としては，特に，戦中戦後の量的変化と市場参入期以降の質的変化を特に顕著なものとして挙げることができる。

　第二に，対象地域では，土地利用の主体となる場所が時期により異なっていたことが明らかになった。対象地域内を標高600mを境にして，低地と高地に分けた時，図11-6でみたように，対象期間全体を通じては，低地の利用頻度が高く，森林は主に高地に分布してきたといえる。カン川沿いには，1923年のフランス製の地図[32]からもヴィエンチャンに通じる街道が走っていたことがわかる。おそらく，古くからカン川沿いを中心に，集落が建てられたことだろう。本章で検討した68年間でも集落のほとんどはカン川沿いに建てられてい

た(図 11-2)。こうした集落に近い低地の利用頻度が高くなるのは当然である。

ブーシップ村が成立した 1966 年以降でも，低地の方が利用頻度が高かった。戦争期は高地での治安の悪化のため，土地利用は低地中心となり，高地のほとんどは森林となった。また，市場参入期には土地利用の低地集中傾向が一段と進み，高地での森林が増加した。

一方，戦後期は高地中心の土地利用がなされた点で特異な時期であった。この時期は焼畑が急拡大しただけでなく，利用頻度の低い奥地の開拓が進んだ点でも特徴的であったといえる。当時，ラオス国内でコメ不足が常態化し，その需要が高かったこと，それに最適な高樹齢の森林が高地に多かったこと，気象や土壌の面でも高地が焼畑稲作に適していたことが，その背景要因として考えられよう。当時，高地はまさに，人々のコメ不足を解消してくれる恵みの土地だったのである。

また，この時期に低地で広大な共有林が維持されたのも，低地と高地の土地利用圧の差異から説明可能である。当時の土地利用は高地中心で，低地の利用圧が低下していたことがその背景にある。一方，市場参入期に換金作物栽培や植林の場として低地の重要性が高まると，この共有林は蚕食され，換金作物栽培地や植林地に転換された。55 頁で述べた通り，Kono et al. (1994) も東北タイにおいて同様の事例を報告している。つまり，換金作物のブーム期には，村の共有林が畑地に転換されて縮小するが，ブームが去ると再び拡大する傾向があるという。本章の事例でも，共有林の設置やその拡大・縮小には，土地利用圧が大きく絡んでいた。つまり，低地で共有林が設置され，よく維持されたのは，その利用圧が低下した戦後期であった。ところが，市場参入期に利用圧が高まると，その蚕食が進んだ。

第三に，本章の事例から，焼畑民は森林を破壊し尽くすわけではなく，むしろ安定的に森林を維持してきたことが明らかになった。本章冒頭で述べた通り，ラオス政府は焼畑を森林減少の第一要因と捉えており，「昔は森林が多かったが，焼畑によって減少した」という認識は巷間にあふれている。ブーシップ村に関する政府の報告書の記述もこうした認識に沿ったものであり，草分け世帯や避難民世帯の移住と彼らの焼畑により，豊かな森林が失われたとしている。

---

32) インドシナ地理局制作・発行の 50 万分の 1 地形図(1923 年 10 月版)「ルアンプラバン(Luang-Prabang)」による。Old maps online (https://www.oldmapsonline.org) で閲覧可能。

しかし，本章の検討からは彼らが移住する以前の1940年代～50年代にも，対象地域では焼畑が活発になされていたことが明らかになった。そのため，当時の森林被覆率も1980年代以降の値とほぼ変わらなかったのである。草分け世帯や避難民世帯が移住してきたときに森林が豊かであった理由は，戦争期に森林の利用圧が大きく低下し，長期間の休閑がなされたためであった。

むしろここでは，焼畑が活発になされた時期でも3～4割の森林が安定的に維持されてきた点に注目すべきである。これらの森林は利用不可能な場所にあるから残されたというものだけではない。1975年や1982年の森林の構成（表11-5，表11-7）からわかる通り，各時点の森林は原生林に近いもののほか，多様な段階の休閑林から成り立っている。原生林に近いものに関しては，全体として急傾斜の土地にあることから，その多くは利用しにくいからこそ保全されてきたといえよう。しかし，より若い休閑林に関しては，全体として条件の良い土地に存在している。つまり，利用不可能な土地に森林を残すという消極的な森林保全がなされただけではない。焼畑サイクルの中で安定的に休閑林をも維持してきたのである。特に，1982年には森林被覆率が32％と，最低レベルにまで減少したが，それが急傾斜地の成熟林ばかりではなかった点は注目される。

また，森林が減少傾向にあるときは，村人自身からそれを食い止めようとする努力がなされた点にも注目すべきである。その典型例としては，戦後期に高地の森林が急減した際，それを補うかのように，低地に広大な共有林が造成された事実が挙げられよう。先述した通り，これは当時，低地の土地利用圧が低下したからこそなし得たわけであり，また，村人が森林造成に努めたのも生活資材の確保というきわめて功利的な動機からであった。しかし，しばしば森林破壊の元凶とされてきた焼畑民が意識的に森林を維持してきた事実に注目すべきである。こうした努力もあって，この時期は人口が2倍近くに増加したにもかかわらず，森林被覆率は変化していない。

焼畑民が長期間，森林を維持できた背景には，焼畑休閑林の回復能力の高さがあったと考えることもできる。この回復能力の高さは，1959～1975年の土地利用圧が減少した時期に，森林が量的にも質的にも目覚ましく回復したことによく示されている。焼畑とその休閑地からなる焼畑景観は成熟した森林に素早く回復するポテンシャルを持っているのである。その意味でも焼畑は決して森林破壊とはいえない。常畑や植林地とは全く異なる焼畑の特徴である。

以上のように，本章の事例からは，焼畑村落が森林を利用するのみではなく，それを維持する機構を備えていることが明らかになった。それは焼畑における森林の回復能力の高さにも支えられている。68年を通じて，安定的に森林が維持されてきたことはそれを如実に示すものである。

おわりに

　本章ではブーシップ村の村域を対象地域として，1945～2013年の68年間の土地利用・土地被覆の変化とその要因を，画像解析と現地調査から明らかにした。その結果，(1) 対象期間において土地利用・土地被覆を大きく転換させる原因となったのは1960年代～70年代の戦争と1990年代後半以降の国家政策と市場経済の山村への浸透であったこと，(2) 対象地域において，集落近辺の土地が土地利用の主体となることが多かったが，社会が安定した戦後期は集落から離れた奥地がその主体となった点で特異であったこと，(3) 対象地域において，森林被覆率は安定的に維持されており，焼畑村落は森林が減少した際に，自らその増加をはかり，一定の森林を維持しようとする機構を備えていること，焼畑の森林への回復能力の高さがそれを容易にしていることが明らかになった。

　本章の事例から，森林破壊の要因は焼畑・焼畑民ではなく，国家・国際レベルの政治経済的状況にあったことが明白である。対象地域で戦後期に急激に森林が減少したのは，戦中期の末期に避難民が移住し人口が増加したこと，戦後に治安が安定化したこと，国レベルでコメが不足しており，その生産が重視される社会経済的状況であったことが関係している。また，ブーシップ村で2000年以降に起こった集落周辺の共有林の破壊は，市場経済の浸透の結果，村人が換金作物栽培や植林の用地を求めて引き起こしたものである。いずれも，戦争や市場経済などの政治経済的状況が根本的な要因であり，後者に関しては焼畑は森林減少の直接的要因でもない。

　前章にも当てはまることであるが，本章では森林の量的側面の検討にとどまり，質的側面の変化については十分に検討できなかった。特に，ブーシップ村やフアイペーン村など，カン川周辺地域では，2000年代以降，販売目的の製材が村人や近隣住民によりなされ，大径木がほとんど無くなったという村も多

い。こうした森林の質的側面の変化は，本書で用いた小縮尺の航空写真からは判断が難しく，別の手法で調査する必要があろう。

第12章

焼畑を活かす土地利用

精霊に祈りを捧げる

(2005年10月　ファイベーン村)
焼畑の畑小屋付近に設けられた祠で,収穫が無事済むよう,周囲の森に住む精霊にニワトリと酒を奉納し,祈る。

各章の結論はそれぞれの末尾ですでに述べた。ここではそのうち重要なものについて取り上げ，互いの関連性を考慮しつつ，いくつかの観点から整理する。あわせて，研究結果から示唆される今後の研究上の課題を提示し，農村開発のあり方への提言を行う。

第1節　低地と高地双方の活用

　本書はまず，土地利用の徹底的な調査から，焼畑民の土地利用戦略を明らかにした。主に GPS 測量により，耕地の分布や面積を把握し，その所有者である各世帯への聞き取り調査を行うことで，焼畑民の土地利用の仕組みを把握した。

　その結果，第3章では，彼らは2000年代に入っても，低地で換金作物栽培を行うだけでなく，高地での焼畑稲作を継続していたことが明らかとなった。これにより，生計のリスク回避がはかられていたことがわかる。さらに，第5章および第6章の研究を通じ，こうした土地利用戦略が「高地と低地双方の活用」という言葉でより広くとらえられることが明確になった。高地は焼畑のほか，家畜飼養や蔬菜栽培，狩猟・採集などに適し，低地は換金作物栽培のほか，さまざまな農外活動に適し，病院，学校，市場にも近い。つまり，伝統的な生計・生活の場としての高地と現代的な生計・生活の場としての低地，双方の利点を活用することで，多くの焼畑民の生計は成り立っていた。こうした生計戦略を実現するためには，高地と低地のアクセスを高めることが必要であり，そのために出作り集落「サナム」や林道の建設が進められていた。

　さらに，第2部の研究からは，高地から石灰岩地帯を分離した方が，焼畑民の土地利用戦略をうまくとらえられることが明らかとなった。彼らは焼畑稲作に最も適する高地帯と，かつてのケシ栽培地であり，トウモロコシ栽培にも適する石灰岩地帯を明らかに区別してとらえている。石灰岩地帯は家畜飼養に重点を置いたサナムやウシの放牧地としても機能していた[1]。まとめると，対象地域の焼畑民は低地帯，高地帯，石灰岩地帯という3つの標高帯を認識してお

---

1) また，第10章及び第11章で述べたとおり，この地帯は最奥地で隠れ家となる洞窟が多いため，第2次インドシナ戦争期には革命勢力の，戦後には反乱勢力の活動拠点として利用された。その意味でも低地帯や高地帯とは，異なる性格を持つ地帯である。

り，それぞれの良さをうまく活用して生計を営んでいた。

　49 頁で述べたとおり，このような山地の 3 つの標高帯への分類は，東南アジア大陸山地部の民族分布や土地利用の差異を説明する際によくなされてきた (Kunstadter and Chapman 1978: 6-12; 安井 2003)。しかし，これらの分類はあまりに静態的すぎる。今日の焼畑民の分布や土地利用をこうした分類でとらえることはもはや時代遅れである。Kunstader and Chapman(1978) の分類にしろ，ラオスの民族分類にしろ，それぞれの民族の活動領域が 1 つの標高帯におさまることが想定されている。しかし，現在のラオス山村では，第 6 章でもみたように，一つの村域内に 2〜3 の標高帯が含まれることも少なくない。村域がほぼ各村の焼畑民の基本的な活動領域となっていることも第 6 章で述べた通りである。この中で多くの焼畑民は異なる標高帯をそれぞれ活用して生計を組み立てようとしていた。

　このように，焼畑民の活動領域が特定の標高帯におさまらなくなったのは，何よりも彼らにとって低地の重要性が増大したためである。政府が低地中心の農村開発を押し進め，生計において現金収入が重要となる中で，彼らにとっても低地の魅力は明らかに高まっている。その中で，彼らの多くは生活の拠点を低地に移した。しかし，高地帯や石灰岩地帯をベースとした以前の生計や生活も捨てがたい。それゆえに，そのいずれをも利用するような生計戦略をとっていたのである[2]。

　こうした土地利用戦略を後方支援することが，焼畑民の生計の安定と改善をはかるために必要である。その一つは彼らのすでに実施している低地と高地のアクセス改善を支援することである。彼らがサナムや林道の建設によりこれを実施していることはすでに述べた。特に，林道の建設は 2010 年代以降，ラオス北部の多くの村で活発化している。対象地域では，ブーシップ村で 2015 年 2 月に住民が出資して業者を雇い，重機を使っての大規模な林道建設が行われていた。かつてのような住民の出役による山道の拡幅ではなく，こうした重機による林道建設が多くの村でなされているのである。こうした動きを支援することが焼畑民のニーズにあった農村開発ではなかろうか。第 4 章や第 5 章の事例では，低地に移住した焼畑民がタイ系民族の経済的支配下に取り込まれる傾

---

　2) ただし，対象地域の全ての世帯がこうした土地利用戦略をとっていたわけではない。第 3 章や第 4 章で明らかにしたとおり，富裕世帯は 2000 年代において，すでに低地のみを利用する傾向が顕著であった。

第 12 章　焼畑を活かす土地利用 ｜ 373

向がみられた。これも低地が彼らにとって不慣れな環境だからである。そのため，先住者であるタイ系民族と経済的に肩を並べることは難しい。こうした状況においては，彼ら自身の本来の土地である高地や石灰岩地帯の利用の継続は，彼らの貧困化をくいとめるためにも必要なのである。

とはいえ，高地へのアクセス改善が引き起こしうる問題にも注意を払わねばならない。その一つが森林破壊である。すでに，フアパン県（図2-1）では，低地村から高地に伸びる林道の造成により，高地で換金作物栽培が拡大し，森林が減少した事例が報告されている（Phaipasith 2016）。対象地域でも，林道の開設後，高地で換金作物栽培や木材伐採が急速に進むことは十分に予測される。また，家畜の伝染病被害も懸念される。第8章のサムトン村ではまさにそうした事態が起こっていた。伝染病の被害を防ぐために，家畜を奥地で飼養しているのに，その意味がなくなってしまうという問題である。すでに林道の建設が各地でなされている状況下では，こうした問題を防ぐための政策的支援も望まれる。

第2節　セーフティーネットとしての高地

低地と高地の双方を活用する戦略は，2000年代に対象地域で一般的に見られた土地利用戦略である。2010年代になると，対象地域の低地村で，こうした戦略が減退する傾向が見られた。第11章でみたように，2013年のブーシップ村では，土地利用が低地に集中する傾向が顕著であった。少数の世帯が高地で焼畑や家畜飼養を継続していたものの，そこでは土地利用の減少ゆえに森林が増加していた。これは，換金作物栽培や雇用労働など，市場向け活動に従事し，焼畑を縮小したり，やめた世帯が増加したためである。

しかし，市場向け活動でいつまでも安定的に収入が得られるとは限らない。換金作物の不作や価格下落，不況に伴う雇用削減に備えて，いつでも焼畑ができるよう，その用地を確保しておいた方がよい。この点，Cramb et al.（2009: 337-339）の紹介するインドネシア，ジャンビ県，ランタウパンダン区（Rantau Pandan Sub-District）の事例が参考になる。この区には，中心地から歩いて1～2時間の山地に，区が慣習的に管理してきた800haもの共有林がある。村人はこの共有林がある山地を肥沃であると考えており，実際ここでの焼畑は土地生

産性も労働生産性も高い．2008年時点では，ゴムの価格が良かったため，人々は自身の土地でゴムを収穫しており，共有地で焼畑をする人は少なかった．しかし，換金作物の価格が下落するなど，生計上のリスクが生じた際に，人々は再び焼畑に戻る．1990年代から2002年の間のゴム価格の低下期には，9割の世帯が焼畑をしていた．共有地の利用は区の成員なら誰でも可能であるが，土地なし世帯が優先権を持っている．また，共有地はあくまで焼畑用地であり，ゴムなどの樹木作物を植えてはいけないという決まりがある．これからわかるように，共有地は貧しい世帯がいつでも焼畑を実施できるセーフティーネットの役割を果たしているのである．

　ブーシップ村の北西部の高標高地についても，こうした形で，村が共有地として管理していくことが望ましい．ブーシップ村のレックファイ谷上流域とランタウパンダン区の共有地には，いくつもの共通点がある．集落から歩いて1～2時間かかる村域の最奥地であること，住民が焼畑に適すると考える高標高地であること，以前は多くの世帯がそこで焼畑をしていたこと，その一方で，換金作物栽培や植林はほとんどなされなかったこと，現在は基本的に村の誰もが利用できる無主地であり，貧困世帯が利用者の中心であることなどである．このように，すでにいくつもの類似点があるわけであるが，ブーシップ村でも，レックファイ谷上流域を焼畑用地として，意識的に管理していくべきである．利用権利地が少ない世帯が優先的に利用できるようにしたり[3]，利用権はあくまで陸稲などを栽培する数年間にとどめ，休閑後は再び共有地に戻すよう定めたり，樹木作物の植栽を禁じたりするなど，ランタウパンダン区の規定から見習うべき点は多い．さらに，これもレックファイ谷上流域ではすでに始められていることであるが，焼畑地と放牧地を毎年入れ替えるなど，焼畑と家畜飼養を組み合わせた土地利用を模索することも有効である．このように，村落領域の奥地を共同の焼畑用地として村が管理していくという方向性は，ブーシップ村や対象地域の他村だけでなく，ラオスの多くの山村でも採用できる方向性であろう．

　歴史的には，第11章で述べたように，レックファイ谷上流域は戦後のコメ不足期にその生産地として大きな役割を果たした．ランタウパンダン区の共有

---

[3] 361頁で述べたように，新規移住世帯にレックファイ谷上流域の土地を分与している点で，すでにこれはブーシップ村でも実施されている．

第12章　焼畑を活かす土地利用

地も先述の通り，ゴム価格の低下時に人々が依存できる場所として機能していた。このように，長期的観点からみれば，人々が再び高地を必要とする時期が訪れる可能性は高い。その時期に備える意味でも，村がこうした土地を管理しておくべきである。

　農村開発政策は，こうした村主体の焼畑用地管理を支援していく方向性をとるべきであり，これにより焼畑民の貧困問題に対処することができよう。ところが，ラオス政府がこれまで進めてきた方向性はこれとは逆のものであった。こうした土地への国家の管理を強める政策を推進してきたのである。土地森林分配事業はその典型例である。この事業では，村落領域の奥地はたいがい保護林や保安林に指定され，その最終的な管理主体が住民から国家に移された。しかし，本書や既往研究の事例から明らかなように，この事業の枠組みは今や多くの地域で遵守されていない。こうした実態を伴わない枠組みは直ちに撤回するべきである。

第3節　貧富の差の拡大要因

　本書では，市場経済の浸透が進んだ焼畑村落において貧富の差が拡大する要因についても明らかにした。その第一は従事する仕事の違いである。第3章と第4章で明らかになったとおり，市場経済の浸透が進んだ焼畑村落においては，貧富の差により従事する仕事が異なるし，同じ仕事に従事していたとしてもその従事の度合いが異なる。対象としたブーシップ村においては，富裕世帯は大規模なハトムギ栽培，商業・サービス活動，家畜飼養に従事することで，高収入を上げていた。それに対し，貧困世帯は森林産物採集や雇用・製材，小規模なハトムギ栽培など，参入障壁が低いものの収入も低い仕事に従事していた。

　こうした点を考えると，これまで既往研究で指摘されてきた焼畑と市場向け活動の結合のしやすさという点に関して，疑問を感じざるを得ない。なぜなら，すべての世帯がこうした結合ができるわけではないからである。焼畑と結合しやすい仕事として特に指摘されてきたのは，換金作物栽培と家畜飼養である。しかし，本書で明らかになったとおり，焼畑への依存度の大きい貧しい世帯の多くはこうした仕事に満足に従事できない状況にある。特に，高額の初期投資が必要な家畜飼養に関して，これは当てはまる。畜産振興をはかる場合には，

貧しい世帯がそれに参入しやすくする方策を練る必要がある。

　焼畑村落で貧富の差が拡大する第二の要因として，収穫物の分配構造が挙げられる。つまり，貧困世帯が収穫したコメやハトムギの多くを失い，富裕世帯にそれが蓄積されるという構造である。特に，焼畑は一般に収量が低いため，収穫物の多くを手放すことはコメ不足に直結する可能性が高い。そのため，焼畑村落の世帯経済を分析する際には収穫物の分配面にも注意する必要がある。

　さらに，第三の要因として，土地森林分配事業のような焼畑を抑制し，換金作物栽培を奨励する政策がある。富裕層には集落に近いところでコメと換金作物を集約的に栽培する世帯が多かった。こうした土地利用はまさに，土地森林分配事業が目指していたものであり，彼らは事業の枠組みに容易に順応することができた。一方，貧困層には，集落から離れた無主地を利用し，安定的な焼畑を維持しようとする世帯が多い。しかし，遠隔地はしばしば保護林・保安林に組み入れられ，焼畑のできる土地が限定されたため，事業の影響を最も大きく受けたのは貧困層の人々であった。焼畑抑制政策は，貧困世帯からセーフティーネットを奪い，彼らの貧困化をより進める方向に作用したのである。

　貧困層の中でも特に貧しい世帯はこうした状況の中で，焼畑を縮小したり，やめたりしていた。彼らが焼畑から撤退した理由は政策の影響で焼畑用地が不足したからというだけではない。日々の飯米を得るための現金収入向け活動に忙しく，焼畑に労働力を振り向けることができなかったからでもある。いずれにせよ，焼畑の減退する村落にあって，まず焼畑をやめた世帯が，それへの依存度の低い富裕層からだけではなく，依存度が高いはずの最貧困層から出ていたことには注意する必要がある。

　このことが示すように，土地不足が深刻化し始めているラオス山村では，焼畑が貧困世帯のセーフティーネットとして機能しなくなってきている。第6章で見たように，土地不足の傾向は，土地森林分配事業の規定が順守されなくなった2000年代後半以降でも，対象地域の低地村の多くで顕在化していた。実質的に村境内部の土地の全体が利用できる状況下でも，土地が不足し始めていたのである。この状況は自然増加で人口・世帯数が増加するにつれ，移住者が増えるにつれ，さらに深刻の度合いを増すであろう。土地なし世帯が生じる可能性さえある。明白なことではあるが，焼畑がセーフティーネットとして機能できるのは，土地が十分に存在する状況にあってのみである。本書の事例では，ファイペーン村や旧ナムジャン村など，人口が減少した高地村や土地に余裕の

ある低地村で，焼畑はたしかに貧困世帯のセーフティーネットとして機能していた。

第4節　家畜飼養の発展策

　本書では，焼畑民による家畜飼養の実態についても理解を進めることができた。第2部から明らかになったのは，家畜飼養が耕種農業と密接に関わりつつなされていることである。その関係性はプラスのものとマイナスのものに分けられる。まず，家畜が食害を引き起こす存在であることが両者のマイナスの関係を生んでいる。そのため，いかに食害を防ぐかが耕作者にとっても，家畜所有者にとっても重要な課題となる。特に，換金作物栽培が拡大を続ける今日，この課題の重要性は増している。対象地域では，集落でのブタの放し飼いを禁止したり，ウシやスイギュウの放牧地を設けたりすることで，この課題の解決がはかられていた。

　また，両者は家畜の飼料を通してプラスの関係性をも有する。第7章，第8章で述べたように，ブタや家禽の飼料としてはトウモロコシやキャッサバが重要であり，焼畑民はこれらの作物の栽培にも従事している。そのため，第7章で顕著であったように，ブタや家禽の飼養拠点であるサナムの立地は飼料の栽培適地に規定されていた。また，第9章からも明らかなとおり，ウシやスイギュウの飼料のほとんどは焼畑の休閑地から供給される。そのため，近年，各村に設けられた放牧地内でも焼畑は積極的になされているし，ファイコーン村のように，焼畑地の移動を追うように，放牧地を毎年移動させる村も存在する。また，放牧により除草の困難なチガヤが駆逐されたり，放牧家畜の糞尿により土壌が肥沃になったりするなど，休閑地でのウシ・スイギュウの放牧が焼畑にプラスの効果をもたらす面もある。

　以上のように，家畜飼養と耕種農業は土地利用上，マイナスだけでなく，プラスの関係性も有している。しかし，これまでのラオス政府の家畜飼養に関する政策は，マイナス面のみに目が向けられていた。そのため，家畜飼養の場を耕種農業の場から切り離し，一定の場に固定化する政策がとられてきた。ブタ・家禽は集落内の畜舎に，ウシ・スイギュウは固定的な放牧地に限定して飼養することが奨励されてきたのである。しかし，固定的な土地利用は焼畑村落の実

態にそぐわないものである。焼畑民は状況に応じて変化させる柔軟な土地利用をむしろ好む。こうした土地利用として，先述した飼料栽培地にあわせたサナムの建設や，放牧地内での焼畑の実施，焼畑の移動にあわせての放牧地の移動が挙げられる。家畜飼養の振興をはかるなら，その土地利用に柔軟性を持たせるようにすべきである。

　さらに，サナムの継続・発展を支援することも，家畜飼養の振興をはかる上で重要ではないだろうか。ラオス山村でこれまで実施されてきた畜産振興プロジェクトでは，ブタの飼養法として舎飼いを推奨してきた。しかし，焼畑民の放し飼いへのニーズは根強い。その方が世話の手間がかからないし，彼らの味覚の観点からしても，質のよい肉が生産できるためである。そのために，放し飼いの場としてサナムを設営し，そこで家畜を飼養するわけである。ただし，第2部では，サナムの運営も問題を抱えていることが明らかとなった。第7章や第8章で述べたとおり，その運営は多くの苦労と忍耐をともなうものであり，大半の世帯はそれに参入できない。さらに，近年の家畜伝染病の度重なる流行の中で，サナムでさえ病気が流行するようになっている。

　こうした問題点を克服し，サナムの運営が容易となるように支援することも，畜産振興の一つの道ではないだろうか。例えば，サナムと集落を結ぶ林道を整備して，サナムへの行き来を楽にするとか，サナムの家畜についても伝染病予防のための注射を徹底させるとか，サナム周辺での柵づくりが容易となるような柵の資材（例えば金属製のものなど）を提供するとか，いろんな支援の仕方が考えられよう。

　ところで，放し飼いを徹底するラオス焼畑民の家畜飼養方法は「アニマルウェルフェア（Animal Welfare）」の観点からも優れている。アニマルウェルフェアとは家畜にとっての幸せを考えるということである。先進国ではこれまで，生産性や効率性を極度に高めるような家畜飼養のあり方が追求されてきた。ところが，それはしばしば家畜の生きる喜び，心地よさ，満足感といったものを奪ってきた。こうした倫理的な問題にとどまらず，アニマルウェルフェアはわれわれの生命にも直接関わる問題である。ストレスに満ちた生活をしてきた家畜の肉を食べ続けて，人びとの身体が健全であるはずがないからである（小長谷 2010; 佐藤 2005）。

写真 12-1　サナムでの昼寝
よくみるとブタの上にヒヨコがいる。
(2010年3月　ファイベーン村，キジア谷のサナム)

　例えば，ブタやニワトリを単純な構造の畜舎で集約的に飼養すると，他のブタの尾をかじったり，他のニワトリをつついたりという異常な行動が発現されるという。こうした行動は家畜の本性である環境探査行動が抑制された結果生じる。環境探査行動とは，例えば，放し飼いのブタが一日6〜7時間かけて土を掘り返し，エサを探す行動である。また，放し飼いのニワトリが日中1万4000〜1万5000回地面をつつき，摂食する行動である。こうした行動自体が家畜にとってはそれなりの意味を持っているのである。また，224頁でふれたブタの巣作り行動も，母性行動を促進し，子育て率を向上させ，仲間への敵対行動を少なくさせる意義が認められるという（佐藤 2005: 46-48）。
　ラオス山村の人びとの多くは家畜よりも野生動物の方が味覚的に優れていると考えている。そのためか，家畜も野生動物と同じように，できるだけ自然に育てることが理想とされているように思える。このような理想を現在も追求しているのがサナムでの家畜飼養であるといえよう。実際，サナムで家畜は実にのびのびと生活している（写真12-1）。こうした飼養方法は一見遅れているが，アニマルウェルフェアの観点からすれば必ずしもそうではなかろう。

畜産振興をするなら，こうした優れた点を活かすべきである。これまでの畜産振興プロジェクトは外来の先進的な家畜飼養技術を焼畑村落に導入しようとするものが多かった。これに対し，今後はサナムのような，焼畑民がすでに実行している営みに先進的な技術を導入して，それを補強するような方策は取れないだろうか。

第5節　第2次インドシナ戦争が土地利用・土地被覆に与えた影響

　本書の第1部，第2部では近年の生計活動，土地利用，世帯経済の変化を論じたものであった。それは基本的には1990年代後半以降の変化である。これに対し，第3部では1945年からの約70年間の集落分布や土地利用・土地被覆の変化を明らかにした。第10章と第11章の事例に共通するのは，第2次インドシナ戦争期の土地利用・土地被覆の変化が最も大きかったという事実である。この時期，戦争が直接・間接に人口の流入および流出を引き起こし，それが集落の成立と消滅や土地利用・土地被覆の変化につながった。

　戦争前後の人口動態や土地利用・土地被覆の変化をみたとき，第10章と第11章の事例は互いに対照的である。第10章の事例では，戦中期に多くの避難民が流入したため，畑地面積が調査期間で最大となり，森林が大きく減少した。ところが，戦中期末から彼らが流出したため，戦後には人口，畑地面積ともに急減することになった。一方，第11章の事例では，人口が流出したため，戦中期に人口と畑地面積が調査期間で最小となった。そのため，この期間に森林は大きく増加した。しかし，戦中期末から避難民が流入したため，戦後には人口の回復と急激な畑地増加がみられた。そのため，この時期，森林が大きく減少した。この二つの対象地域は互いに9kmしか離れていない。にもかかわらず，戦中，戦後の同一時期に正反対の変化が起こっていたのである。このように，隣接地域であっても，戦争前後の人口や土地利用・土地被覆の変化の仕方は多様であったことに注意すべきである。

　戦争が対象地域の森林に与えた影響という観点からこれを整理すると，第10章の事例は，戦争が人口移動により間接的に森林破壊を引き起こした事例である。一方，第11章の事例では，戦争は人口減少と治安の悪化により，間接的

に対象地域の森林を増加させ，成長させた。しかし，第11章の事例でも，戦争はその末期に避難民の移住という形で対象地域の人口を増加させ，戦後期に大きく森林が減少するきっかけを形成していた。このように，両事例から，戦争が森林に与える影響は多様で，しかも近隣地域においてもそうであるということがわかる。また，タイムラグはあるが，いずれの事例でも戦争が原因で移住した人口により，それまで利用頻度が低かった奥地の開拓がなされ，調査期間内で最大規模の森林減少が起こった点は共通しており，興味深い。

第6節　焼畑・焼畑民は森林破壊の原因か

　本書の対象地域における大規模な森林破壊は焼畑村落内部の要因から起こったというよりも，外部の政治経済的要因により引き起こされてきた。第10章および第11章の事例でも，いずれも，戦争によって引き起こされた人口移動が戦中および戦後の急激な森林破壊の引き金となっていた。また，ブーシップ村で2000年以降に起こった集落近辺の共有林の破壊は，市場経済浸透の結果，村人が換金作物栽培や植林の用地を求めて引き起こしたものである。いずれも，戦争や市場経済という外部の要因によって引き起こされたものであり，後者に関しては，焼畑は森林減少の直接的要因でもない。

　むしろ，長期的な観点からすれば，焼畑村落が常に一定の森林を維持してきたことが注目される。第11章からは，焼畑村落が焼畑サイクルの中で一定の休閑林を維持することで，3～4割の森林を常に保ってきたことが確認された。また，森林が急激に減少した時期には，共有林を設定して森林を維持しようとする対応力が焼畑村落には備わっていることも確認された。さらに，こうした森林維持を容易にしてきた背景要因に，焼畑休閑地における植生のすばやい回復能力があることも確認された。

　3～4割の森林以外の土地被覆の多くは草原や叢林に該当するわけであるが，これらの植生も決して無駄な土地ではない。多くの既往研究で指摘されてきたように，自給向けおよび販売向けのさまざまな非木材林産物の採取の場となっている。対象地域で特に重要な収入源となっているヤダケガヤやカジノキもこうした植生で採取される森林産物である。また，繰り返し述べてきたとおり，これらの植生はウシやスイギュウの食する多様な飼料を提供しており，絶好の

放牧地でもある。さらに，草原と叢林も含めた焼畑と多様な遷移段階の休閑植生が形成する景観モザイクは，22-23頁で述べたとおり，生物多様性の維持，水土保全，炭素蓄積，土質維持の観点からも優れている。加えて，第11章で確認したように，それは10〜20年の休閑で成熟した森林にまで回復するポテンシャルを有している。

まとめると，焼畑は森林だけでなく，多様な段階の植生を生み出し，それを焼畑民は全体的に利用して生活してきたのである。また，それは地域環境を決して破壊するものではなかった。むしろ，環境破壊は国家あるいは国際社会のスケールの政治経済的要因により引き起こされてきた。しかし，こうした一時的な環境破壊に対しても，焼畑村落は意識的に森林を育成するなどの対応により，一定の森林を維持してきたのである。

第7節　1960年代以前の航空写真・衛星写真の活用

本書第3部の事例はいずれも，長期的な視点で土地利用・土地被覆の変化を明らかにする必要性を示すものである。第10章の事例からは，戦争期の土地利用・土地被覆の変化の痕跡が現在も残っていることが示された。現在の土地利用・土地被覆の成り立ちを理解するためにも，戦争期の変化について知る必要がある。また，第11章では，長期的に多時点の検討を行ったからこそ，焼畑村落の森林維持能力，焼畑休閑植生の素早い回復力，共有林の成立と発展・減退の過程などを確認することができた。こうした点もより多くの地域で検討を重ねる必要がある。

これまで，土地利用・土地被覆の変化を探る研究の多くは衛星画像を使用してなされてきた。しかし，上記のような事実は1960年代以前の航空写真や米軍偵察衛星写真を活用したからこそ明らかにできたのである。今後は1970年代以降のものも含め，多時点の航空写真，衛星写真を活用した研究を他地域でも進めていく必要がある。また，これらの写真を用いた研究に共通する欠点は，オルソ補正や判読の作業が煩雑で時間がかかるため，対象地域が狭い範囲に限定されることである。この点を克服し，より広い範囲の対象地域を設定することも今後の課題である。

引用文献

足立慶尚・小野映介・宮川修一 2010．ラオス平野部の農村における水田の拡大過程―首都ヴィエンチャン近郊農村を事例として．地理学評論 83: 493-509.

安渓貴子 2003．キャッサバの来た道―毒抜き法の比較によるアフリカ文化史の試み．吉田集而・堀田満・印東道子『イモとヒト―人類の生存を支えた根栽農耕』205-226．平凡社．

市川昌広 2008．うつろいゆくサラワクの森の 100 年―多様な資源利用の単純化．秋道知彌・市川昌広編『東南アジアの森に何が起こっているか』45-64．人文書院．

井上吉雄 2011．時系列衛星データによる土地利用履歴と生態系炭素ストックの広域評価―ラオス山岳熱帯農林生態系における事例から．日本リモートセンシング学会誌 31: 45-54.

生方史数・百村帝彦 2021．森を「資本」にする―経済的アプローチと森林保全．生方史数編『森林科学シリーズ 2 森のつくられかた―移りゆく人間と自然のハイブリッド』166-197．共立出版．

大矢釼治 1998．森林・林野の地域社会管理―ラオスにおける土地・林野配分事業の可能性と課題．環境経済・政策学会編『アジアの環境問題』265-278．東洋経済新報．

落合雪野 2002．農業のグローバル化とマイナークロップ―ラオス，ルアンパバーン県周辺におけるハトムギ栽培の事例から．アジア・アフリカ地域研究 2: 24-43.

落合雪野・横山 智 2008．焼畑とともに暮らす．横山智・落合雪野編『ラオス農山村地域研究』311-347．めこん．

片岡樹 2020．山茶が動かす冷戦史―冷戦期タイ国北部山地における人口構成の変遷．瀬戸裕之・河野泰之編著『東南アジア大陸部の戦争と地域住民の生存戦略―避難民・女性・少数民族・投降者からの視点』192-230．明石書店．

金沢謙太郎 2012．『熱帯雨林のポリティカル・エコロジー―先住民・資源・グローバリゼーション』昭和堂．

倉島孝行 2020．低強度戦と東北タイ辺境開発史への背理／合理を生きた 50 年―ある共産党拠点跡地に暮らす農民らの半生から．瀬戸裕之・河野泰之編著『東南アジア大陸部の戦争と地域住民の生存戦略―避難民・女性・少数民族・投降者からの視点』84-110．明石書店．

河野泰之 2008．動かない森，変転する森．秋道知彌・市川昌広編『東南アジアの森に何が起こっているか』23-44．人文書院．

国際協力機構（JICA） REDD＋とは？ https://www.jica.go.jp/activities/issues/natural_env/platform/reddplus/about/（最終閲覧日：2024 年 12 月 29 日）．

国土地理院 オルソ画像について．http://www.gsi.go.jp/gazochosa/gazochosa40002.html（最終閲覧日：2017 年 10 月 20 日）

後藤秀昭・中田高 2011．デジタル化ステレオペア画像を用いたディスプレイでの地形判読．活断層研究 34: 31-36.

小長谷有紀 2010．家畜の生活から考える多様性―モンゴル．月刊みんぱく 2010 年 12 月号: 6.

佐藤衆介 2005．『アニマルウェルフェア―動物の幸せについての科学と倫理』東京大学出版会．

佐藤廉也 1995．焼畑農耕システムにおける労働の季節配分と多様化戦略―エチオピア西南部のマジャンギルを事例として．人文地理 47: 541-561.

スコット，J. C. 著，佐藤仁監訳 2013．『ゾミア―脱国家の世界史』みすず書房. Scott, J. C. 2009. *The art of not being governed: An anarchist history of upland Southeast Asia.*

New Haven: Yale University Press.
鈴木基義・安井清子 2002．ラオス・モン族の食糧問題と移住．東南アジア研究 40(1): 23-41.
鈴木玲治・竹田晋也・フラマウンテイン 2007．焼畑土地利用の履歴と休閑地の植生回復状況の解析―ミャンマー・バゴー山地におけるカレン焼畑の事例．東南アジア研究 45: 343-358.
スチュアート-フォックス，M．著，菊池陽子訳 2010．『ラオス史』めこん．Stuart-Fox, M. 1997. *A history of Laos*. Cambridge: Cambridge University Press.
瀬戸裕之 2020．ラオス中部地域にみる被戦争社会の変容と地域住民の生存戦略―戦争期の組織的移住と生活再建を中心に．瀬戸裕之・河野泰之編著『東南アジア大陸部の戦争と地域住民の生存戦略―避難民・女性・少数民族・投降者からの視点』113-164．明石書店．
瀬戸裕之・河野泰之編著 2020．『東南アジア大陸部の戦争と地域住民の生存戦略―避難民・女性・少数民族・投降者からの視点』明石書店．
祖田亮次 2008．サラワクにおけるプランテーションの拡大．秋道知彌・市川昌広編『東南アジアの森に何が起こっているか』223-251．人文書院．
髙井康弘 2008．消えゆく水牛．横山智・落合雪野編『ラオス農山村地域研究』47-82．めこん．
髙井康弘 2019．ラオス北部地方都市における食肉流通の展開と移住者．大谷学報 98-2: 1-23.
竹田晋也 2001a．アンナン山脈の森林産物誌：ラオスにおける安息香とカジノキの事例．古川久雄編『異生態系接触に関わる人口移動と資源利用システムの変貌』（平成 10 年度～平成 12 年度科学研究費補助金基盤研究（A）研究成果報告書）207-231．
竹田晋也 2001b．ラオス北部における焼畑休閑地での安息香の生産―アンナン山脈の森林産物調査から．農耕の技術と文化 24: 1-18.
竹田晋也・鈴木玲治・フラマウンテイン 2007．ミャンマー・バゴー山地におけるカレン焼畑土地利用の地図化．東南アジア研究 45: 334-342.
田崎郁子 2008．タイ山地カレン村落における稲作の変容―若年層の都市移動との関連から．東南アジア研究 46: 228-254.
田中耕司 1990．プランテーション農業と農民農業．高谷好一編『講座東南アジア学第二巻 東南アジアの自然』247-282．弘文堂．
中田友子 2004．『南ラオス村落社会の民族誌―民族混住状況下の「連帯」と闘争』明石書店．
中辻 享 2006．高地と低地のいいとこ取り―ラオス北部焼畑民の土地利用戦略．地理 51-12: 24-30.
名村隆行 2008．土地森林分配事業をめぐる問題．横山智・落合雪野編『ラオス農山村地域研究』203-231．めこん．
速水洋子 2009．『差異とつながりの民族誌―北タイ山地カレン社会の民族とジェンダー』世界思想社．
東 智美 2010．森林破壊につながる森林政策と「よそ者」の役割―ラオスの土地・森林分配事業を事例に．市川昌広・生方史数・内藤大輔編『熱帯アジアの人々と森林管理制度―現場からのガバナンス論』66-84．人文書院．
百村帝彦 2021．森を区切り，所有する―ラオスと日本における「領域化」．生方史数編『森林科学シリーズ 2 森のつくられかた―移りゆく人間と自然のハイブリッド』72-95．共立出版．
弘末雅士 2004．『東南アジアの港市世界―地域社会の形成と世界秩序』岩波書店．
福井勝義 1983．焼畑農耕の普遍性と進化―民俗生態学の視点から．大林太良編『日本民俗文化大系第 5 巻 山民と海人―非平地民の生活と伝承』235-273．小学館．

増野高司 2005. 焼畑から常畑へ―タイ北部の山地民. 池谷和信編『熱帯アジアの森の民―資源利用の環境人類学』149-178. 人文書院.
虫明悦生 2010. バーシー儀礼―手首に巻かれる白い糸. 菊池陽子・鈴木玲子・阿部健一編『ラオスを知るための60章』240-243. 明石書店.
安井清子 2003. 民族. ラオス文化研究所編『ラオス概説』171-205. めこん.
横山　智 2001. 農外活動の導入に伴うラオス山村の生業構造変化―ウドムサイ県ポンサワン村を事例として. 人文地理 53: 307-326.
横山　智・落合雪野 2008. 開発援助と中国経済のはざまで. 横山智・落合雪野編『ラオス農山村地域研究』361-394. めこん.

Alton, C. and H. Rattanavong 2004. *Service Delivery and Resettlement: Options for Development Planning*. Vientiane: UNDP/ECHO.
Álvarez, M. D. 2003. Forests in the time of violence: Conservation implications of the Colombian War. *Journal of Sustainable Forestry* 16: 49-70.
Aubertin, C. 2001. Institutionalizing duality: Lowlands and uplands in the Lao PDR. *IIAS Newsletter* 24: 10-11.
Baird, I. G. 2009. Spatial(re)organization and places of the Brao in southern Laos and northeastern Cambodia. *Singapore Journal of Tropical Geography* 30: 298-311.
Baird, I. G. and Le Billon, P. 2012. Landscapes of political memories: War legacies and land negotiations in Laos. *Political Geography* 31: 290-300.
Baird, I. G. and Shoemaker, B. 2007. Unsettling experiences: Internal resettlement and international aid agencies in Laos. *Development and Change*, 38: 865-888.
Baumann, M., Radeloff, V. C., Avedian, V. and Kuemmerle, T. 2015. Land-use change in the Caucasus during and after the Nagorno-Karabakh Conflict. *Regional Environmental Change* 15: 1703-1716.
Blacksell, S., Khounsy, S., Boyle, D., Greiser-Wilke, I., Gleeson, L., Westbury, H. and Mackenzie, J. 2004. Phylogenetic analysis of the E2 gene of classical swine fever viruses from Lao PDR. *Virus Research* 104: 87-92.
Broegaard, R. B., Vongvisouk, T. and Mertz, O. 2017. Contradictory land use plans and policies in Laos: Tenure security and the threat of exclusion. *World Development* 89: 170-183.
Bruun, T. B., de Neergaard, A., Lawrence, D. and Ziegler, A. 2009. Environmental consequences of the demise in swidden agriculture in Southeast Asia: Carbon storage and soil quality. *Human Ecology* 37: 375-388.
Burns, A., Gleadow, R., Cliff, J., Zacarias, A. and Cavagnaro, T. 2010. Cassava: The drought, war and famine crop in a changing world. *Sustainability* 2: 3572-3607.
Callaghan, M. 2003. *Checklist of Lao plant names*. Vientiane.
Castella, J., Lestrelin, G., Hett, C., Bourgoin, J., Fitriana, Y. R., Heinimann, A. and Pfund, J. 2013. Effects of landscape segregation on livelihood vulnerability: Moving from extensive shifting cultivation to rotational agriculture and natural forests in northern Laos. *Human Ecology* 41: 63-76.
Chapman, E. C., Bouahom, B. and Hansen, P. K. 1998. *Upland farming systems in the Lao PDR: Problems and opportunities for livestock*（Proceedings of an international workshop held in Vientiane, Laos 18-23 May, 1997）. Canberra: ACIAR.

Chazée, L. 2002. *The People of Laos: Rural and ethnic diversities*. Bangkok: White Lotus.

Chazée, L. 2017a. Evolving swidden farming patterns in the Lao PDR: When policy reverses historically mobile ways of life to impose permanently settled livelihoods. In *Shifting cultivation policies: Balancing environmental and social sustainability*, ed. M. Cairns, 518–541. Boston: CABI.

Chazée, L. 2017b. Lao swidden farmers: From self-initiated mobility to permanent-settlement trends imposed by policy, 1830 to 2000. In *Shifting cultivation policies: Balancing environmental and social sustainability*, ed. M. Cairns, 129–155. Boston: CABI.

Chi, V. K., Van Rompaey, A., Govers, G., Vanacker, V., Schmook, B. and Hieu, N. 2013. Land transitions in northwest Vietnam: An integrated analysis of biophysical and socio-cultural factors. *Human Ecology* 41: 37–50.

Chun-Lin, L., Fox, J., Xing, L., Lihong, G., Kui, C. and Jieru, W. 1999. State policies, markets, land-use practices, and common property: Fifty years of change in a Yunnan village, China. *Mountain Research and Development* 19: 133–139.

Cohen, P. T. 2000. Resettlement, opium and labour dependence: Akha-Thai relations in northern Laos. *Development and Change* 31: 179–200.

Cohen, P. T. 2009. The post-opium scenario and rubber in northern Laos: Alternative Western and Chinese models of development. *International Journal of Drug Policy* 20: 424–430.

Cohen, P. T. 2017. Opium and shifting cultivation in Laos: State discourses and policies. In *Shifting cultivation policies: Balancing environmental and social sustainability*, ed. M. Cairns, 577–592. Boston: CABI.

Conklin, H. C. 1975. *Hanunóo agriculture: A report on an integral system of shifting cultivation in the Philippines*. Elliot's Books: Connecticut. Originally published in 1957 by FAO.

Conlan, J., Blacksell, S., Morrissy, C. and Colling, A. eds. 2008a. *Management of classical swine fever and foot-and-mouth disease in Lao PDR*. Canberra: ACIAR.

Conlan, J., Khounsy, S., Phithakhep, L., Phruaravanh, M., Soukvilai, V., Colling, A., Wilks, C. and Gleeson, L. 2008b. Pig production and health in Bolikhamxay province, Lao PDR. In *Management of classical swine fever and foot-and-mouth disease in Lao PDR* ed. J. Conlan, S. Blacksell, C. Morrissy, and A. Colling, 28–33. Canberra: ACIAR.

Cooper, R. 2008. *The Hmong: A guide to traditional life*. Vientiane: Lao-Insight Books.

Cramb, R. A., Colfer, C. J. P., Dressler, W., Laungaramsri, P., Trung, L. Q., Mulyoutami, E., Peluso, N. L. and Wadley, R. L. 2009. Swidden transformations and rural livelihoods in Southeast Asia. *Human Ecology* 37: 323–346.

de Jong, W. 1997. Developing swidden agriculture and the threat of biodiversity loss. *Agriculture, Ecosystems and Environment* 62: 187–197.

Dove, M. R. 1985. The agroecological mythology of the Javanese and the political economy of Indonesia. *Indonesia* 39: 1–36.

Dove, M. R. 1988. The ecology of intoxication among the Kantu' of West Kalimantan. In *The real and imagined role of culture in development: Case studies from Indonesia*. ed. M. R. Dove, 139–182. Honolulu: University of Hawaii Press.

Dove, M. R. 1993a. Smallholder rubber and swidden agriculture in Borneo: A sustainable adaptation to ecology and economy of tropical forest. *Economic Botany* 47 (2): 136–147.

Dove, M. R. 1993b. Uncertainty, humility, and adaptation in the tropical forest: The agricultural augury of the Kantu. *Ethnology* 32 (2): 145–167.

Dove, M. R. 1994. Transition from native forest rubbers to *Hevea Brasiliensis* (Euphorbiaceae) among tribal smallholders in Borneo. *Economic Botany* 48: 382–396.

Dove, M. R. 1997. The political ecology of pepper in the Hikayat Banjar: The historiography of commodity production in a Bornean kingdam. In *Paper landscapes: Explorations in the environmental history of Indonesia*. ed. P. Boomgaard, F. Colombijn, and D. Henley, 341–377. Leiden: Koninklijk Instituut voor Taal-, Land- en Volkenkunde.

Dressler, W. H., Wilson, D., Clendenning, J., Cramb, R., Keenan, R., Mahanty, S., Bruun, T. B., Mertz, O., and Lasco, R. D. 2017. The impact of swidden decline on livelihoods and ecosystem services in Southeast Asia: A review of the evidence from 1990 to 2015. *Ambio* 46, 291–310.

Ducourtieux, O. 2005. Shifting cultivation and poverty eradication: A complex issue. In *Poverty reduction and shifting cultivation stabilisation in the uplands of Lao PDR: Technologies, approaches and methods for improving upland livelihoods* (Proceedings of a workshop held in Luang Prabang, Lao PDR, January 27–30, 2004), ed. B. Bouahom, A. Glendinning, S. Nilsson and M. Victor, 71–94. Vientiane: National Agriculture and Forestry Research Institute.

Ducourtieux, O. 2017. The growing voice of the state in the fallows of Laos. In *Shifting cultivation policies: Balancing environmental and social sustainability*, ed M. Cairns, 269–294. Wallingford: CABI.

Ducourtieux, O., Laffort, J. and Sacklokham, S. 2005. Land policy and farming practices in Laos. *Development and Change* 36: 499–526.

Ducourtieux, O., Visonnavong, P. and Rossard, J. 2006. Introducing cash crops in shifting cultivation regions: The experience with cardamom in Laos. *Agroforestry Systems* 66: 65–76.

Ducourtieux, O., Sacklokham, S. and Doligez, F. 2017. Eliminating opium from the Lao PDR: Impoverishment and threat of resumption of poppy cultivation following 'illusory' eradication. In *Shifting cultivation policies: Balancing environmental and social sustainability*, ed. M. Cairns, 593–616. Boston: CABI.

Ellen, R. 2012. Studies of swidden agriculture in Southeast Asia since 1960: An overview and commentary on recent research and syntheses. *Asia Pacific World* 3 (1): 18–38.

Embassy of the USA. 1972. *US Economic Assistance to the Royal Lao Government 1962–1972*. Vientiane: Embassy of the USA. http://pdf.usaid.gov/pdf_docs/Pdacq661.pdf (last accessed 30 December 2024)

Evans, G. 1995. *Lao peasants: Under socialism and post-socialism*. Chiang Mai: Silkworm Books.

Evans, G. 2002. *A short history of Laos: The land in between*. Crows Nest: Allen & Unwin.

Evrard, O., and Goudineau Y. 2004. Planned resettlement, unexpected migrations and cultural trauma in Laos. *Development and Change* 35: 937–962.

Fahrney, K., Boonnaphol, O., Keoboulapha, B. and Maniphone, S. 1997. *Indigenous management of paper mulberry* (Broussonetia papyrifera) *in swidden rice fields and fallows in northern Laos* (Paper submitted for presentation at the regional workshop on indigenous strategies for intensification of shifting cultivation in Southeast Asia. Bogor, Indo-

nesia, 23-27 June, 1997).
FAO. 2005. *State of the World's Forests 2005*. Rome: FAO. http://www.fao.org/3/a-y5574e.pdf, accessed January 26, 2019.
Fekete, A. 2020. CORONA high-resolution satellite and aerial imagery for change detection assessment of natural hazard risk and urban growth in El Alto/La Paz in Bolivia, Santiago de Chile, Yungay in Peru, Qazvin in Iran, and Mount St. Helens in the USA. *Remote Sensing* 12, 3246.
Forsén, M., Larsson. J. and Samuelsson, S. 2001. *Paper mulberry cultivation in the Luang Prabang Province, Lao PDR: Production, marketing and socio-economic aspects*. Uppsala: Swedish University of Agricultural Sciences.
Fox, J. 2002. Understanding a dynamic landscape: Land use, land cover, and resource tenure in Northeastern Cambodia. In *Linking people, place, and policy: A GIScience approach*, ed. S. Walsh. and K. Crews Meyer, 113-130. Massachusetts: Kluwer Academic Publishers.
Fox, J., Krummel, J., Yarnasarn, S., Ekasingh, M. and Podger, N. 1995. Land use and landscape dynamics in northern Thailand: Assessing change in three upland watersheds. *Ambio* 24: 328-334.
Fox, J., Dao, M. T., Rambo, A. T., Nghiem, P. T., Le, T. C. and Leisz, S. 2000 Shifting cultivation: A new old paradigm for managing tropical forests. *BioScience* 50: 521-528.
Fox, J., Fujita, Y., Ngidang, D., Peluso, N. L., Potter, L., Sakuntaladewi, N., Sturgeon, J. and Thomas, D. 2009. Policies, political-economy, and swidden in Southeast Asia. *Human Ecology* 37 (3): 305-322.
Fox, J., Castella, J. C. and Ziegler, A. D. 2014. Swidden, rubber and carbon: Can REDD+ work for people and the environment in Montane Mainland Southeast Asia? *Global Environmental Change* 29: 318-326.
Fujita, Y., Khamla, P. and Donovan, D. 2007. Past conflicts and resource use in postwar Lao PDR. In *Extreme conflict and tropical forests*, ed. W. de Jong, D. Donovan and K. Abe, 75-91. Dordrecht: Springer.
Gibson, T. A. 1998. Problems and opportunities for livestock production in Xieng Khouang Province: Field observations 1993-1995. In *Upland farming systems in the Lao PDR: Problems and opportunities for livestock* (Proceedings of an international workshop held in Vientiane, Laos 18-23 May, 1997), ed. E. C. Chapman, B. Bouahom and P. K. Hansen, 177-181. Canberra: ACIAR.
Gorsevski, V., Geores, M. and Kasischke, E. 2013. Human dimensions of land use and land cover change related to civil unrest in the Imatong Mountains of South Sudan. *Applied Geography* 38: 64-75.
Goudineau, Y. ed. 1997a. *Basic needs for resettled communities in the Lao PDR: Resettlements and new villages characteristics in six provinces. Vol 1 Main Report*. Vientiane: UNDP-ORSTOM.
Goudineau, Y. ed. 1997b. *Resettlement and social characteristics of new villages: Basic needs for resettled communities in the Lao PDR. An ORSTOM Survey. Vol. 2.* Vientiane: UNDP-ORSTOM.
Goudineau, Y. 1997c. Main Report. In *Basic needs for resettled communities in the Lao PDR: Resettlements and new villages characteristics in six provinces. Vol 1 Main Re-*

port. ed. Goudineau, Y., 1–40. Vientiane: UNDP-ORSTOM.
Government of the Lao PDR. 1998. *The rural development programme 1998–2002: The 'Focal Site' strategy, sixth round table follow-up meeting*. Vientiane: Government of the Lao PDR.
Government of the Lao PDR. 2005. *Forestry strategy to the year 2020 of the Lao PDR*. Vientiane: Government of the Lao PDR.
Government of the Lao PDR. 2019. *Land Law* (*Amended*). Vientiane: Government of Lao PDR.
Hansen, P. K. 1998. Animal husbandry in shifting cultivation societies of Northern Laos. In *Upland farming systems in the Lao PDR: Problems and Opportunities for Livestock* (Proceedings of an International Workshop held in Vientiane, Laos 18–23 May, 1997), ed. E. C. Chapman, B. Bouahom and P. K. Hansen, 71–78. Canberra: ACIAR.
Heinimann, A., Mertz, O., Frolking S., Christensen, A. E., Hurni, K., Sedano, F., Chini, L. P., Sahajpal, R., Hansen, M., Hurtt, G. 2017. A global view of shifting cultivation: Recent, current, and future extent. *PLoS ONE* 12 (9): e0184479.
Hickey G. C. 1993. *Shattered World: Adaptation and Survival among Vietnam's Highland Peoples during the Vietnam War*. Philadelphia: University of Pennsylvania Press.
High, H. 2008. The implications of aspirations: Reconsidering resettlement in Laos. *Critical Asian Studies* 40: 531–550.
Hurni, K., Hett, C., Heinimann, A., Messerli, P. and Wiesmann, U. 2013. Dynamics of shifting cultivation landscapes in northern Lao PDR between 2000 and 2009 based on an analysis of MODIS Time Series and Landsat Images. *Human Ecology* 41: 21–36.
Hyakumura, K. 2010 'Slippage' in the implementation of forest policy by local officials: A case study of a protected area management in Lao PDR. *Small-scale Forestry* 9, 349–367.
Ireson, C. J. 1992. Changes in field, forest, and family: Rural women's work and status in post-revolutionary Laos. *Bulletin of concerned Asian scholars* 24 (4): 3–18.
IRRI. 1991. *World Rice Statistics 1990*. Manila: International Rice Research Institute.
Izikowitz, K. G. 1979 *Lamet: Hill peasants in French Indochina*. New York: AMS Press. Originally published in 1951 by Etnografiska museet, Gothenburg as no. 17 of Etnografiska studier.
Izikowitz, K. G. 2001 *Lamet: Hill peasants in French Indochina*. Bangkok: White Lotus. Originally published in 1951 by Etnografiska museet, Gothenburg as no. 17 of Etnografiska studier.
Jakobsen, J., Rasmussen, K., Leisz, S., Folving, R. and Quang, N. V. 2007. The effects of land tenure policy on rural livelihoods and food sufficiency in the upland village of Que, North Central Vietnam. *Agricultural Systems* 94 (2): 309–319.
Jerndal, R. and Rigg, J. 1999. From buffer state to crossroads state: Spaces of human activity and integration in the Lao PDR. In *Laos: Culture and Society*, ed. Evans, G., 35–60. Chiangmai: Silkworm Books.
Jianchu, X., Fox, J., Xing, L., Podger, N., Leisz, S. and Xihui, A. 1999. Effects of swidden cultivation, state policies, and customary institutions on land cover in a Hani Village, Yunnan, China. *Mountain Research and Development* 19: 123–132.
Jianchu, X., Fox, J., Vogler, J. B., Peifang, Z., Yongshou, F., Lixin, Y., Jie, Q. and Leisz, S. 2005

Land-use and land-cover change and farmer vulnerability in Xishuangbanna Prefecture in Southwestern China. *Environmental Management* 36: 404-413.

Jones, P., Sysomvang, S., Amphaychith, H. and Bounthabandith, S. 2005. Village land use and livelihoods issues associated with shifting cultivation, village relocation and village merging programmes in the uplands of Phonxay District, Luangprabang Province. In *Poverty reduction and shifting cultivation stabilization in the uplands of Lao PDR: Technologies, approaches and methods for improving upland livelihoods* (Proceedings of a workshop held in Luang Prabang, Lao PDR, January 27-30, 2004), ed. B. Bouahom. A. Glendinning, S. Nilsson and M. Victor, 149-159. Vientiane: National Agriculture and Forestry Research Institute.

Kameda, C. and Nawata, E. 2015. Factors influencing recent transformation and future development of swidden agriculture in northern Laos: Changes in cultivation area, fallow period, and weed management. *Tropical Agriculture and Development* 59: 101-111.

Keen, F. G. B. 1978. The fermented tea (*Miang*) economy of Northern Thailand. In *Farmers in the forest: Economic development and marginal agriculture in Northern Thailand*, ed. P. Kunstadter, E. C. Chapman and S. Sabhasri, 255-270. Honolulu: The University Press of Hawaii.

Khamvongsa, C. and Russell, E. 2009. Legacies of war: Cluster bombs in Laos. *Critical Asian Studies* 41: 281-306.

Kiernan, K. 1987. Soil erosion from hilltribe opium swiddens in the Golden Triangle, and the use of karren as an erosion yardstick. *Endins* 13: 59-63.

Kiernan, K. 2009. Distribution and character of karst in the Lao PDR. *Acta Carsologica* 38: 65-81.

Kiernan, K. 2010. Environmental degradation in karst areas of Cambodia: A legacy of war? *Land Degradation & Development* 21: 503-519.

Kiernan, K. 2012. Impacts of war on geodiversity and geoheritage: Case studies of karst caves from northern Laos. *Geoheritage* 4: 225-247.

Kono, Y., Suapati, S. and Takeda, S. 1994. Dynamics of upland utilization and forest management: A case study in Yasothon Province, northeast Thailand. *Tonan Asia Kenkyu (Southeast Asian Studies)* 32: 3-33.

Kunstadter, P. 1978. Subsistence agricultural economies of Lua' and Karen hill farmers, Mae Sariang District, northwest Thailand. In *Farmers in the forest: Economic development and marginal agriculture in northern Thailand*, ed. P. Kunstadter, E. C. Chapman and S. Sabhasri, 74-133. Honolulu: The University Press of Hawaii.

Kunstadter, P. and Chapman, E. C. 1978. Problems of shifting cultivation and economic development in northern Thailand. In *Farmers in the forest: Economic development and marginal agriculture in northern Thailand*, ed. P. Kunstadter, E. C. Chapman and S. Sabhasri, 3-23. Honolulu: The University Press of Hawaii.

Kusakabe, K., Lund, R., Panda, S. M., Wang, Y. and Vongphakdy, S. 2015. Resettlement in Lao PDR: Mobility, resistance and gendered impacts. *Gender, Place and Culture* 22: 1089-1105.

Lacombe, G., Pierret, A., Hoanh, C. T., Sengtaheuanghoung, O. and Noble, A. D. 2010. Conflict, migration and land-cover changes in Indochina: A hydrological assessment. *Ecohydrology* 3: 382-391.

Lao Statistics Bureau 2016. Results of population and housing census 2015. https://lao.unfpa.org/en/publications/results-population-and-housing-census-2015-english-version （last accessed 23 October 2022)

Le Hegarat, G. 1997. Xieng Khouang. In *Resettlement and social characteristics of new village: Basic needs for resettled communities in the Lao P.D.R. An ORSTOM survey*, vol. 2, ed. Y. Goudineau, 87–113. Vientiane: UNDP-ORSTOM.

Leisz, S. J., Nguyen, T. T. H., Vo, H. C., Tran, N. B. and Nong, H. D. 2009. Does composite swiddening cause deforestation? Evidence from analysis of land cover change in Tat Hamlet from 1952 to 2003. In *Farming with fire and water: The human ecology of a composite swiddening community in Vietnam's Northern Mountains*, ed. D. V. Tran, A. T. Rambo and T. L. Nguyen, 284–304. Kyoto: Kyoto University Press.

Lestrelin, G. 2011 Rethinking state-ethnic minority relations in Laos: Internal resettlement, land-reform and counter-territorialization. *Political Geography* 30: 311–319.

Lestrelin, G. and Giordano, M. 2007. Upland development policy, livelihood change and land degradation: Interactions from a Laotian village. *Land Degradation & Development* 18: 55–76.

Lestrelin, G., Bourgoin, J., Bouahom, B. and Castella, J. C. 2011. Measuring participation: Case studies on village land use planning in northern Lao PDR. *Applied Geography* 31: 950–958.

Mai V. T. and Tran D. V. 2009. Fallow swidden fields: Floral composition, successional dynamics and farmer management. In *Farming with fire and water: The human ecology of a composite swiddening community in Vietnam's Northern Mountains*, ed. D. V. Tran, A. T. Rambo and T. L. Nguyen, 76–89. Kyoto: Kyoto University Press.

Mertz, O., Leisz, S. J., Heinimann, A., Rerkasem, K., Thiha, Dressler, W., Pham, V. C., Vu, K. C., Schmidt-Vogt, D., Colfer, C. J. P., Epprecht, M., Padoch, C. and Potter, L. 2009a. Who counts? Demography of swidden cultivators in Southeast Asia. *Human Ecology* 37: 281–289.

Mertz, O., Padoch, C., Fox, J., Cramb, R. A., Leisz, S. J., Nguyen, T. L. and Vien, T. D. 2009b. Swidden change in Southeast Asia: Understanding causes and consequences. *Human Ecology* 37: 259–264.

Mertz, O. and Bruun, T. B. 2017. Shifting cultivation policies in Southeast Asia: A need to work with, rather than against, smallholder farmers. In *Shifting cultivation policies: Balancing environmental and social sustainability*, ed M. Cairns, 27–42. Wallingford: CABI.

Messerli, P., Heinimann, A., & Epprecht, M. 2009. Finding homogeneity in heterogeneity: A new approach to quantifying landscape mosaics developed for the Lao PDR. *Human Ecology* 37: 291–304.

Messerli, P., Bader, C., Hett, C., Epprecht, M. and Heinimann, A. 2015. Towards a spatial understanding of trade-offs in sustainable development: A meso-scale analysis of the nexus between land use, poverty, and environment in the Lao PDR. *PLoS ONE* 10 (7): e0133418.

Millar, J. 2011. The role of livestock in changing upland livelihoods in northern Lao PDR: Facilitating farmer learning according to ethnicity and gender. *Journal of Mekong Societies* 7-1: 55–71.

Momose, K. 2002. Ecological factors of recently expanding style of shifting cultivation in Southeast Asian subtropical areas: Why could fallow periods be shortened? *Southeast Asian Studies* 40: 190–199.

Mounier, B. 1997. Oudomxay. In *Resettlement and social characteristics of new village: Basic needs for resettled communities in the Lao P.D.R. An ORSTOM survey, vol. 2*, ed. Y. Goudineau, 49–84. Vientiane: UNDP-ORSTOM.

Nakai, S. 2008. Decision-making on the use of diverse combinations of agricultural products and natural plants in pig feed: A case study of native pig smallholder in northern Thailand. *Tropical Animal Health and Production* 40: 201–208.

Nampanya, S., Rast, L., Khounsy, S. and Windsor, P. 2010. Assessment of farmer knowledge of large ruminant health and production in developing village-level biosecurity in northern Lao PDR. *Transboundary and Emerging Diseases* 57: 420–429.

Nampanya, S., Richards, J., Khounsy, S., Inthavong, P., Yang, M., Rast, L. and Windsor, P. 2013. Investigation of foot and mouth disease hotspots in northern Lao PDR. *Transboundary and Emerging Diseases* 60: 315–329.

Nampanya, S., Khounsy, S., Rast, L. and Windsor, P. 2014a. Promoting transboundary animal disease risk management via a multiple health and husbandry intervention strategies in upland Lao PDR. *Tropical Animal Health Production* 46: 439–446.

Nampanya, S., Khounsy, S., Rast, L., Young, J., Bush, R. and Windsor, P. 2014b. Progressing smallholder large-ruminant productivity to reduce rural poverty and address food security in upland northern Lao PDR. *Animal Production Science* 54: 899–907.

Namura, T., and Inoue, M. 1998. Land use classification policy in Laos: Strategy for the establishment of effective legal system. *Journal of Forest Economics* 44 (3): 23–30.

National Geographic Department, the Lao PDR. 2014. Accurate air photos covering all southern Laos and more. http://www.ngd.la/?p=2405&lang=en (last accessed 31 December 2016)

Nguyen, T. L., Patanothai, A and Rambo A. T. 2009. Recent changes in the composite swiddening farming system in Tat Hamlet. In *Farming with fire and water: The human ecology of a composite swiddening community in Vietnam's Northern Mountains*, ed. D. V. Tran, A. T. Rambo and T. L. Nguyen, 134–153. Kyoto: Kyoto University Press.

Oosterwijk, G., Van Aken, D. and Vongthilath, S. 2003. *A manual on improved rural pig production*. Vientiane: Department of Livestock and Fisheries.

Peng, J., Xu, Y. Q., Zhang, R., Xiong, K. N. and Lan, A. J. 2012. Soil erosion monitoring and its implication in a limestone land suffering from rocky desertification in the Huajiang Canyon, Guizhou, Southwest China. *Environmental Earth Sciences* 69: 831–841.

Peng, L., Zhiming, F., Luguang, J., Chenhua, L. and Jinghua, Z. 2014. A review of swidden agriculture in Southeast Asia. *Remote Sensing* 6: 1654–1683.

Petit, P. 2008. Rethinking internal migrations in Lao PDR: The resettlement process under micro-analysis. *Anthropological Forum* 18: 117–138.

Phaipasith, S. 2016. *Study on the impacts of feeder road expansion on livelihood and spatial pattern: Case study in Natong Cluster, Huaphan Province, Lao PDR*. Master's thesis, School of Public Administration, Hohai University.

Phengsavanh, P., Ogle, B., Stür, B. E., Frankow-Lindberg, B. E. and Lindberg, J. E. 2011. Smallholder pig rearing systems in northern Lao PDR. *Asian-Australasian Journal of*

Animal Science 24 (6): 867–874.

Phimphachanhvongsod, V., Horne, P., Lefroy, R. and Phengsavanh, P. 2005. Livestock intensification: A pathway out of poverty in the uplands. In *Poverty reduction and shifting cultivation stabilisation in the uplands of Lao PDR: Technologies, approaches and methods for improving upland livelihoods* (Proceedings of a workshop held in Luang Prabang, Lao PDR, January 27–30, 2004). ed. B. Bouahom, A. Glendinning, S. Nilsson and M. Victor, 71–94. Vientiane: National Agriculture and Forestry Research Institute.

Rambo, A. T. and Cuc L. T. 1998. Some observations on the role of livestock in composite swidden systems in Northern Vietnam. In *Upland farming systems in the Lao PDR: Problems and Opportunities for Livestock* (Proceedings of an International Workshop held in Vientiane, Laos 18–23 May, 1997), ed. E. C. Chapman, B. Bouahom, and P. K. Hansen, 71–78. Canberra: ACIAR.

Rerkasem, K., Lawrence, D., Padoch, C., Schmidt-Vogt, D., Zeigler, A. D. and Bruun, T. B. 2009. Consequences of swidden transitions for crop and fallow biodiversity in Southeast Asia. *Human Ecology* 37: 347–360.

Rigg, J. 2005. *Living with transition in Laos: Market integration in Southeast Asia*. Abingdon: Routledge.

Roder, W. 1997. Slash-and-burn rice systems in transition: Challenges for agricultural development in the hills of Northern Laos. *Mountain Research and Development*. 17 (1): 1–10.

Roder, W., Keobulapha, B., Vannalath, K., and Phouaravanh, B. 1996. Glutinous rice and its importance for hill farmers in Laos. *Economic Botany* 50: 401–408.

Roder, W., Phengchanh, S., Keoboualapha, B. and Maniphone, S. 1995a. *Chromolaena odorata* in slash-and-burn rice systems of northern Laos. *Agroforestry Systems* 31: 79–92.

Roder, W., Keoboulapha, B., and Manivanh, V. 1995b. Teak (*Tectona grandis*), fruit trees and other perennials used by hill farmers of Northern Laos. *Agroforestry Systems* 29: 47–60.

Roder, W., Phengchanh, S. and Keobulapha, B. 1997. Weeds in slash-and-burn rice fields in northern Laos. *Weed Research* 37: 111–119.

Roder, W., Keoboulapha, B., Phengchanh, S., Prot, J. C. and Matias, D. 1998. Effect of residue management and fallow length on weeds and rice yield. *Weed Research* 38: 167–174.

Roth, R. 2009. The challenges of mapping complex indigenous spatiality: From abstract space to dwelling space. *Cultural Geographies* 16: 207–227.

Sánchez-Cuervo, A. M. and Aide, T. M. 2013. Consequences of the armed conflict, forced human displacement, and land abandonment on forest cover change in Colombia: A multi-scaled analysis. *Ecosystems* 16: 1052–1070.

Sandewall, M., Ohlsson, B. and Sandewall, R. K. 1998. *Peoples options on forest land use: A research study of land use dynamics and socio-economic conditions in a historical perspective in the Upper Nam Nan Water Catchment Area, Nan District, Luang Phrabang Province, Lao PDR*. Swedish University of Agricultural Sciences, Department of Forest Resource Management and Genetics. Working Paper No 39.

Sandewall, M., Ohlsson, B., and Sawathvong, S. 2001. Assessment of historical land-use changes for purposes of strategic planning: A case study in Laos. *Ambio* 30: 55–61.

Saphangthong, T. and Kono, Y. 2009. Continuity and discontinuity in land use changes: A case study in northern Lao villages. *Tonan Asia Kenkyu* (*Southeast Asian Studies*) 47:

263–286.
Schmidt-Vogt, D., Leisz, S., Mertz, O., Heinimann, A., Thiha, Messerli, P., Epprecht, M., Pham, V. C., Vu, K. C., Hardiono, M. and Truong, D. M. 2009. An assessment of trends in the extent of swidden in Southeast Asia. *Human Ecology* 37: 269–280.

Schönweger, O., Heinimann, A., Epprecht, M., Lu, J. and Thalongsengchanh, P. 2012. *Concessions and leases in the Lao PDR: Taking stock of land investments*. Centre for Development and Environment (CDE), University of Bern, Bern and Vientiane: Geographica Bernensia.

Singh, S. 2009. Governing anti-conservation sentiments: Forest politics in Laos. *Human Ecology* 37: 749–760.

Singh, S. 2012. *Natural potency and political power: Forests and state authority in contemporary Laos*. Honolulu: University of Hawai'i Press.

SOGES. 2011. *Resettlement in Laos, final report*. Project funded by European Commission, Framework contract commission 2007 Lot Nr4, Contract no. 2010/253997.

Soulvanh, B., Chanthalasy, A., Suphida, P. and Lintzmeyer, F. 2004. *Study on land allocation to individual households in rural areas of Lao PDR*. Vientiane: German Technical Co-operation.

Srikham, W. 2017. The effects of commercial agriculture and swidden-field privatization in southern Laos. In *Shifting cultivation policies: Balancing environmental and social sustainability*, ed M. Cairns, 636–648. Wallingford: CABI.

Stevens, K., Campbell, L., Urquhart, G., Kramer, D. and Qi, J. 2011. Examining complexities of forest cover change during armed conflict on Nicaragua's Atlantic Coast. *Biodiversity Conservation* 20: 2597–2613.

Stuart-Fox, M. 2001. *A historical dictionary of Laos*. Maryland: The Scarecrow Press.

Stür, W., Gray, D. and Bastin, G. 2002. *Review of the livestock sector in the Lao People's Democratic Republic*. Manila: ADB.

Suhardiman, D., Keovilignavong, O. and Kenney-Lazar, M. 2019. The territorial politics of land use planning in Laos. *Land Use Policy* 83: 346–356.

Suthakar, K. and Bui, E. N. 2008. Land use/cover changes in the war-ravaged Jaffna Peninsula, Sri Lanka, 1984-Early 2004. *Singapore Journal of Tropical Geography* 29: 205–220.

Sutton, S., Sisoulith, T., Obe, L. M. and Page, T. 2010. *Laos: Legacy of a Secret*. Stockport: Dewi Lewis Publishing.

Takai, Y. and Sibounheuang, T. 2010. Conflict between water buffalo and market-oriented agriculture: A case study from northern Laos. *Tonan Asia Kenkyu (Southeast Asian Studies)* 47: 451–477.

Tan-Kim-Yong, U., Yarnasarn, S., Fox, J., Hammawan, P., Siribanchongkran, A., Amphonkirimat, B., Roengmai, W. and Vogler, J. 2004. *Contextualizing the local: Linking changes in land-use practices to meso- and macro-scale factors that drive household decision-making in northern Thailand*. East-West Center Working Paper. Honolulu: East-West Center.

Thapa, G. B. 1998. Issues in the conservation and management of forests in Laos: The case of Sangthong District. *Singapore Journal of Toropical Geography* 19: 71–91.

The GLOBE Program. 2000. *MUC Field Guide*. Washington, D. C.: GLOBE & USGPO https://www.globe.gov/documents/355050/355097/MUC+Field+Guide/5a2ab7cc-2fdc-41dc-b

7a3-59e3b110e25f (last accessed 26 January 2019)

Thongmanivong, S., Fujita, Y. and Fox, J. 2005. Resource use dynamics and land-cover change in Ang Nhai Village and Phou Phanang National Reserve Forest, Lao PDR. *Environmental Management* 36-3: 382-393.

Tong, P. S. 2009. *Lao People's Democratic Republic Forestry Outlook Study*. Bangkok: FAO.

Tran, D. V., Rambo, A. T. and Nguyen, T. L. eds. 2009. *Farming with fire and water: The human ecology of a composite swiddening community in Vietnam's Northern Mountains*. Kyoto: Kyoto University Press.

United States Department of the Treasury 1998. Treasury reporting rates of exchange as of December 31, 1998. https://www.govinfo.gov/content/pkg/GOVPUB-T63_100-35141 809945353cd5a2c6d3565d5d460/pdf/GOVPUB-T63_100-35141809945353cd5a2c6d3565d5 d460.pdf (last accessed 30 December 2022)

USGS. Declassified satellite imagery-1. https://lta.cr.usgs.gov/declass_1 (last accessed 24 October 2017)

USGS. Declassified satellite imagery-2. https://lta.cr.usgs.gov/declass_2 (last accessed 24 October 2017)

Vandergeest, P. 2003. Land to some tillers: Development-induced displacement in Laos. *International Social Science Journal* 55: 47-56.

Vidal, J. 1962. *Noms vernaculaires de plantes (LAO, MÈO, KHA) en usage au Laos* (Extrait du Bulletin de l'École Française d'Extrême-Orient Tome XLIX, fascicule 2). Paris: École Française D'extrême-Orient.

Vongvisouk, T., Broegaard, R. B., Mertz, O. and Thongmanivong, S. 2016. Rush for cash crops and forest protection: Neither land sparing nor land sharing. *Land Use Policy* 55: 182-192.

Wang, S. J., Liu, Q. M. and Zhang, D. F. 2004. Karst rocky desertification in southwestern China: Geomorphology, landuse, impact and rehabilitation. *Land Degradation & Development* 15: 115-121.

Wilson, R. 2007. Status and prospects for livestock production in the Lao People's Democratic Republic. *Tropical Animal Health and Production* 39: 443-452.

World Bank. 2006. *Lao PDR economic monitor*. Vientiane: World Bank Vientiane Office.

Yamada, K., Yanagisawa, M., Kono, Y. and Nawata, E. 2004. Use of natural biological resources and their roles in household food security in Northwest Laos. *Tonan Asia Kenkyu (Southeast Asian Studies)*: 41: 426-443.

Yokoyama, S. 2004. Forest, ethnicity and settlement in the mountainous area of northern Laos. *Tonan Asia Kenkyu (Southeast Asian Studies)* 42: 132-156.

Zeng, Z., Estes, L., Ziegler, A.D., Chen, A., Searchinger, T., Hua, F., Guan, K., Jintrawet, A. and Wood, E. F. 2018. Highland cropland expansion and forest loss in Southeast Asia in the twenty-first century. *Nature Geoscience* 11: 556-562.

Ziegler, A. D., Bruun, T. B., Lawrence, D. and Nguyen, T. L. 2009. Environmental consequences of the demise in swidden agriculture in Montane Mainland SE Asia: Hydrology and geomorphology. *Human Ecology* 37: 361-373.

Ziegler, A. D., Fox, J. M., Webb, E. L., Padoch, C., Leisz, S. J., Cramb, R. A., Mertz, O., Bruun, T. B. and Vien, T. D. 2011. Recognizing contemporary roles of swidden agriculture in transforming landscapes of Southeast Asia. *Conservation Biology* 25 (4): 846-848.

初出一覧

第3章から第10章については，程度の差はあれ，初出の論文に加筆・修正がなされている．特に，第3章は多数の図表が加わり，論旨も一部変更した．第4章と第7章にも図表が加えられ，新たな分析がなされている．

第1章　書き下ろし

第2章　書き下ろし

第3章　ラオス焼畑山村における換金作物栽培受容後の土地利用―ルアンパバーン県シェンヌン郡10番村を事例として．『人文地理』56: 449-469. 2004年10月発行．

第4章　ラオス北部焼畑山村にみられる生計活動の世帯差―幹線道路沿いの一行政村を事例として．『地理学評論』78: 688-709. 2005年10月発行．

第5章　ラオス焼畑山村における農村開発政策の意義と問題点―ルアンパバーン県シェンヌン郡の高地村落と低地村落の比較から．『地理科学』65: 26-49. 2010年1月発行．

第6章　ラオス山地部における焼畑実施の村落差とその要因―ルアンパバーン県シェンヌン郡の14村の比較から．『人文地理』65: 339-356. 2013年8月発行．

第7章　ラオス山村における出作り集落と家畜飼養．横山智編『ネイチャー・アンド・ソサエティ研究　第4巻　資源と生業の地理学』217-241. 海星社．2013年11月発行．

第8章　ラオス焼畑山村における家畜飼養拠点としての出作り集落の形成―ルアンパバーン県ウィエンカム郡サムトン村を事例として．『甲南大學紀要文学編』165: 255-265. 2015年3月発行．

第9章　放牧と焼畑―ラオス山村でのウシ・スイギュウ飼養をめぐる土地利用．『甲南大學紀要文学編』173: 171-188. 2023年3月発行．

第10章　Land use and land cover changes during the Second Indochina War and their long-term impact on a hilly area in Laos. *Southeast Asian Studies* 8: 203-231. August 2019.

第11章　書き下ろし

第12章　書き下ろし

あとがき

　本書はある意味，私が対象地域をくまなく歩き回った記録である。私は歩くことが好きで，特に，山登りが好きである。カム族の人々にもそういう人が多かった。彼らの場合，好きか嫌いか以前に，生計上，山は毎日のように登らなければならない。それゆえ，山や森林，そこでの生計活動について詳しい人が多かった。彼らとともに山に行き，話を聞くことはとても楽しかったし，いろんな発見があった。対象地域はラオスのいたって平凡な山村である。にもかかわらず，次から次へと興味深い調査テーマが出てきて，それに取り組むためにも，とにかく歩いた。本書はこのように歩く中で見聞きした様々な発見をまとめ，焼畑民の土地利用の構造を描き出したものである。

　もう一点，本書でこだわったのは，古い航空写真の活用である。2012年にアメリカ公文書記録管理局で，ラオスの大量の航空写真を目にした時，これはなんとしても活用しなければと思った。1940年代や50年代の航空写真でも，たいへん鮮やかに土地利用や森林の様子が写っているのである。フィールドワークでは，現時点や近い過去のことしかわからない。航空写真を使えば，何十年も過去の状況を再現することができる。とはいえ，パソコンもGISも苦手であった私にとって，この作業はなかなか大変であった。しかし，誰かがやってくれるわけではなかったので，自分でするより他なかった。また，対象地域の古老から何十年も前のことを聞き取る作業も大変であった。これは聞き取りの際には，対象地域の友人に手伝ってもらい，聞き取った内容は録音して，すべてラオ語で文字起こしをして内容を精査するようにした。こうした作業をしていたおかげで，本書の刊行も遅くなってしまった。

　時が経つのは早く，私が初めてラオスを訪れてからもう四半世紀に近い年月が経った。本書はその中での成果であるから，その刊行に際して，当然，感謝すべき人は多い。しかし，その全ての方のお名前を記すことは紙幅の都合上，不可能である。以下では一部の方にとどまることをお詫び申し上げたい。

　思えば，私が，自然環境と人間との関わり方をフィールドワークから明らかにする文化生態学とか，政治生態学という学際的研究分野に足を踏み入れることになったきっかけは，大学1年生の時に「文化人類学原論」という授業を受講したことにあると思う。これは当時，京都大学総合人間学部の教授であった

福井勝義先生（故人）が担当するゼミ形式の授業であった。この授業の中で，先生が研究された日本やエチオピアの焼畑に関するお話をお聞きしたり，実際に著書を読んだりして，深く感銘を受けたことを覚えている。3年生になり，文学部の地理学教室に配属すると，佐藤廉也さん（現大阪大学教授）が当時，京都大学総合博物館の助手として，地図室で勤務されていた。佐藤さんもエチオピアの焼畑に関して研究されており，地図室をうかがってはいろんなお話をお聞きした。さらに，小林茂先生（大阪大学名誉教授）の講義，「文化地理学」にも影響を受けた。これはまさに文化生態学や政治生態学に関する講義であった。この中で，先生はこうした分野に参画する地理学者は，歴史地理学の伝統があるため，長期的視野で物事を考える傾向があると言われ，その重要性を指摘された。だいぶん後になってからであるが，アメリカ公文書記録管理局に一度行ってみることを強く私に勧めたのも小林先生である。こうしてみれば，本書の第3部の研究に私が従事することになったのも先生の影響が大きいということができる。

　また，京都大学文学部地理学教室の先生方にも深く感謝申し上げたい。学部から修士の時代まで指導してくださった石原潤先生には，研究の基本について教わった。また，中国四川省の調査にも同行させてもらい，これは今から思えば貴重な経験であった。博士課程の指導教官であった金田章裕先生には副学長のお忙しい職務の中，論文指導をいただいた。副指導教官であった米家泰作先生は日本の焼畑の歴史地理学的研究に従事されており，その視点から様々なご教示を得ることができた。石川義孝先生は，修士の時代から現在に至るまで，論文の投稿や本書の出版に関して気にかけてくださった。田中和子先生には，論文博士の提出に際して，主査を引き受けていただき，丁寧なご指導をいただいた。また，2015年から地理学教室に着任された水野一晴先生には，以前から京都大学自然地理研究会でお世話になっていたが，博士論文の審査をしていただいた。このように，図らずも私が地理学教室にいた当時のほぼ全ての先生から直接ご指導を受けることができた。

　ラオスでの研究で最もお世話になったのは竹田晋也先生（京都大学アジア・アフリカ地域研究研究科教授）である。そもそも，私が初めてラオスに行ったのも，竹田先生の調査に同行したからである。先生を通じて，ラオスや東南アジア研究への道が開かれたと言ってよい。GPSを用いた土地利用の地図化について，教えてくださったのも竹田先生である。私が就職したのちも，第8章で

扱ったサムトン村での共同調査に加えていただいたり，ミャンマーでの調査に参加させていただいたり，いろんな機会をいただいた。また，ラオス研究の先輩である横山智さん（名古屋大学教授）には，博士論文の審査の際に外部審査員として加わっていただき，数々の貴重なコメントをいただいた。

　ラオスでの現地調査は，ラオス国立大学社会科学部および森林科学部の先生方との共同調査という形で行なった。特に，社会科学部地理学科のカムマニー・スリデート先生，森林科学部のラムプーン・サイウォンサー先生（故人）には，本書での調査に関して，事務的な手続きをしていただいたり，調査に同行していただくなど，深くお世話になった。

　ルアンパバーン県シェンヌン郡の行政局や農林局の方々も気さくな人が多く，訪ねればいつも調査に協力していただいた。いろんな質問を投げかける私に対して，丁寧に答えていただき，いろんな資料をいただいた。

　そして，対象地域の方々，特に，ブーシップ村，フアイペーン村，フアイカン村の方々に深く感謝申し上げたい。ブーシップ村のセンムーンさんは最もよく一緒に山登りをした人である。話し好きな人で，昼食後，焼畑の畑小屋で1～2時間話を聞いていることもあった。旅好きな人でもあり，カム族目線での旅の見聞の話は聞いていて楽しかった。私も対象地域の川や石灰岩地帯などに遊びで連れて行ってもらった。同じく，ブーシップ村のオーンシー・ブッパーさんはユアン族の人であるが，同い年の友人として，調査をよく助けてもらった。2009年に彼が車を所有してからは，ドライバーとして，広域的な調査をするのを助けてもらった。フアイペーン村のジャンソーンさんは2015年に亡くなったが，親切な方であった。私がこの村に行くときはいつも家に泊まらせていただいた。村の有力者であり，私がこの村でつつがなく調査ができたのもこの方の存在が大きかった。カム族の伝統的な暮らしや過去の出来事について，多くの知識を持っており，最高のインフォーマントでもあった。フアイカン村のカムセーンさん（故人）も心優しい方であった。私がこの村で調査を行なった当時，すでに老齢であったが，いつも山登りに同行いただいた。戦争時に国内避難民として，イタリア人神父とともにこの村に来た人であり，深くキリスト教を信仰しておられた。

　以上の方々の他，多くの方に山に同行していただいたり，調査に協力していただいた。また，祭祀やお酒の席に何度も招いていただいた。立ち話でいろんなお話をうかがったりもした。皆さんの協力がなければ，研究を進めることが

できなかった。

　カム族の人々の暮らしは物質的には，まだまだ豊かとはとても言えない。貧しさゆえに，病気の治療ができなかったり，風俗業に従事したりという話はよく聞く。本書はささやかなものであるが，彼／彼女らの生活をより豊かにするために，少しでも貢献することができればと思う。

　本書は 2017 年に京都大学に提出した学位論文を大幅に加筆・修正したものである。学位論文を出版するために，京都大学学術出版会に電話で問い合わせたところ，東南アジアに関する出版なら地域研究叢書が良いと勧めていただいた。3 人の匿名の査読者の方々から何ページもの査読結果をいただいたが，私の方も大幅に修正したいと考えていたので，その方向性をいただいたという意味で，ありがたかった。査読者の方々に感謝申し上げたい。結果的に，ページ数が 100 ページ以上増えることになった。出版経費としては，日本学術振興会令和 6 年度学術成果公開促進費（課題番号 24HP5163）をいただいた。学振の審査を担当された方々にも感謝申し上げたい。

　査読の段階では，東南アジア地域研究研究所編集室の設楽成実先生にも事務的なやり取りでお世話になった。出版の段階では，京都大学学術出版会の鈴木哲也様，実際の編集作業を担当していただいた大橋裕和様に何かとお世話になった。以上の方々にも感謝申し上げる。

　最後に，海外調査を心配しながらも見守ってくれた両親と，現在の生活を支えてくれている妻と長男にも感謝の意を表したい。

2025 年 1 月　神戸にて

中辻　享

索　引

【あ】
赤い土（赤土）　65, 166, 215, 225, 311, 320, 321
暑い土地（暑い土）　64, 75, 94, 154, 159, 178, 193
アニマルウェルフェア　379, 380
アメリカ地質調査所（USGS）　307
移住政策　18
移住世帯　83, 106, 121, 143, 148, 155, 160, 162, 167-172, 361, 375
請負飼養　39, 281, 287, 293
衛星画像　41, 42, 58, 307, 332
越境耕作　160, 201, 352
奥地（村の，村内の）　53, 86, 183, 208, 233, 235-237, 241, 242, 257, 264, 266, 271, 277, 280, 297, 305, 347, 369, 372, 374-376, 382
オルソ補正　44, 307, 332

【か】
外国援助機関　17, 27, 29, 30, 35, 77, 100, 122, 285
開墾　18, 42, 75, 94-96, 98, 107, 304, 305, 322
開拓　322, 327, 346, 367, 382
核家族　230
拡大家族　83, 231, 336
家畜飼養拠点　240, 254, 261, 264
家畜伝染病　37, 41, 217-219, 222, 229, 237, 240, 241, 256, 257, 265, 296, 374, 379
カム族　25, 26
カルスト　65, 277, 324
環境破壊　8, 15, 18, 34, 54, 109, 360, 383
環境保護　17
換金作物栽培の拡大　41, 45, 327
換金作物栽培への転換　14, 16, 21, 32, 82, 357
休閑期間の短縮　14, 21, 23, 46, 156, 168, 172, 178
休閑地（放牧地としての）　38, 277, 283, 284, 289, 292, 293, 378
休閑林（有用資源の採取場所としての）　15, 16, 21, 22
旧村領域（の継続利用）　74, 141, 183, 203, 236

強制的な移住（移転）　32, 33, 42, 46, 48, 304, 345
共有林　23, 55, 75, 76, 94, 96, 109, 139, 355, 356, 362, 364, 367-369, 374, 382
近隣での日雇い　196
空爆　218, 303, 304, 316, 317, 345, 347
グリッドセル　335, 363, 364
経営規模（畑地）　78, 84, 97, 107, 108, 112, 126
景観モザイク　22, 383
経済格差　51, 109, 141, 142, 172
経済的階層　89, 97, 106, 136
経済的従属　33, 172
経済的自立　172
ケシ　32, 319-322, 324, 325
結合（焼畑と市場向け活動の）　20, 52, 268, 296, 297, 376
現金収入源の普及　122, 141
高樹齢林　88, 96, 109, 306, 328, 354, 355
高地集落の移転事業　47, 72, 113, 142, 151
高地帯　214, 215, 226, 227, 235, 237, 241, 242, 311, 312, 350, 372, 373
国内避難民　62, 72, 148, 149, 302, 317, 346
国立公文書記録管理局（アメリカ合衆国）　307
国家政策　23, 26, 28, 50
コメ収支　112, 119, 123, 129, 136, 162
コメ不足　137, 140, 162
雇用労働　34, 98, 108, 133, 136, 137, 169, 172, 196, 197
混作　10, 64, 92, 104, 107, 166
婚資　36, 216
コンレーの戦争　344

【さ】
先物売（コメ，ハトムギ）　127, 133, 141
柵囲い（家畜の侵入出防止）　38, 39, 41, 167, 283, 287, 360
柵作り（家畜の侵入出防止）　227, 259, 260, 277, 284, 287, 288, 291, 293-297
雑草増加（繁茂）　88, 137, 138, 142, 192, 198, 353
サナム（出作り集落）　75, 116, 160, 208, 246, 278-281, 283, 337, 352, 353, 357, 360, 372, 373, 378-381

サリーカーウ（白いトウモロコシ）　148,
　　166, 225, 234-237, 321
塩やり場　278, 285, 288
市場開放政策　122, 240, 327, 335
市場経済の浸透　19, 142, 241, 335, 369, 376
市場向け活動　19, 20, 23, 27, 51, 52, 146,
　　374, 376
舎飼い　40, 53, 213, 222, 223, 239, 255
社会主義革命　149, 344
社会主義政権　26, 46, 315, 318, 335
社会主義路線　27, 353
車道建設（造成）　151, 153, 167, 174, 183,
　　345, 346
収穫米購入　126, 127, 129
収穫米の販売　127
収穫物の分配　142, 377
従属（タイ系民族への）　33, 34, 113, 146,
　　172, 196
自由放牧　38, 39, 274, 285, 291, 360
集落移転　26, 28, 31, 32, 34, 35, 47, 49, 50,
　　72, 73, 113, 142, 151, 182, 188, 237, 303
宿泊（出作り集落での）　231, 234, 235, 237,
　　239, 260, 261, 264
出自村落　113
狩猟　168, 228, 232
商業・サービス活動　133, 134, 138
飼養を委託（家畜の）　39, 221, 229, 272, 287
食害（家畜による）　38, 41, 53, 167, 202,
　　223, 295, 360, 378
除草　88, 93, 137, 138, 158
飼料不足　37, 53, 285, 288, 289, 295
人口圧　121, 122, 141, 142, 156, 305
人口移動　32, 42, 43, 113, 121, 178, 191,
　　199, 203, 304, 305, 326, 381, 382
人口密度　20, 24, 37, 178, 179, 182, 189, 191-
　　193, 197, 199, 200, 202-204
森林減少　42, 43, 45, 46, 304, 305, 327, 347,
　　350, 354, 362, 367, 369, 382
森林産物　20, 47, 134, 137, 168, 202, 234,
　　330, 355, 358, 382
森林の増加　46, 48, 340, 342, 362, 366, 367,
　　374
森林破壊　8, 27, 42, 43, 322, 326, 328, 368,
　　374, 381, 382
森林被覆　8, 17, 29, 54, 327, 336, 342, 362,
　　365, 368, 369
森林保護　16, 26, 32, 54, 55, 333
森林劣化　17, 304, 317, 327, 328
森林を維持　55, 367-369, 382, 383
水源林（水源の森林）　54, 376, 354, 361, 362

水田開発　116, 128, 141, 172, 316, 346
水田経営（実施）世帯　84, 120, 123, 126,
　　129, 161, 163, 194
涼しい土地（涼しい土）　64, 75, 78, 121,
　　154, 158, 159, 166, 173, 178, 193, 354
スック・ウォンサック（人名）　344
生計戦略　35, 50, 54, 147, 174, 372, 373
生計の多様化　179, 194
製材　134, 169, 348, 362
成熟林　21, 347, 349, 368, 383
精米貸し　126-129
精米借入　127-129
精霊（信仰）　29, 36, 46, 55, 216
石灰岩地帯　65, 75, 214, 215, 225-228, 233,
　　235, 241, 242, 280, 293, 311, 321, 344,
　　345, 347, 349, 365, 372-374
セーフティーネット　21, 47, 143, 361, 374,
　　375, 377, 378
占有地　75, 85, 86, 88, 94, 154, 181, 182, 251,
　　252, 283, 291, 354
測量地　77, 84-89, 94, 360
村域　30, 46, 108, 143, 154, 189, 199, 202, 204,
　　250, 270, 271, 279-281, 283, 285, 296,
　　316, 373, 375
村境　31, 54, 174, 176, 179-182, 187, 188, 199,
　　200, 202, 204, 312, 377
村落領域　178, 179, 195, 375, 376

【た】
第２次インドシナ戦争　26, 34, 46, 55, 58,
　　59, 72, 149, 218, 302, 332, 335, 372, 381
大規模農業開発　18, 28
耐久消費財　135, 170, 171
タイ系民族（タイ系低地民）　25, 26, 34, 40,
　　52, 59, 63, 74, 113, 116, 127, 135, 138,
　　141, 149, 153, 169, 172, 173, 196, 346,
　　373, 374
断片化（植生）　47, 336, 337, 342, 350, 352
チガヤ　38, 277, 283, 289, 290, 292, 293, 295,
　　322, 324, 325, 378
チャオファー　303, 318, 349, 350, 352
中国企業　30, 196, 358, 359
繋ぎ飼い　255
低地帯　238, 240, 241, 372
低地への人口集中　203, 204
低地民　15
出稼ぎ　19, 134, 169, 196, 197, 203, 359
出作り集落　75, 116, 141, 147, 160, 183,
　　192, 201, 203, 246, 337, 352, 372
電気　19, 33, 35, 62, 63, 171, 173, 174, 198,

406

201, 232, 294, 318
伝染病からの隔離（家畜）　218, 229, 232, 233, 240
トウモロコシ　40, 49, 65, 104, 122, 148, 165, 166, 213, 215, 217, 222, 224-226, 233-235, 240, 249, 254, 259, 287, 311, 319-321, 324, 325, 372, 378
土地所有　9, 31, 51, 52, 75, 77, 110, 154, 182, 268, 292
土地森林分配事業　16, 28-30, 32, 34, 35, 47, 50, 52, 54, 70, 71, 74, 76, 80, 82, 84, 86, 88, 90, 94, 108-110, 122, 128, 138, 141, 154, 155, 160, 176, 179, 181, 182, 187, 202, 204, 312, 330, 332, 356-361, 376, 377
土地生産性　20, 374
土地不足　33, 88, 95, 98, 143, 156, 172, 192, 198, 200, 377
土地保有形態　84, 94
土地利用権　9, 31, 251, 257, 259, 277, 283, 284, 291, 294, 354
土地利用戦略　48, 50, 52, 266, 372-374

【な】
二酸化炭素　17, 22
根萌芽　101, 105
農村開発重点地区戦略　31, 146
農村開発政策　31-33, 62, 146, 147, 171, 173-175, 376
野焼き　277, 289, 290, 309, 325

【は】
ハイブリッド品種（トウモロコシ）　148, 165, 196, 249, 254
パッチワーク　41, 47, 336, 352
パテートラオ　302, 303, 315-317, 342, 344-346, 349
放し飼い　40, 41, 53, 213, 216, 221-224, 230, 232-235, 237, 239-242, 252, 255, 256, 264, 265, 378-380
微環境（微細な環境）　48-50, 146, 330
非持続化（焼畑の）　33, 146, 358
ヒマワリヒヨドリ　38, 87, 290, 295
標高帯　49, 64, 214, 233, 241, 354, 372, 373
貧困化　29, 109, 147, 173-175, 203, 374, 377
貧富の差　23, 46, 51, 70, 71, 82, 97, 99, 107-110, 113, 128, 134, 140-142, 155, 376, 377
複合焼畑　52
不文律　75, 219, 221, 230, 362

プランテーション　18-20, 28, 30, 196, 358, 359
古い森　87, 88, 96, 197, 322, 348
分家世帯　85, 98, 106, 119, 121, 138, 139, 143, 153, 182, 198
米軍偵察衛星写真　41, 43-45, 62, 330, 332, 383
萌芽枝　100, 105, 349
萌芽更新　197
放牧小屋　278, 295
放牧戦略　293, 294, 296
放牧地限定政策　39, 268, 271, 281, 292, 297, 360

【ま】
埋葬林　29, 75, 319, 355
見張り場（ウシの）　227, 288
見回り（ウシの）　278, 284, 285, 288, 294-296, 361
無主地　75, 88-91, 94, 108, 154, 182, 198, 277, 283, 291, 329, 361, 375, 377
目視判読　44, 332
モチ米　26, 64, 159
モン族　25, 32, 35, 271, 303, 321, 322

【や】
焼畑規模　119, 123, 126, 128, 137, 138, 156, 204
焼畑景観　24, 58, 368
焼畑実施世帯　52, 83, 159, 191, 194, 195, 197, 204, 359
焼畑の減少（減退）　10, 16, 19, 21, 23, 28, 58, 178, 179, 198, 340, 342, 359-362, 366, 377
焼畑の再開　92, 109, 180
焼畑の定義　8, 49, 70, 192
焼畑への依存度　108, 138, 156, 159, 194, 359
焼畑抑制　28, 32, 34, 359
焼畑抑制政策　15, 43, 47, 202, 330, 377

【ら】
ラオス王国軍　315, 318, 345, 349, 365
ラオス王国政府　26, 34, 62, 218, 302, 303, 314, 342, 345, 346, 349
ラオス国立地図局　307, 310
リスク　20-23, 296, 297, 375
リスク回避　20, 23, 122, 196, 372
林道　59, 63, 152, 183, 203, 214, 237, 238, 249, 252, 260, 264, 265, 372-374, 379

索　引　407

冷戦　42, 43, 48, 330
連作　9, 70, 86-91, 96, 104, 106, 108, 109, 122, 137, 156, 158, 168, 192, 284, 322, 324-327, 354, 357, 358
労働生産性　20, 21, 53, 89, 106, 158, 375
労働力　20, 21, 23, 97-99, 106-108, 130, 133, 134, 137, 140, 230, 260, 377

【a-z】
GPS　51, 70, 71, 78, 114, 147, 187, 209, 246, 270, 309, 333, 372
REDDプラス　17, 18, 22

著者紹介

中辻　享（なかつじ　すすむ）

甲南大学文学部歴史文化学科教授。京都大学大学院文学研究科博士課程修了，博士（文学）。
主な著作に，Land Use and Land Cover Changes during the Second Indochina War and Their Long-Term Impact on a Hilly Area in Laos, *Southeast Asian Studies* 8 (2), 2019 などがある。

焼畑を活かす　土地利用の地理学
　　──ラオス山村の70年

(地域研究叢書 47)　　　　　　　　　　　Ⓒ Susumu NAKATSUJI 2025

2025年2月28日　初版第一刷発行

著　者　　中　辻　　享
発行人　　黒　澤　隆　文

発行所　　京都大学学術出版会
　　　　　京都市左京区吉田近衛町69番地
　　　　　京都大学吉田南構内（〒606-8315）
　　　　　電　話（075）761-6182
　　　　　Ｆ Ａ Ｘ（075）761-6190
　　　　　Home page http://www.kyoto-up.or.jp
　　　　　振　替　01000-8-64677

ISBN 978-4-8140-0573-4　　　印刷・製本　亜細亜印刷株式会社
Printed in Japan　　　　　　　定価はカバーに表示してあります

本書のコピー，スキャン，デジタル化等の無断複製は著作権法上での例外を除き禁じられています。本書を代行業者等の第三者に依頼してスキャンやデジタル化することは，たとえ個人や家庭内での利用でも著作権法違反です。